Frank Sichla

Schaltungssammlung Mikrocontroller und USB

FRANZIS
ELEKTRONIK

Frank Sichla

Schaltungssammlung
Mikrocontroller und USB

Mehr als 330 erprobte Schaltungen für Labor, Entwicklung und Anwendung

Bibliografische Information der Deutschen Bibliothek

Die Deutsche Bibliothek verzeichnet diese Publikation in der Deutschen Nationalbibliografie; detaillierte Daten sind im Internet über http://dnb.ddb.de abrufbar.

Satz: Fotosatz Pfeifer, 82166 Gräfelfing
art & design: www.ideehoch2.de
Druck: Bercker, 47623 Kevelaer
Printed in Germany

ISBN 978-3-7723-4824-2

Vorwort

Mikrocontroller (auch als µController, µC oder MCU für Microcontroller Unit bezeichnet) sind aus der modernen Elektronik nicht mehr wegzudenkende digitale Universalbausteine. Sie vereinen einen Prozessor und mindestens einige Peripheriefunktionen auf einem Chip. In den meisten Fällen befinden sich Arbeits- und Programmspeicher ebenfalls (teilweise oder komplett) auf demselben Chip. Ein Mikrocontroller ist somit praktisch ein Einchip-Computersystem.

Heutige Mikrocontroller bieten häufig komplexe Peripheriefunktionen, wie CAN (Controller Area Network), LIN (Local Interconnect Network), USB (Universal Serial Bus), I²C (Inter-Integrated Circuit), SPI (Serial Peripheral Interface), serielle oder Ethernet-Schnittstellen, PWM-Ausgänge (Pulse Width Modulation), LCD-Controller und -Treiber oder Analog/Digital-Wandler.

Die klassische Mikrocontrollerarchitektur war nicht als reines Mikroprozessorsystem gedacht, sondern primär für Steuerungsaufgaben vorgesehen. Hier ist ein Single-Chip-Betrieb ohne externe Speicherbausteine möglich, und der Befehlssatz der CPU hält meist spezielle Befehle für das Steuern einzelner Signalleitungen (mittels sogenannter Bitmanipulationen) bereit. Weiter zeichnen sich diese Controller durch eine kurze Interrupt-Latenzzeit aus. Typische Vertreter dieser Gattung sind der 8051 von Intel sowie der C166 von Siemens (heute Infineon) und der TriCore von Infineon.

Heute kann man oft beobachten, dass Mikroprozessoren nach einiger Zeit als Mikrocontrollervarianten angeboten werden, sodass für ein funktionsfähiges Prozessorsystem oft nur noch ein Quarz und Speicherbausteine nötig sind. Als typische Vertreter dieser Architektur seien der 80186 von Intel (vom 8086 abgeleitet), die XScale-Familie (ARM) sowie ColdFire (MC680xx) von Freescale (vormals Motorola) genannt.

Der 8085 war der Scheideweg, nach dem sich die Bausteine in reine Datenverarbeiter (Mikroprozessoren, wie die 8086-Familie) und Datenübersetzer (Mikrocontroller, wie 8048 und 8051) als Schnittstelle zwischen Hardware und CPU aufteilten.

Anfangs gab es fast ausschließlich ROM-Speicher (Read Only Memory). Die Software muss mit Entwicklungssystemen erstellt werden, die eine Simulation des Mikrocontrollers erlauben und meist über einen In-Circuit Emulator verfügen. Die Software erhält der Chip im Fertigungsprozess („Maskenprogrammierung").

Ab der zweiten Hälfte der siebziger Jahre wurden EPROMs (Erasable Programmable) verwendet. Der Programmspeicher wurde mithilfe eines Programmiergeräts beschrieben und konnte durch UV-Licht wieder gelöscht werden. OTP-Mikrocomputer (One Time Programmable, einmal programmierbar) besitzen einen EPROM, aber kein Fenster für UV-Licht.

Neue Mikrocontroller nutzen oft einen Flash-Programmspeicher. Da dieser direkt elektrisch löschbar und wiederbeschreibbar ist, entfällt das Keramikgehäuse, und der Speicher kann im Herstellungsprozess komplett getestet werden.

Ein Mikrocontroller kann extern oder intern getaktet werden. Dabei sind maximale Frequenzen von 1 bis über 100 MHz möglich. Die Taktfrequenz ist jedoch kein verlässliches Maß für die tatsächliche Rechengeschwindigkeit. So wird z. B. bei den meisten 8051-Controllern die Frequenz intern durch 12 geteilt (Maschinentakt). Weiter ist von Bedeutung, wie viele Zyklen (Takte) im Schnitt pro Befehl erforderlich sind.

Mikrocontroller-Speichergrößen liegen zwischen 1 KB (1024 Bytes) und 2 MB (2000 KB) für das Programm (interner RAM, Random Access Memory) und zwischen 32 Bytes und 48 KB für die Daten. Wesentlich größere externe Speicher können oft genutzt werden.

Mikrocontroller werden meist in Assembler oder C programmiert. Im Hobbybereich konnten sich darüber hinaus speziell entworfene Sprachen, wie JAL für die PICmicro-Familie von Mikrochip, etablieren.

Assembler nutzt man bei 4- und 8-Bit-Architekturen, um die Ressourcen effektiv auszuschöpfen. Lässt es die Entwicklungsaufgabe zu, die Ressourcen wenig in Anspruch zu nehmen, ermöglicht C ein sehr hardwarenahes Programmieren in kurzer Zeit.

Relativ neu sind Entwicklungswerkzeuge, die den rein grafischen Softwareentwurf erlauben.

Einige Mikrocontroller, wie der 8052AH-BASIC, haben einen Hochspracheninterpreter integriert. Hier genügt ein Rechner mit einem Terminalprogramm zur Programmierung. Solche Lösungen sind im Hobbybereich wie auch in der industriellen Kleinserienfertigung beliebt.

Das Interesse an Mikrocontrollern ist nach wie vor groß. Die vielfältigsten Aufgaben können damit gelöst werden, wobei es darauf ankommt, den optimal geeigneten Typ zu finden. Das ist nicht einfach, eine ganze Reihe von Kriterien ist zu berücksichtigen, und viele Vor- und Nachteile sind gegeneinander abzuwiegen. Die heute eingesetzten Mikrocontroller bieten zudem eine Mischung aus diversen Techniken und Architekturen (nach Harvard oder von Neumann).

Das vorliegende Buch befreit von der anstrengenden Prozedur der Schaltungsfindung. Es orientiert sich nicht an Prozessortypen, sondern an konkreten Einsatzbeispielen und spiegelt anhand praktischer Anwendungsschaltungen die Einsatzmöglichkeiten aktueller Mikroprozessoren wider. Natürlich wird dabei auch angegeben, woher man den Quellcode beziehen kann.

Ähnlich rasant wie die Mikrocontroller hat der USB (Universal Serial Bus) die Elektronikwelt erobert. Auch hier gibt es heute bereits viele interessante Anwendungsschaltungen.

Der USB ist physikalisch sehr einfach aufgebaut (kompakte Stecker, Punkt-zu-Punkt-Verkabelung, wenige Anschlüsse) und bietet die Möglichkeit, Geräte direkt mit Strom zu versorgen. Dabei können große Datenmengen über ein dünnes Kable transportiert werden. Die Schattenseite dieser überaus positiven Aspekte bei der Anwendung ist eine komplizierte Hardwareentwicklung (wegen der hohen Frequenzen und des sehr komplexen Protokolls mit über 300 Seiten). Da ergibt es ebenso wie bei den Mikroprozessoren Sinn, eine anwendungsorientierte Schaltungssammlung anzubieten.

Ich hoffe, das Buch hilft recht vielen Lesern, Zeit zu sparen, neue Möglichkeiten kennenzulernen und zuverlässige Lösungen zu finden.

Ing. Frank Sichla

Inhaltsverzeichnis

1 Grundschaltungen

1.1 Oszillator für PIC16/17

Der Oszillator ist ein wichtiger Teil jedes Mikrocontrollers. Die in *Abb. 1.1* gezeigte Schaltung ist ein typischer Pierce-Oszillator. Dabei wird die Parallelresonanz des Quarzes genutzt. Der Quarz liegt direkt am Eingang eines invertierenden Verstärkers. Die weitere externe Beschaltung beschränkt sich auf zwei Kondensatoren und einen Widerstand. Die Auswahl wird von verschiedenen Faktoren bestimmt.

Der Hersteller gibt die Quarzfrequenz für den Parallelresonanzfall mit einer äußeren Kapazität von 20...32 pF an. Diese hat kaum Einfluss auf die Frequenz, da das L/C-Verhältnis im Quarz-Ersatzschaltbild äußerst gering ist. Je höher man die Taktfrequenz wählt, umso geringer muss die Anlaufzeit des Oszillators sein, und um so höher ist der Stromverbrauch.

Die Werte von C1 und C2 sollten die vom Hersteller genannte Kapazität berücksichtigen. Es sind also möglichst geringe Werte anzustreben, die aber noch sichere Funktion einschließlich schnellem Anschwingen gewährleisten. Für kurze Anlaufzeit sollte C2 größer als C1 sein.

Der Widerstand R_S reduziert die Quarzbelastung. Er darf aber für gute Funktion nicht größer sein als wenige Kiloohm.

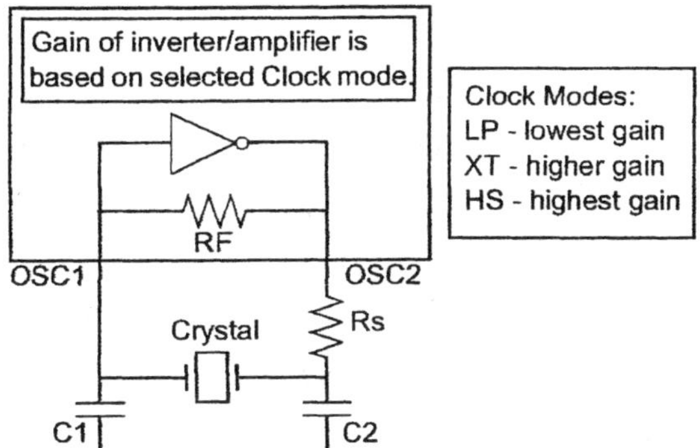

Abb. 1.1: Quelle: Dan Matthews, Basic PIC16/17 Oscillator Design

Das Signal am Ausgang OSCOUT sollte bei guter Sinusform einen Spitze-Spitze-Wert nahe der Betriebsspannung aufweisen.

1.2 RC-Oszillator für PIC16/17

Eine RC-Oszillatorbeschaltung für PICs ist möglich, einfach und gestattet es, die Frequenz durch Änderung des Widerstandswerts einzustellen oder zu steuern. Man benötigt allerdings einen (freien) I/O-Port. Die Beschaltung zeigt *Abb. 1.2*. Die Frequenz wird im Wesentlichen durch C1 und R2 bestimmt. Ist eine Einstellung erwünscht – geringe Frequenz für geringen Stromverbrauch, hohe Frequenz für schnelle Rechenergebnisse – und gelingt sie über R1, sollte man diesen Widerstand nutzen, da er dynamisch an Masse liegt. Eine elektronische Umschaltung gelingt über an Pin OSC1 geschaltete zusätzliche Widerstände, die andererseits an Tristate-Ausgängen liegen (hochohmig: nur R1 wirksam, H-Pegel: R1 und Zusatzwiderstand parallel wirksam, L-Pegel verboten).

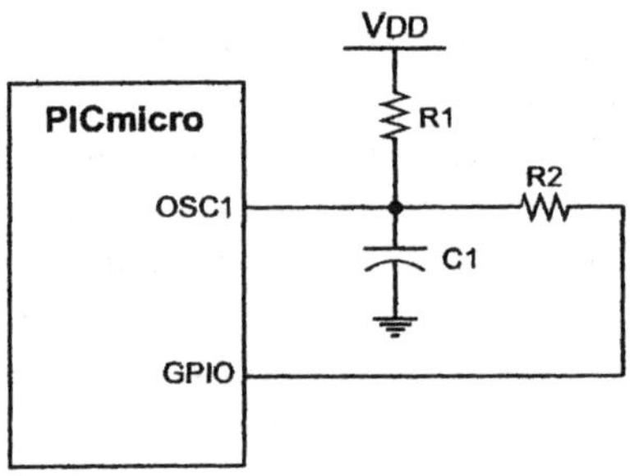

Abb. 1.2: Quelle: Dan Matthews, Basic PIC16/17 Oscillator Design

1.3 RC-Watchdog-Aktivierungsschaltung

Der Watchdog Timer ist ein sehr hilfreicher Bestandteil eines Mikrocontrollers. Er holt ihn beispielsweise aus dem Schlaf-Modus oder sichert den Code. Es gibt aber Applikationen, da stört sein Stromverbrauch. Wenn der Mikrocontroller einen Komparator besitzt, kann man mithilfe einer externen RC-Beschaltung eine Aktivierungsschaltung für den Watchdog realisieren (*Abb. 1.3*). Man fügt die Bauelemente hinzu und programmiert eine Ansprechschwelle. Dann schließt man den Kondensator kurz und geht in den Sleep Mode. Wenn sich der Kondensator über R3 auf die Ansprechschwelle aufgeladen hat, schaltet der Komparator um und generiert ein Interrupt-Signal, welches das Programm aktiviert. Die Aufwach-Prozedur:

- Komparator-Minuseingang als digitalen Ausgang setzen
- 0 schreiben, um Kondensator zu entladen
- Komparatoreingang rücksetzen

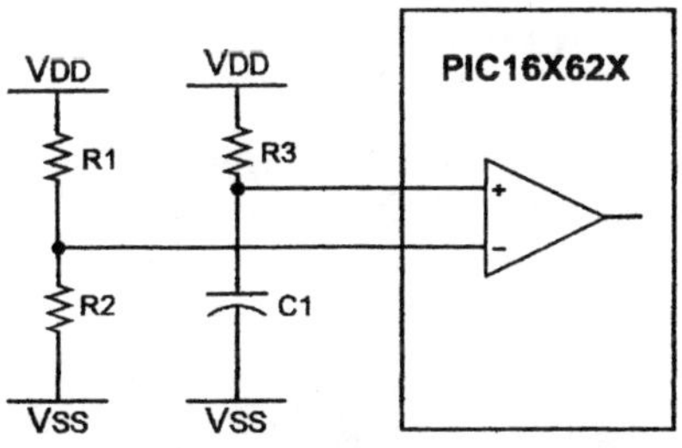

Abb. 1.3: Quelle: Dan Matthews, Basic PIC16/17 Oscillator Design

- Komparator-Zustandsflag lesen, um sie auf 0 zu setzen
- Komparatoreingang aktivieren
- Sleep-Zustand setzen

1.4 Mikrocontroller-Oszillator mit LED-Treiber

Ein Treiber für weiße LEDs besteht im Wesentlichen aus einem Oszillator, einer Ladungspumpe und einer Konstantstromquelle. Ein Beispiel ist der hochintegrierte Baustein LM2791/2. Wenn ein solcher IC im Zusammenhang mit einem Mikrocontroller genutzt werden soll, dann kann man in Erwägung ziehen, aus ihm den Takt für den Controller abzuleiten. Grundlage ist die Tatsache, dass über dem externen Kondensator für die Ladungspumpe eine Dreieck- bis Rechteckspannung auftritt. Wie in *Abb. 1.4* gezeigt, kann man hier über einen Widerstand Gatter anschließen, um den Takt für den Mikrocontroller zu erhöhen (Verdopplung) und mit genügend steilen Flanken anzubieten.

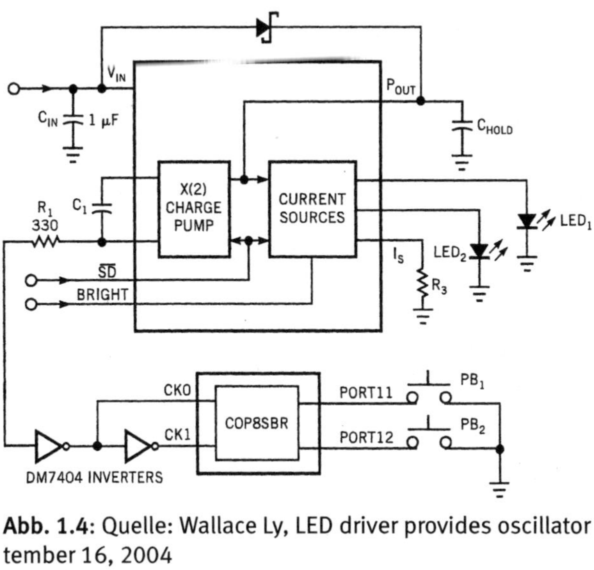

Abb. 1.4: Quelle: Wallace Ly, LED driver provides oscillator for microcontroller, EDN September 16, 2004

1.5 Mikrocontroller visualisiert Hex-Code

Die Schaltung nach *Abb. 1.5* zeigt die prinzipielle Anschaltung von Siebensegment-Anzeigen an einen Mikrocontroller. Auf diese Weise können beispielsweise auch Datenwörter im hexadezimalen System 1-2-4-8 in das Zehnersystem übersetzt und angezeigt werden. Das gelingt ohne weiteren Aufwand (Mikrocontroller) nur für die Ziffern 0...9. Der Mikrocontroller setzt hier den Hex-Code in den BCD-Code um, der auf die Treibereingänge A bis D gelangt. Die Einerstellen liegen an den Ausgängen A0 bis A3, die Zehnerstellen an A4 bis A7.

Das Programm ist unter www.ednmag.com über Search Databases im Software Center als Design Idea 2518 abrufbar.

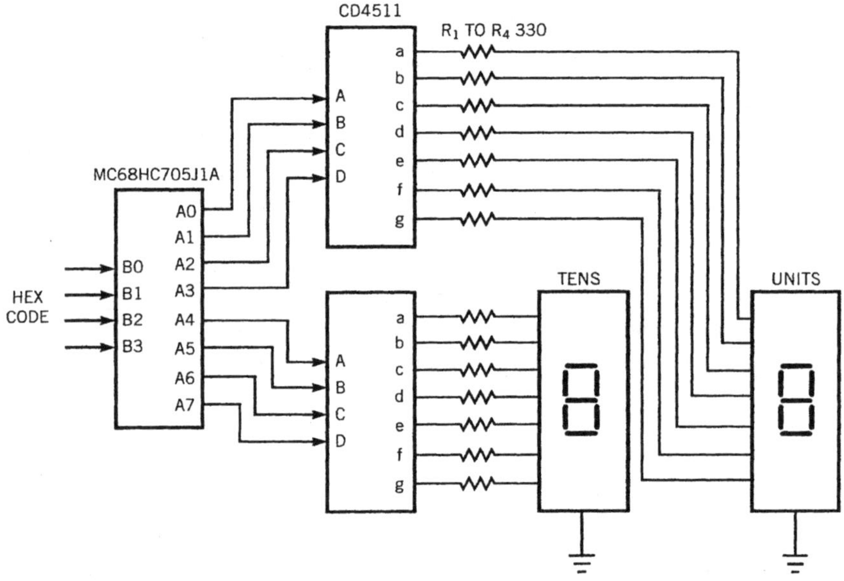

Abb. 1.5: Quelle: Abel Raynus, µC visualizes hex code, EDN April 27, 2000

1.6 Minimalbeschaltung als Basis-Interpreter

In *Abb. 1.6* ist die Minimalbeschaltung für einen sehr kleinen Basic-Interpreter zum begrenzten Debugging sowie für Anzeige und Kontrollzwecke (Monitoring und Control) zu sehen. Der Interpreter nutzt lediglich den On-Chip-RAM des Mikrocontrollers.

Die Software wird in verschiedenen Varianten bereitgestellt. Diese Firmware ist lauffähig auf einem Atmel ATTiny2313 mit 4, 8, 10, 16 oder 20 MHz Taktfrequenz oder auf einem AT90S2313 mit 4-MHz-Takt.

Ein mit diesem Minimal-Interface verbundener und mit dem Interpreter programmierter Chip arbeitet mit einem ASCII-Terminal zusammen. Das Schreiben und Ausführen kleiner Basic-Programme ist ebenso möglich wie das Hardware Debugging. Die Kommunikation mit dem Terminal ist via RS-232 (EIA-232) 9600 Baud, 8 Data Bits, 1 Stop Bit, no parity möglich. Pin 2 (RXD) und Pin 3 (TXD) sollten an ein invertierendes RS-232-Interface angeschlossen werden.

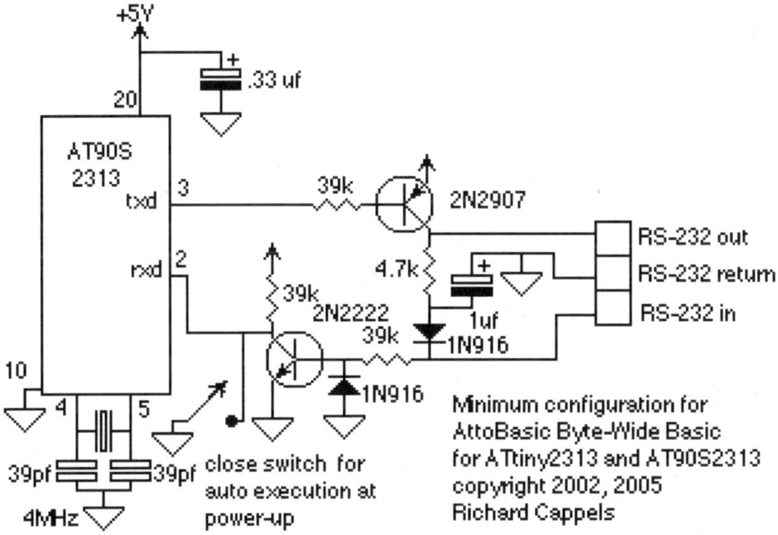

Abb. 1.6: Quelle: Dick Cappels, AttoBasic Byte-Wide Basic for ATTiny2313/AT90S2313, www.projects.cappels.org

1.7 PIC12F675 als Flipflop

Ein PIC wie beispielsweise der 12F675 kann als D- oder JK-Flipflop programmiert werden. Das entsprechende Programm nutzt die flankengetriggerten und statischen Interrupts. Es verwandelt den PIC in ein mit der fallenden Flanke getriggertes D-Flipflop mit L-aktiven Set- und Reset-Eingängen oder in ein oder JK-Flipflop (*Abb. 1.7*).

1.8 Logische Funktionen nachbilden

Beispielsweise mit dem Mikrocontroller 8085 kann man digitale Gatter nachbilden mit Funktionen wie NOT, OR oder AND. Das in *Abb. 1.8* skizzierte System hat einen Auswahlschalter für die Funktion. Jede logische Funktion ist im Prinzip möglich.

Das System hat zwei Eingänge und einen Ausgang und ist von daher einfachst gehalten.

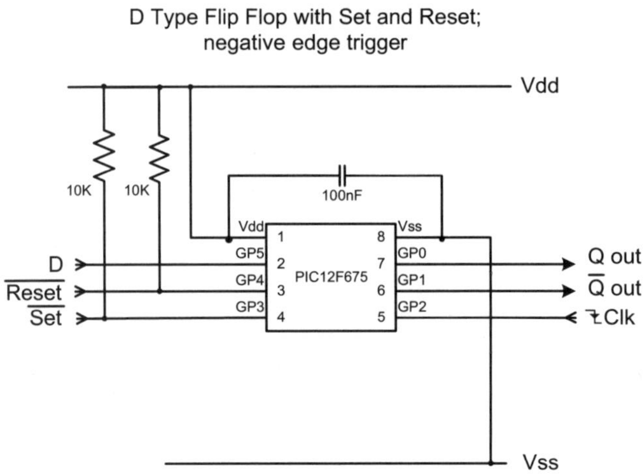

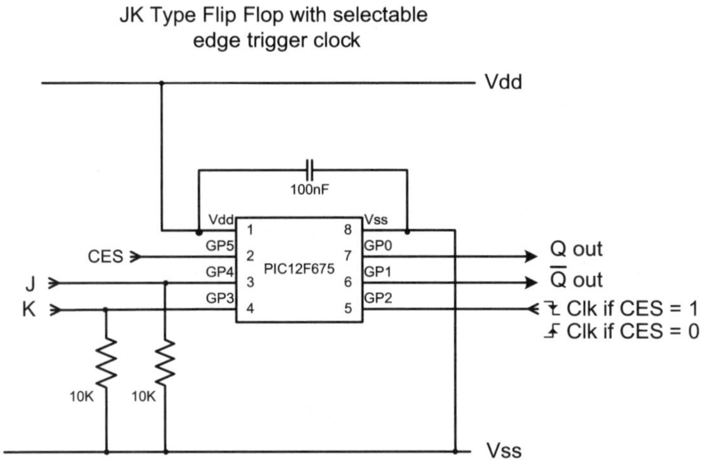

Abb. 1.7: Quelle: 12F675 as Flip Flop, http://picprojects.org.uk

Am Ausgang liegt zur Signalisierung des logischen Zustands eine LED. Weitere LEDs zeigen an, welche Grundfunktion vorliegt.

Der Mikrocontroller agiert mithilfe eines PPI (Programmable Peripheral Interface) vom Typ 8255.

1.9 Einfacher intelligenter A/D-Wandler

Der in *Abb. 1.9* dargestellte PICADC3 ist ein intelligenter 12-Bit-A/D-Konverter mit zusätzlichen digitalen Ein- und Ausgängen. Er basiert auf dem Microchip-Mikrocon-

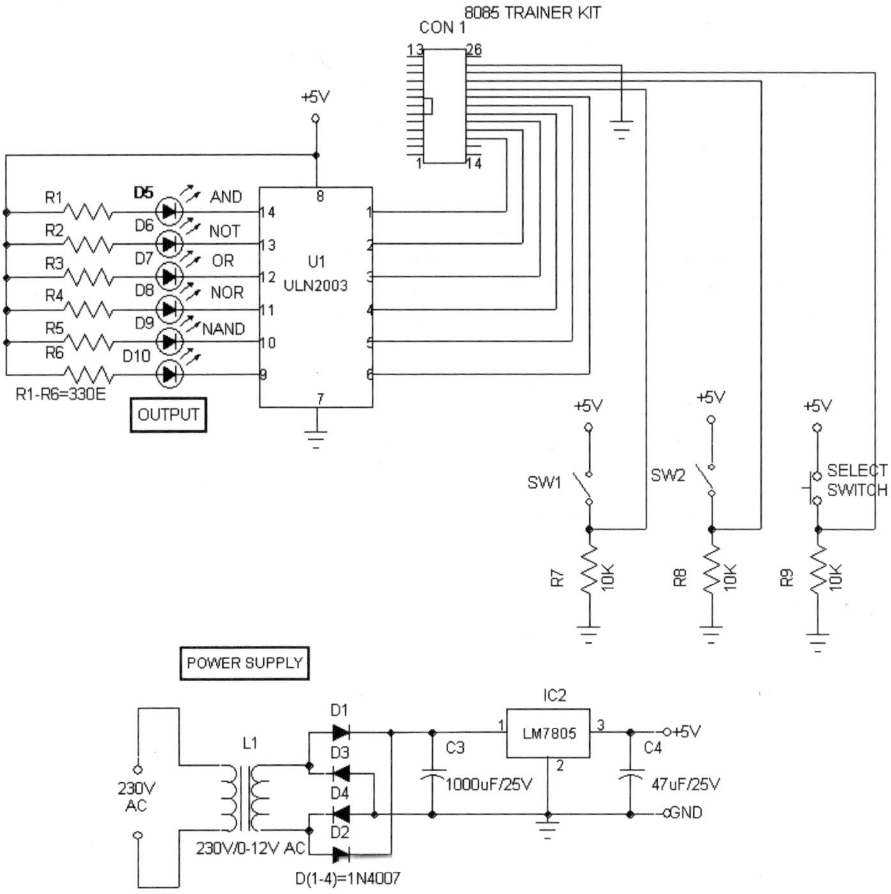

Abb. 1.8: Quelle: J. Binu, Digital Gates Emulator, www.8085projects.info

troller PIC16C774. Es ist möglich, die Firmware für den PIC16F877 mit 10 Bit zu modifizieren.

Der PICADC3 kann an den seriellen Port eines PCs oder unter Nutzung eines RS-232/USB-Konverters an den USB-Port eines PCs angeschlossen werden. Dies ermöglicht eine einfache Optoisolation.

Der PICADC3 benötigt relativ wenig Hardware. Die gezeigte Schaltung enthält nicht alle Signalverarbeitungs-Verstärker.

Die analogen Eingänge sind für maximal 4,096 V ausgelegt. Dabei ist ein niedriger Quellwiderstand erforderlich.

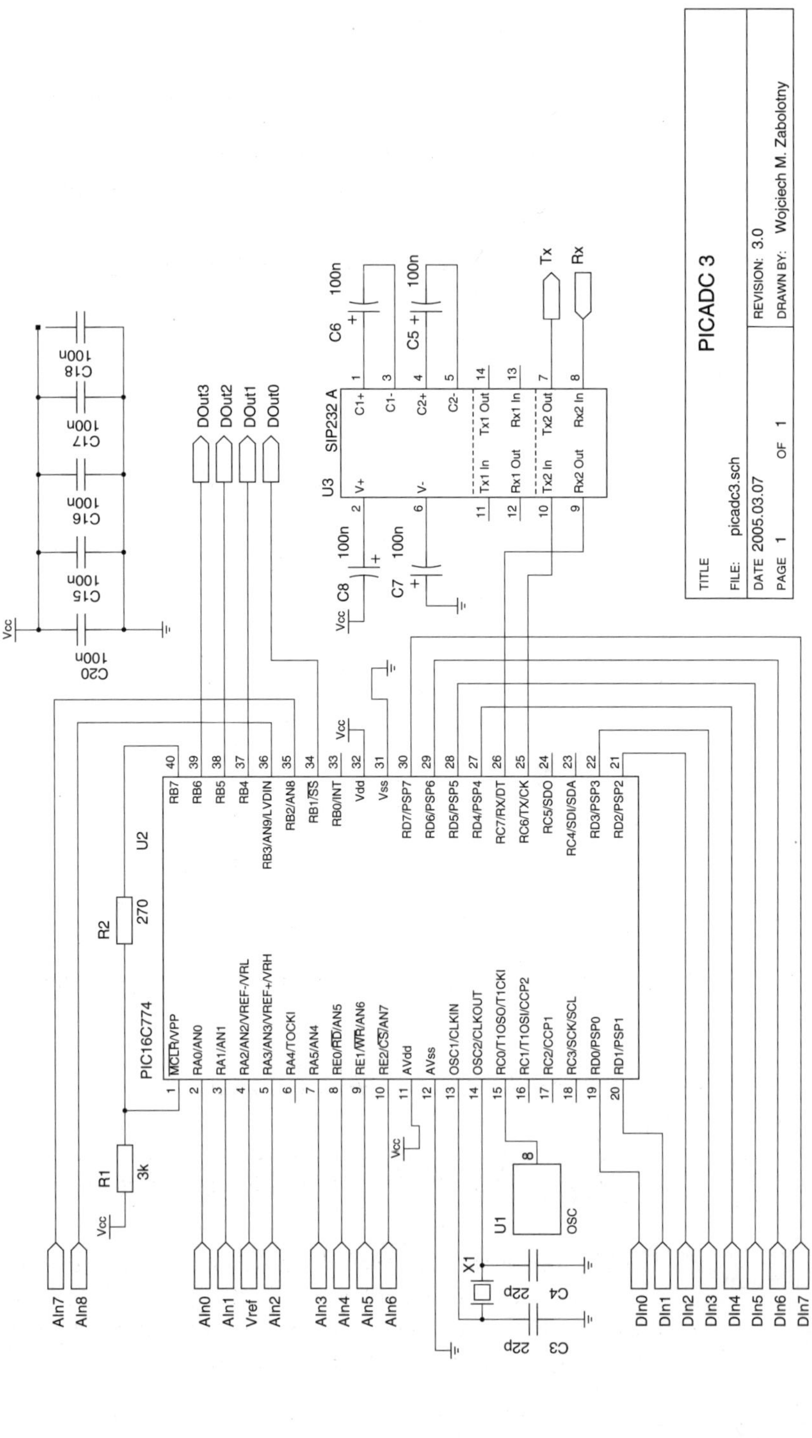

Abb. 1.9: Quelle: Wojciech Zabolotny, PICADC3 – simple intelligent A/D converter, www.ise.pw.edu.pl/

1.10 PIC in Grundbeschaltung

Die Schaltung nach *Abb. 1.10* eignet sich gut zum Einstieg in die Anwendung der PIC-Mikrocontroller. Man kann damit verschiedene Ideen ausprobieren. Benutzt wird der PIC16F84 mit Stabi-IC, Reset und Takt, zwei LEDs und einem Taster. Eine LED wird vom PIC angesteuert, die andere leuchtet beim Betätigen des Tasters. Es genügt ein keramischer Resonator 4 MHz als Quarz-Ersatz.

Der Applikationscode ist recht einfach und bewirkt das Leuchten der LEDs unter bestimmten Bedingungen.

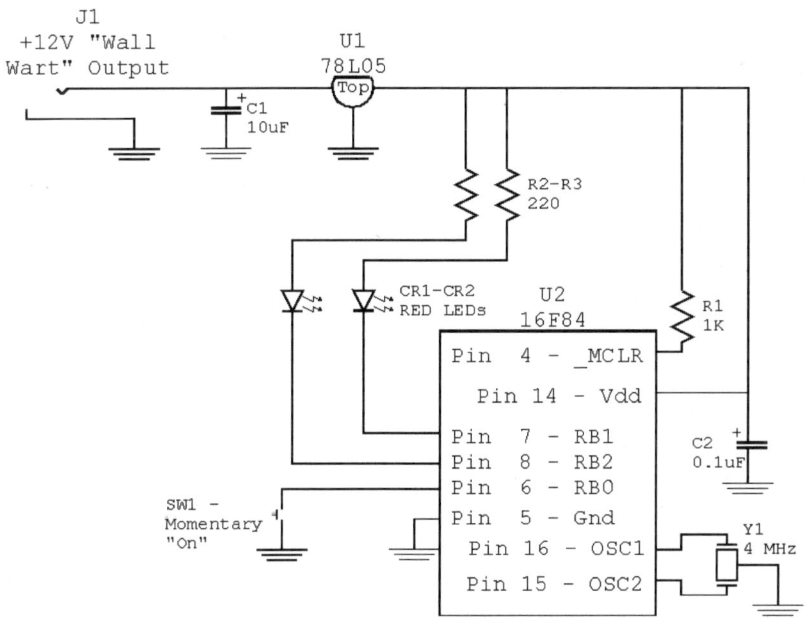

Abb. 1.10: Quelle: Myke Predko, My First PIC Project, www.rentron.com/Myke5.htm

1.11 A/D-Wandler MAX 186 an Mikrocontroller

Der MAX 186 ist ein 12-Bit-Analog/Digital-Wandler mit acht Kanälen. Er wird gemäß *Abb. 1.11* mit vier Leitungen mit einem Mikrocontroller wie der Basis Stamp verbunden.

Eine Einschränkung besteht oft in der maximal verarbeitbaren Eingangsspannung von 4,096 V. Hier hilft ein Spannungsteiler. Um den Einfluss des Eingangswiderstands des MAX 186 zu eliminieren, entwirft man diesen als unbelasteten Spannungsteiler und schaltet einen BiFET-Operationsverstärker als Impedanzwandler nach.

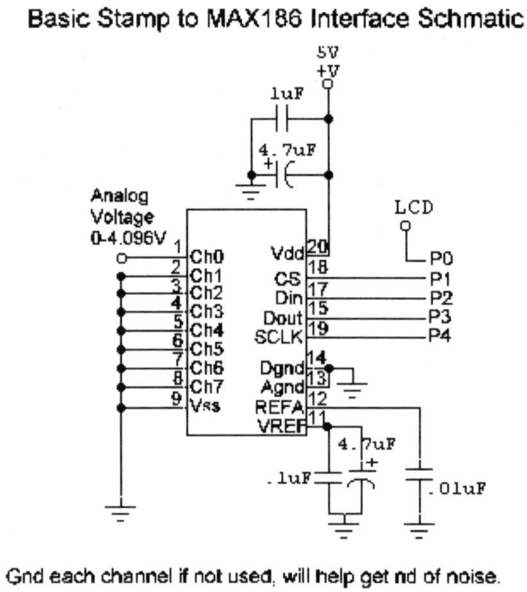

Abb. 1.11: Quelle: Wilson Shaun, MAX 186 to Basic Stamp, http://geocities.com/Silicon-Valley/Orchard/6633/hstamp.html

1.12 A/D-Wandler MAX 187 an Mikrocontroller

Für viele Aufgaben benötigt man einen einfachen Analog/Digital-Wandler. Der MAX 187 ist ein solcher mit 12 Bit Auflösung. Die Verbindung mit dem Mikrocontroller erfolgt mit nur drei Leitungen, denn ausgangsseitig ist der IC als SPI (Serial Peripheral Interface) ausgelegt – siehe *Abb. 1.12.* Die Leitungen sind Chip Select, Data Serial und Clock.

1.13 Mikrocontroller als LCD-Treiber

Ein LCD-Segment stellt elektrisch eine Kapazität dar. Das Segment wird sichtbar, wenn diese Kapazität auf einen bestimmten Mindestwert aufgeladen ist. Dies ist in *Abb. 1.13* grafisch dargestellt.

Ab diesem Schwellwert nimmt der Kontrast mit steigender Spannung zu, bis er 100 % erreicht hat (*Abb. 1.14*). Somit kann eine Kontrasteinstellung durch Einstellen der Steuerspannung erfolgen.

LCDs werden gemultiplext betrieben. Die Segmente bilden elektrisch eine Matrix (*Abb. 1.15*). Die gemeinsamen Anschlüsse gleicher Segmente COM werden nacheinander an eine Spannung gelegt (*Abb. 1.16*, COM1 bis COMn). Diese genügt noch nicht zum Einschalten. Soll ein Segment eingeschaltet werden, erhält der Anschluss SEG eine negative Spannung. Erst die am Segment wirksame Differenz der Spannungen (UD --US = UD + US) überschreitet die On-Schwelle. Normalerweise sind UD und US betragsgleich. Da Differenzwerte von 5 V völlig genügen, nimmt man ein sogenanntes Level Shifting oder Biasing vor und halbiert die üblichen Betriebsspannungen von z. B. 5 V. In *Abb. 1.17* geschieht das durch die 1-kOhm-Widerstände. Ein PIC16C55 steuert hier ein vierstelliges LCD an. Jedes I/O-Pin steuert den Zustand von zwei Segmenten. Eine Stelle hat einschließlich Dezimalpunkt acht Segmente, daher sind 16 I/O-Pins eingebunden.

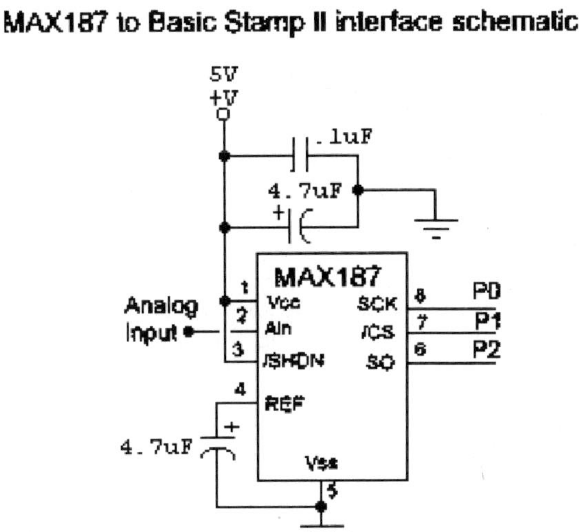

Abb. 1.12: Quelle: Wilson Shaun, MAX 187 to Basic Stamp, http://geocities.com/Silicon-Valley/Orchard/6633/hstamp.html

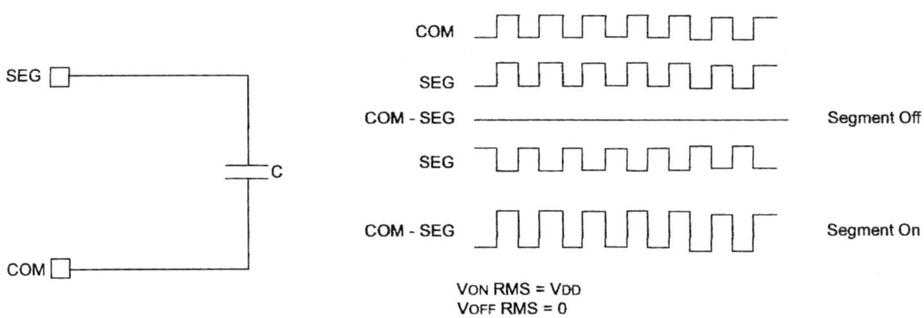

Abb. 1.13: Quelle: Al Lovrich, Using PIC16C5X Microcontrollers as LCD Drivers, Micrichip Application Note 563

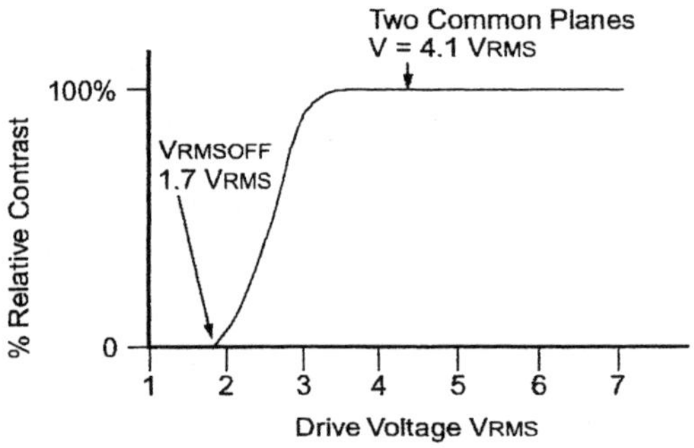

Abb. 1.14: Quelle: Al Lovrich, Using PIC16C5X Microcontrollers as LCD Drivers, Microchip Application Note 563

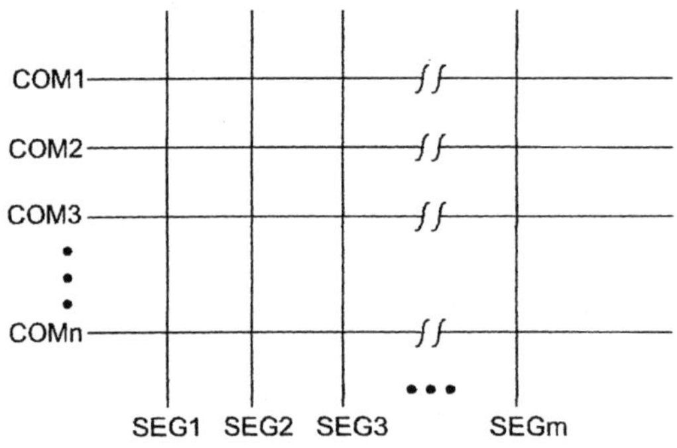

Abb. 1.15: Quelle: Al Lovrich, Using PIC16C5X Microcontrollers as LCD Drivers, Microchip Application Note 563

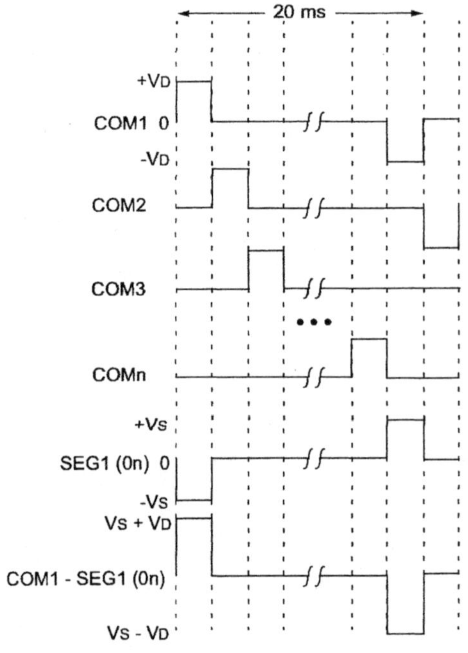

Abb. 1.16: Quelle: Al Lovrich, Using PIC16C5X Microcontrollers as LCD Drivers, Microchip Application Note 563

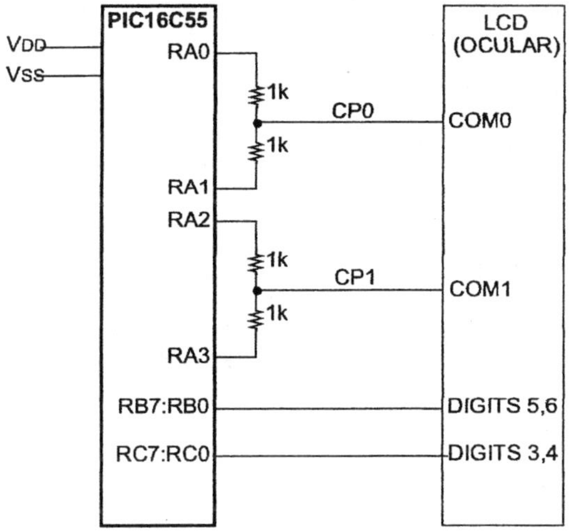

Abb. 1.17: Quelle: Al Lovrich, Using PIC16C5X Microcontrollers as LCD Drivers, Microchip Application Note 563

1.14 Eindrahtkommunikation mit einem PIC

Das Eindraht-Protokoll (1-Wire Protocol) ist ein eingetragenes Warenzeichen von Maxim/Dallas Semiconductor und wird in der Quelle näher beschrieben. *Abb. 1.18* zeigt das Diagramm. 1-Wire ist nicht für den UNI/O Bus geeignet. Microchip hat ein Single-Wire-Kommunikationsprotokoll für den UNI/O Bus entwickelt.

Die PIC-Mikrocontroller haben mehrere General Purpose Input/Output Pins (GPIO) und können leicht für das 1-Wire Protocol konfiguriert werden. Die hierbei eingebundenen 1-Wire-Bausteine erlauben Lösungen für die Identifikation, das Speichern, Zeitsteuerungen, Messungen und Steuerungen. Typisch wird mit einer Datenrate von 16 kbps gearbeitet.

Wie aus *Abb. 1.19* ersichtlich, benötigt man einen Widerstand gegen Betriebsspannung bei der Eindrahtverbindung eines PICs mit einem 1-Wire-Baustein wie dem DS2411.

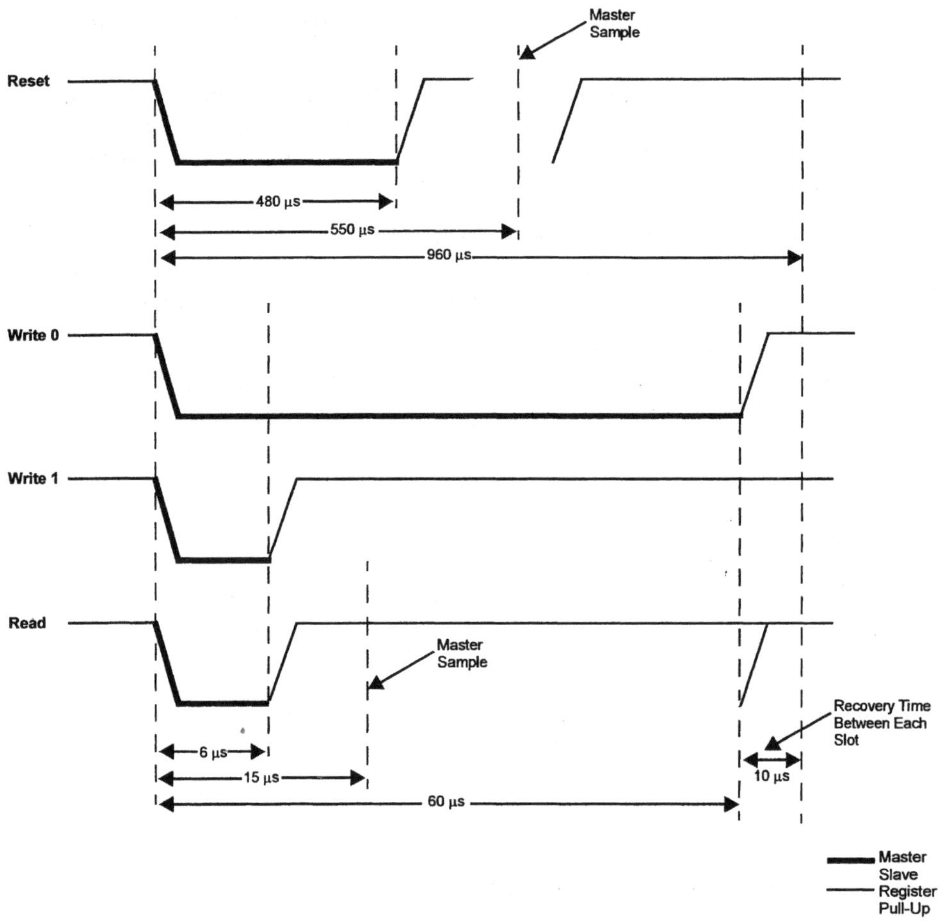

Abb. 1.18: Quelle: Sashavalli Maniyar, 1-Wire Communication with PIC Microcontroller, Microchip Application Note 1199

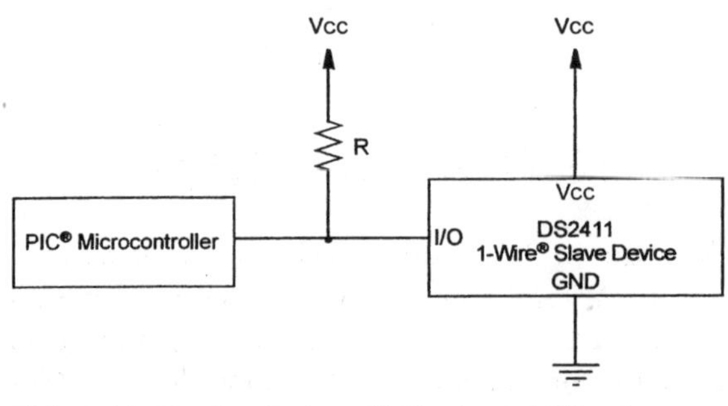

Abb. 1.19: Quelle: Sashavalli Maniyar, 1-Wire Communication with PIC Microcontroller, Microchip Application Note 1199

1.15 UNI/O-Bus-kompatible serielle EEPROMs am PIC

Nach *Abb. 1.20* ist es möglich, einen seriellen EEPROM über eine einzige Verbindung gemäß dem UNI/O-Bus-Protokoll mit einem PIC-Mikrocontroller zu verbinden. Damit steht die maximal mögliche Zahl weiterer I/O-Pins für andere Zwecke zur Verfügung.

Die 1XXX-Familie enthält mehrere geeignete Vertreter für viele Anwendungen und ist kompatibel zum UNI/O Bus. Sie bieten 1 bis 16 KB bei sehr kleinem Gehäuse, Taktgeschwindigkeiten für den Bus von 10 bis 100 kHz und Low-Power-Betrieb an 1,8 bis 5,5 V.

Der empfohlene Pull-up-Widerstand hat 20 kOhm (1), und die Bausteine sollten Entkoppelkondensatoren erhalten (2).

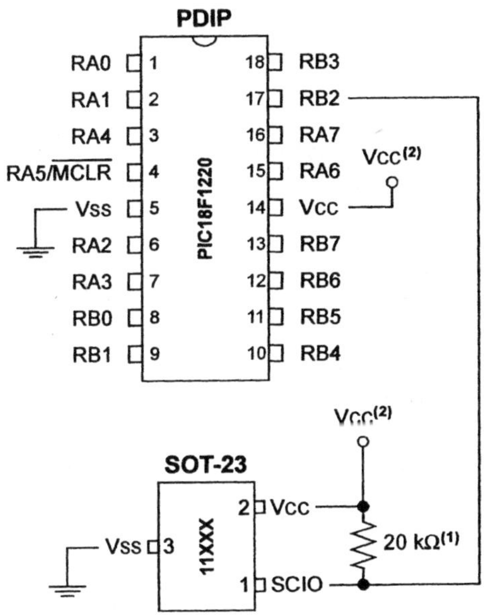

Abb. 1.20: Quelle: Chris Parris, Interfacing PIC18 MCUs with UNI/O Bus-Compatible Serial EEPROMs, Microchip Application Note 1183

1.16 I²C-kompatible serielle EEPROMs an PIC10/12

Die seriellen EEPROMs 24LCXXB sind zum I2C-Bus kompatibel und können darüber mit PICs verbunden werden. Sie werden im Standardmodus mit 100 kHz und im Fast-Mode mit 400 kHz getaktet. *Abb. 1.22* zeigt die Zusammenschaltung mit einem PIC10F202. *Abb. 1.22* zeigt die Verbindung mit einem PIC12F675. Für den Fast-Modus ist der Wert des Pull-up-Widerstands an der Leitung SDA (1) auf 2 kOhm zu senken. Die Pins 1, 2 und 3 des 24LCXXB sind intern nicht miteinander verbunden (2).

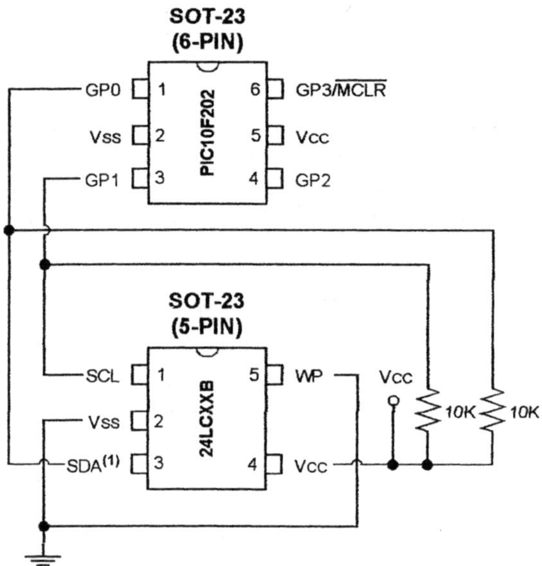

Abb. 1.21: Quelle: Chris Parris, Interfacing I²C Serial EEPROMs to PIC10 and PIC12 Devices, Microchip Application Note 982

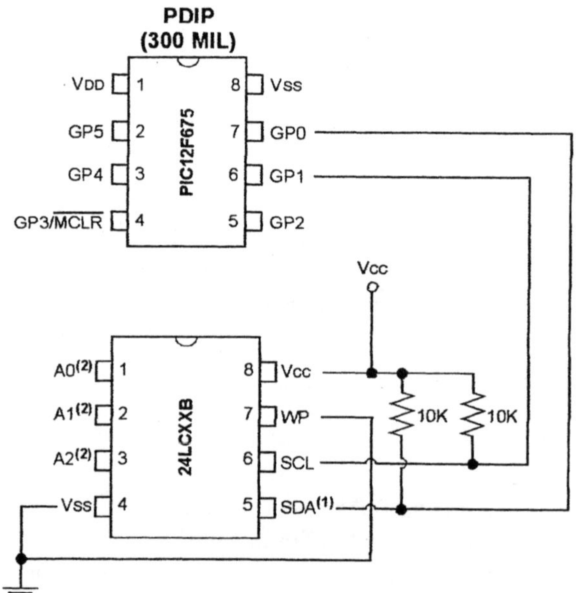

Abb. 1.22: Quelle: Chris Parris, Interfacing I²C Serial EEPROMs to PIC10 and PIC12 Devices, Microchip Application Note 982

1.17 LCD-Modul am PIC

Wenn man einen PIC-Mikrocontroller mittlerer Leistungsfähigkeit, wie den PIC-16C5X, mit einem LCD-Modul wie dem Hitachi LM032L verbinden möchte, hat man drei grundsätzliche Möglichkeiten: nach *Abb. 1.23* per 8-Bit-Interface, nach *Abb. 1.24* im 4-Bit-Modus bei Datenübertragung mit dem hohen Nibble und nach *Abb. 1.25* im 4-Bit-Modus bei Datenübertragung mit dem niedrigen Nibble des PIC-Ports. Die Verbindungen CNTL und DATA sind nutzerdefinierbar.

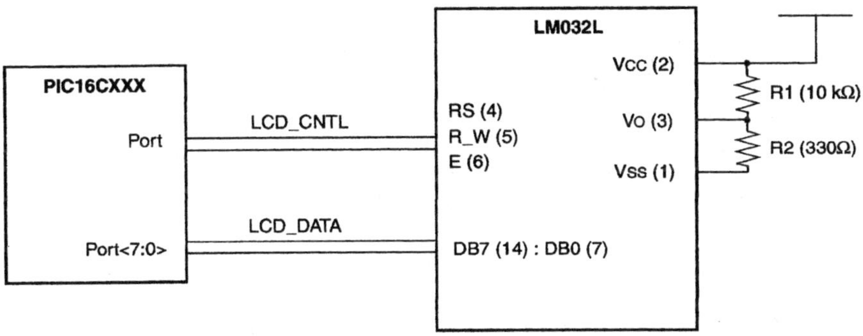

Abb. 1.23: Quelle: Mark Palmer, Interfacing PIC MCUs to an LCD Module, Microchip Application Note 587

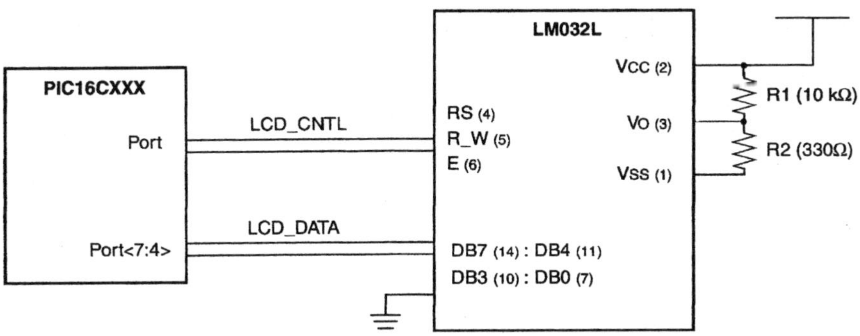

Abb. 1.24: Quelle: Mark Palmer, Interfacing PIC MCUs to an LCD Module, Microchip Application Note 587

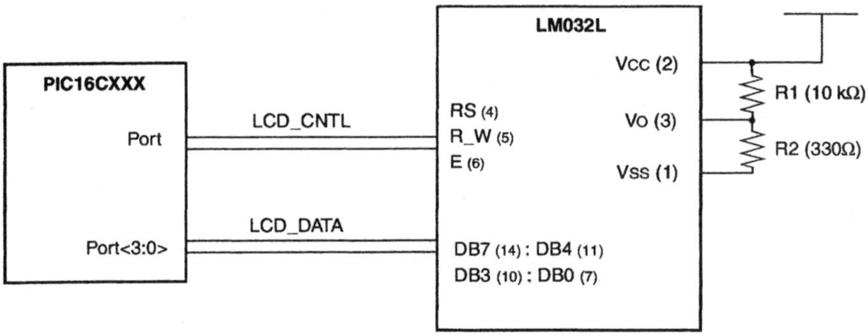

Abb. 1.25: Quelle: Mark Palmer, Interfacing PIC MCUs to an LCD Module, Microchip Application Note 587

1.18 Selbstkalibrierung des internen RC-Oszillators eines PIC

Mit der Testschaltung nach *Abb. 1.26* kann die Frequenz des internen RC-Oszillators eines PIC12F6XX auf 1 % genau automatisch kalibriert werden. Das kann bei hohen Stückzahlen, schwankender bzw. nachlassender Betriebsspannung oder stark schwankender Umgebungstemperatur sinnvoll oder notwendig sein. Man benötigt ein Oszilloskop, einen Funktionsgenerator und einen Frequenzzähler.

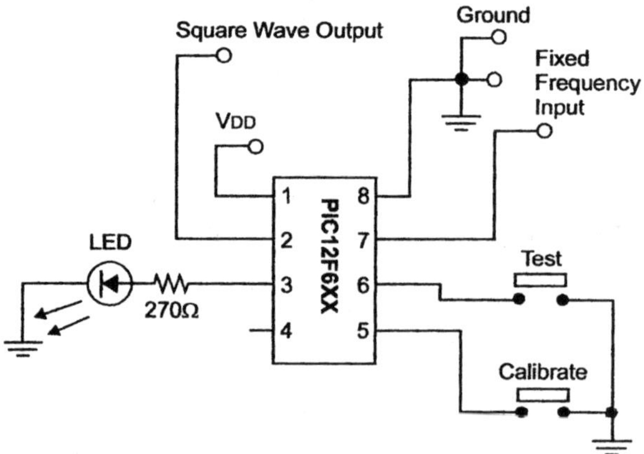

Abb. 1.26: Quelle: Mike Rylee, Auto-calibration of the PIC12F6XX Internal RC Oscillator to +/−1 %, Microchip Application Note 250

1.19 Siebensegment-LED-Anzeigen am PIC

Will man eine mehrstellige Siebensegment-LED-Anzeige an einem PIC-Mikrocontroller betreiben, muss man für Multiplexbetrieb sorgen und die entsprechenden Transistoren extern vorsehen, wie in *Abb. 1.27* gezeigt. Der Multiplexbetrieb muss mit der Firmware programmiert werden.

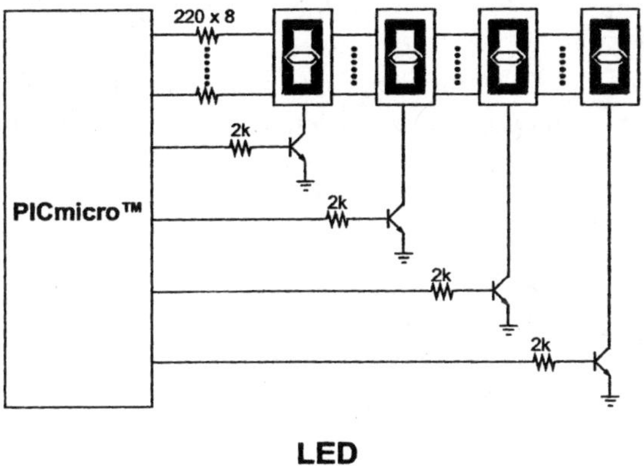

Abb. 1.27: Quelle: Rodger Richey, Yet Another Clock Featuring the PIC16C924, Microchip Application Note 649

1.20 LCD am PIC

LC-Displays lassen sich einfach an einem PIC-Mikrocontroller betreiben. Beispielsweise kann man ein vierstelliges LCD an einen PIC16C92X anschließen und benötigt dazu nur sechs zusätzliche Bauelemente, wie in *Abb. 1.28* gezeigt. Die Firmware des PICs wird damit kaum belastet.

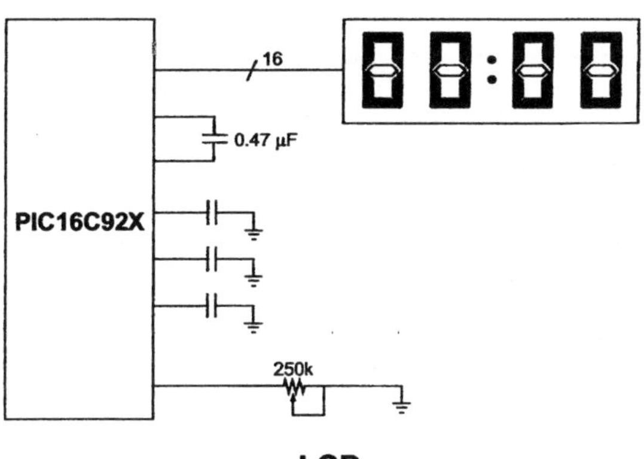

Abb. 1.28: Quelle: Rodger Richey, Yet Another Clock Featuring the PIC16C924, Microchip Application Note 649

1.21 Serieller EEPROM am PIC18

Die Firma Microchip Technology bietet eine ganze Serie serieller EEPROMs an, weil diese das Zusammenwirken mit einem Mikrocontroller ermöglichen, ohne ihm zu viele I/O-Ports zu „stehlen".

In *Abb. 1.29* ist gezeigt, wie einfach ein serieller EEPROM aus der Serie 93XXXXX an einen PIC18F1220 geschaltet werden kann. Genutzt wird hierbei der Compiler. Die Leitung CS sollte immer einen Pull-down-Widerstand erhalten (1). Das Pin PE findet man nicht an allen Vertretern der Serie, falls vorhanden, sollte man einen 10-kOhm-Pull-up-Widerstand vorsehen (2). Das Pin ORG ist nur an den 93XXXXC-Typen vorhanden (3).

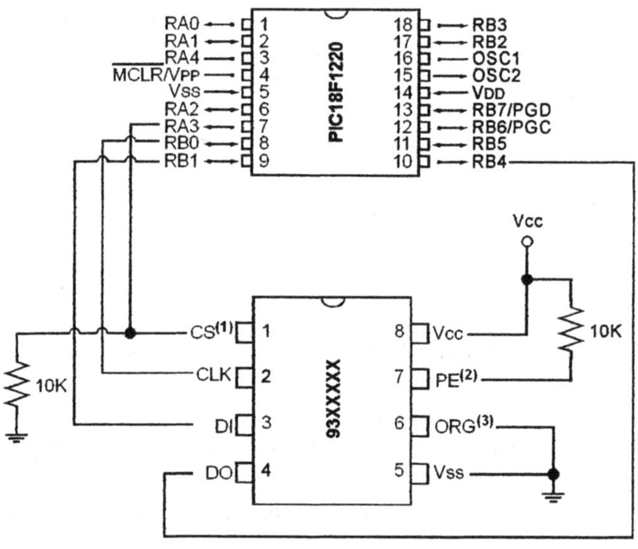

Abb. 1.29: Quelle: Chris Parris, Using the C18 Compiler to Interface Microwire Serial EEPROMs to PIC18 Devices, Microchip Application Note 1004

1.22 A/D-Wandler-Eingangsbeschaltung

Nicht wenige Mikrocontroller besitzen einen internen Analog/Digital-Konverter. Hier sollte man das Eingangssignal nicht unbedingt direkt anlegen, sondern gepuffert oder entstört. In den Abbildungen 1.30 und 1.31 wird das anhand eines PIC gezeigt. Der Puffer sorgt für einen sehr hochohmigen Eingang. Der RC-Tiefpass hat eine Grenzfrequenz von 16 kHz.

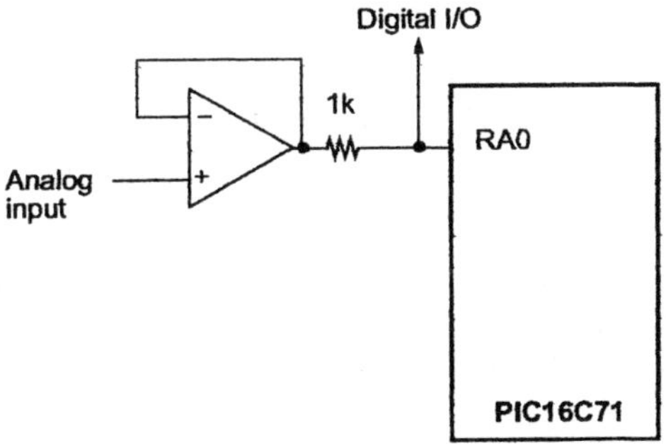

Abb. 1.30: Quelle: Stan D'Souza, Four Channel Digital Voltmeter with Display and Keyboard, Microchip Application Report 557

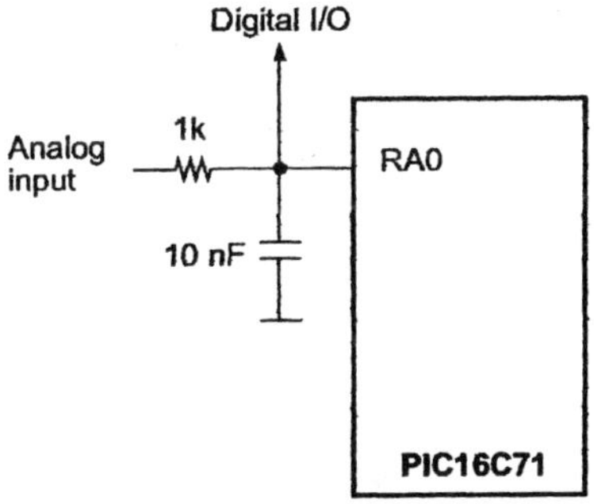

Abb. 1.31: Quelle: Stan D'Souza, Four Channel Digital Voltmeter with Display and Keyboard, Microchip Application Report 557

1.23 Vierstellige Siebensegment-Anzeige am PIC

In der Beschaltung nach *Abb. 1.32* sind Siebensegment-Anzeigen mit gemeinsamer Anode eingesetzt. Die pnp-Multiplextransistoren werden von den Ports RA0 bis RA3 angesteuert. Die Kathoden der gleichbenannten Segmente sind parallel geschaltet und liegen über je einem Widerstand an einem I/O-Pin des PICs. Der PIC treibt gleichzeitig bis zu acht LEDs (Segmente).

Über www.melabs.com/resources/samples/pbp/7segment.pbp gelangt man zum passenden Programm.

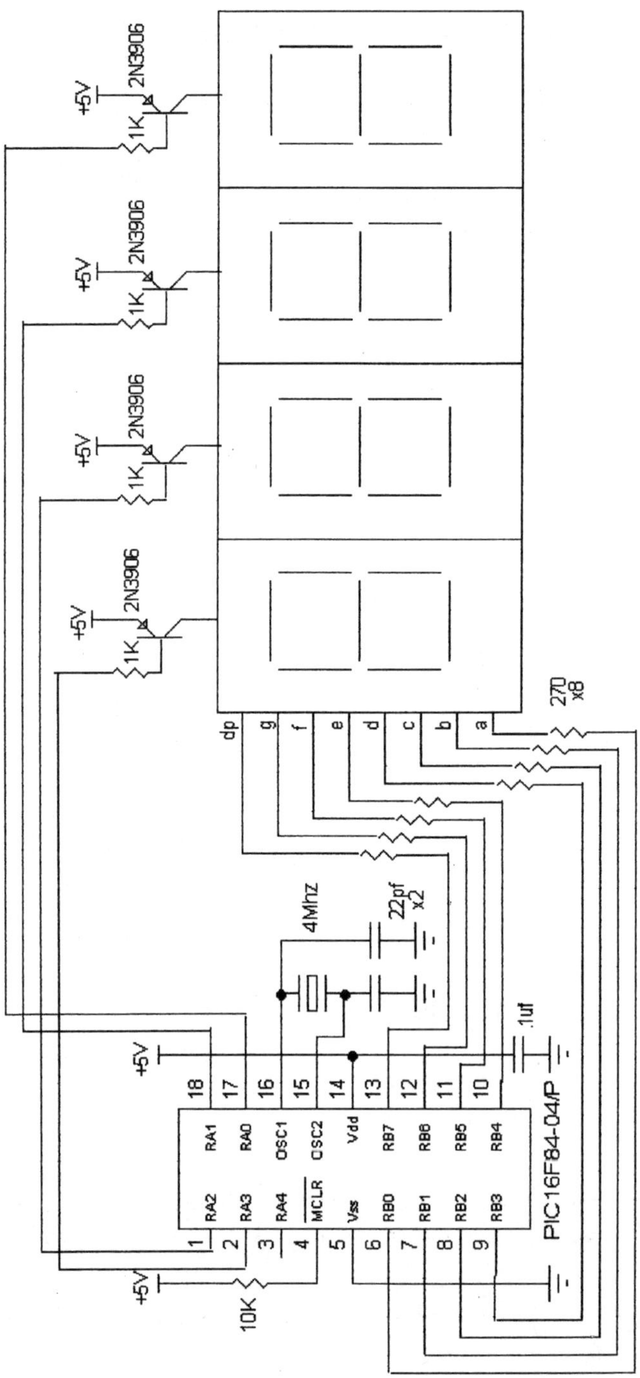

Abb. 1.32: Quelle: You Light Up My Micro, MicroComputer Journal January/February 1998

1.24 Beispielbeschaltung für LCD und Keypad

Eine sehr einfache Schaltung für Experimente mit dem AT90S2313 zeigt *Abb. 1.33*. Hier werden ein 2x16-LCD und ein 4x4-Keypad über den Mikrocontroller zusammengebracht. Der Takt basiert auf einem 4-MHz-Quarz, ist aber unkritisch. Die Tasten A...F entsprechen den Zahlen 10...16 auf dem LCD.

Da der AVR-Mikrocontroller nur 15 I/O-Oins besitzt, wird das LCD via 4-Bit-Datenbus angesteuert. Die Widerstände 10 kOhm schützen den AVR-Mikrocontroller vor Kurzschluss.

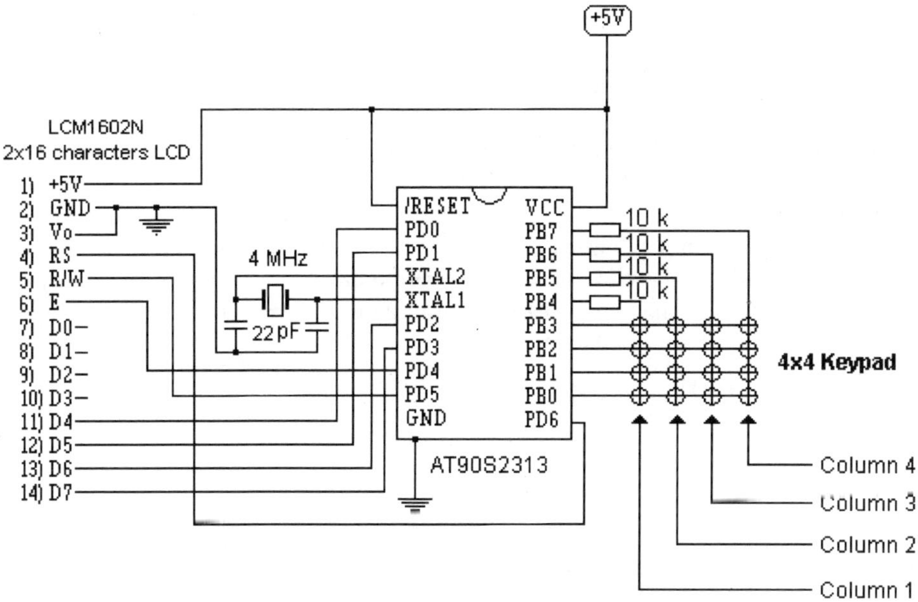

Abb. 1.33: Quelle: Vassilis Serasidis, 2x16 LCD and 4x4 keypad example, www.serasidis.gr

1.25 Externe Speicher am PIC

In *Abb. 1.34* ist grundsätzlich dargestellt, wie man einen PIC-Mikrocontroller mit externen Speichern versehen kann. Weitere Informationen erhält man aus folgenden Quellen:

Gaurang Kavaiyra, Implementing the External Memory Interface on PIC18C601/801 MCUs, Microchip Application Note 778

Tim Rovnak, External Memory Interfacing Techniques for the PIC18F8XXX, Microchip Application Note 869

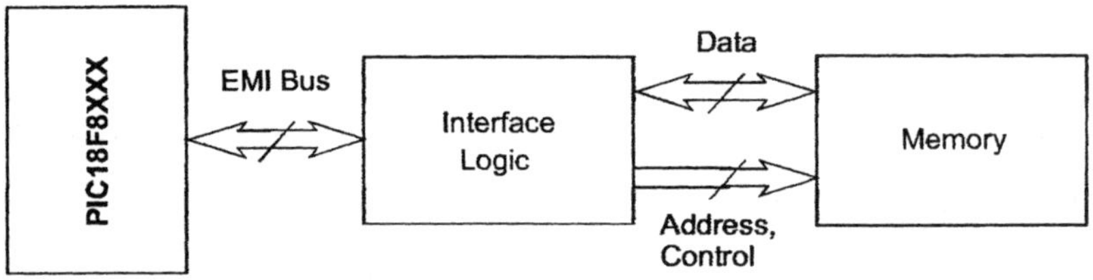

Abb. 1.34: Quelle: Microchip Technology

1.26 Dual-Speed-RC-Oszillator

Die Taktfrequenz eines PIC-Mikrocontrollers mit externer RC-Oszillatorbeschaltung hängt von den Bauelementen am Pin OSC1 ab. Beschaltet man gemäß *Abb. 1.35*, so kann der wirksame Widerstand durch den Pegel am Pin GP0 beeinflusst werden. Bei H-Pegel liegen R1 und R2 wechselstrommäßig parallel. Das bedeutet eine höhere Taktfrequenz als bei L-Pegel. In diesem Fall kann man Strom sparen, denn eine geringere Frequenz ist auch mit weniger Leistungsaufnahme verbunden.

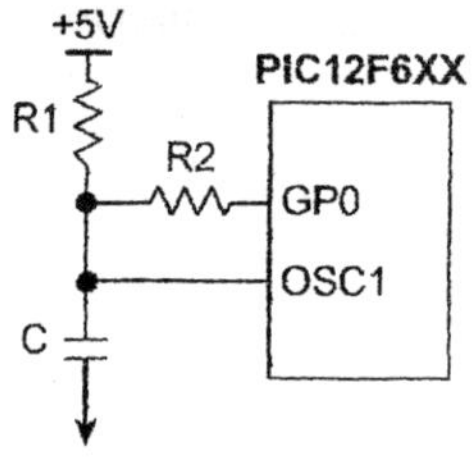

Abb. 1.35: Quelle: Compiled Tips 'n Tricks Guide, Microchip 2009

1.27 Tristate-Ausgang mit einem Pin

In *Abb. 1.36* hat der Jumper drei mögliche Zustände: nicht eingesteckt, Link 1 und Link 2. Der Kondensator wird im ersten Fall geladen bzw. entladen entsprechend dem Ausgangspegel des I/O-Pins des PICs. Die Software checkt, ob dieser Zustand vorliegt, indem sie einen H- bzw. L-Pegel ausgibt und danach das Eingangssignal analysiert. Die Zustände Link 1 (H) und Link 2 (L) können direkt gelesen werden.

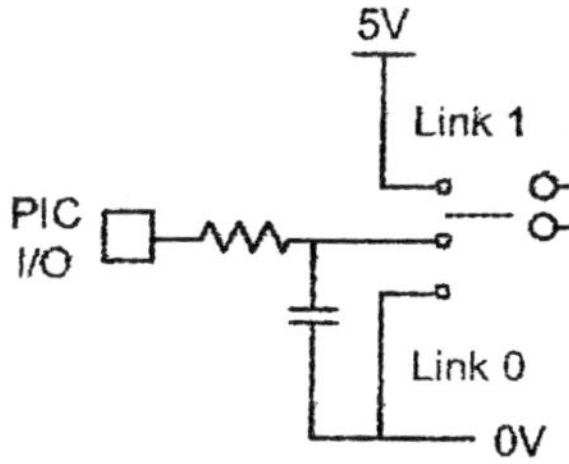

Abb. 1.36: Quelle: Compiled Tips 'n Tricks Guide, Microchip 2009

1.28 Softstart

Beispielsweise beim PIC10F200 sind fast alle internen Betriebsspannungsblöcke mit mit Shutdown-Eingängen ausgestattet, sodass man sie nutzen kann, um die MOSFET-Treiber-Ausgänge abzuschalten. Im Betrieb mit Pulsbreitenmodulation (PWM) ist es daher möglich, die Anstiegsgeschwindigkeit einer Ausgangsspannung wesentlich zu verzögern. Damit kann man Störungen vermeiden, da schnelle Stromänderungen mit entsprechend starken magnetischen Feldern verbunden sind.

In *Abb. 1.37* wird das Pin GP0 für das Auslösen des Softstarts genutzt. Liegt dieser vor, steigt die Ausgangsspannung gemäß *Abb. 1.38* in Abhängigkeit vom Tastverhältnis des PWM-Signals an.

Diese Schaltung kann nur für Schaltregler genutzt werden, die schnell auf geänderte Shutdown-Signale reagieren können.

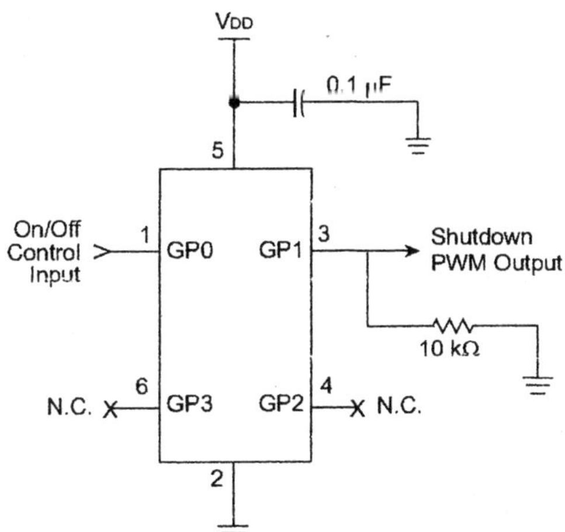

Note: Assumes SOT-23 packaging.

Abb. 1.37: Quelle: Soft-Start Controller for Switching Power Supplies, Microchip Data Sheet 91081

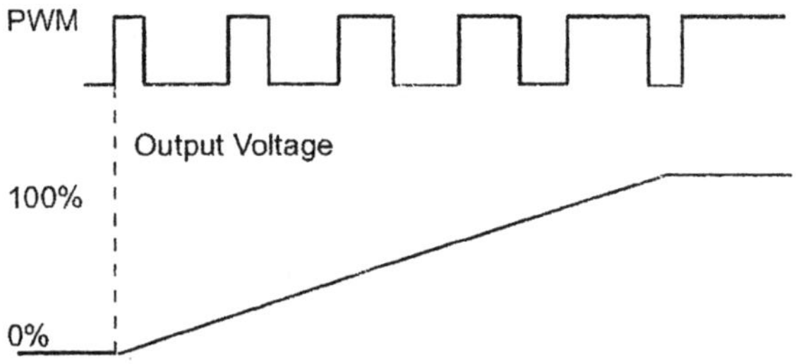

Abb. 1.38: Quelle: Soft-Start Controller for Switching Power Supplies, Microchip Data Sheet 91081

1.29 Start-up Sequencer

Einige neuere Mikrocontroller zeichnen sich durch verschiedene Betriebsspannungen für einen Chip aus (Multiple Voltage Requirement). Die Reihenfolge, in welcher diese Betriebsspannungen an- und abgeschaltet werden, kann wichtig für die Funktion sein. Eine Start-up-Sequenzer-Beschaltung beispielsweise nach *Abb. 1.39* sorgt für exakte Abläufe. Die PWM Outputs steuern die Shutdown-Eingänge von zwei SMPS-Einheiten (Switched-Mode Power Supply). Diese müssen besonders reaktionsschnell sein. Es ergeben sich Ausgangsspannungen gemäß *Abb. 1.40.*

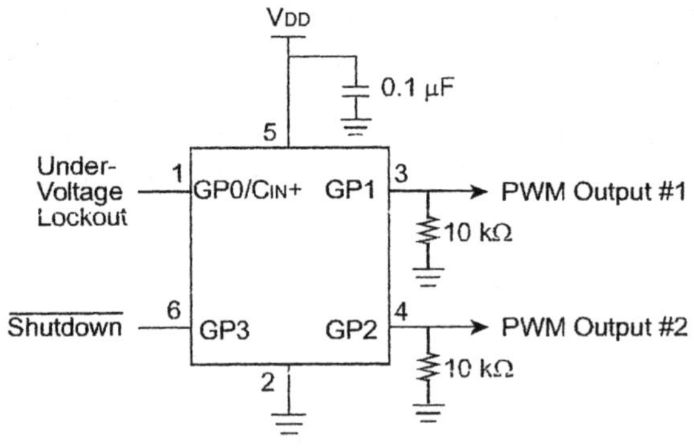

Note: Assumes SOT-23 packaging.

Abb. 1.39: Quelle: Multiple PWM Output Soft-Start Controller for Switching Power Supplies, Microchip Data Sheet 1093

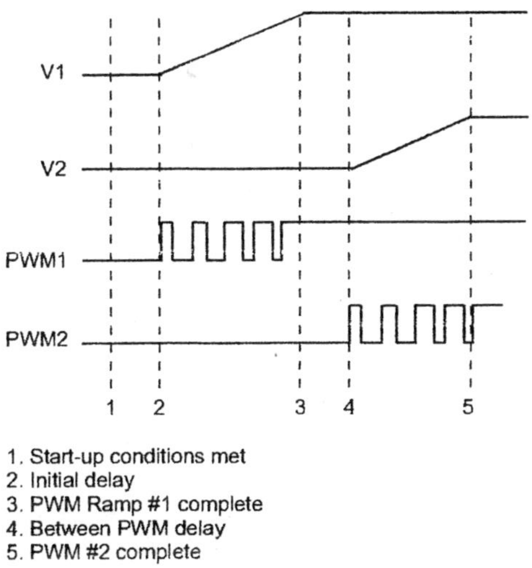

Abb. 1.40: Quelle: Multiple PWM Output Soft-Start Controller for Switching Power Supplies, Microchip Data Sheet 1093

1.30 Tracking und Proportional-Softstart

In Erweiterung des eben besprochenen Konzepts kann man absichern, dass zwei Betriebsspannungen gleichzeitig (proportional) ansteigen, wie in *Abb. 1.41* dargestellt. Dies ist beispielsweise sinnvoll oder erforderlich, wenn eine getrennte Versorgung von Mikrocontroller-Kern und -I/O-Bereich erfolgt. Auch hier erfolgt die Ansteuerung eines SMPS Controllers. Dabei wird gemäß *Abb. 1.42* der Komparator der MCU genutzt.

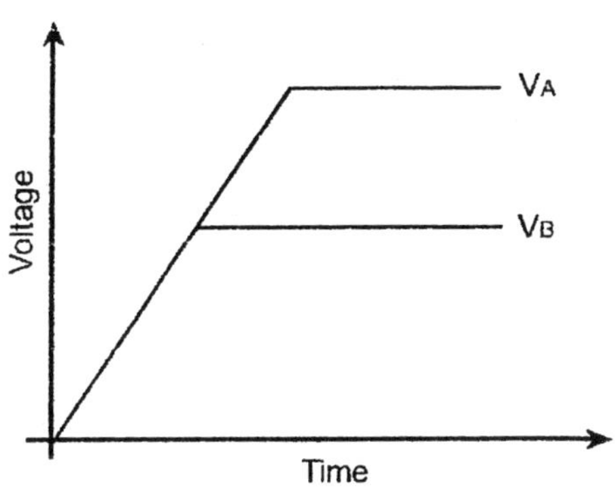

Abb. 1.41: Quelle: Compiled Tips 'n Tricks Guide, Microchip 2009

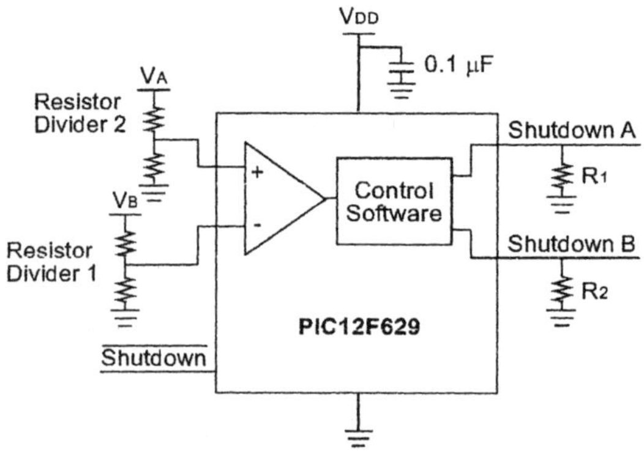

Abb. 1.42: Quelle: Compiled Tips 'n Tricks Guide, Microchip 2009

1.31 Selbststart

Gemäß der Schaltung nach *Abb. 1.43* kann ein Mikrocontroller herangezogen werden, seine eigene Betriebsspannung aufzubereiten. Grundlage ist eine Ladungspumpe (Charge Pump). Wird der Taster gedrückt, gelangt die Batteriespannung an den Mikrocontroller. Dessen Taktgenerator beginnt nun zu arbeiten. Damit kommt die Ladungspumpe in Betrieb, sodass der FET den Schalter überbrückt. Um den Powerdown-Zustand zu erreichen, wird eine Sleep-Instruktion vorgesehen.

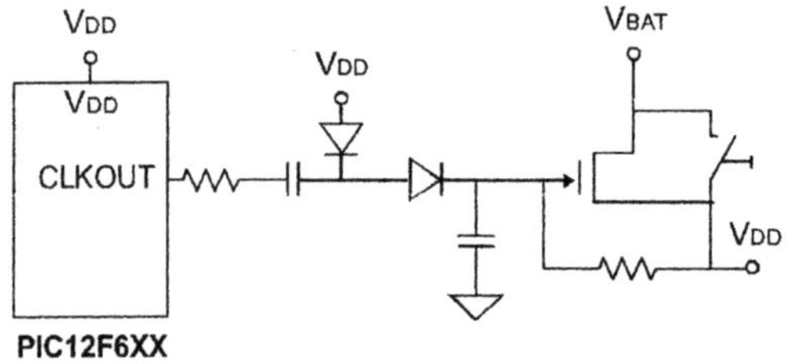

Abb. 1.43: Quelle: Compiled Tips 'n Tricks Guide, Microchip 2009

1.32 DIP-Schalter auslesen

Gemäß *Abb. 1.44* kann der Eingang eines Timers genutzt werden, um festzustellen, welcher DIP-Schalter geschlossen ist. Dazu werden die DIP-Schalter mit diesem Eingang verbunden, und dieser Verbindungspunkt wird über einen Widerstand auf H-Pegel gehalten. Bei geschlossenem DIP-Schalter erscheint dieser Pegel am entsprechenden Pin GP0 bis GP3. In *Abb. 1.45* wird ausnahmsweise das Programm dargestellt, da es so klein ist.

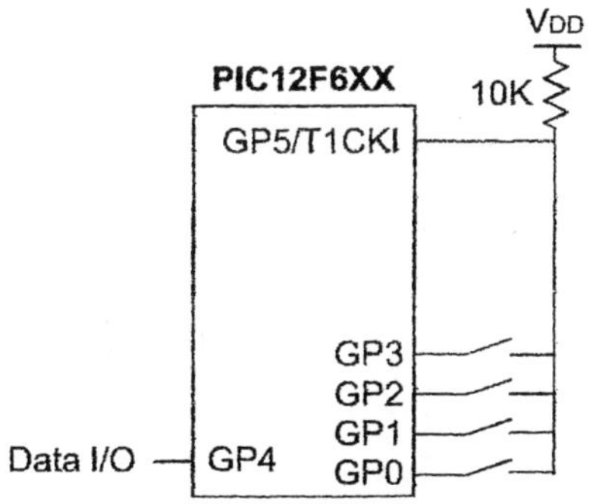

Abb. 1.44: Quelle: Compiled Tips 'n Tricks Guide, Microchip 2009

```
        movlw   b'11111111'
        movwf   TRISIO
        movwf   DIP
        movlw   b'00000111'
        movwf   T1CON
        movlw   b'11111110'
        movwf   Mask
        clrf    GPIO
LOOP
        clrf    TMR1L
        movf    Mask,W
        movwf   TRISIO
        btfsc   TMR1L,0
        andwf   DIP,F
        bsf     STATUS,C
        rlf     Mask,F
        btfsc   Mask,4
        goto    Loop
        retlw   0
```

Abb. 1.45: Quelle: Compiled Tips 'n Tricks Guide, Microchip 2009

1.33 Stromüberwachung mithilfe des A/D-Konverters

Viele PIC-Mikrocontroller besitzen beispielsweise einen internen Analog/Digital-Wandler. Diesen kann man nutzen, um den Strom für einen Verbraucher zu überwachen und erforderlichenfalls zu begrenzen. Dazu fügt man gemäß *Abb. 1.46* einen Fühlerwiderstand in den Laststromkreis gegen Masse ein und legt die daran abfallende Spannung an den A/D-Wandler-Eingang. Die Software checkt nun diese Eingangsspannung und bildet bei Überschreitung ein Warnsignal. Dieses kann eine akustische oder optische Meldung auslösen oder ein Relais dazu bringen, den Laststromkreis zu unterbrechen.

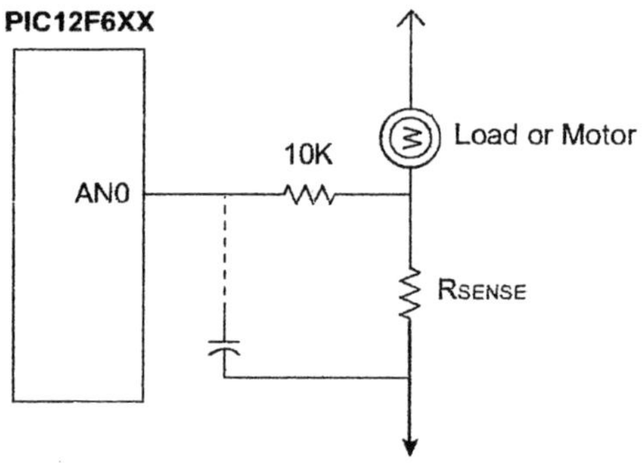

Abb. 1.46: Quelle: Compiled Tips 'n Tricks Guide, Microchip 2009

1.34 Tipps für den PIC-Oszillator

Für die Gestaltung des Oszillators bei PICs gibt es viele Möglichkeiten, doch welche ist optimal? In der Quelle werden u. a. die Kondensatorauswahl, das richtige Layout und das Testen der Funktion beschrieben. Beispielsweise wird der Quarz durch zwei Bürdekondensatoren gemäß *Abb. 1.47* an Masse gelegt. Wirksam über dem Quarz wird die Gesamtkapazität der Reihenschaltung. Ein verbessertes Verhalten kann durch zusätzliche Widerstände gemäß *Abb. 1.48* erzielt werden, von denen einer entbehrlich ist, wenn man den anderen einstellbar macht (*Abb. 1.49*). Für Testzwecke ist es sinnvoll, die Oszillatorbeschaltung gemäß *Abb. 1.50* aufzutrennen, einen Signalgenerator einzusetzen und Messungen mit Tastköpfen vorzunehmen.

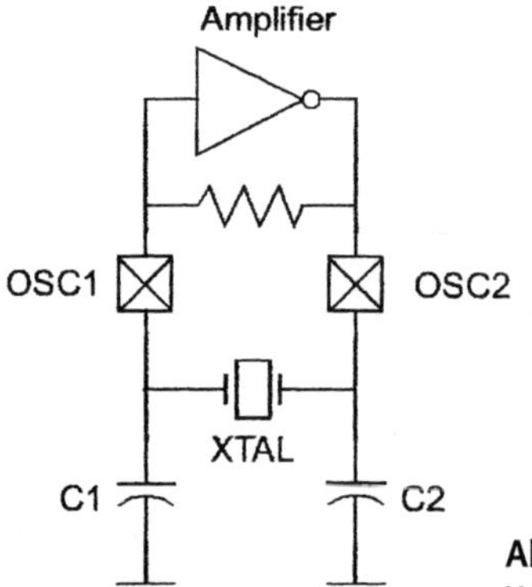

Abb. 1.47: Quelle: Brett Duane, Making Your Oscillator Work, Microchip Application Note 949

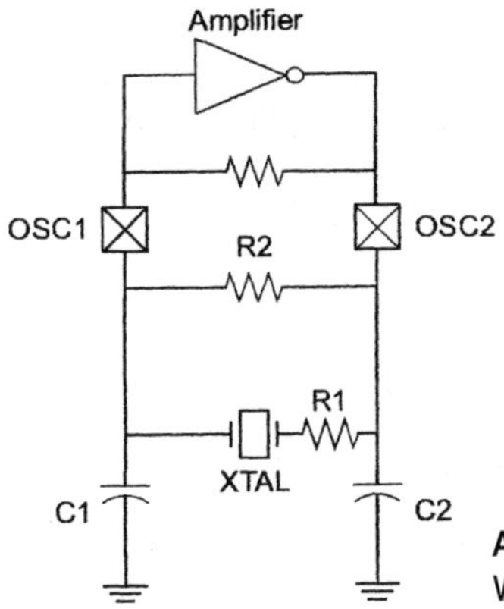

Abb. 1.48: Quelle: Brett Duane, Making Your Oscillator Work, Microchip Application Note 949

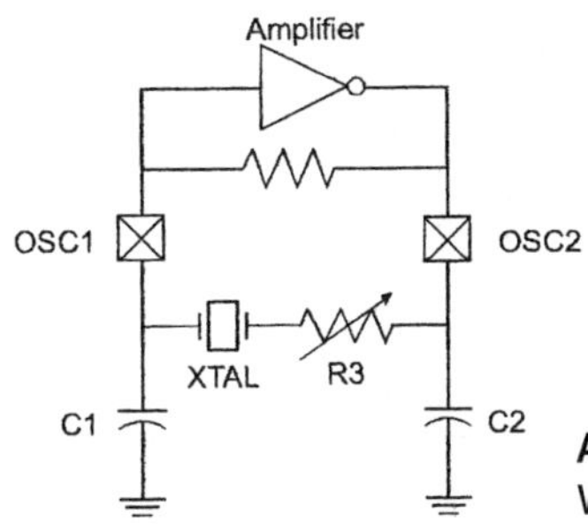

Abb. 1.49: Quelle: Brett Duane, Making Your Oscillator Work, Microchip Application Note 949

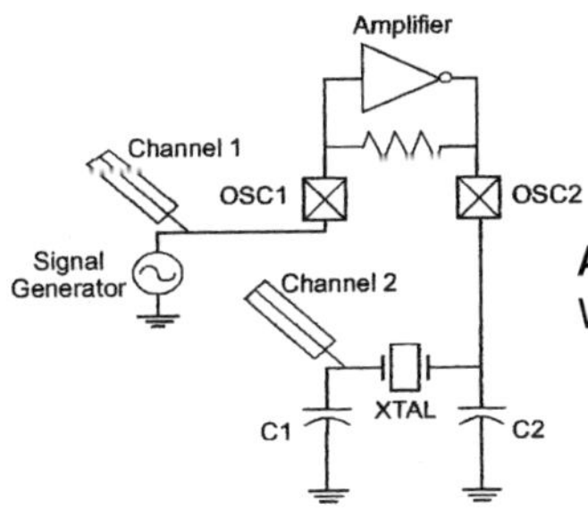

Abb. 1.50: Quelle: Brett Duane, Making Your Oscillator Work, Microchip Application Note 949

1.35 Serielle EEPROMs über drei Leitungen am PIC

Viele Mikrocontroller sind heute in Steuerungssysteme eingebunden, welche flüchtige Speicher benötigen. Als solche werden serielle EEPROMs bevorzugt, da sie klein, preiswert und energieeffizient sind. EEPROMs von Microchip erfüllen die entsprechenden Forderungen und können beispielsweise über drei Leitungen in sogenannter Microwire-Technik mit dem PIC-Mikrocontroller verbunden werden.

Abb. 1.51 zeigt eine Schaltung für den Anschluss eines EEPROMS vom Typ 93XXXXX an einen PIC16F54. Pin CS sollte stets den Pull-down-Widerstand 10 kOhm besitzen (1). Das PE-Pin ist nur an einigen Typen vorhanden (2), ebenso das Pin ORG (3).

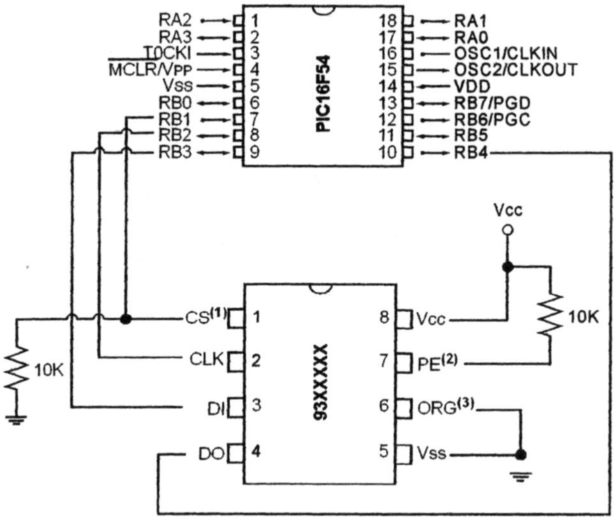

Abb. 1.51: Quelle: Chris Parris, Interfacing Microwire Serial EEPROMs to PIC16 Devices, Microchip Application Note 993

1.36 Serielle EEPROMs über zwei Leitungen am PIC10/12

Die seriellen EEPROMs 24LCXXB von Microchip sind kompatibel zum Zweidrahtbus I2C. Dabei ist der 100-kHz-Standard- und der schnelle 400-kHz-Modus möglich.

In *Abb. 1.52* wird das Zusammenschalten eines seriellen EEPROMs mit einem PIC10F202 dargestellt. Das Pin SDA benötigt einen Pull-up-Widerstand von 10 kOhm für 100 kHz und 2,2 kOhm für 400 kHz (1).

In *Abb. 1.53* ist die Zusammenschaltung eines seriellen EEPROMs mit einem PIC12F675 gezeigt. Das Pin SAD benötigt ebenfalls einen Pull-up-Widerstand (1). Die Pins A0, A1 und A2 sind intern verbunden (2).

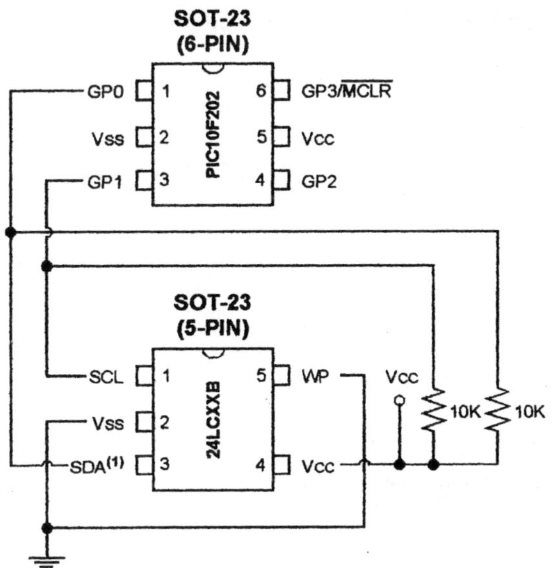

Abb. 1.52: Quelle: Chris Parris, Interfacing I²C Serial EEPROMs to PIC10 and PIC12 Devices, Microchip Application Note 982

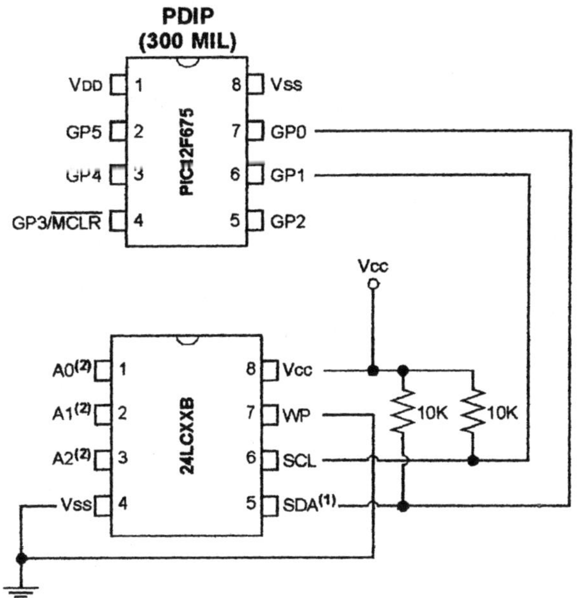

Abb. 1.53: Quelle: Chris Parris, Interfacing I²C Serial EEPROMs to PIC10 and PIC12 Devices, Microchip Application Note 982

1.37 MSSP-Modul ermöglicht EEPROM-Anschluss am PIC16

Einige PIC-Mikrocontroller besitzen einen Master Synchronous Serial Port (MSSP). Das entsprechende Modul ermöglicht die Verbindung externer serieller EEPROMs mit dem PIC über drei Leitungen. In *Abb. 1.54* ist die sehr einfache Schaltung dargestellt. Der PIC16F877A hat ein Gehäuse PDIP.

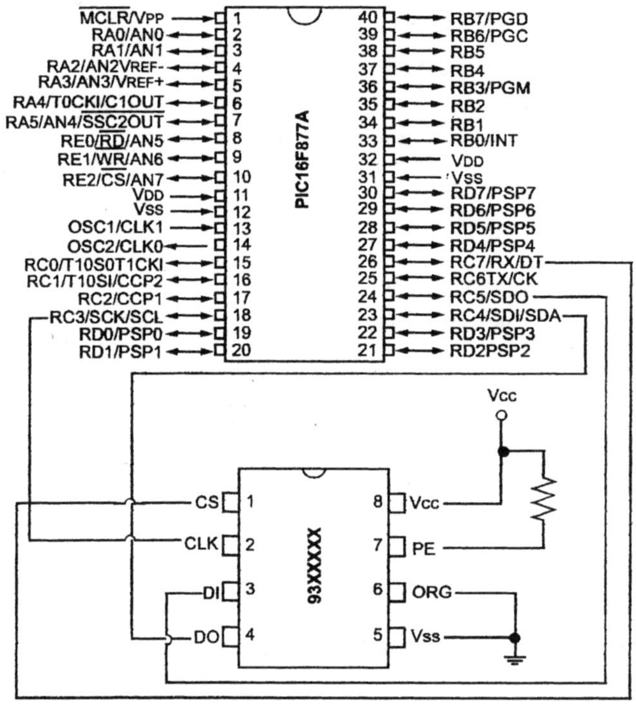

Abb. 1.54: Quelle: Martin Kvasnicka, Using the MSSP Module to Interface Microwire Serial EEPROMs to PIC16 Devices, Microchip Application Note 975

1.38 PIC16 kommuniziert über I²C

Zum Anschluss von seriellen EEPROMs an seine Mikrocontroller hat Microchip eine Zweidrahttechnik eingeführt, die zum I²C-Bus kompatibel ist. In *Abb. 1.55* ist das Übertragungsprotokoll skizziert. In *Abb. 1.56* ist die grundsätzliche Zusammenschaltung mit EEPROMs vom Typ 24CXX und 85CXX dargestellt. Am Mikrocontroller werden die Ports RB6 und RB7 genutzt.

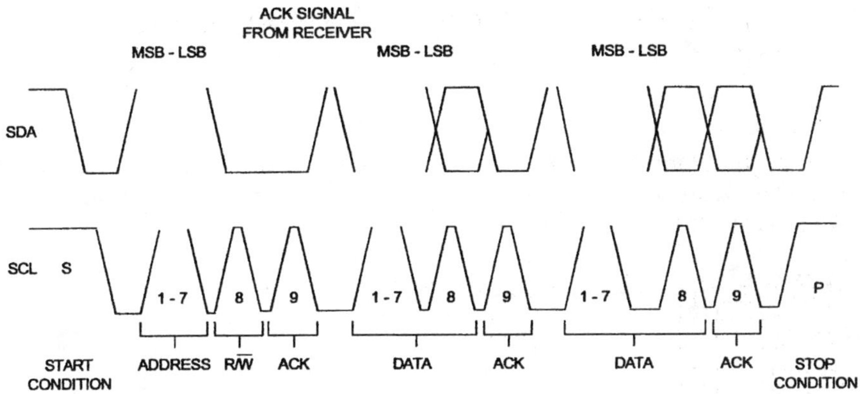

Abb. 1.55: Quelle: Communicating with the I²C Bus Using the PIC16C5X, Microchip Application Note 515

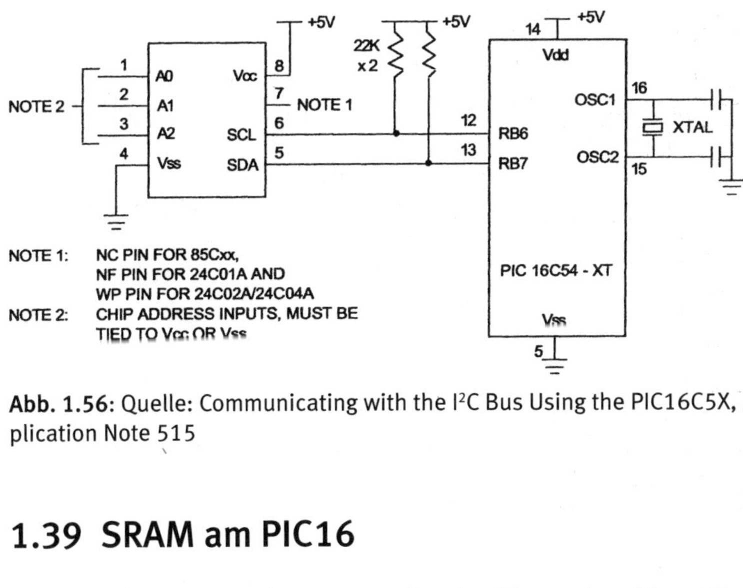

Abb. 1.56: Quelle: Communicating with the I²C Bus Using the PIC16C5X, Microchip Application Note 515

1.39 SRAM am PIC16

Es gibt mehrere Anwendungen, wo eine signifikante Anzahl von Daten zu speichern ist. Eine solche Anwendung ist beispielsweise die Speicherung digitalisierter Sprache. Der interne Speicher eines Mikrocontrollers reicht dann oft nicht aus. Manche Applikationen benötigen aber nur niedrige Frequenzen, sodass ein schneller Adress- und Datenbus sowie ein teurer FSRAM nicht erforderlich sind.

Der PIC16C74 beispielsweise besitzt ein solches Busmodul überhaupt nicht. In *Abb. 1.57* werden daher I/O-Ports genutzt. Der Mikrocontroller läuft dabei mit z. B. 20 MHz. Insgesamt werden 19 Port-Pins für den parallelen Datentransfer benutzt.

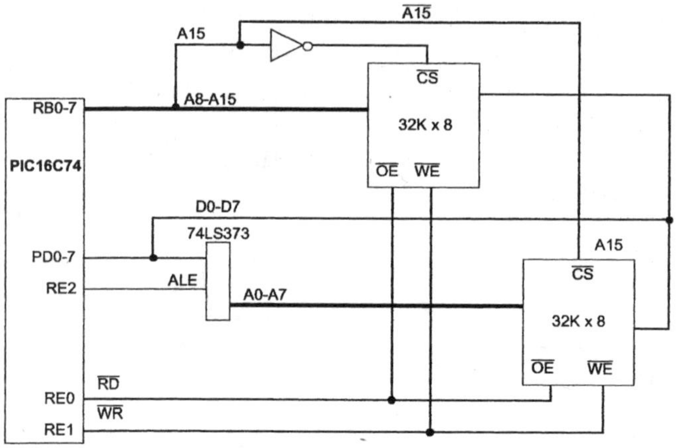

Abb. 1.57: Quelle: Rick Evans, Using SRAM with a PIC16CXXX, Microchip Technical Brief 011

1.40 Serieller EEPROM via I²C am PIC18

Mit den seriellen EEPROMs vom Typ 24LCXXB sind sowohl der Standardmodus 100 kHz als auch der schnelle Modus 400 kHz bei der Datenübertragung über zwei Leitungen möglich. In *Abb. 1.58* werden die I/O-Ports RB5 und RB4 des Mikrocontrollers genutzt, um die Verbindung zum EEPROM herzustellen. Das Pin SDA des Speicherbausteins ist ein sogenanntes Open-Drain Terminal, daher der Pull-up-Widerstand. Für 400 kHz beträgt er 2,2 kOhm. Da der Schreibschutz nicht benötigt wird, liegt WP an Masse.

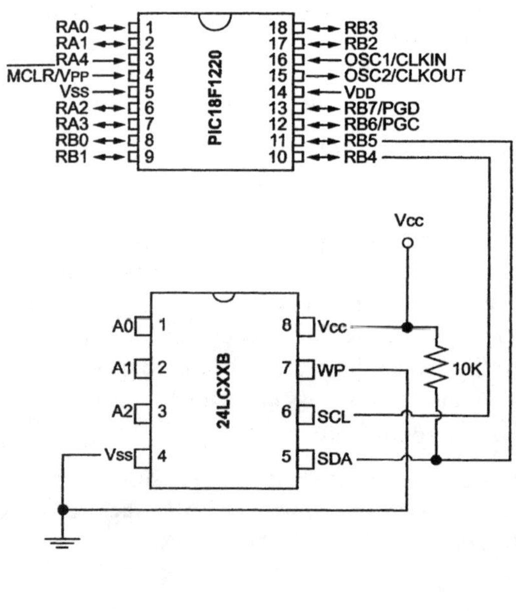

Abb. 1.58: Quelle: Chris Parris, Interfacing I²C Serial EEPROM to PIC18 Devices, Microchip Application Note 979

1.41 EEPROM am PIC18 mit Compiler und I²C

In *Abb. 1.59* ist dargestellt, wie ein serieller EEPROM vom Typ 24XXX an einen PIC18F1220 angeschlossen werden kann. Im Gegensatz zur eben besprochenen Schaltung mit einem 24LCXXB liegen dabei die Pins A0, A1 und A2 an Masse. Die hiermit verbundene Funktion wird nicht genutzt.

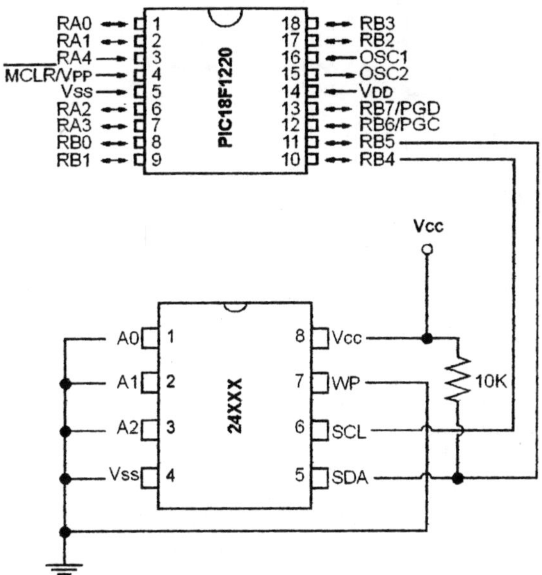

Abb. 1.59: Quelle: Chris Parris, Using the C18 Compiler to Interface I²C Serial EEPROMs with PIC18 Devices, Microchip Application Note 997

1.42 EEPROM via Microwire am PIC18

Microwire ist die Bezeichnung einer Dreidraht-Verbindungstechnik von Microchip. Diese erlaubt den einfachen Anschluss einer Vielzahl externer Speicher an Mikrocontroller. In *Abb. 1.60* sind allerdings vier Verbindungsleitungen zwischen EEPROM und PIC18F1220 zu erkennen. Das Pin CS benötigt einen Pull-down-Widerstand (1), das Pin PE ist nur an den Typen 93XX76X und 93XX86X vorhanden und benötigt dann einen Pull-up-Widerstand (2). Das Pin ORG gibt es nur bei den Typen 93XXXXC (3).

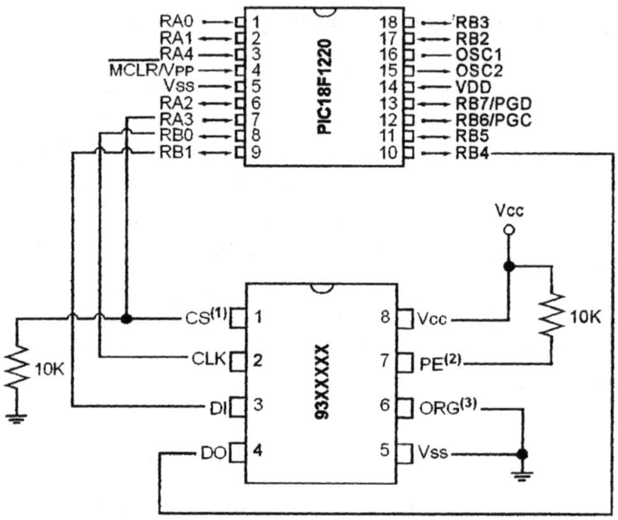

Abb. 1.60: Quelle: Chris Parris, Interfacing Microwire Serial EEPROMs to PIC18 Devices, Microchip Application Note 999

1.43 Verzögertes Rücksetzen

Eine simple Funktion wie das Rücksetzen kann oft Probleme bereiten. Dies deswegen, weil jede Applikation ganz bestimmte Bedingungen an Start-up und Power-down stellt. In den meisten allgemeinen Anwendungen muss beim Reset gesichert werden, dass ein Executing Code in sicherer Art und Weise abläuft. In vielen Fällen können Probleme mit einer einfachen Reset-Verzögerung beseitigt werden. Damit wird gesichert, dass das Reset-Signal erfolgt, wenn die Betriebsspannung stabil ist. In *Abb. 1.61* ist eine gut geeignete Beschaltung dazu gezeigt. Es wird eine Verzögerung von ca. 10 ms erreicht. Die Diode bewirkt, dass das Rückschalten hingegen kaum verzögert wird.

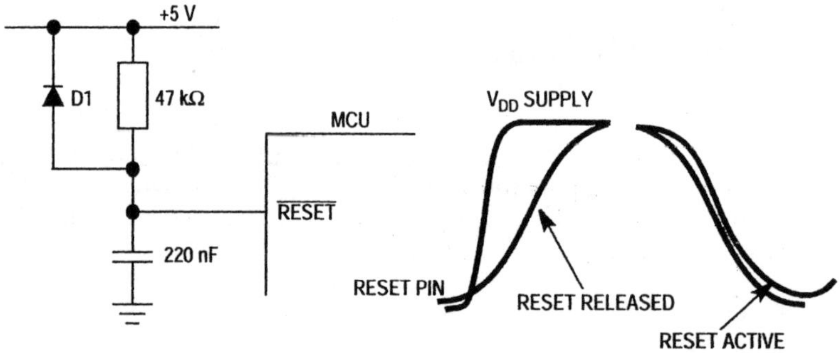

Abb. 1.61: Ross Mitchell, Resetting MCUs, Motorola Semiconductor Engineering Bulletin 413)

1.44 Konfiguration des Reset-Pins des MC68HC11

Die ideale Art der Ansteuerung des Reset-Pins des Mikrocontrollers MC68HC11 ist der Einsatz eines Low-Voltage-Inhibit-Schaltkreises (LVI). Diesen Aufwand vermeiden jedoch viele Entwickler und versuchen es daher mit einem RC-Glied. Hier muss man aber darauf achten, dass kurze Impulse nicht übergangen werden und dass die Start-up-Zeit nicht zu lang wird. Ein besonderes Problem ist ein Brown-out, wobei bei Spannungsrückgängen der EEPROM seinen Inhalt ganz oder teilweise verlieren kann. Ein Beispiel für eine gute Reset-Pin-Beschaltung wird in *Abb. 1.62* gegeben. Es kommen zwei LVI-ICs zum Einsatz. Hierbei sind sowohl ein manueller Reset als auch ein automatischer Reset möglich. Fällt die Spannung am Pin 2 unter 4,5 V, wird der Reset ausgelöst.

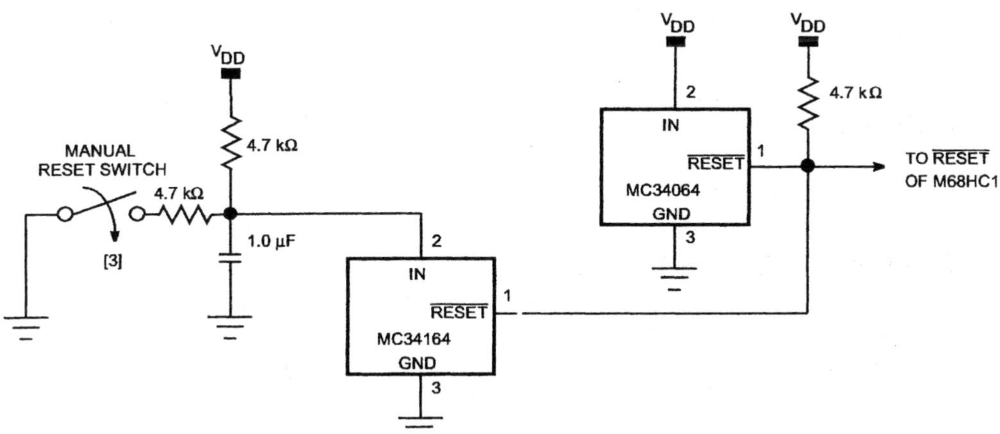

Abb. 1.62: Quelle: Janet M. Snyder, How to Configure the Reset Pin on the MC68HC11, Motorola Semiconductor Engineering Bulletin 195

1.45 Serielle Speicher an AVR-Mikrocontrollern

Wie aus *Abb. 1.63* ersichtlich, werden serielle Speicher mit einem AVR-Mikrocontroller AT25128A/256A oder AT25F1024/2048/4096 über vier Leitungen gegen Masse verbunden. Damit sind alle Funktionen sichergestellt, wie Memory Array Burst Read, Page Burst Write, Write Protection Detection oder Access Status Information. Dies ermöglicht das interne SPI (Serial Peripheral Interface).

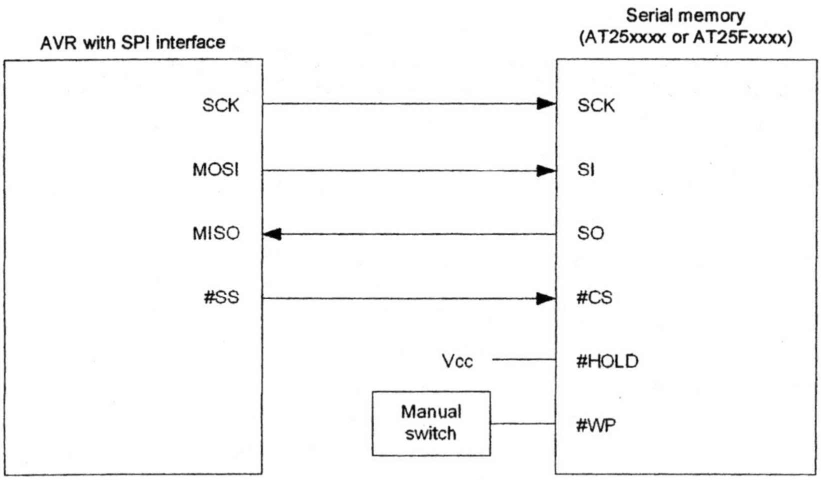

Abb. 1.63: Quelle: AVR107: Interfacing AVR serial memories, Atmel Application Note

2 Programmers und Loaders

2.1 Low-Cost Programmer für PIC16C84

Nutzt man einen PC mit Parallelport (Centronix), kann man einen PIC16C84 mit relativ wenig Aufwand programmieren. Mit der Schaltung nach *Abb. 2.1* ist das möglich, wobei die internen Daten rückgelesen werden können, ohne den PIC von der Ausgangsschaltung zu entfernen. Diese Eigenschaft ist sehr nützlich in Anwendungen, bei denen Änderungen im Programmcode oder in Programmkonstanten nötig sind, um eine optimale Anpassung an das System zu erreichen.

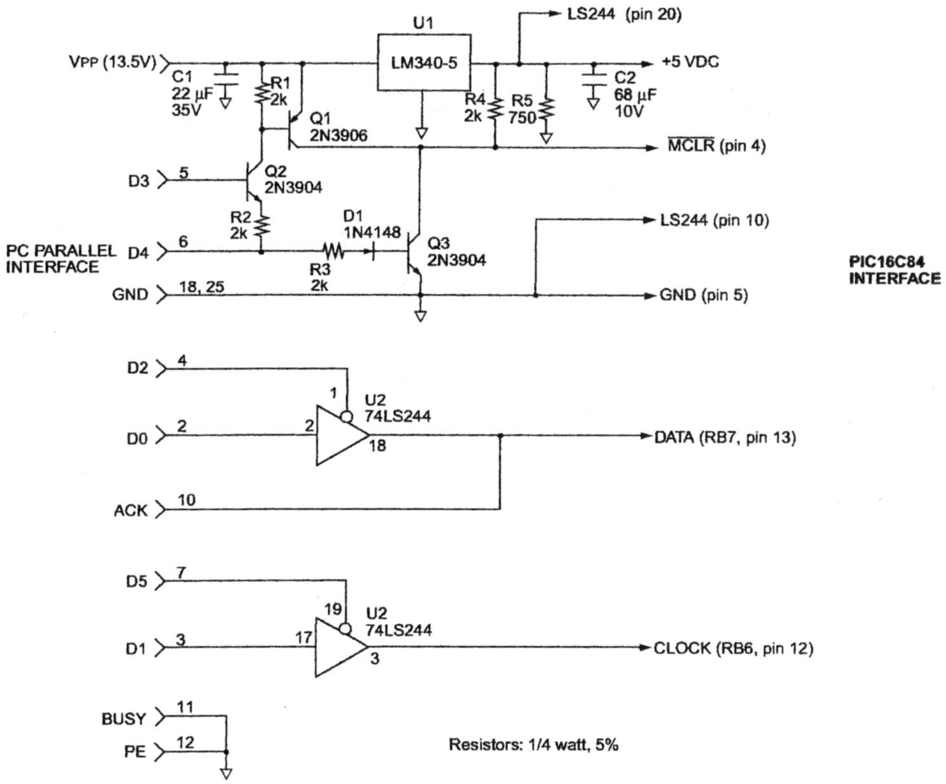

Abb. 2.1: Quelle: Robert Spur, A PC-Based Develompent Programmer for the PIC16C84, Microchip Application Note 589

Die Schaltung bringt Programmcode, Teilekonfiguration und EEPROM-Daten in den PIC und verifiziert danach diese Informationen.

Der PIC16C84 wird in den Programmiermodus gebracht, indem man L-Pegel an RB7 (Pin 13) und RB 6 (Pin 12) legt, während /MCLR (Master Clear, Pin 4) zunächst auf L gebracht wird (Reset) und danach 12...14 V erhält (Program/Verify-Spannung).

In der Schaltung bringt H-Pegel an D4 den PIC in den Reset-Modus. Die Program/ Verify-Spannung von nominell 13,5 V gelangt an den PIC-Anschluss /MCLR, wenn D4 L-Pegel und D3 H-Pegel erhält. Transistor Q2 dient dabei dem Schaltungsschutz.

Statt U1 kann auch eine anderer 5-V-Stabi-IC verwendet werden.

Die Daten und der Takt werden über Tristate Buffer (U2) angelegt.

2.2 Low-Cost USB-Programmer

Das PICkit 1 FLASH Starter ist ein kostengünstiger und leicht anzuwendender Programmer für Acht- und 14-Pin-Mikrocontroller von Microchip. Es handelt sich um eine Windows-basierte Low-Speed-USB-Applikation mit einfachem Boost-Stromversorgungsdesign. *Abb. 2.2* zeigt die leicht überschaubare Hardware, welche durch einen Boost-Spannungskonverter ergänzt wird, der die Programmierspannung von 13 V generiert.

2.3 Programmierschaltung für AVR-Mikrocontroller

Abb. 2.3 zeigt eine einfach aufzubauende Programmierschaltung für 40-Pin-Mikrocontroller AT90S4414/8515, 20-Pin-Mikrocontroller AT90S1200/2313 und 8-Pin-Controller AT90S2323/2343. Benötigt werden nur drei ICs. Die Schaltung wird an den seriellen PC-Port angeschlossen. Die Betriebsspannung kann aus einem 9-V-Steckernetzteil oder einer 9-V-Batterie stammen. Auch die USB-Spannung 5 V lässt sich bei Verzicht auf den Stabi-IC nutzen.

IC2 steuert alle Programmierungs-Tasks. Die LED zeigt den Status des Programmiervorgangs an.

Die Schaltung nutzt die Tatsache aus, dass alle AVR-Mikrocontroller ein serielles Interface (SPI, Serial-Peripheral-Interface) besitzen. Dieser SPI-Port besteht lediglich aus den Pins System Clock (SCK), Master Output/Slave Input (MOSI) und Master Input/ Slave Output (MISO). Ein AVR gelangt in den seriellen Programmiermodus, wenn man das Reset- und das SCK-Pin auf L legt. Der Mikrocontroller muss dann eine Programming-Enable Instruction ausführen, bevor er ein Programm aufnehmen kann. Folglich werden vier Pins für die Steuerung des Programmiervorgangs benötigt.

Das Listing ist im Software Center unter www.ednmag.com zu finden (Design Idea 2504).

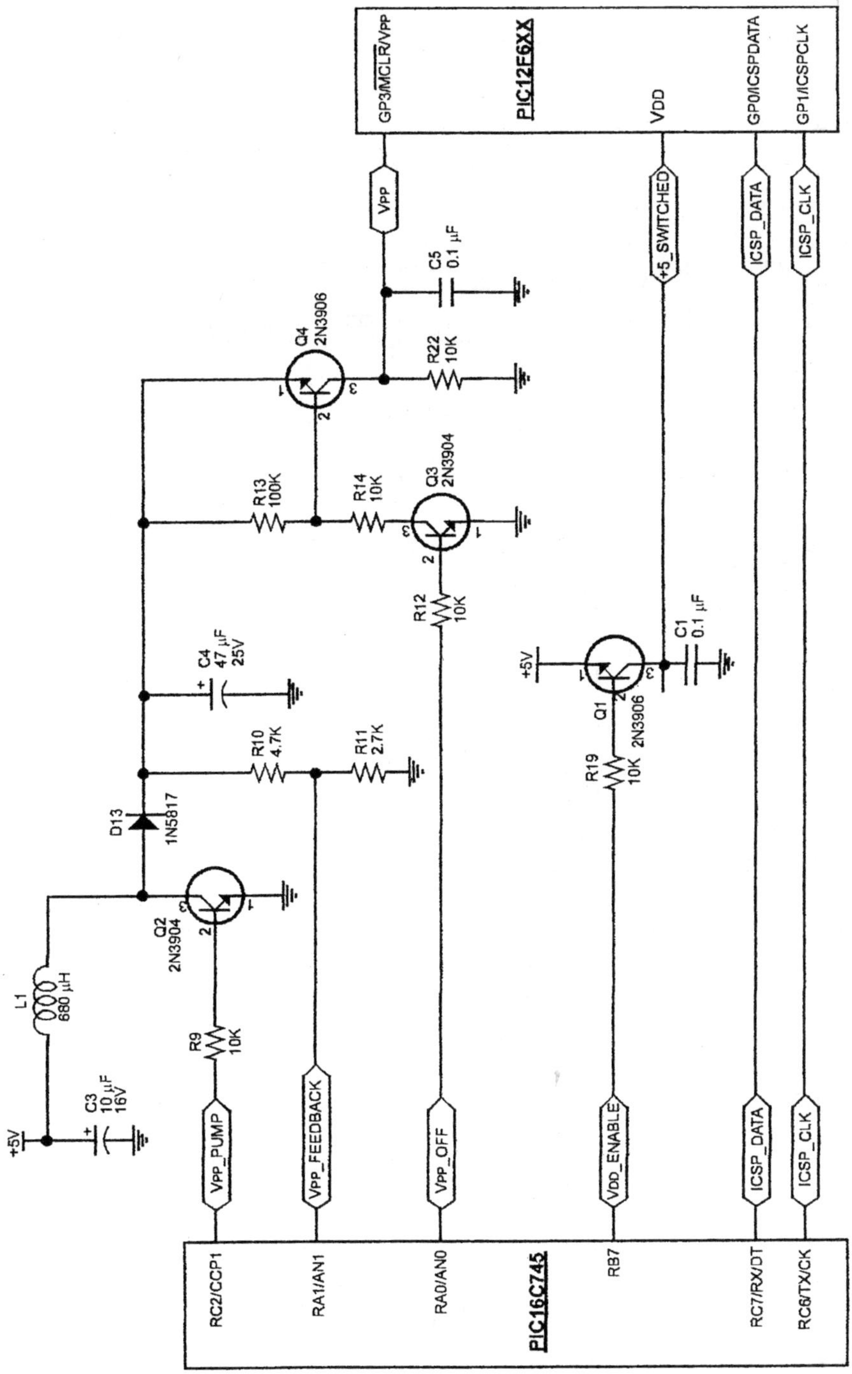

Abb. 2.2: Quelle: Dan Butler, Low Cost USB Microcontroller Programmer, Microchip Application Note 258

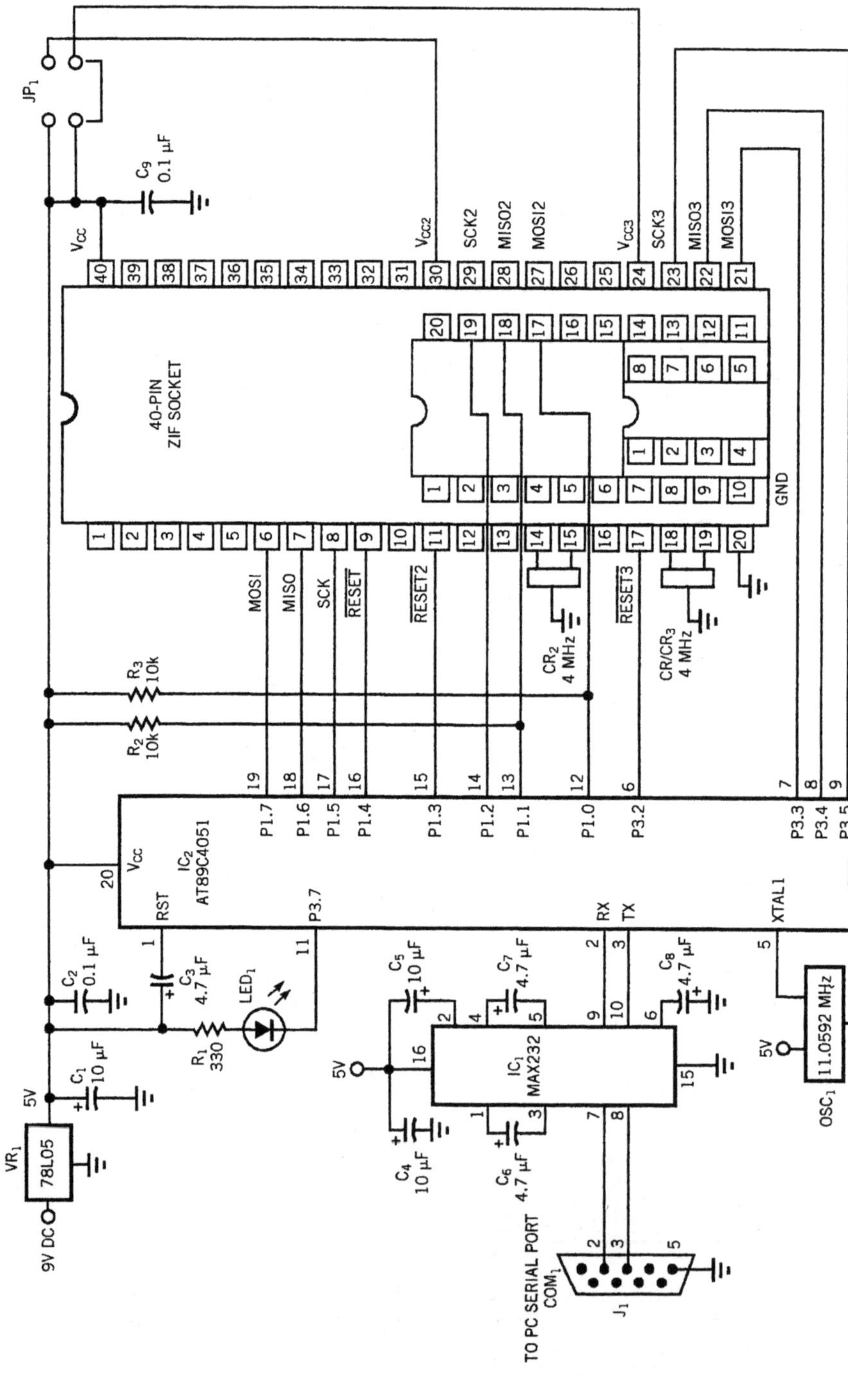

Abb. 2.3: Quelle: Guo-Yin Xu, Circuit programs Atmel AVR µCs, EDN March 30, 2000

2.4 Programmierungsadapter für AVR-Mikrocontroller

Abb. 2.4 zeigt einen Adapter zur Programmierung von 8- und 28-Pin-AVR-Mikrocontrollern. Damit ist eine In-System-Programmierung möglich (ISP, In-System Programmer).

Programmiert werden können Mikrocontroller mit acht oder 20 Pins am DIP (Dual In-Line Package).

Grundlage ist der In-System Programmer (ISP), welcher in der Atmel-AVR910 Application Note beschrieben wurde. Er sorgt auch für Betriebsspannung und Takt.
Beim Programmieren eines 8-Pin-Controllers steckt man diesen zwischen Pin 1 und 20 in die Fassung, sodass die Pins 1, 2, 3, 4, 17, 18, 19 und 20 des Sockels belegt werden.

Der SPST-Schalter muss dann geschlossen werden.

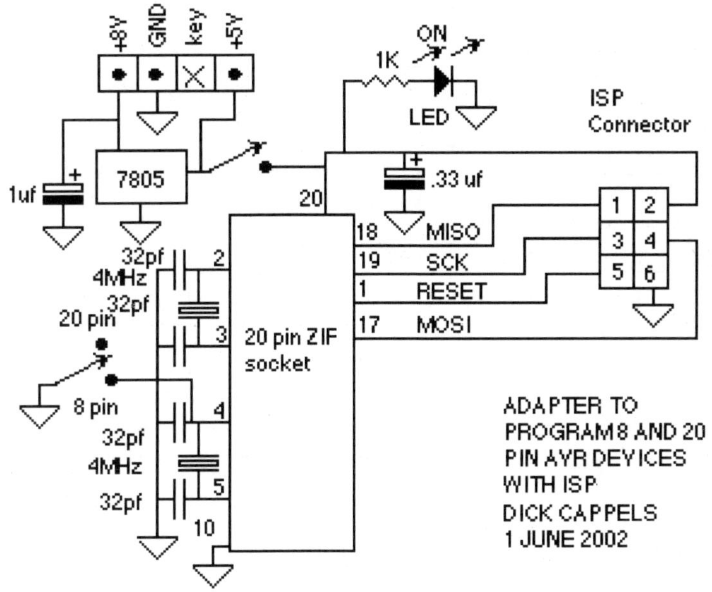

Abb. 2.4: Quelle: Dick Cappels, Programming adaptor for 8 and 28 pin AVR Microcontrollers using ISP, www.projects.cappels.org

2.5 Einfacher PIC-Programmer

Wer einen PIC-Programmer selbst bauen möchte und eine einfache Lösung sucht, sollte sich die Schaltung nach *Abb. 2.5* genauer ansehen. Dieser serielle Programmer für EPROM PICs wurde schon vielfach nachgebaut.

Der „El Cheapo“ PIC-Programmer nutzt einen Parallelport des PCs, um einen PIC16F84 zu beschreiben. Er verbindet geringe Kosten, Vielseitigkeit und leichte Modifizierbarkeit. So kann er leicht für uni- oder bidirektionale Parallelports ausgelegt werden.

Der Code wurde so gestaltet, dass möglicht viele Parallelports genutzt werden können.

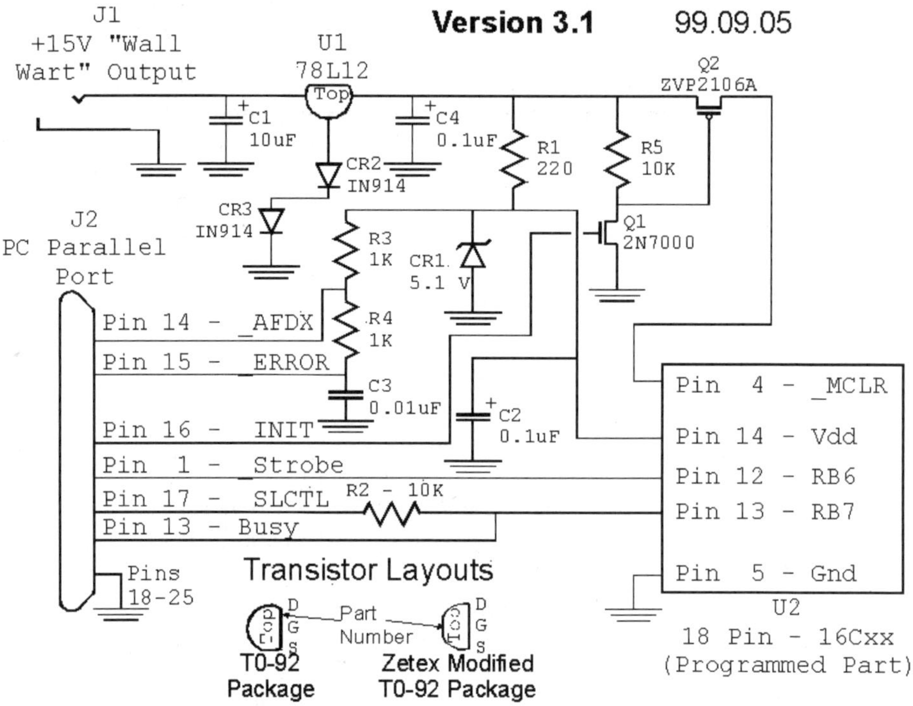

Abb. 2.5: Quelle: Myke Predko, PIC Programmer, www.rentron.com/Myke4.htm

2.6 Programmer versorgt sich vom seriellen PC-Port

In *Abb. 2.6* wird der Atmel AVR-Programmer vom seriellen Port des PCs versorgt. Die Spannung stammt von den Pins 4 und/oder 7 der Schnittstelle. Die Dioden D1 und D2 sorgen für eine Entkopplung. Der LM2936 oder ein ähnlicher IC übernimmt die Stabilisierung.

Der Programmer nutzt lediglich zwei Chips: IC1 als Interface zum RS-232-Port und IC2 für die eigentlichen Aufgaben. Der Ersatz durch einen Mikrocontroller mit acht oder 40 Pins ist möglich. Die Programmierung erfolgt über ein Serial-Peripheral-Interface (SPI). Nach Beendigung des Programmiervorgangs leuchtet die LED1.

Die Kommunikation mit dem Host PC läuft mit 9600 Baud. Genutzt wird das Windows-Hyper-Terminal-Programm.

Die Stromaufnahme liegt unter 10 mA.

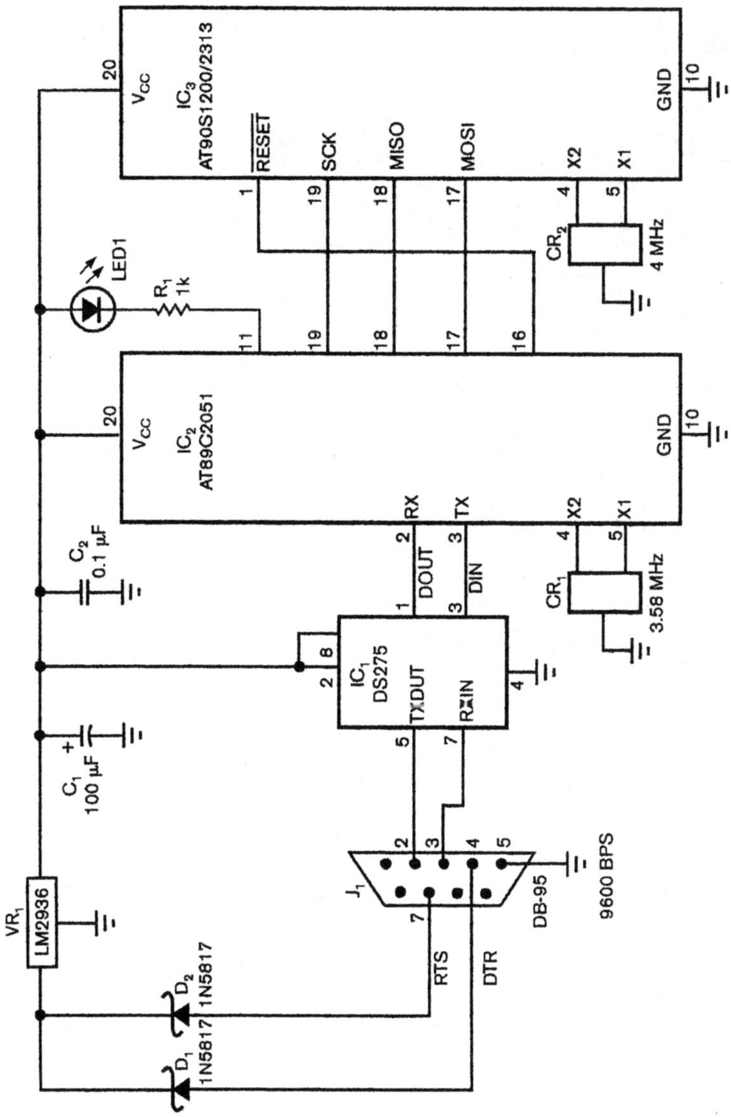

Abb. 2.6: Quelle: Gy Xu, Microcontroller programmer taps power from PC's serial port, EDN April 26, 2007

2.7 „Klassischer“ PIC-Programmer

Der „klassische“ PIC16C84-Programmer nach David Tait hat schon viele Freunde gefunden. Er nutzt den Parallelport und benötigt nur drei ICs, zwei Spannungsregler und einen Hex-Puffer 7407. Die überschaubare Schaltung ist in *Abb. 2.7* dargestellt. Aufbauhinweise und Modifikationen findet man im Internet.

2.8 Parallelport-Programmer für PICs

Mit der Schaltung nach *Abb. 2.8* können Mikrocontroller vom Typ PIC16C5x programmiert werden. Der IC 74HC367 ist ein Sechsfach-Buffer/Line Driver mit Tristate-Ausgängen. Der IC 74HC299 ist ein 8-Bit-Schieberegister für universellen Einsatz.

2.9 Einfacher PIC-Programmer

Abb. 2.9 zeigt die Schaltung eines einfachen Programmers für Mikrocontroller vom Typ PIC16C84. Es wird auch hier der Parallelport des Host-PCs genutzt. Neben zwei Stabi-ICs werden im Wesentlichen ein CMOS-Schalter-IC 4066 und ein Inverter-IC 7406 benötigt.

2.10 Programmer & Project Board

Die Schaltung nach *Abb. 2.10* ist Programmer und Projekt-Board zugleich. Es kann ein Mikrocontroller vom Typ PIC16C84 programmiert werden. Einen wesentlichen Teil der Schaltung nimmt die Betriebsspannungs-Aufbereitung ein.

2.11 In-Cirquit Loader für PICs

In *Abb. 2.11* ist ein In-Circuit PIC Loader dargestellt. Dieser wird über den Druckeranschluss an den PC angeschlossen, welcher mit dem Programm WinPic800 arbeitet. Der Loader erhält seine Versorgungsspannung vom Application Board und benötigt 12 V für den Programmiermodus mit hoher Spannung. Damit lassen sich viele PIC-Chips einfach beschreiben.

Durch die serielle Programmierung für PICs werden nur drei Leitungen benötigt: für das bidirektionale Signal DATA (PGD), für einen Takt zur Synchronisation (PGC) und für 12 V. Hinzu kommt die Flash-Programmierspannung (VPP). U1A ist ein Tristate-

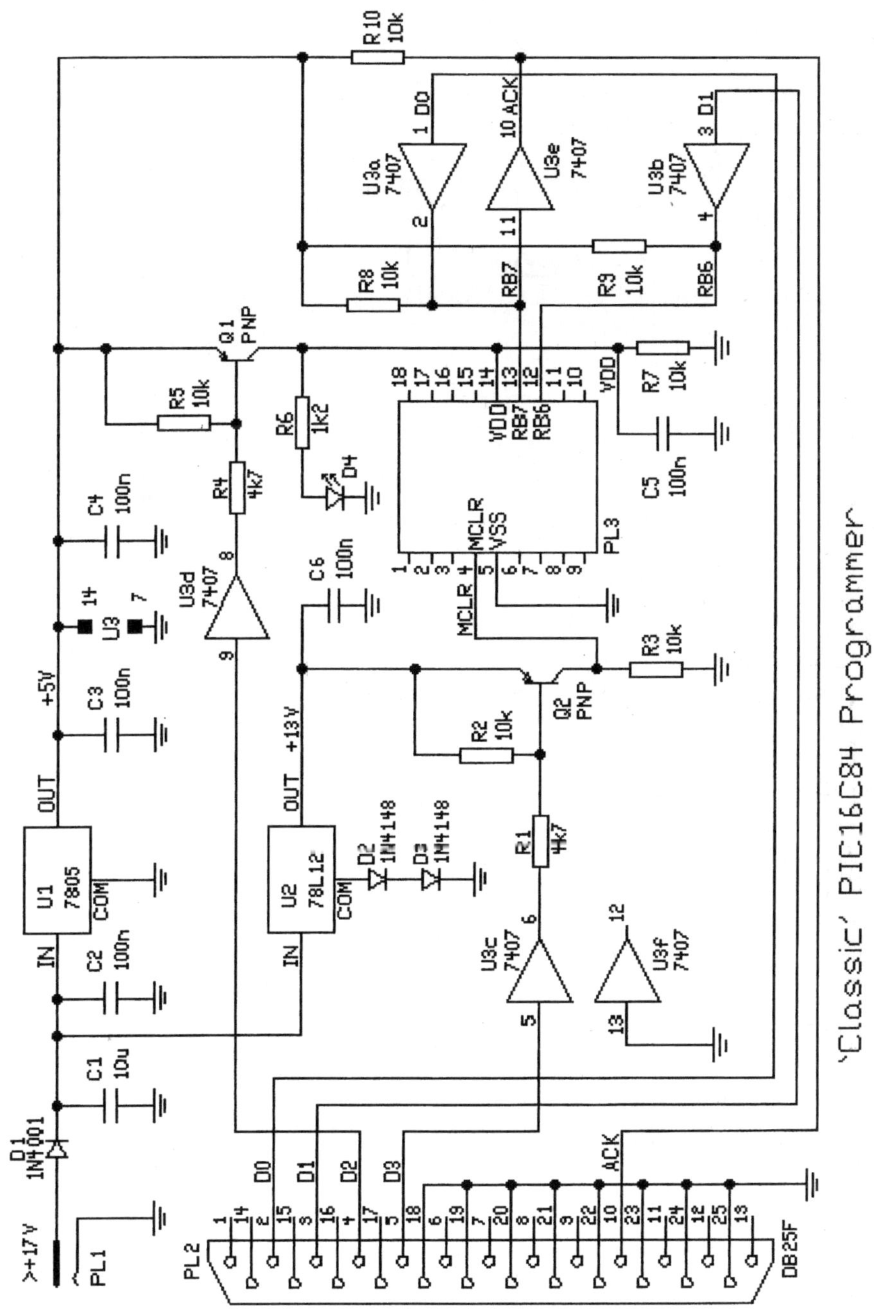

Abb. 2.7: Quelle: David Tait, Classic PIC16C84 Programmer, www.ic-prog.com oder www.nomad.ee/PIC/

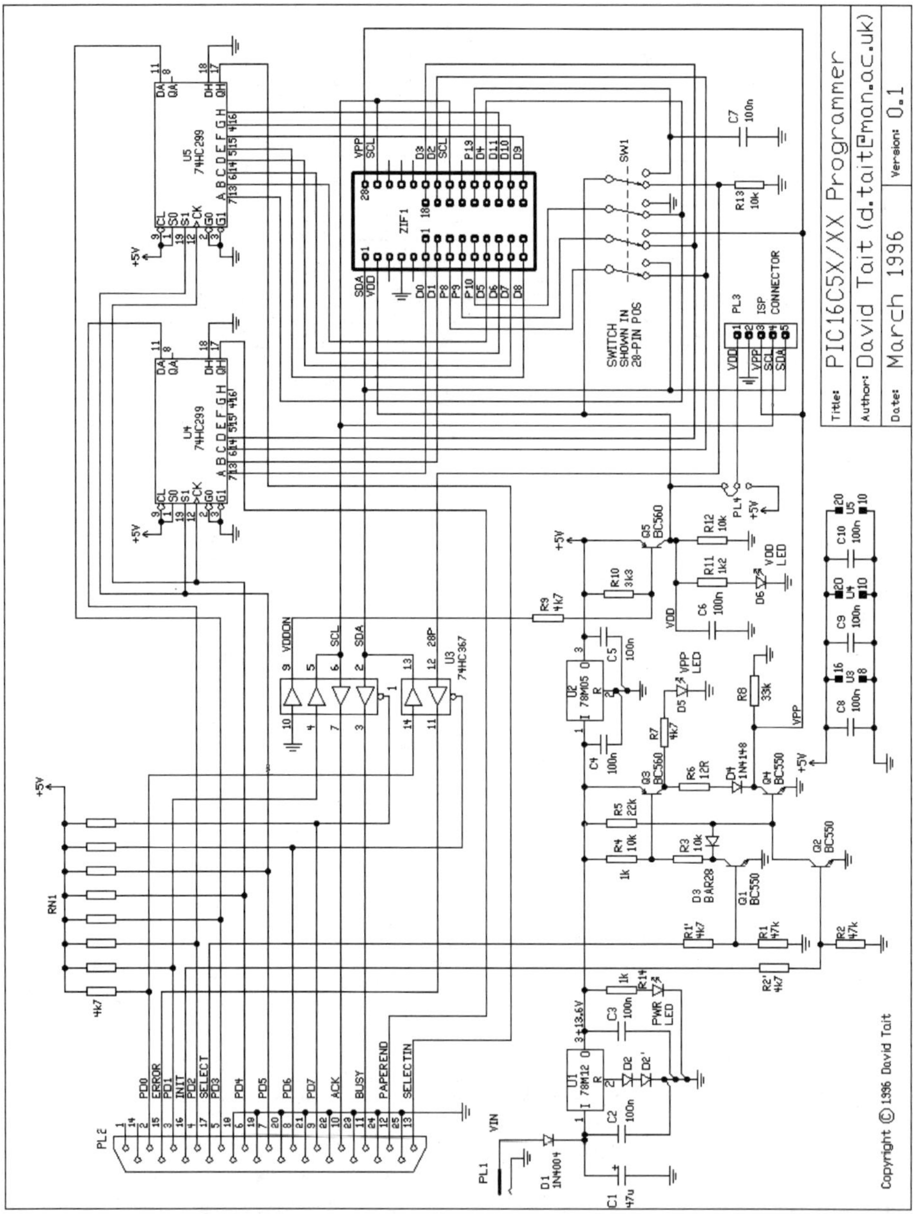

Abb. 2.8: Quelle: David Tait, Parallel Programmer, www.ic-prog.com oder www.nomad.ee/PIC/

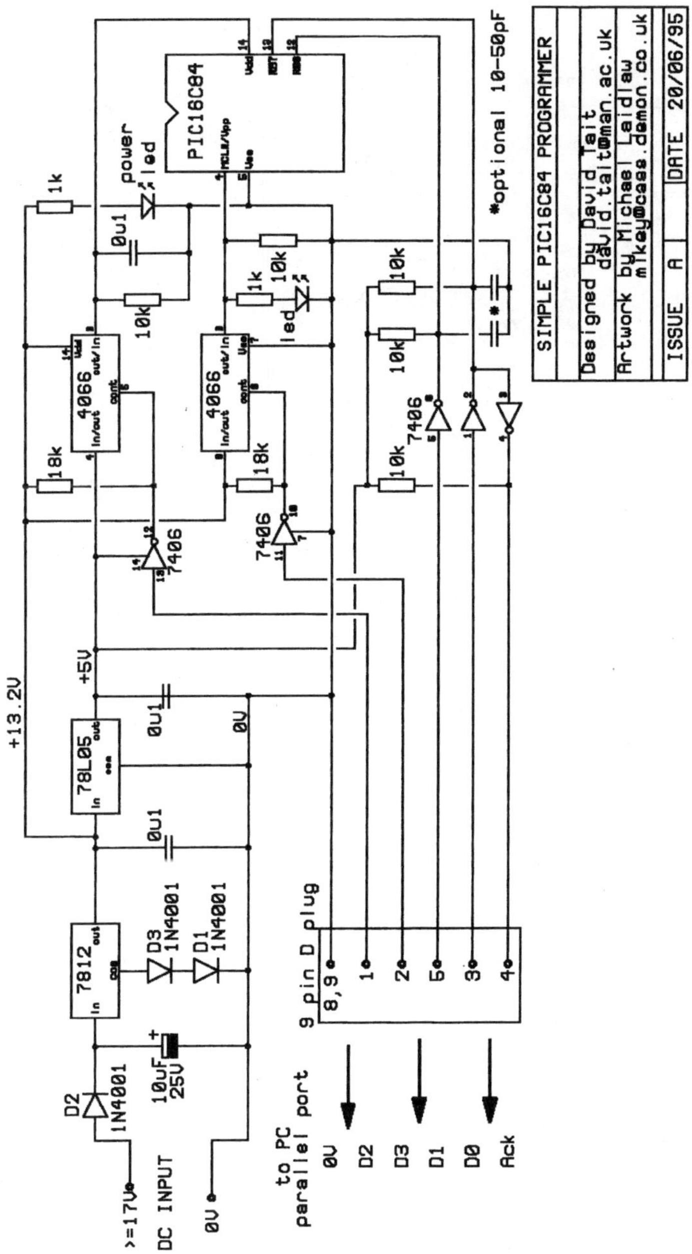

Abb. 2.9: Quelle: David Tait, Parallel Programmer, www.ic-prog.com oder www.nomad.ee/PIC/

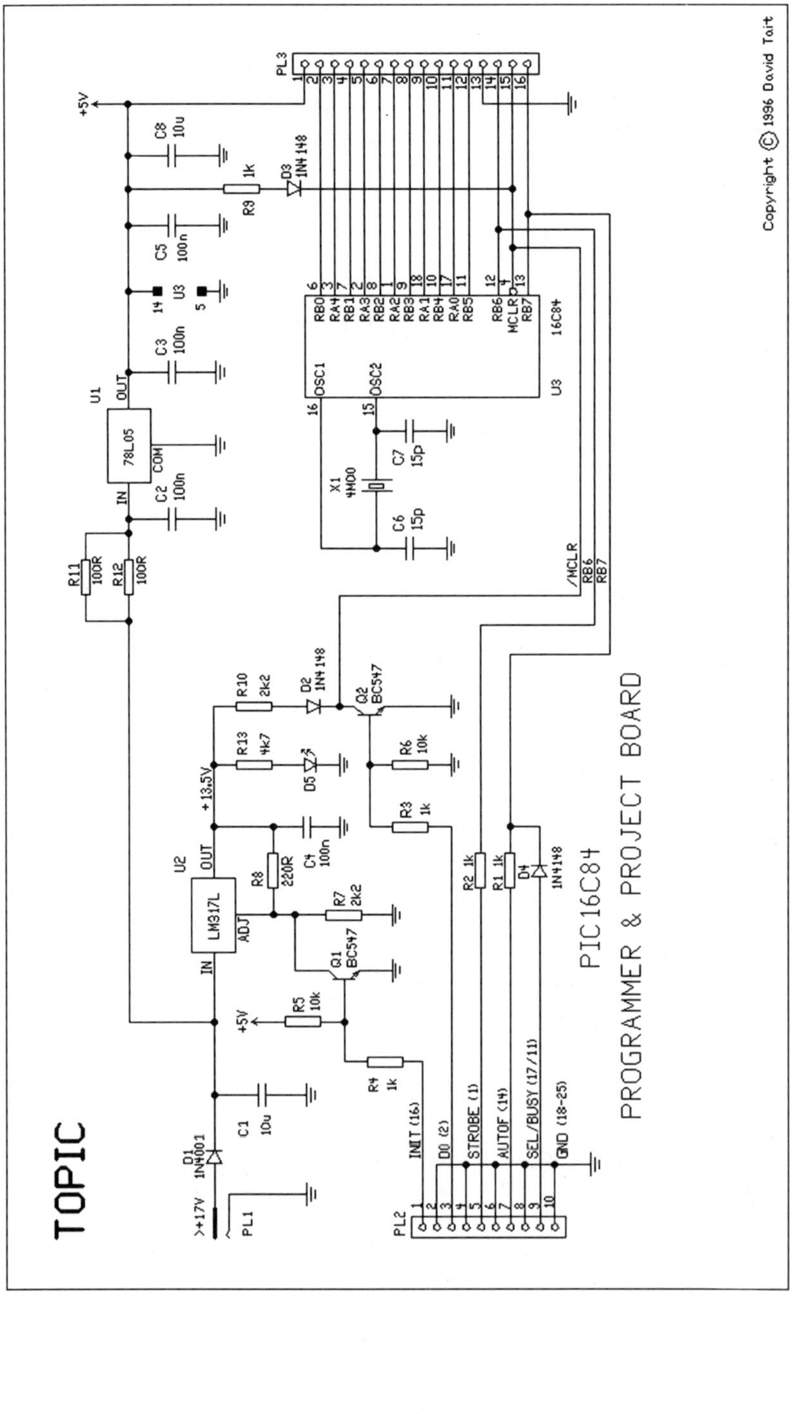

Abb. 2.10: Quelle: David Tait, Parallel Programmer, www.ic-prog.com oder www.nomad.ee/PIC/

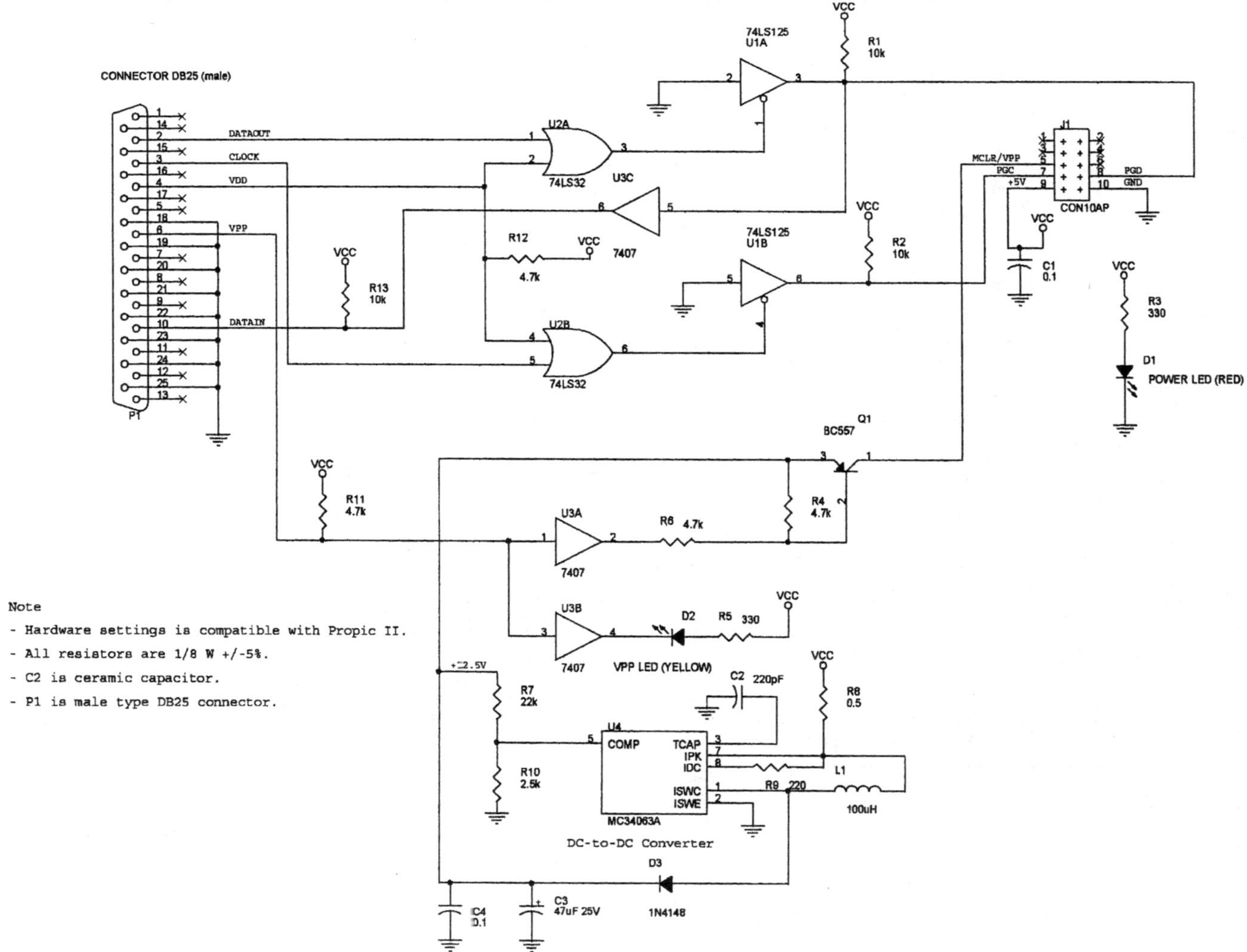

Abb. 2.11: Quelle: Wichit Sirichote, In-Circuit PIC Loader, www.kmitl.ac.th/~kswichit/

Puffer für das Senden des Datenstroms. U1B ist für den Takt vorgesehen. Die Programmierspannung 12 V liefert ein DC/DC-Konverter MC3406A.

2.12 Ein F84-Programmer

In *Abb. 2.12* ist eine Schaltung für einen kostengünstigen und sehr einfachen Programmer für einen PIC16F84-Flash-Mikrocontroller gezeigt. Der serielle Programmer wird mit einigen Drähten mit dem Drucker-Port LPT1 des PCs verbunden. Eine genügend große Programmierspannung wird durch das „Anheben" des Masseanschlusses des 78L09 auf 5 V erzielt. Die Daten werden über RB7 gelesen und geschrieben, D0 sendet die seriellen Datenpakete, während über ACK das Rücklesen erfolgt.

Der DC-Input sollte bei 17 V liegen.

Die Schaltung geht auf Bojan Dobaj zurück sowie eine Software von Nigel Goodwin.

2.13 Selbstprogrammierung des PIC18C452

Der 8-Bit-Mikrocontroller PIC18C452 hat die Möglichkeit der Selbstprogrammierung implementiert. Dieser Programmierprozess erfolgt in zwei Schritten. Zunächst wird ein Bootloader einprogrammiert. Dazu kann ein In-House Programmer herangezogen werden. Mithilfe des Bootloaders erfolgt dann die Programmierung mit dem Anwender-Code.

Die Hardware des Bootloaders basiert auf einer bestimmten Programmierspannung und der Hex-File-Übertragungsmethode. Eine 13-V-Versorgung ist erforderlich. Das Hex-File muss über ein einfaches Kommunikationsmedium gesendet werden. Dazu kann eines der Interface-Module des PIC18C452 herangezogen werden. Eine entsprechende Komplettlösung ist in *Abb. 2.13* gezeigt. Der TC232 wirkt darin als Pegelanpasser.

2.14 Einfaches Debugger-Terminal

In *Abb. 2.14* ist die Schaltung für ein einfaches 9600-Baud-LCD-Terminal für das Debugging und Testen von Mikrocontroller-Projekten mit RS-232C-Ausgang abgebildet.

Dieses LCD-Terminal erlaubt zwei Arbeitsweisen, die man mit dem Jumper J1 auswählt. Wenn J1 offen ist, liegt ein normales ASCII-Display-Terminal vor. Wenn J1 gesteckt ist, dann bringt das Terminal die eingehenden seriellen Daten im hexadezimalen Format zur Anzeige.

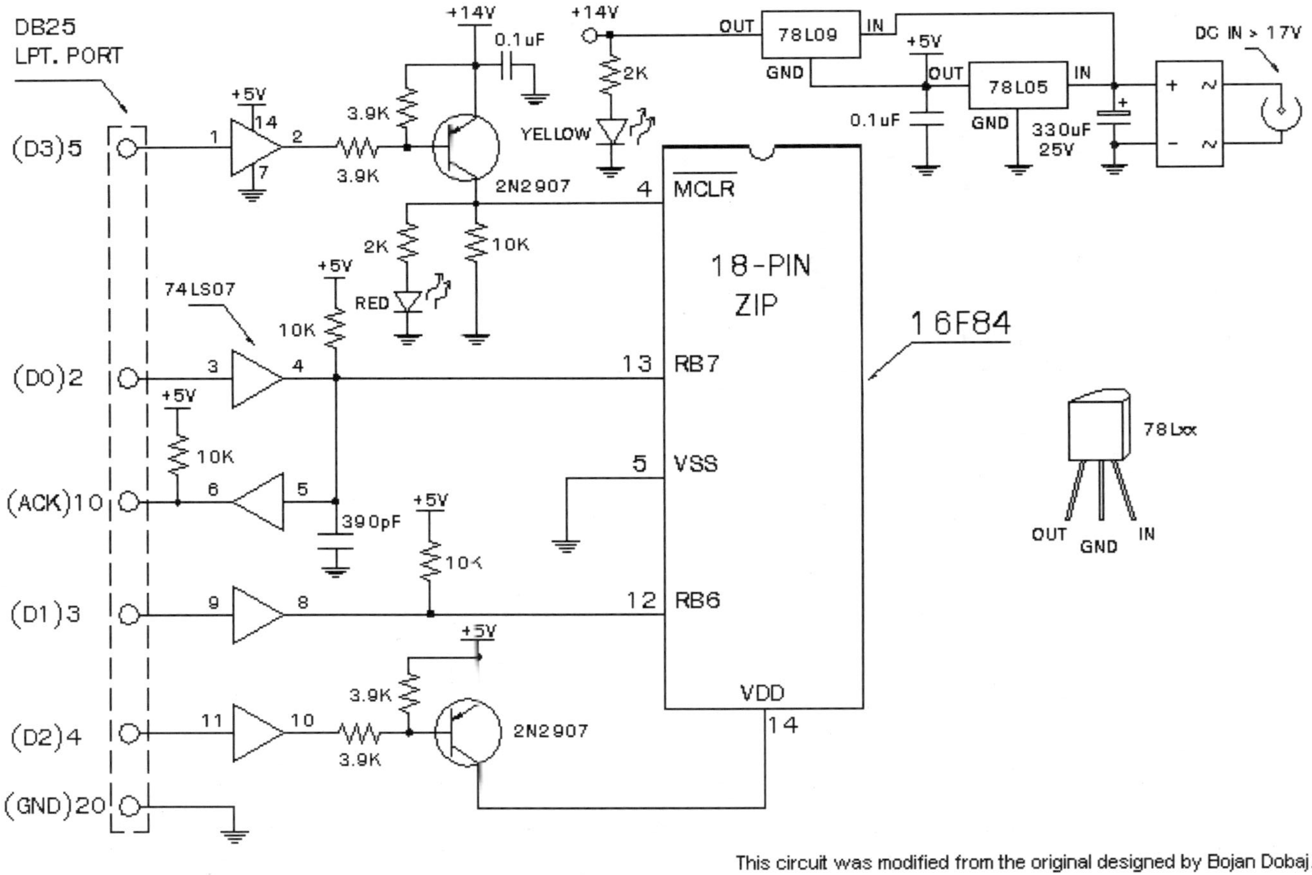

Abb. 2.12: Quelle: Wichit Sirichote, F84-Programmer, www.kmitl.ac.th/~kswichit/

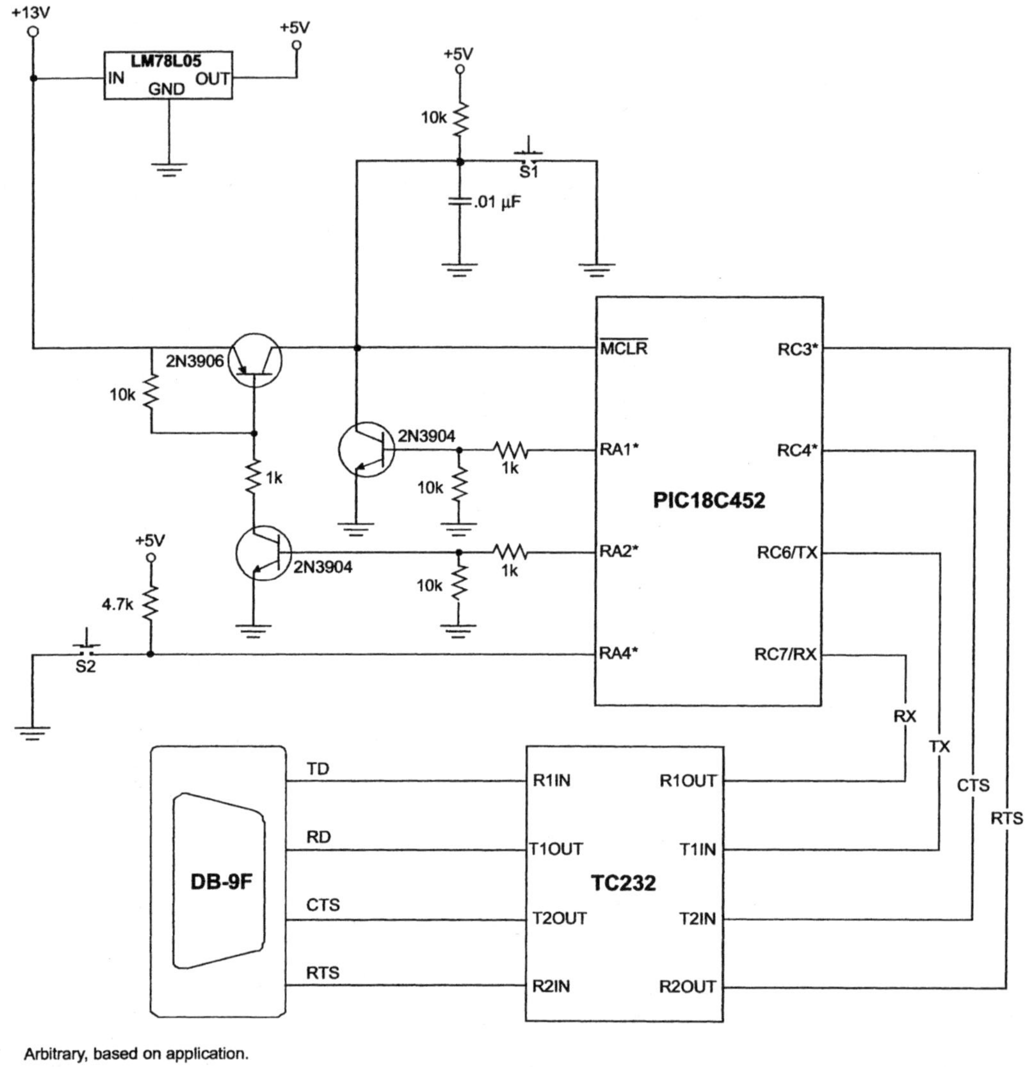

Abb. 2.13: Quelle: Tim Rovnak, Self-Programming the PIC18C452 OTP, Microchip Application Note 750

Ein PIC16F84 steuert die Arbeitsweise des Terminals. Das Eingangssignal erhält es über den Verbinder K1.

Zur Anzeige dient ein 16x2-Zeilen-LCD; ein 16x1-Typ ist auch möglich.

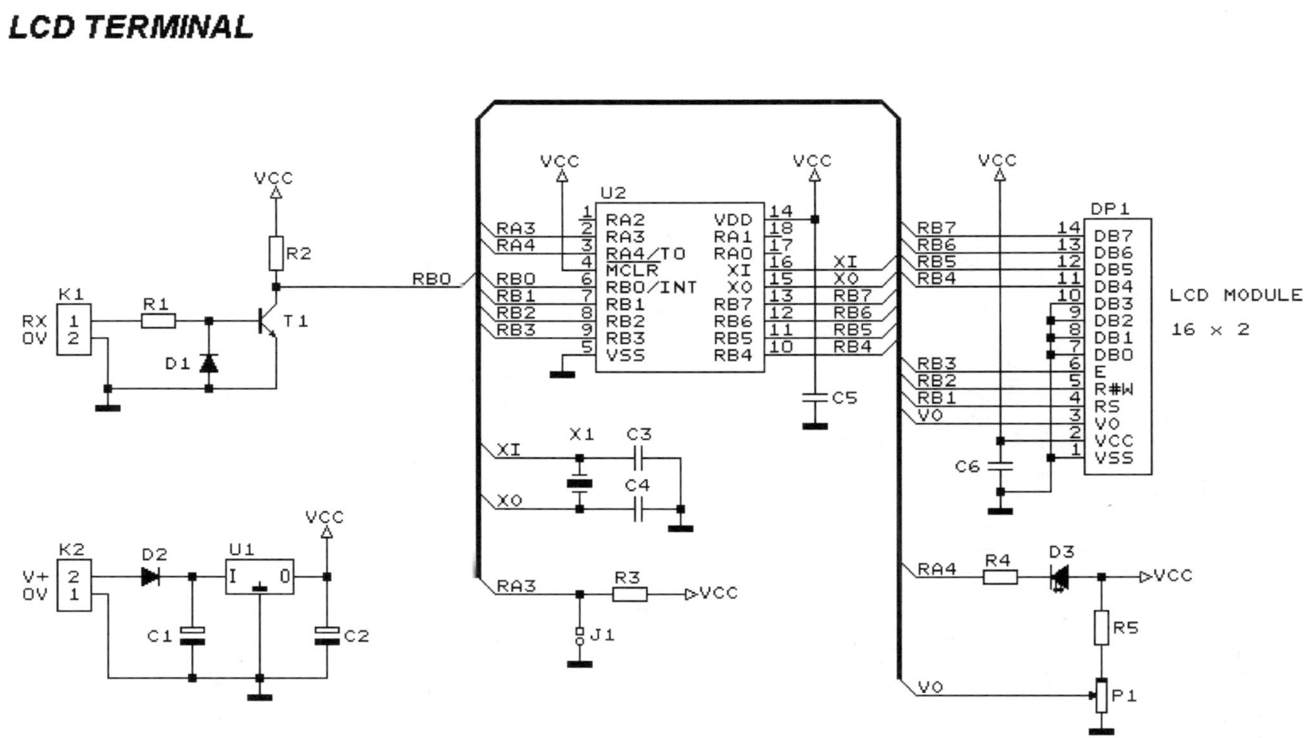

Abb. 2.14: Quelle: M Asim Khan, Easy Debugging Terminal, http://chaokhun.kmitl.ac.th/~kswichit/LcdTerm_web/LcdTerm.html

2.15 In-System Programmer

Die Programmer-Schaltung nach *Abb. 2.15* basiert auf einem AT90S1200 und hat ihren Ursprung in der „AVR software and technical Library, April 2003" (CD-ROM). Sie arbeitet sehr stabil und perfekt mit AVR Studio 4 zusammen. Auch mit einem AT90s2313 gab es keine Beanstandungen!

Ein 4-MHz-Quarz wird an die Pins XTAL1 und XTAL2 angeschlossen, wenn ein interner Oszillator (AT90S2343, ATmega161 etc) vorhanden ist. Statt der Transistoren kann man ICs MAX232 oder MAX202 verwenden oder sogar nur Kondensatoren und Widerstände, um den Master AT90S1200 mit dem Personal Computer zu verbinden.

Das AVR ISP Team: Ole Saether, Terje Frostad, Ingar Fredriksen, Morten W. Lund, Haakon Skar, Paal Kastnes.

2.16 Low-Cost USB Programmer

Das PICkit 1 Flash Starter Kit ist ein kostengünstiger Programmer für Microchips 8/14-Pin-Flash-Mikrocontroller. Gleichzeitig ist das Kit eine Windows-basierte Low-Speed-USB-Applikation und eine einfache Boot-Spannungsversorgung. Hier werden aus 9 V 14 V gemacht. Die Kommunikation mit dem zu programmierenden PIC-Mikrocontroller ist einfach im ASCII-Format. Portable Visual-Basic-USB-Funktionen sind vorhanden.

In *Abb. 2.16* ist die leicht zu überblickende Schaltung gezeigt.

2.17 In-System-Programmierung von P87LPC76x-Mikrocontrollern

Die P87LPC76x-Mikrocontroller werden seriell programmiert. Daher ist dies in eingebundenem Zustand möglich. Gemäß *Abb. 2.17* werden normalerweise fünf Verbindungsleitungen zum Programmieren benötigt. Diese führen über einen Header ins System. Das Programmieren im System gelingt dabei mit einem kommerziellen Standard-Programmer. Dieser ist nicht isoliert und muss daher entsprechende Treiber-Leistungsfähigkeit besitzen.

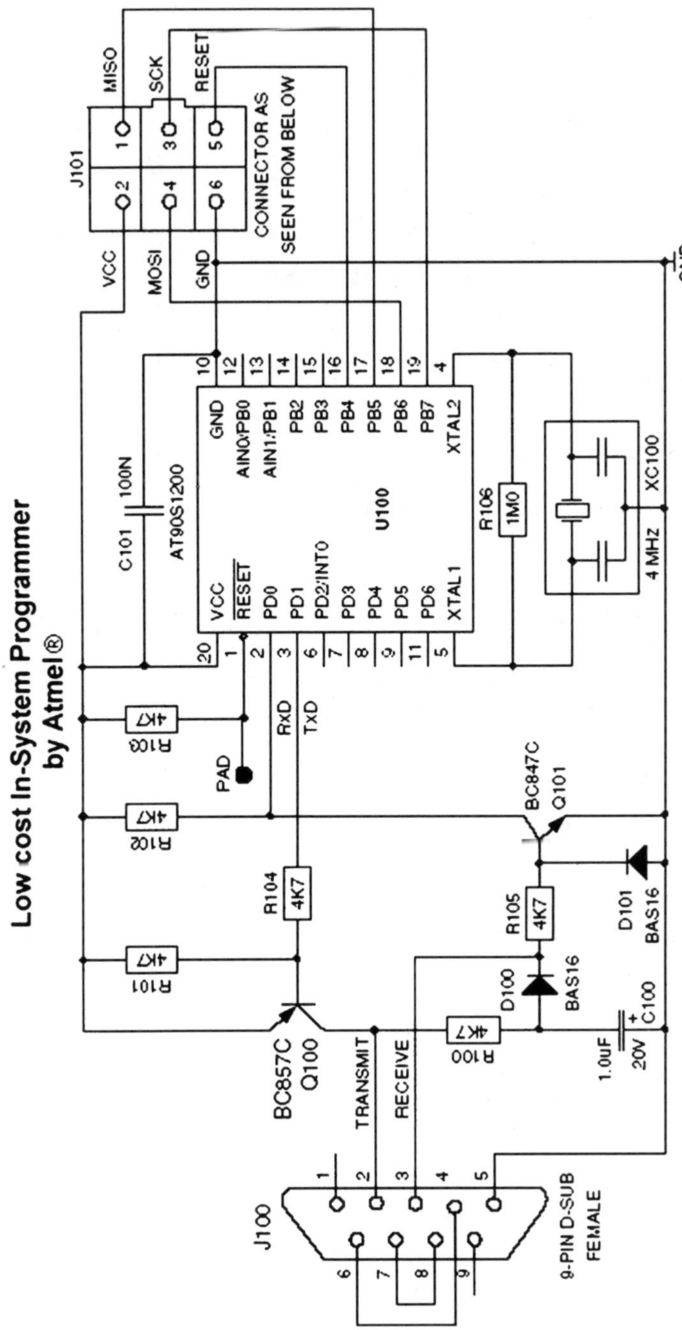

Abb. 2.15: Quelle: Vasilis Serasidis, ISP Programmer, www.serasidis.gr

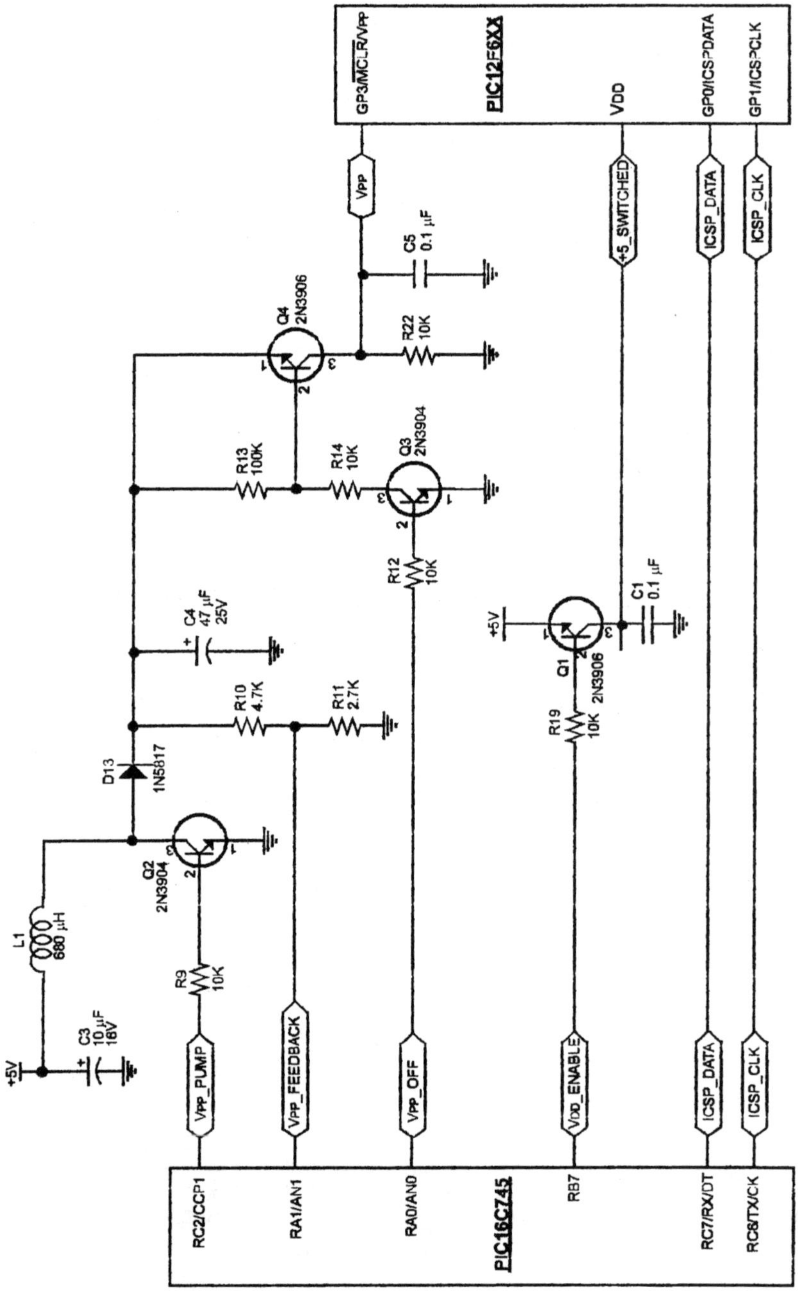

Abb. 2.16: Quelle: Reston Condit/Dan Butler, Low Cost USB Microcontroller Programmer, Microchip Application Note 258

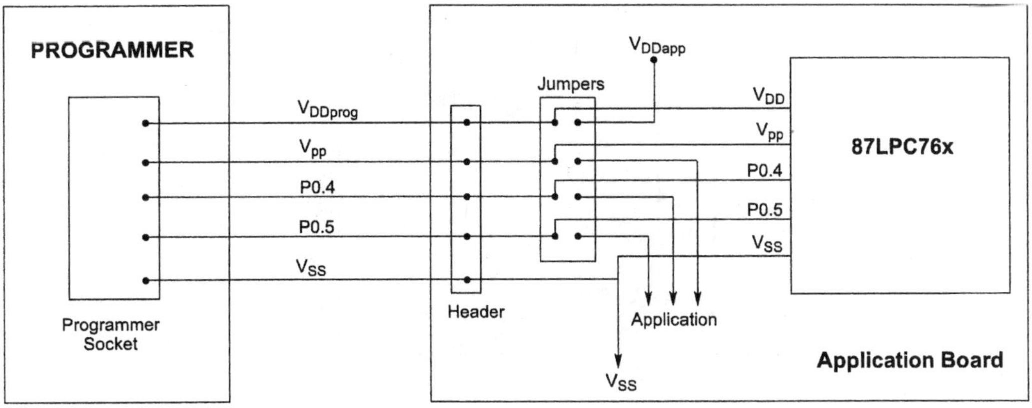

Abb. 2.17: Quelle: In-System Programming of the P87LPC76x Family of Microcontrollers, Philipps Application Note 466

2.18 Programmierung des internen oder externen EEPROMs

Mit der in *Abb. 2.18* gezeigten Hardware ist es auf einfache Weise möglich, entweder den internen EEPROM eines M68HC11-Mikrocontrollers oder den EEPROM am externen Bus dieses Mikrocontrollers zu programmieren. Die einzuschreibenden Daten können von jedem Personal Computer heruntergeladen werden, der einen seriellen Port besitzt. Sowohl die Daten als auch das Programm liegen im S Record Format vor, welches mithilfe des RS-232-Protokolls über den SCI Port des Mikrocontrollers übertragen wird. Um den Download zu initialisieren, wird der PC an die Sende- und Empfangsleitung des Mikrocontrollers via Level Shifter MAX232 angeschlossen. Dieser IC macht eine +/–12-V-Versorgung entbehrlich.

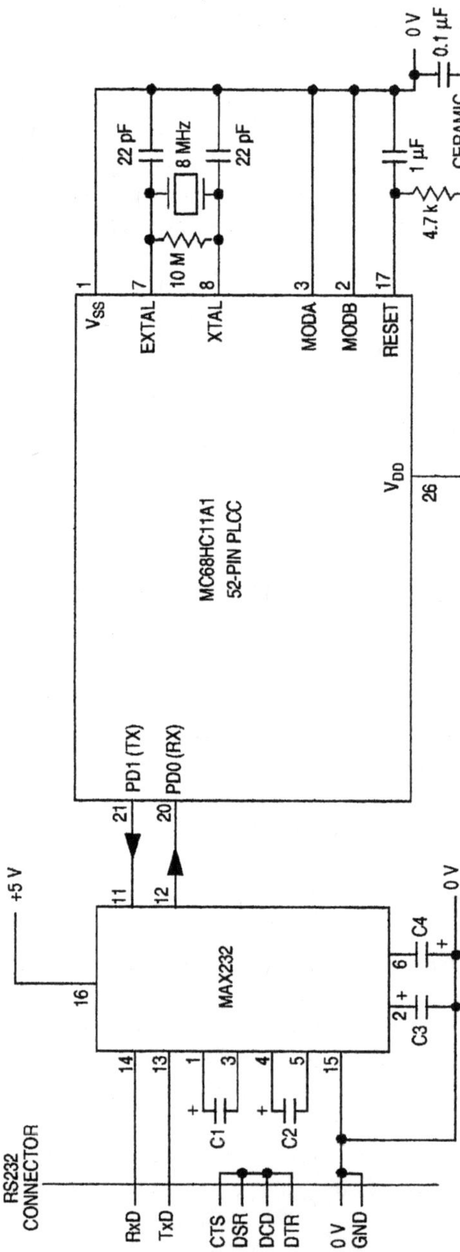

C1, C2, C3, C4 — 22 mF, 25-V aluminum or tantalum

Note: To improve reliability of the MCU, all its unused inputs should be connected to V_{SS} or V_{DD}.

Abb. 2.18: Quelle: M68HC11 EEPROM Programming from a Personal Computer, Freescale Application Note 1010/D

2.19 In-System-Programmierung von AVR-Mikrocontrollern

Die In-System-Programmierung von AVR-Mikrocontrollern erfolgt wie üblich seriell, genutzt wird das Dreidraht-SPI (Serial-Peripheral Interface). Der In-System-Programmer ist aber auch zum PC hin seriell angeschlossen. Das Übersichtsschaltbild zeigt *Abb. 2.19*. Die Kontaktierung zum Target-Mikrocontroller hin kann gemäß *Abb. 2.20* erfolgen.

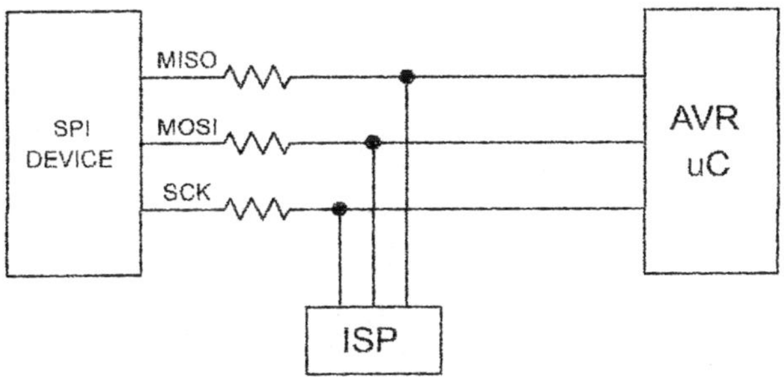

Abb. 2.19: Quelle: AVR910: In-System Programming, Atmel Application Note

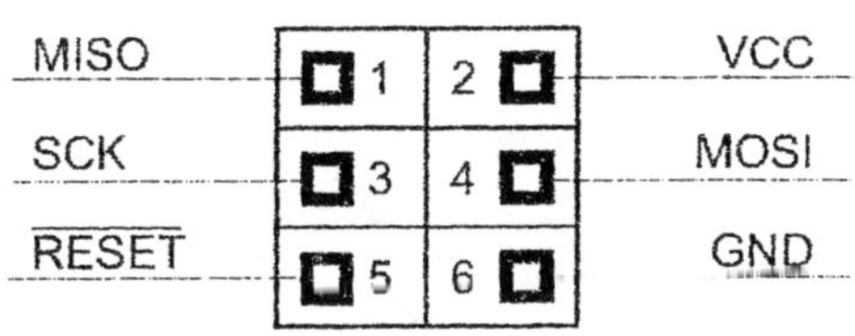

Abb. 2.20: Quelle: AVR910: In-System Programming, Atmel Application Note

Die Schaltung eines einfachen und kostengünstigen In-System-Programmers für AVR-Mikrocontroller ist in *Abb. 2.21* dargestellt. Neben dem AT90S1200 werden nur wenige Bauteile benötigt. Der Programmer kann an jeden seriellen PC-Port angeschlossen werden. Die Software bildet eine Halbduplex-UART nach, wobei der Timer/Counter 0 zur Takterzeugung genutzt wird. Ebenso läuft das Master SPI ständig als Software. Versorgt wird der Programmer von der Platine mit dem Target-AVR. Eine negative Spannung wird durch C100 bereitgestellt. Diese ist zur Kommunikation mit dem PC nötig. Mit Q100 werden die Bits in negativer Logik auf der Transmit-Leitung erzeugt.

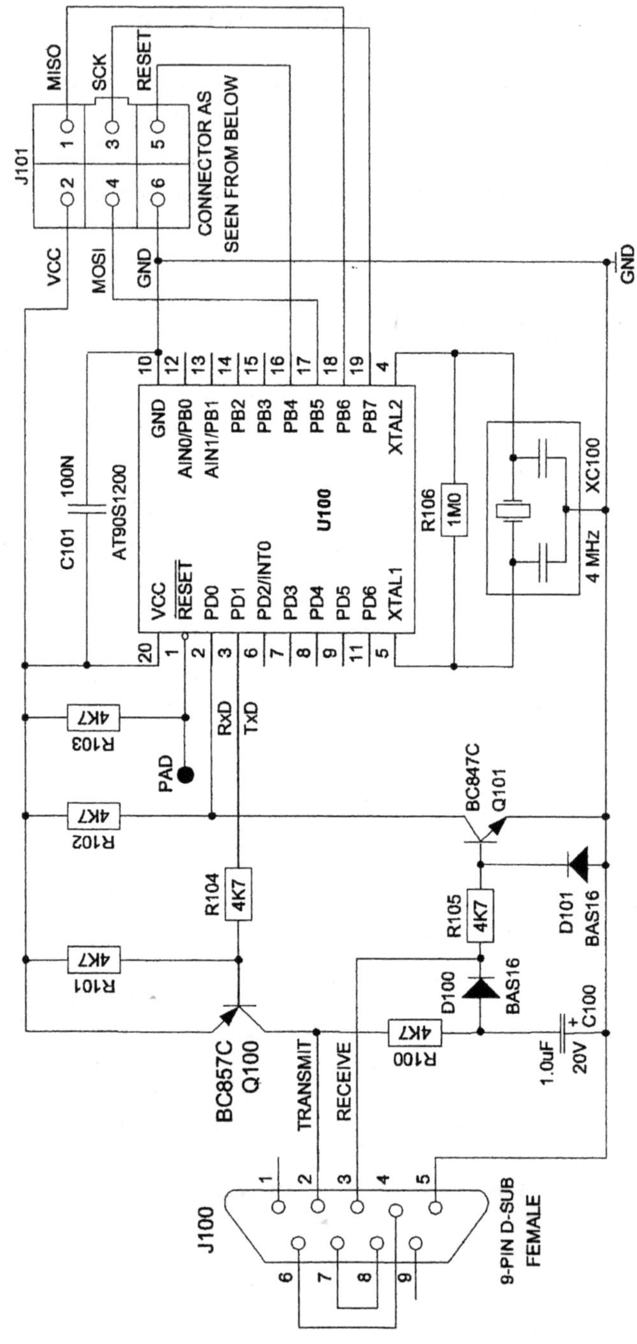

Abb. 2.21: Quelle: AVR910: In-System Programming, Atmel Application Note

2.20 Einfacher Programmer mit Transistoren

Die in *Abb. 2.21* dargestellte Programmerschaltung setzt auf diskrete Transistoren. Es ist aber auch möglich, sie mit einem Transistorarray zu realisieren.

Es sind 12 V Betriebsspannung erforderlich, hinzu kommt die Programmierspannung von etwa 25 V, welche mit Plus an Masse liegt und von einem Instrument angezeigt wird.

2.21 Flash-Programmer

Die in *Abb. 2.22* gezeigte Schaltung gehört zum Flash MC Brenner I, einem schnellen Programmiergerät für die Mikrocontroller AT89C1051, AT89C2051 und AT89C4051. Nur wenige Standardkomponenten werden benötigt.

Der Brenner wird am Parallelport des PCs angeschlossen und benötigt zur Ansteuerung die Prog-Studio 6 Software. Über die Quelle ist eine Aufbauanleitung für Bausätze erhältlich.

Der Anschluss erfolgt über den Parallelport, die Spannungsversorgung14...24 V erfolgt über ein Steckernetzteil.

Unterstützte Betriebssysteme sind Windows 98SE, ME, 2000, XP.

2.22 Einfacher PIC-Programmer

Eine Version des einfachen High-Voltage-Programmers nach Byron Jeff zeigt *Abb. 2.23*. Hier wurden Signale für Low-Voltage-Programming on board genommen. Dazu führt ein Kabel mit den verschiedenen Signalen zum PIC.

Der Aufbau des Programmers auf einer gefrästen oder geritzten Platine wird in der Quelle ausführlich dargestellt.

Der Programmer wurde genutzt, um einen PIC16F84A zu beschreiben.

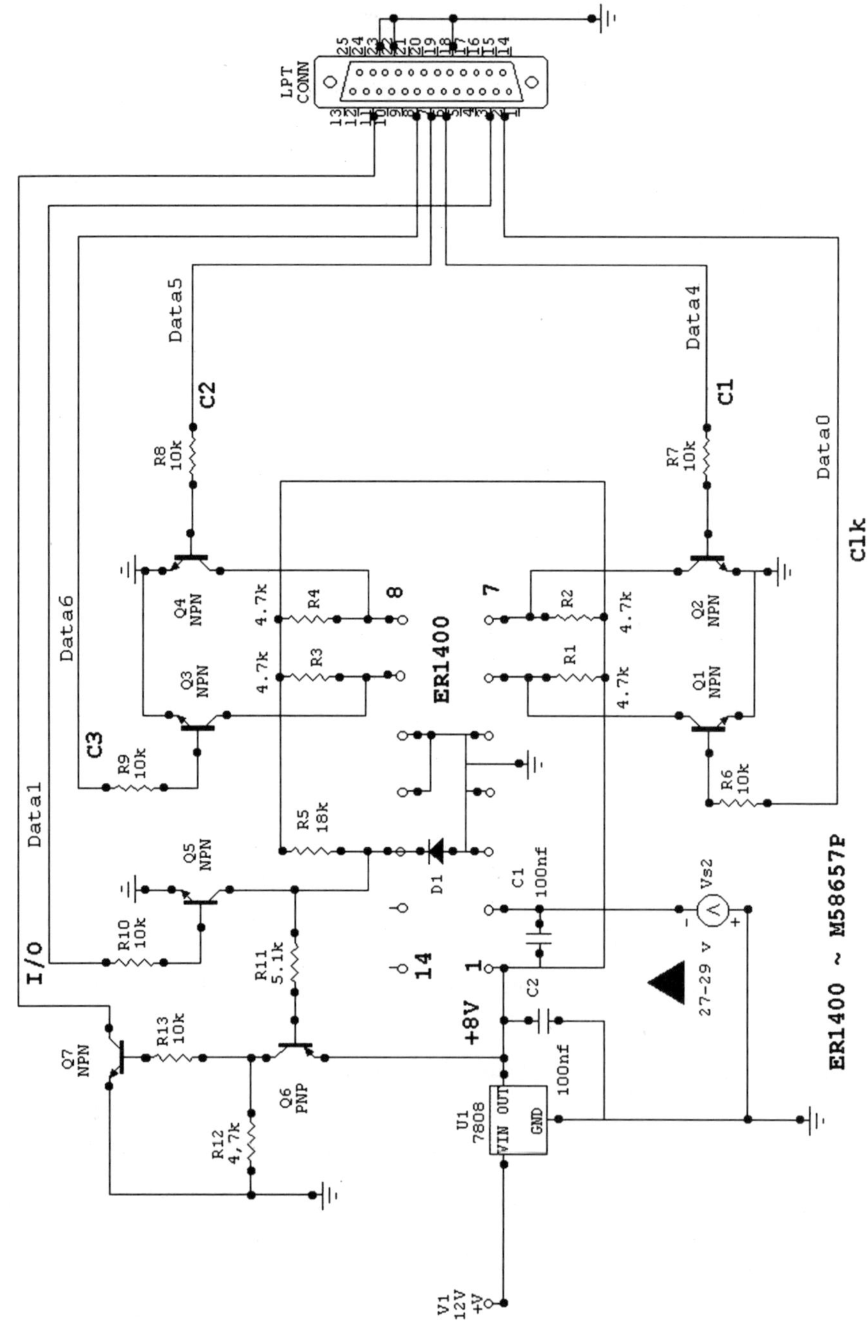

Abb. 2.22: Quelle: www.ic-progr.com, ER1400

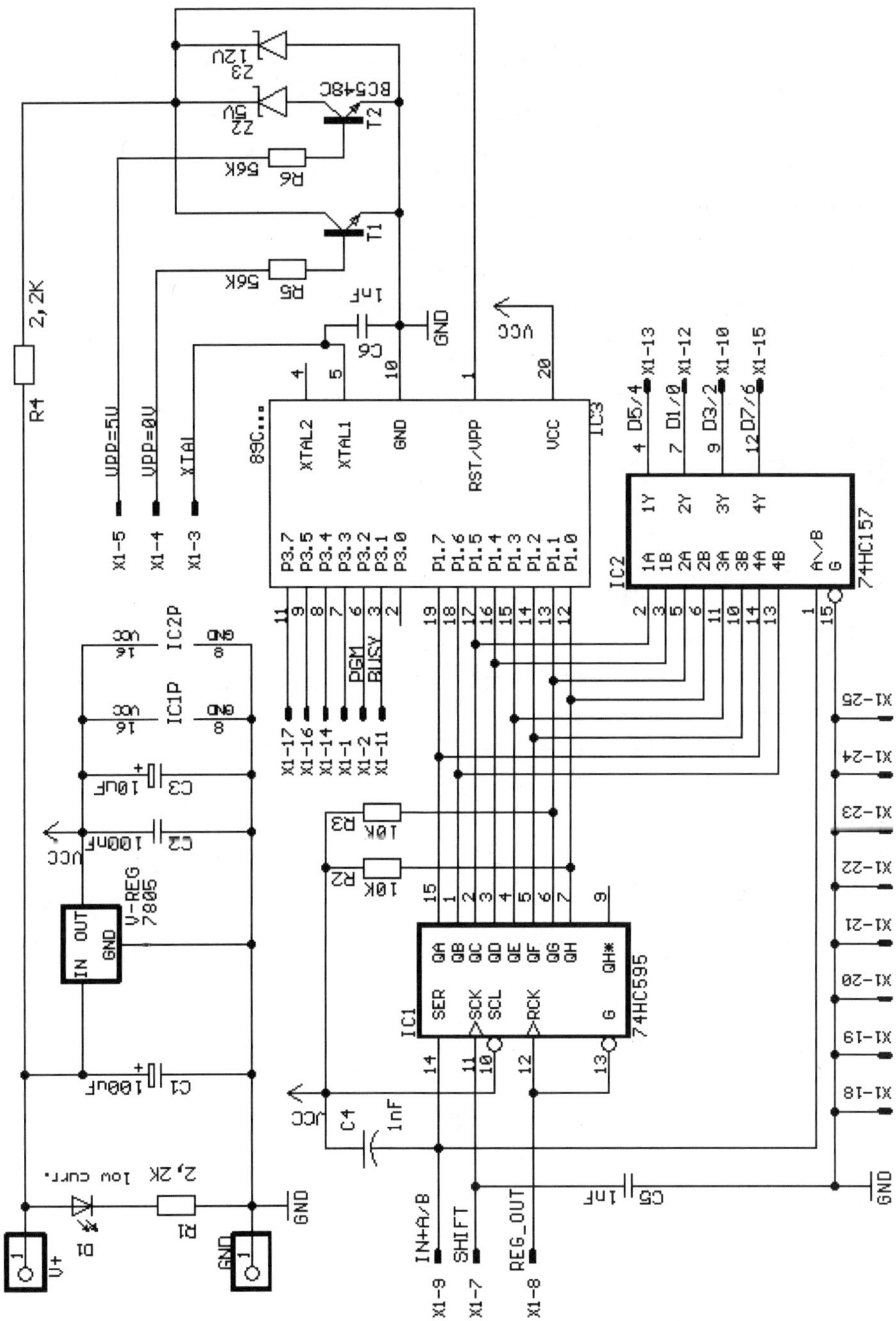

Abb. 2.23: Quelle: Batronix Elektronik, www.progshop.com

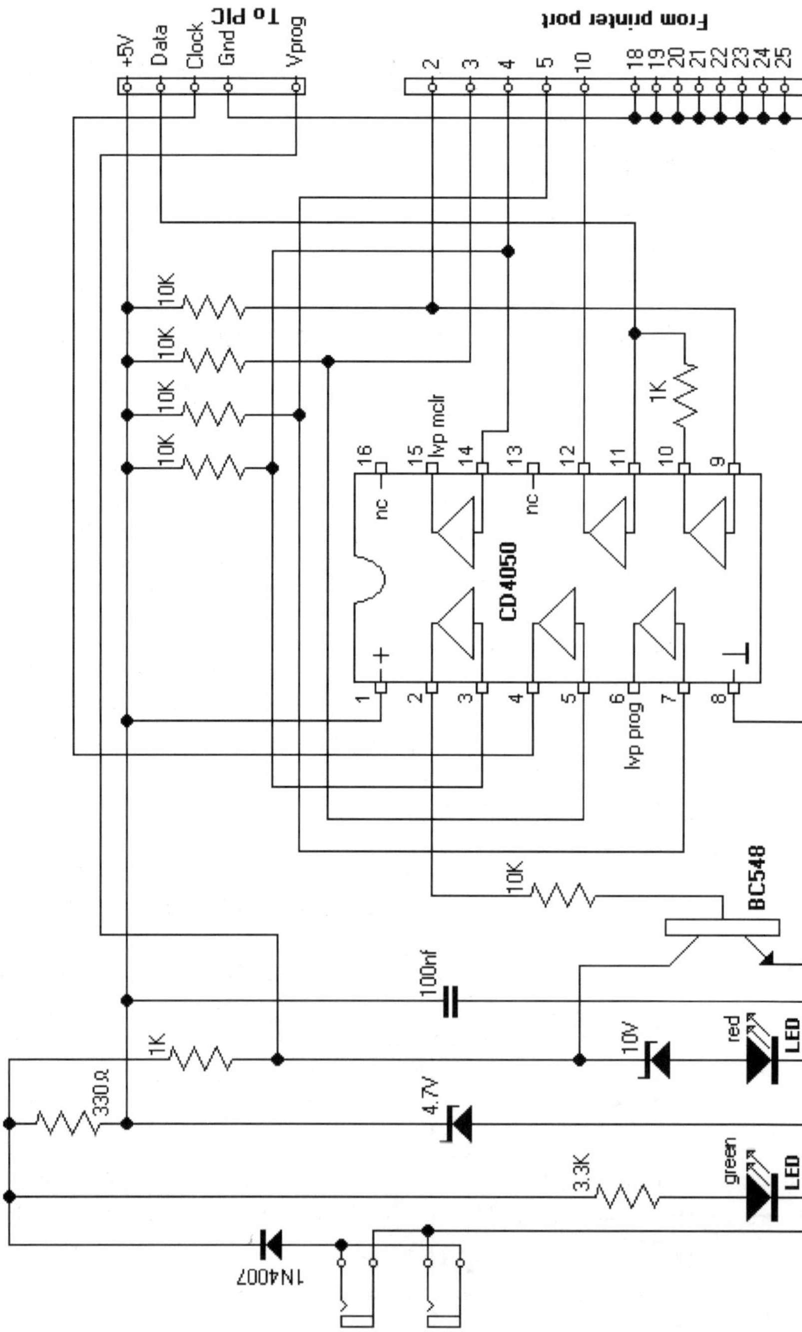

Abb. 2.24: Quelle: http://saint.419.removed.us/picpro.html

3 Schutz- und Überwachungsschaltungen

3.1 Mikrocontroller überwacht Stromversorgung

Dual-Voltage-Konzepte und Multiprozessor-Boards erfordern oft verschiedene Betriebsspannungen auch bei einfachen Anwendungen. Bei verschiedenen Power-up- und -down-Erfordernissen kann die Spannungsversorgung eine komplexe Angelegenheit werden. Die in *Abb. 3.1* gezeigte Schaltungsanregung weist dem Mikrocontroller MSP430 das Managing der Spannungsversorgung zu. Der MSP430 verbindet geringe Kosten mit hoher Leistungsfähigkeit. Der 16-Bit-RISC-Typ besitzt getrennte Analogeingänge und ein JTAG Interface.

Geeignete Spannungsregler sind „Brick"-Konverter oder Low-Dropout-ICs mit Steueranschlüssen, wie TPS725xx mit Enable-Eingang. Der MSP430 übernimmt deren zeitabhängige Steuerung. Jeder Spannungsregler-IC ist an ihn angeschlossen, einmal für die Aktivierung und dann zum Monitoring. Der Mikrocontroller übt damit die volle Kontrolle über die Spannungsregler-ICs aus. Das Listing ist über die Web-Version der Quelle auf www.edn.com erhältlich.

3.2 Mikrocontroller schützt Gleichstrommotor

Obwohl jeder überlastete Gleichstrommotor auch bei deutlich zu hohem Strom eine gewisse Zeit unbeschädigt bleibt, kann vor allem Staub einem Lüftermotor zu schaffen machen. Die Beeinträchtigung der Funktion des Motors kann dann erhebliche Folgeschäden verursachen. Daher besitzen viele Lüftermotoren einen eingebauten Überlastschutz bzw. ein externes Warnsystem. Die Schaltung in *Abb. 3.2* nutzt einen Low-End-Mikrocontroller zur Signalisierung unerwünschter Zustände.

Der bürstenlose Motor ist für 12 V/720 mA ausgelegt. Der Mikrocontroller fühlt über den internen ADC die Spannung an R1 und bewirkt das Abschalten des Motors, wenn deren Wert zu hoch ist. Dann leuchtet die LED.

Eine 2,5-s-Verzögerungsroutine verhindert das Ansprechen im Einschaltmoment. Das Listing ist über die Online-Version des Originalartikels erhältlich.

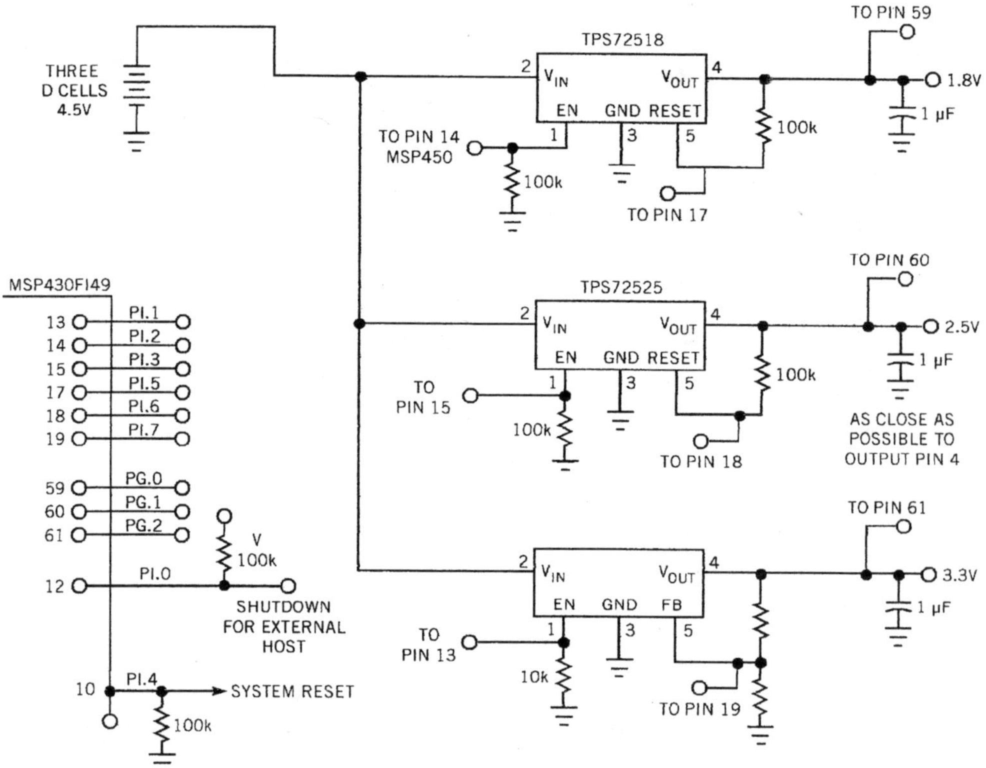

Abb. 3.1: Quelle: Joe Di Bartolomeo, Microcontroller directs supply sequencing and control, EDN May 29, 2003

3.3 Mikrocontroller findet Minimal- und Maximalwert

Etwa bei Prüfungen oder der Auswertung von Messergebnissen ist man an einer schnellen Feststellung von Minimal- und/oder Maximalwerten interessiert. Wie dies einfach zu bewerkstelligen ist, zeigen die Konzepte in *Abb. 3.3*. Die Daten sollten im 8-Bit-Format vorliegen (Werte 0...255). Im Fall a) werden die Werte gespeichert und dann verarbeitet, im Fall b) erfolgt eine sofortige Verarbeitung.

Die entsprechenden Listings können dem Originalbeitrag entnommen oder von www.ednmag.com heruntergeladen werden.

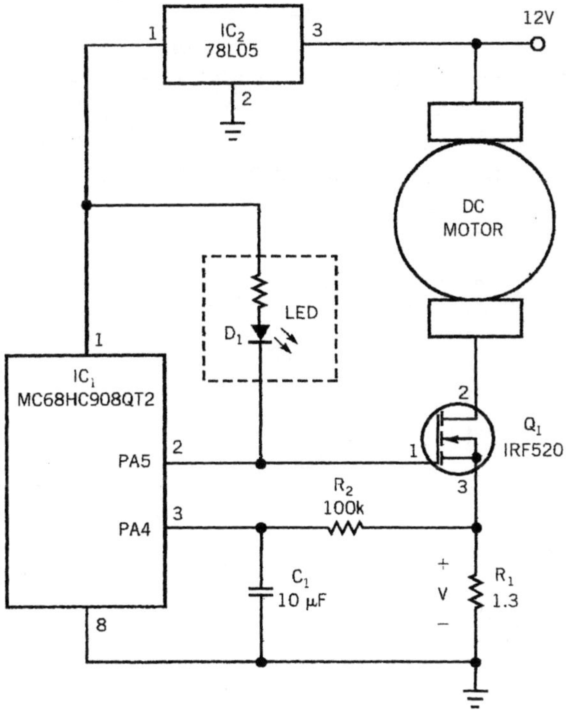

Abb. 3.2: Quelle: Abel Raynus, Microcontroller protects dc motor, EDN February 17, 2005

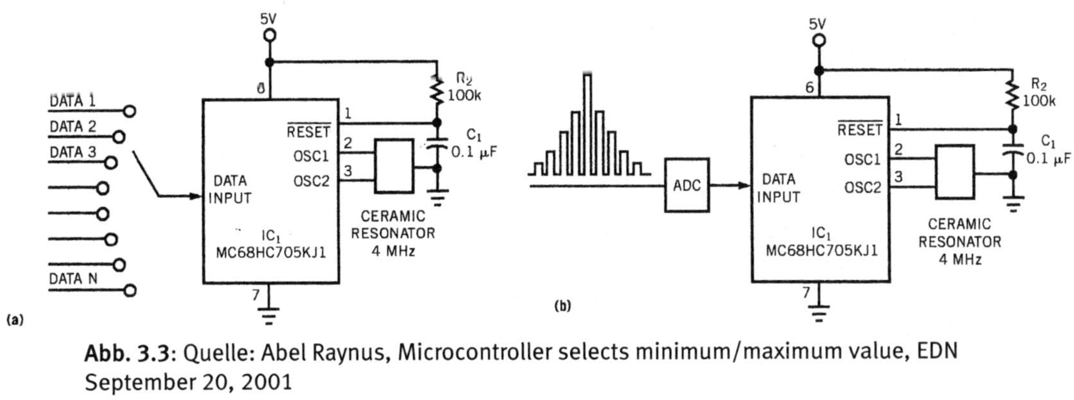

Abb. 3.3: Quelle: Abel Raynus, Microcontroller selects minimum/maximum value, EDN September 20, 2001

3.4 Mikrocontroller steuert vorgeschalteten Komparator

In vielen Anwendungen müssen Signale erst für den Mikrocontroller aufbereitet werden. Dies erfolgt vielfach durch einen Komparator. Hier ist es nicht selten erforderlich, den Kanal für bestimmte Zeitabschnitte zu sperren. Dies kann gemäß *Abb. 3.4* mit sehr wenig Aufwand vom Mikrocontroller aus erfolgen. Der Referenzspannungsteiler liegt dazu nicht an Masse, sondern am Ausgang pA1. Liefert dieser H-Pegel, so hat die Referenzspannung praktisch den gleichen Wert, sodass alle Pegel im Bereich bis 5 V ignoriert werden. Schaltet jedoch pA1 auf L-Pegel, beträgt die Referenzspannung 2 V, und größere Eingangssignale erzeugen H am Mikrocontroller-Eingang pA0.

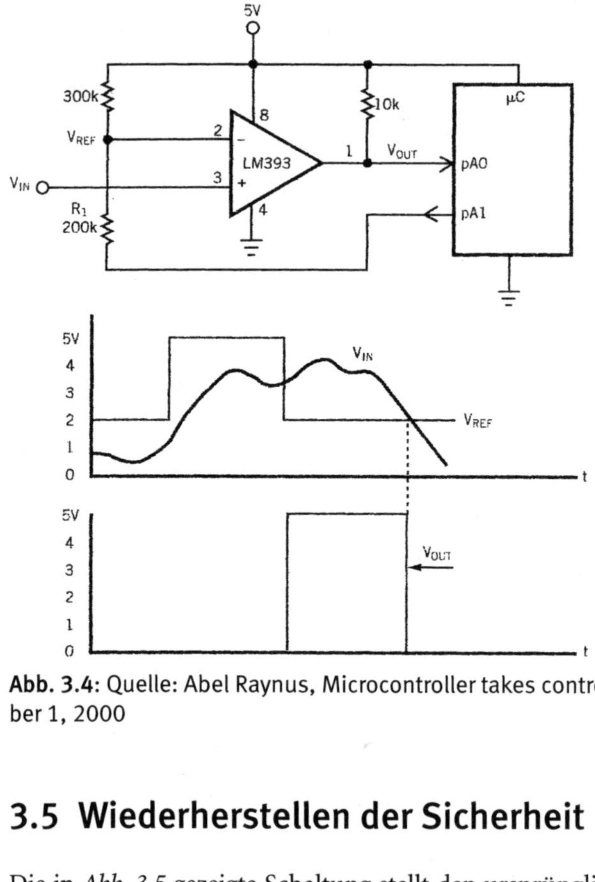

Abb. 3.4: Quelle: Abel Raynus, Microcontroller takes control of comparator, EDN September 1, 2000

3.5 Wiederherstellen der Sicherheit

Die in *Abb. 3.5* gezeigte Schaltung stellt den ursprünglichen Zustand in einem ATTiny12 via High-Voltage Serial-Programming wieder her. Man steckt den ATTiny12 in die achtpolige Fassung und drückt den Taster GO.

Die LED leuchtet dann am Ende des Programmierungsprozesses, der nur einige 100 ms dauert. Die Sicherheit ist nun wiederhergestellt; der Chip wurde wieder in den vom Hersteller gelieferten Zustand gebracht.

Der High-Voltage-Serial-Programming-Algorithmus ist im ATTiny11/12-Datenblatt beschrieben.

Die Quelle stellt das Assembler Source File bereit.

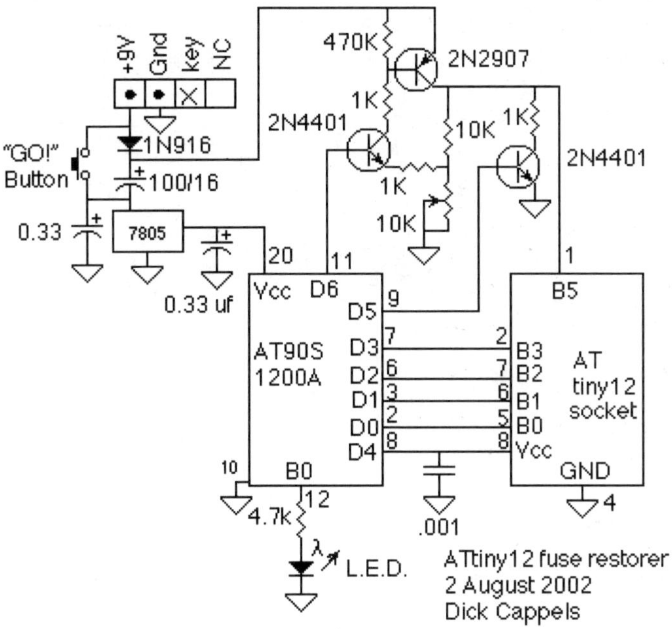

Abb. 3.5: Quelle: Dick Cappels, ATTiny12 fuse restorer, www.projects.cappels.org

3.6 LED-Stroboskop

Auch *Abb. 3.6* zeigt ein nützliches PIC-Projekt. Weiße LEDs erlauben den Aufbau eines wirkungsvollen Stroboskops. Gesteuert werden die LEDs vom PIC12F629/675.

Der Transistor erlaubt einen LED-Strom von 100 mA. Über vier Jumper kann man Impulsbreite, Wiederholrate oder Einfach- bzw. Doppelblitzbetrieb festlegen. Default-Zeiten im Programm machen es einfach, Werte im PIC-EEPROM umzuprogrammieren.

Allein die Wiederholrate kann durch die Jumper auf 1, 2, 3 oder 4 s festgelegt werden. Die Blitze können 30 oder 100 ms lang sein.

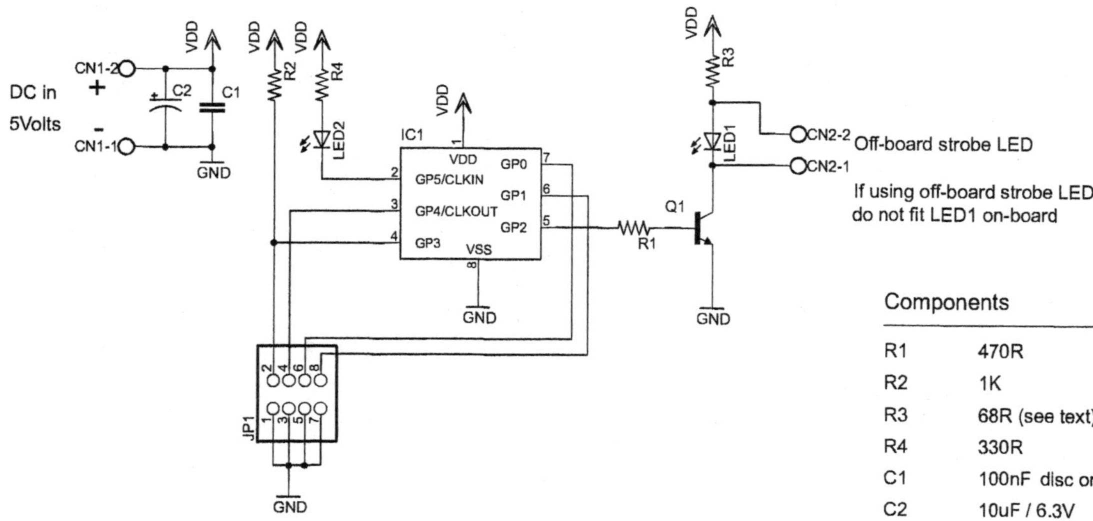

JP1 Jumper Settings

Strobe flash mode		Strobe pulse width		Strobe repeat rate		
1-2	Mode	3-4	Width	7-8	5-6	Rate
closed	double	closed	30mS	closed	closed	1S
open	single	open	100mS	closed	open	2S
				open	closed	3S
				open	open	4S

Components

R1	470R	1/4W, 5%, carbon film
R2	1K	1/4W, 5%, carbon film
R3	68R (see text)	1/4W, 5%, carbon film
R4	330R	1/4W, 5%, carbon film
C1	100nF disc or multilayer ceramic	
C2	10uF / 6.3V	radial electrolytic
LED1	Strobe LED (see text)	
LED2	3mm standard LED	
Q1	BC548B	
JP1	2x4, 0.1" pin header	
CN1	2-way 5mm pitch PCB terminal block	
CN2	2-way 5mm pitch PCB terminal block	
IC1	Microchip PIC 12F629 / 12F675 / 12F683 program with HEX code (see text)	

Abb. 3.6: Quelle: LED Strobe, http://picprojects.org.uk

3.7 Zugangs-Kontrollsystem

In *Abb. 3.7* ist das Keypad durch den programmierbaren Peripherie-IC 8255 mit dem 8-Bit-Mikrocontroller verbunden. Der 8085 ist ein recht populärer Mikrocontroller. Der Mikrocontroller fragt regelmäßig den Ziffernblock ab und erkennt, wenn jemand die richtige Kombination eingibt. Ergibt sich Übereinstimmung mit der in seinem Speicher abgelegten Ziffernfolge, kommt es zum Einschaltvorgang.

Das Passwort kann eine vierstellige Zahl sein. Das Ausschalten erfolgt einfach durch Drücken der Taste „0".

3.8 Nachtlicht mit „Morgen-Signal"

Der Sensor in *Abb. 3.8* ist ein LDR (Light-Dependent Resistor); der Widerstand verhält sich etwa umgekehrt zur Helligkeit. Der Timer 555 arbeitet als Schwellwertschalter und bildet ein digitales Signal (hell/dunkel). Fällt genügend Licht auf den LDR, dann nimmt der Ausgang L-Pegel ein.

Mehr Informationen und das Programm hält die Quelle bereit.

3.9 Digitaler Besucherzähler

In der Schaltung nach *Abb. 3.9* dient der Mikrocontroller 8085 zur Zählung der Personen/Besucher in einem Raum. Wenn jemand den Raum betritt, wird der Zähler um eine Stelle nach oben gesetzt. Wenn jemand den Raum verlässt, erfolgt eine Dekrementierung. Über die aktuelle Anzahl der Personen im Raum informiert eine Siebensegment-Anzeige.

Auch hier dient ein LDR als Sensor (Lichtschranke). Dabei wird eine Laser-Quelle eingesetzt. Die beiden Licht-Übertragungsstrecken werden einige Zentimeter nebeneinander angeordnet; der Mikrocontroller erkennt die Besucherrichtung (Eintritt/Austritt) daran, welche zuerst reagiert.

3.10 Sicherheitsbewusste Türklingel

Betätigt jemand bei Nacht über die Schaltung nach 3.10 die Türklingel (o. ä.), dann wird nicht nur diese aktiviert, sondern auch die angeschlossene Lampe.

Die Steuerung übernimmt der populäre 8-Bit-Intel-Mikrocontroller 8085A.
Mit dem Reset-Schalter lässt sich das Licht wieder ausschalten.

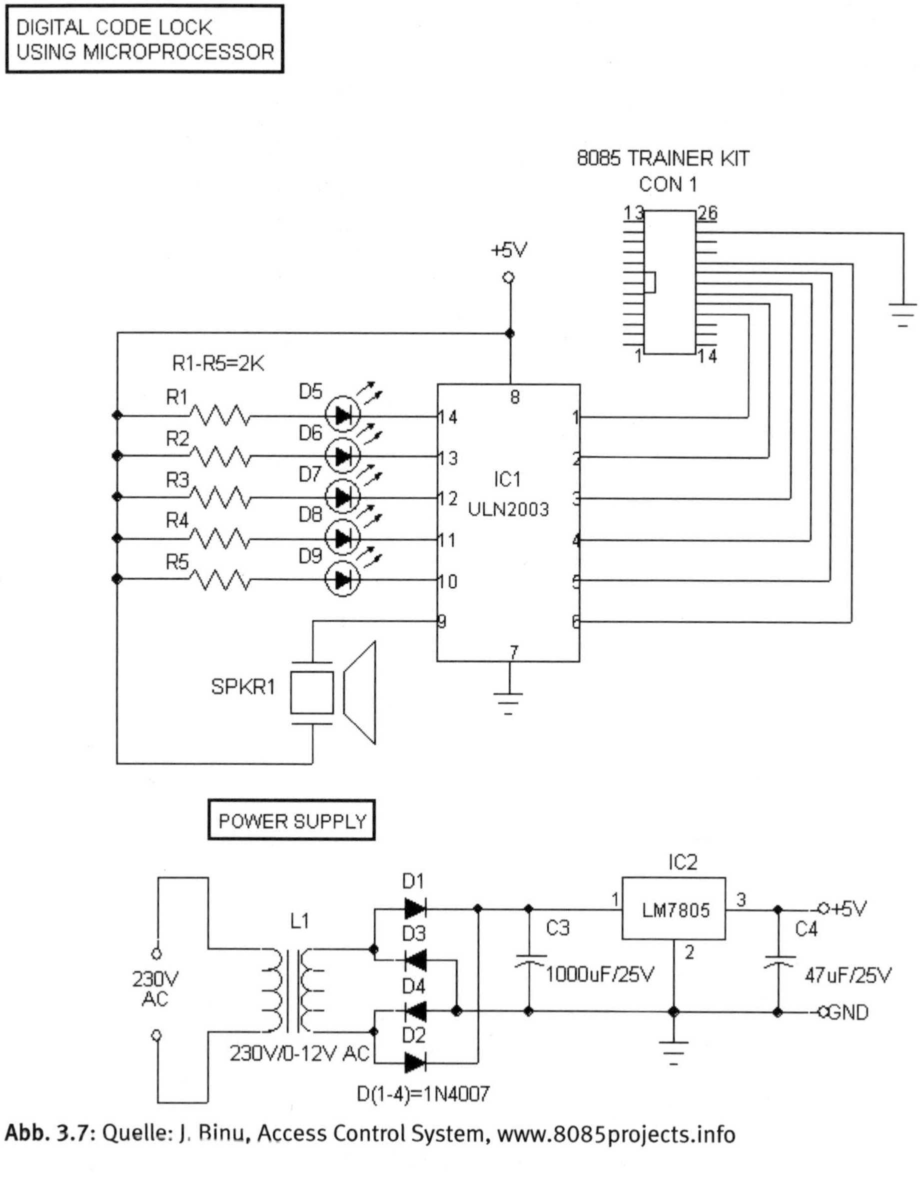

Abb. 3.7: Quelle: J. Binu, Access Control System, www.8085projects.info

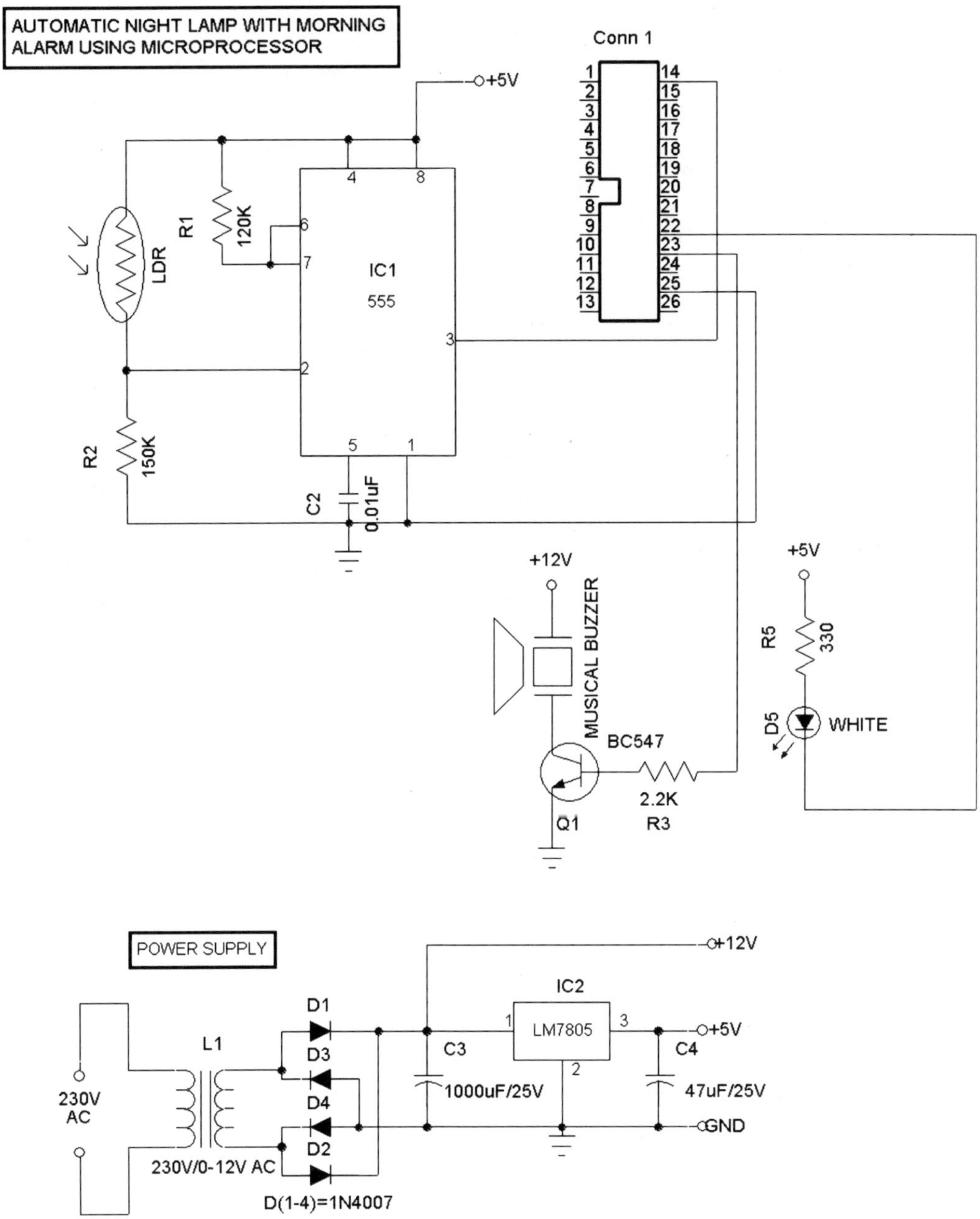

Abb. 3.8: Quelle: J. Binu, Automatic Night Lamp with Morning Alarm, www.8085projects.info

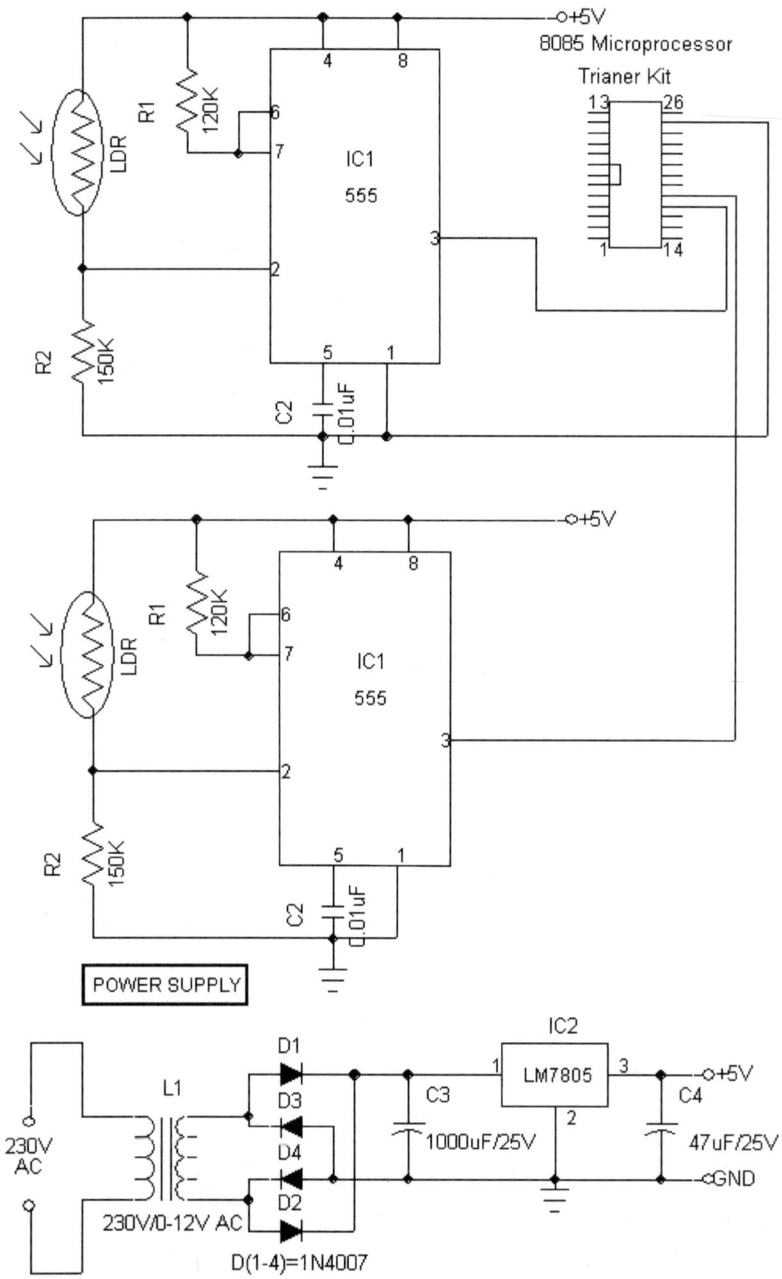

Abb. 3.9: Quelle: J. Binu, Digital Visitor Counter, www.8085projects.info

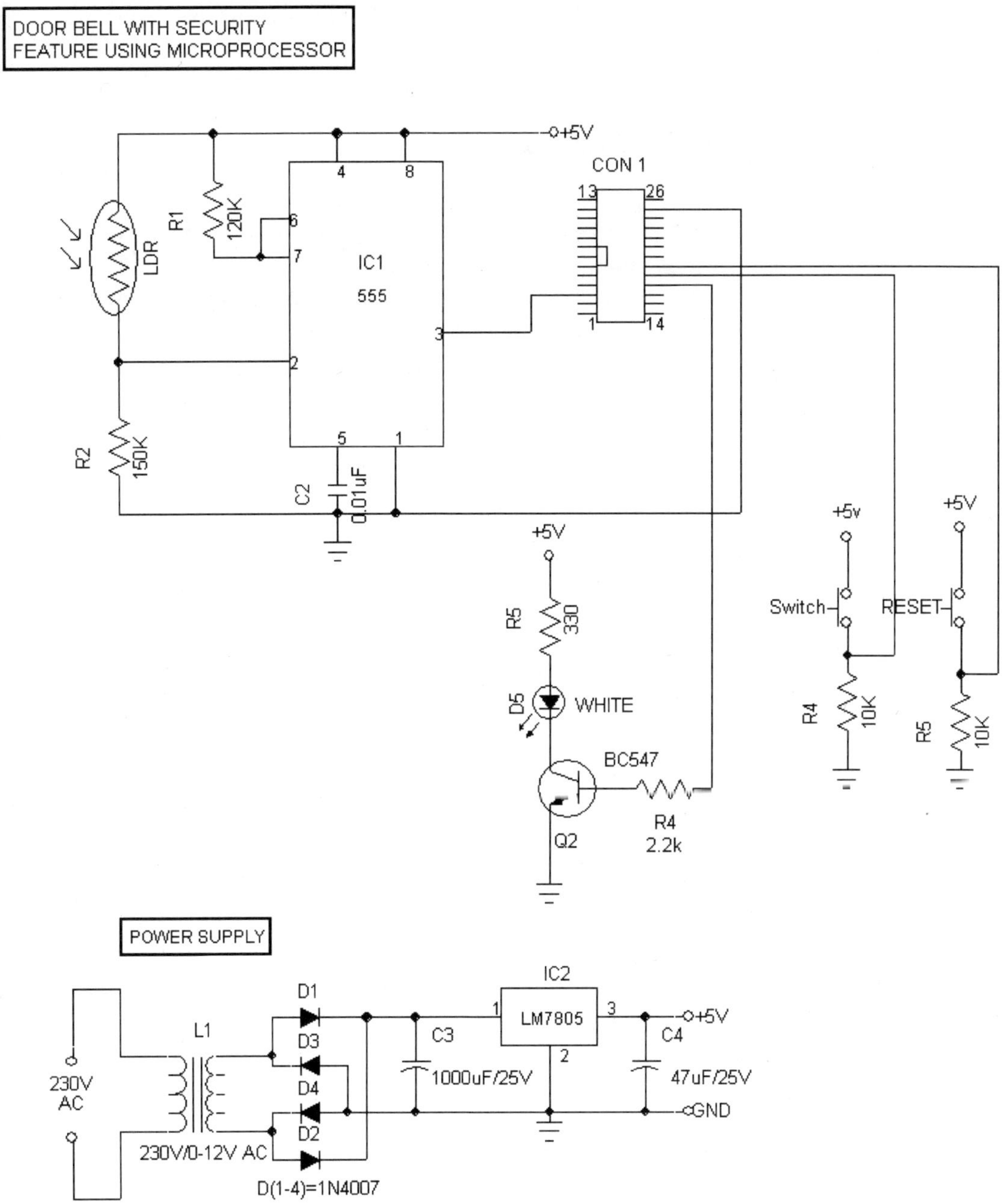

Abb. 3.10: Quelle: J. Binu, Door Bell with Security Feature, www.8085projects.info

Die Zuarbeit für den Mikrocontroller übernimmt das PPI (Programmable Peripheral Interface) 8255.

3.11 Elektronische Alarmanlage

Das in *Abb. 3.11* dargestellte elektronische Security System kann vielseitig z. B. in Banken, Betrieben oder Clubs genutzt werden. Die Alarmanlage umfasst zwei Monitoring-Systeme, einmal ein lichtempfindliches Sytem und dann einen Schleifen-Sensor. Wenn Licht auf den LDR (Light-Dependent Resistor) fällt, ertönt ein Alarmsignal, und wenn die Drahtschleife unterbrochen wird, ertönt dieses Signal bedingungslos.

Das gesamte System steuert ein 8-Bit-Mikroprozessor 8085A unter Nutzung des Ports eines ICs 8255 (PPI, Programmable Peripheral Interface).

3.12 Brandmeldeanlage

Der „Fire Monitor" überwacht die Temperatur von zwei Räumen und löst bei einem bestimmten Schwellwert Alarm aus. Dieses Signal kann mit dem Reset-Knopf gestoppt werden – s. *Abb. 3.12*.

Als Sensoren dienen Thermistoren. Ein NTC-Thermistor hat einen negativen Temperatur-Koeffizienten (Negative-Temperature Coefficient), sein Widerstand nimmt mit steigender Temperatur ab.

Es folgt ein analoger Komparator mit einer sinnvollen Hysterese. Nimmt der Ausgang High-Signal an, wird der Mikroprozessor über den PPI 8255 getriggert. Es genügt ein 8-Bit-Typ. Er fragt regelmäßig die beiden Sensoren ab.

3.13 Wasserpegel-Überwachung

Die Überwachungsschaltung ist prinzipiell ähnlich aufgebaut wie einige eben beschriebene Schaltungen, s. *Abb. 3.13*. Das Wasser sorgt für einen geringen Widerstand zwischen den Kupferelektroden.

Timer 555 dienen als Schwellwertschalter. Der populäre 8-Bit-Mikroprozessor 8085 fragt die Ausgänge ab und schaltet den Pumpenmotor an, wenn zu wenig Wasser im Behälter ist.

LEDs können optisch informieren. Alle Ein- und Ausgangsfunktionen übernimmt das Programmable Peripheral Interface 8255.

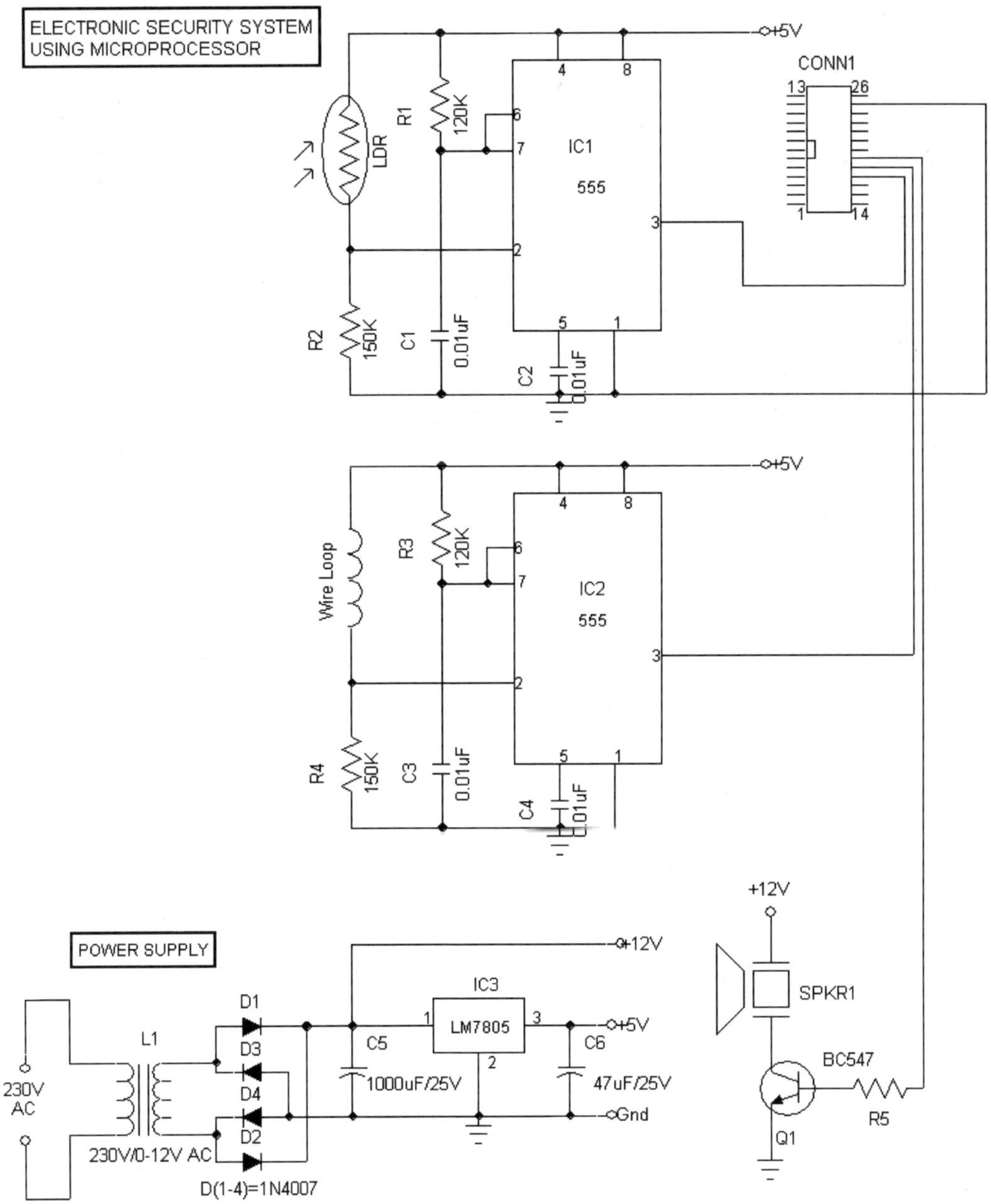

Abb. 3.11: Quelle: J. Binu, Electronic Security System, www.8085projects.info

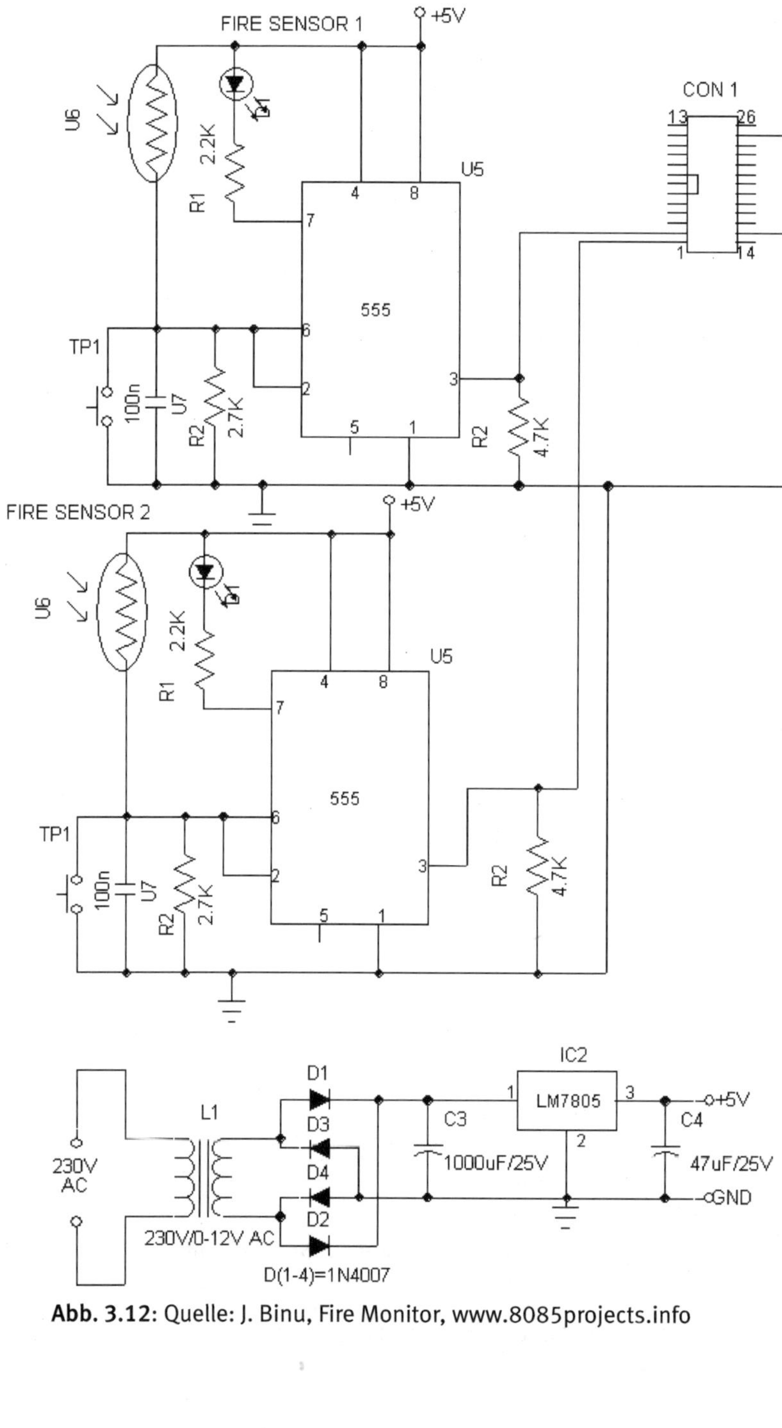

Abb. 3.12: Quelle: J. Binu, Fire Monitor, www.8085projects.info

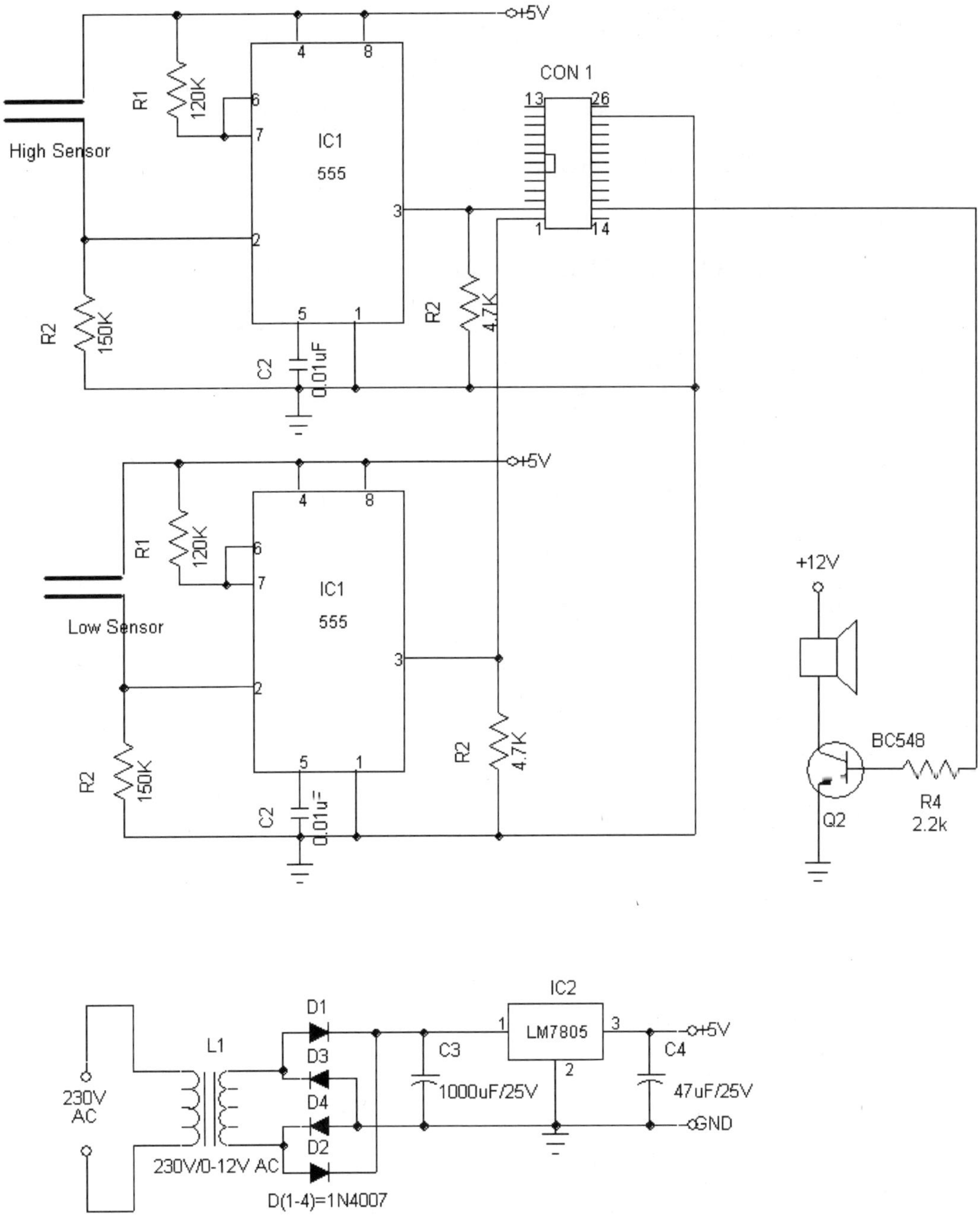

Abb. 3.13: Quelle: J. Binu, Water Level Controller, www.8085projects.info

3.14 Intelligentes Sicherheitslicht

Die Lichtquelle in *Abb. 3.14* ist die weiße, hocheffiziente LED. Gewöhnlich schaltet sich eine Sicherheitslicht ein, wenn die Power-Failure-Bedingung erfüllt ist. Dann leuchtet es auch am Tag. Bei der gezeigten Schaltung ist das nicht der Fall. Dazu wird ständig der Wert des LDRs beobachtet. Dazu dient ein Mikroprozessor 8085.

3.15 Keypad universell nutzbar

Die Schaltung nach *Abb. 3.15* macht das 4x4-Keypad universell nutzbar für verschiedene Sicherheitsanwendungen. Zum Einsatz kommt der Encoder 74922. Von den I/O-Ports des PIC werden nur fünf benötigt.

3.16 Alarm bei offener Tür

Die Schaltung nach *Abb. 3.16* wurde für die Überwachung von Kühltruhen und -schränken entwickelt. Wenn die Tür eine gewisse Zeit lang offen bleibt, ertönt ein Alarmsignal. Ein 8-Pin-Mikrocontroller übernimmt alle Steuerfunktionen und kann den Buzzer direkt ansteuern. Er ertönt pro fünf Sekunden eine Sekunde lang, nachdem die Tür länger als eine per Software definierbare Zeit offen gestanden hat.

IC1 ist ein Low-Dropout-Stabi-IC. Die Batteriespannung kann daher auf etwa 5,5 V abfallen, ohne dass die Funktion versagt. Die Aktivierung erfolgt z. B. über Reed-Relais.

Die Software steht unter www.edn.com/070201di1 zur Verfügung.

3.17 PIC steuert Nachtlicht

in *Abb. 3.17* wird ein PIC12C508, ein 8-Pin-CMOS-Mikrocontroller, genutzt, um ein Nachtlicht zu einer voreingestellten Zeit ein- und auszuschalten.

Die Lampe wird über einen kleinen Triac MAC97A6 o. ä. angesteuert.

Dieses Projekt demonstriert auch den Einsatz des PCW-PIC-C-Compilers.

Die transformatorlose Stromversorgung nutzt einen 0,22-µF-Kondensator, um den Strom auf etwa 10 mA zu begrenzen. Achtung, Lebensgefahr, Autor und Verlag übernehmen keine Haftung! Auf den Gleichrichter folgt ein 100-µF-Glättungskondensator. Die 5,1-V-Z-Diode stellt die Betriebsspannung für den PIC bereit. Dieser läuft mit kleiner Leistung und 32 kHz Quarzfrequenz.

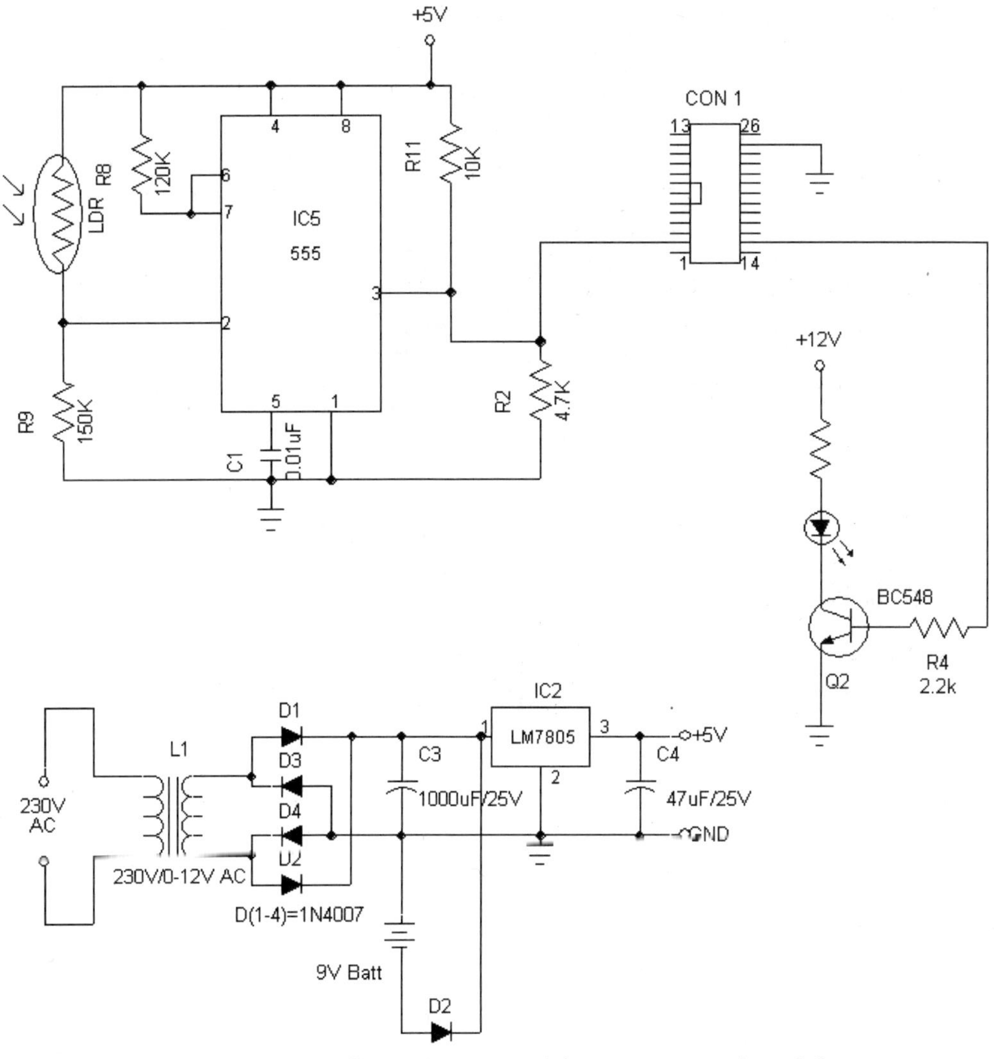

Abb. 3.14: Quelle: J. Binu, Intelligent Emergency Light, www.8085projects.info

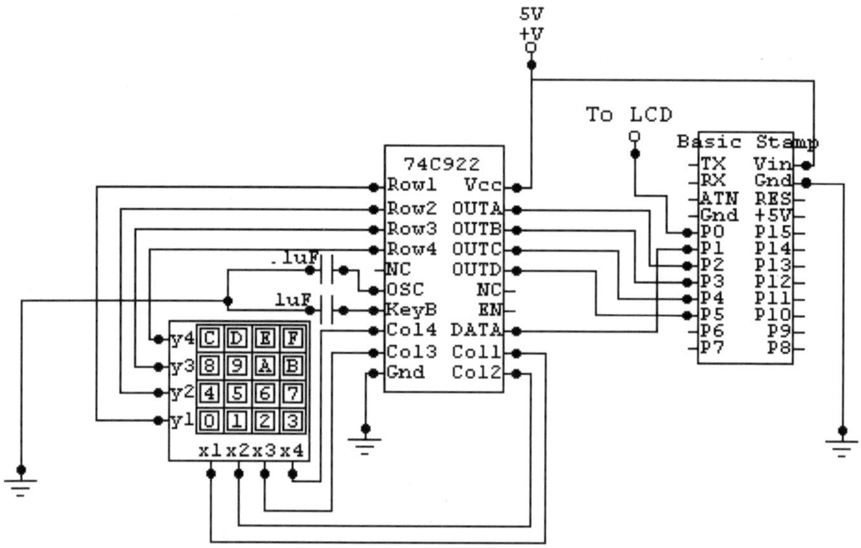

Abb. 3.15: Quelle: Wilson Shaun, Keypad, http://geocities.com/SiliconValley/Orchard/6633/hstamp.html

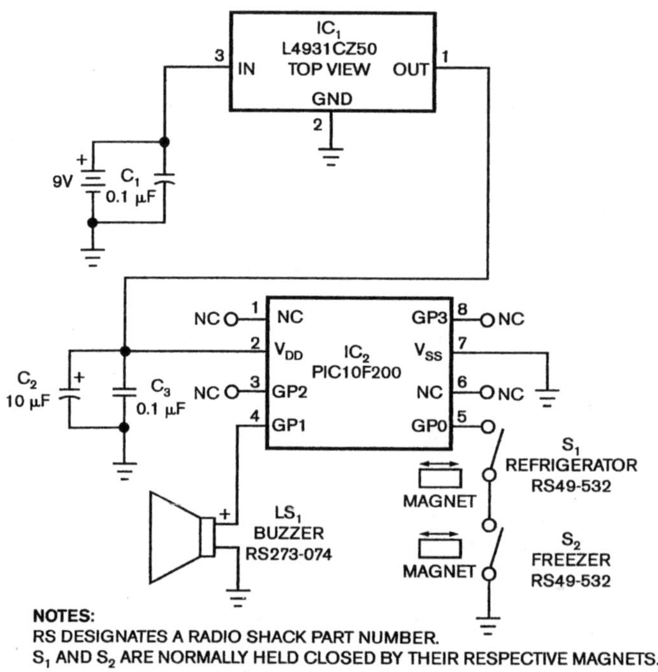

Abb. 3.16: Quelle: Tom L. Fisher, Open-door alarm prevents accidental defrosts, EDN February 1, 2007

Die kleine LED blinkt im 5-s-Rhythmus um Normalbetrieb anzuzeigen.

Der Saver ist nicht für Energiesparlampen geeignet.

Ein Back Up mit einem Superkondensator (Goldcap) oder einer Batterie ist möglich.

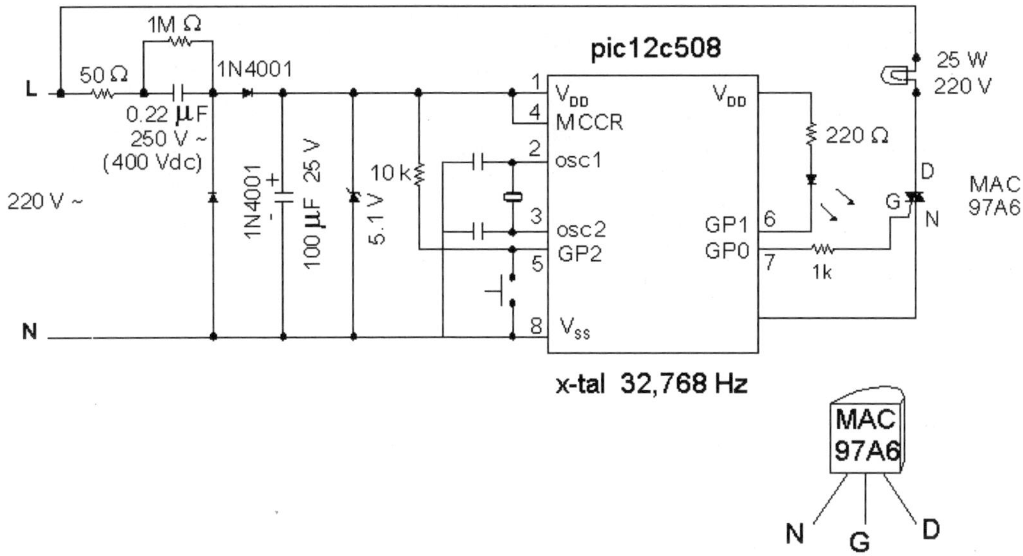

Abb. 3.17: Quelle: Wichit Sirichote, Solar Saver, www.kmitl.ac.th/~kswichit/

3.18 AT89C2051 steuert Nachtlicht

Diese Energiesparschaltung (*Abb. 3.18*) läuft mit einem einfachen Takt-Emulationsprogramm und schaltet beispielsweise täglich um 19:00 Uhr das Sparlicht ein und um 22:00 Uhr wieder aus. Das Ganze kostet nicht viel und lässt sich leicht installieren. Der AT89C2051 arbeitet mit einem externen Oszillator mit dem Schmitt-Trigger CD4093 (ca. 680 kHz). Die Referenzfrequenz wurde aus der Netzfrequenz 50 Hz abgeleitet. Fällt die Netzspannung aus, blinkt die LED sehr schnell. Das Drücken des Knopfes ist dann erforderlich.

Die Schaltung wird ohne Transformator mit R1 and C1 zur Strombegrenzung betrieben. Achtung, Lebensgefahr, Autor und Verlag übernehmen keine Haftung!

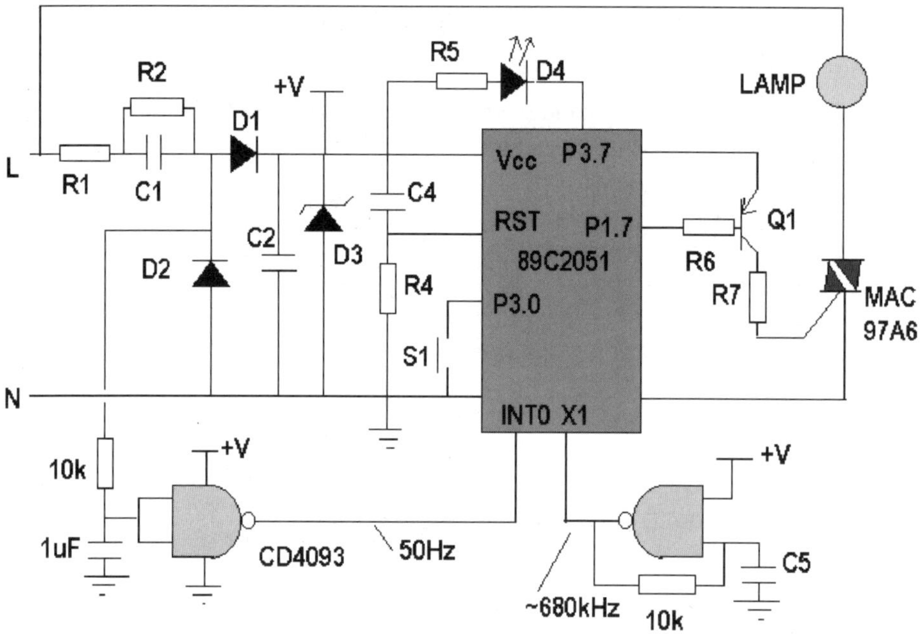

Abb. 3.18: Quelle: Wichit Sirichote, Light Saver V5.0, www.kmitl.ac.th/~kswichit/

3.19 Sicherheitsschloss mit Karte

Die Schaltung nach *Abb. 3.19* nutzt einen AVR-Mikrocontroller der ATtiny-Familie. Die neuen ATmega8 oder ATmega16 beispielsweise sind leistungsfähige Mikrocontroller mit intern RC-kalibrierten Oszillatoren für 1, 2, 4 oder 8 MHz, Analog/Digital-Konverter mit 10 Bit und zehn Kanälen sowie der Möglichkeit des sehr schnellen In-System-Programmierens.

Das Meiste des Source Codes stammt vom Telecard-Reader-Projekt aus derselben Quelle.

Die Schaltung schreibt keine Daten auf die Telecard. Der ATtiny26 liest die ersten 16 Bytes der Telecard in den RAM und vergleicht sie mit den im internen EEPROM für die Karte gespeicherten 16 Bytes. Das Lesen erfolgt nach Druck auf SW1.

Mit SW2 erfolgt die Registrierung der Karte. Die rote LED verlischt, die grüne beginnt zu leuchten.

Bis zu acht Telecards lassen sich registrieren.

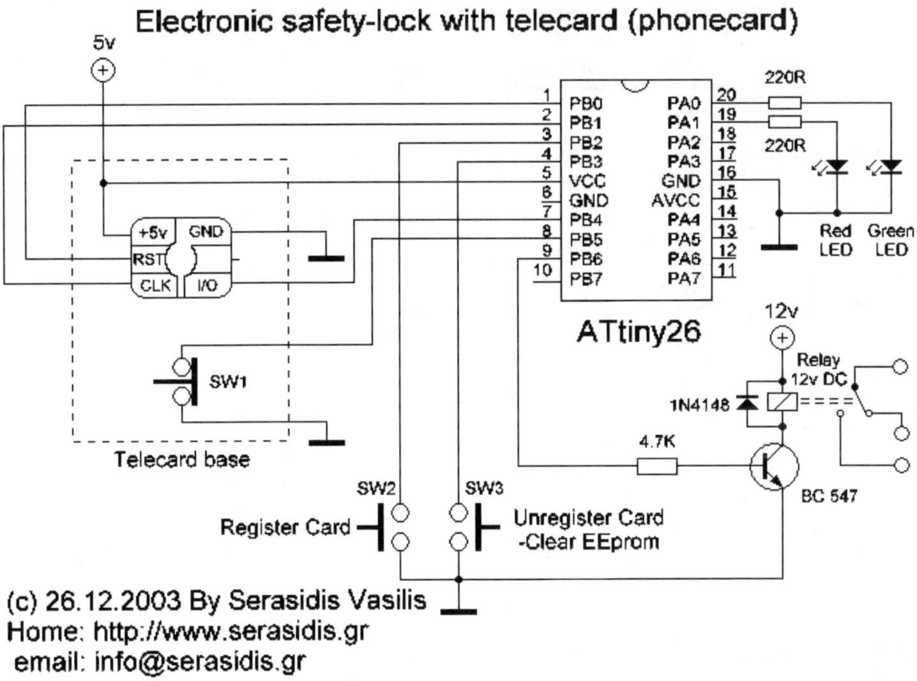

Abb. 3.19: Quelle: Vasilis Serasidis, Electronic safety-lock with telecard as key, www.serasidis.gr

3.20 Kartenleser mit AT90s2313

Die Schaltung nach *Abb. 3.20* stellt nur einen Reader dar, keinen Programmer. Sie hat den Zweck, verständlich zu machen, wie ein Mikrocontroller die Daten von einer Telecard seriell liest. Diese Karten speichern 64 Bytes (512 Bits) in ihrem EEPROM, wobei die ersten acht Bytes (64 Bits) geschützt sind (nur lesen).

Um die Kosten gering zu halten, wurde kein LC-Display vorgesehen. Die Daten können vom PC angezeigt werden, indem der RS-232-Port genutzt wird.

Die Schaltung basiert auf einem AT90S2313, programmiert mit telecard.hex und telecard.eep. Der Konverter von +/–12 V zu RS-232/TTL und von TTL zu +/–12 V ist ein MAX232.

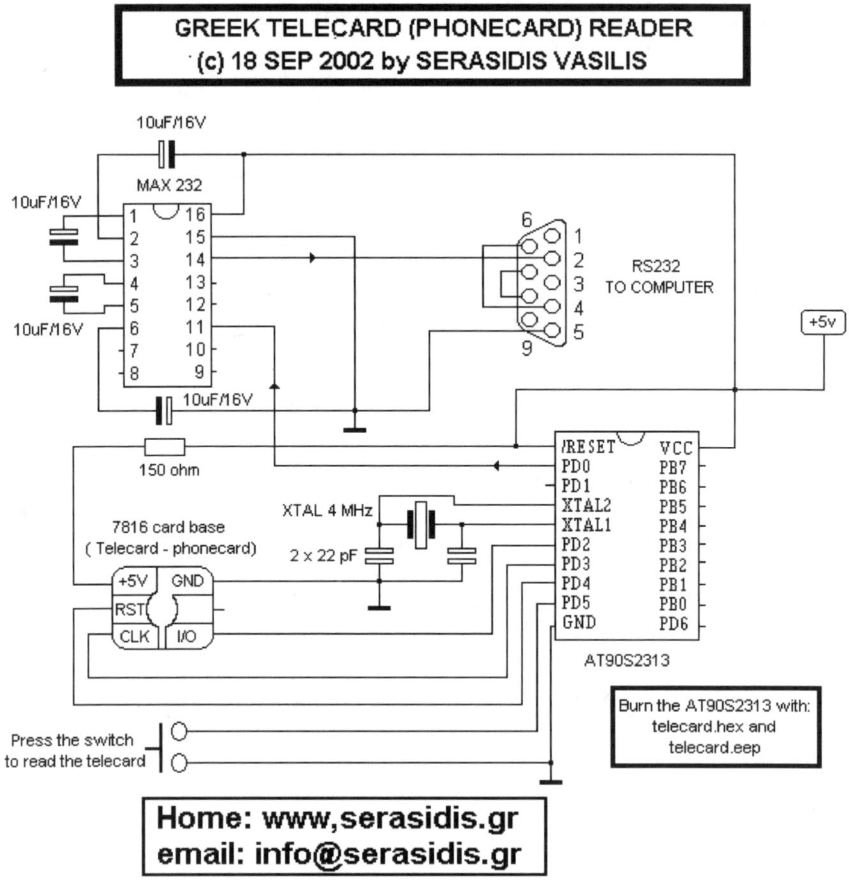

Abb. 3.20: Quelle: Vasilis Serasidis, Telecard reader with AT90s2313 micro, www.serasidis.gr

3.21 Füllstandsmelder mit Überlaufalarm

Der MAXQ3210 ist ein leistungsstarker 16-Bit-Mikrocontroller mit geringem Stromverbrauch. Daher eignet er sich für einfache wie komplexe Überwachungsaufgaben. Er besitzt folgende hierbei nützliche Baugruppen: 5-auf-9-V-Spannungswandler, Wakeup Timer, analoger Komparator, Horn Driver, Ring Oscillator und Low-Bat Detector. Interessant ist auch der mögliche Stop-Modus.

In *Abb. 3.21* ist skizziert, wie man mit diesem Mikrocontroller einen Füllstandsdetektor mit Alarmfunktion aufbauen kann. Einzelheiten dazu sind der Quelle zu entnehmen.

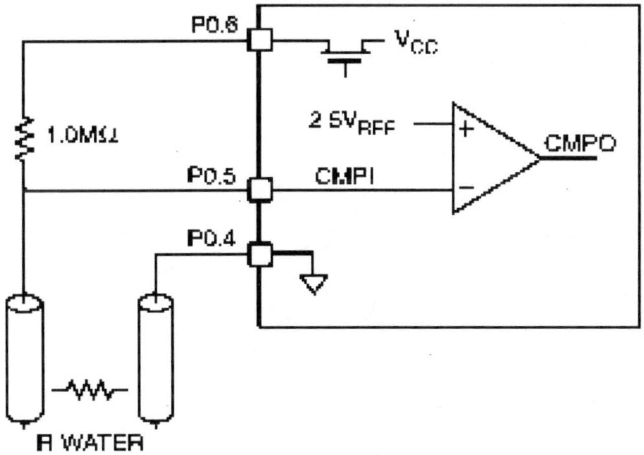

Abb. 3.21: Quelle: Using the MAXQ3210 as a Water Sensor/Alarm System, Maxim Application Note 3885

3.22 Lichtschranke mit Alarmfunktion

Da sich der RISC-Mikrocontroller MAXQ3210 durch eine sehr geringe Leistungsaufnahme auszeichnet, kann er vorteilhaft für Überwachungsaufgaben genutzt werden. In der Anwendung nach *Abb. 3.22* ist die Außenbeschaltung gering und besteht im Wesentlichen aus Betriebsspannungsstabilisierung, fotoelektrischem Sensor für einen Lichtstrahl und Piezo-Alarmgeber mit drei Anschlüssen.

Die Software wurde in MAXQ-Assembler geschrieben.

Die möglichen Anwendungen sind vielfältig, sieht Originalquelle.

3.23 Codeschloss mit LCD

In *Abb. 3.23* ist das Blockschaltbild eines Codeschlosses gezeigt. Hierbei ermöglicht der Mikrocontroller ATtiny24 den Betrieb des LC-Displays über den Zweidrahtbus I^2C. Die komplett ausgeführte Schaltung kann der Originalquelle entnommen werden. Ein piezoelektrischer Schallgeber wird dabei von dem kleinen Mikrocontroller direkt angesteuert. Das Feature USI (Universal Serial Interface) ermöglicht im TWI-Modus (Two-Wire Interface) die Kommunikation hin zum LCD über zwei Leitungen. Das LCD hat 2x16 Zeichen.

Viele andere Mikrocontroller wie ATtiny44 oder ATtiny84 können benutzt werden.

Die Firmware wurde in C erstellt.

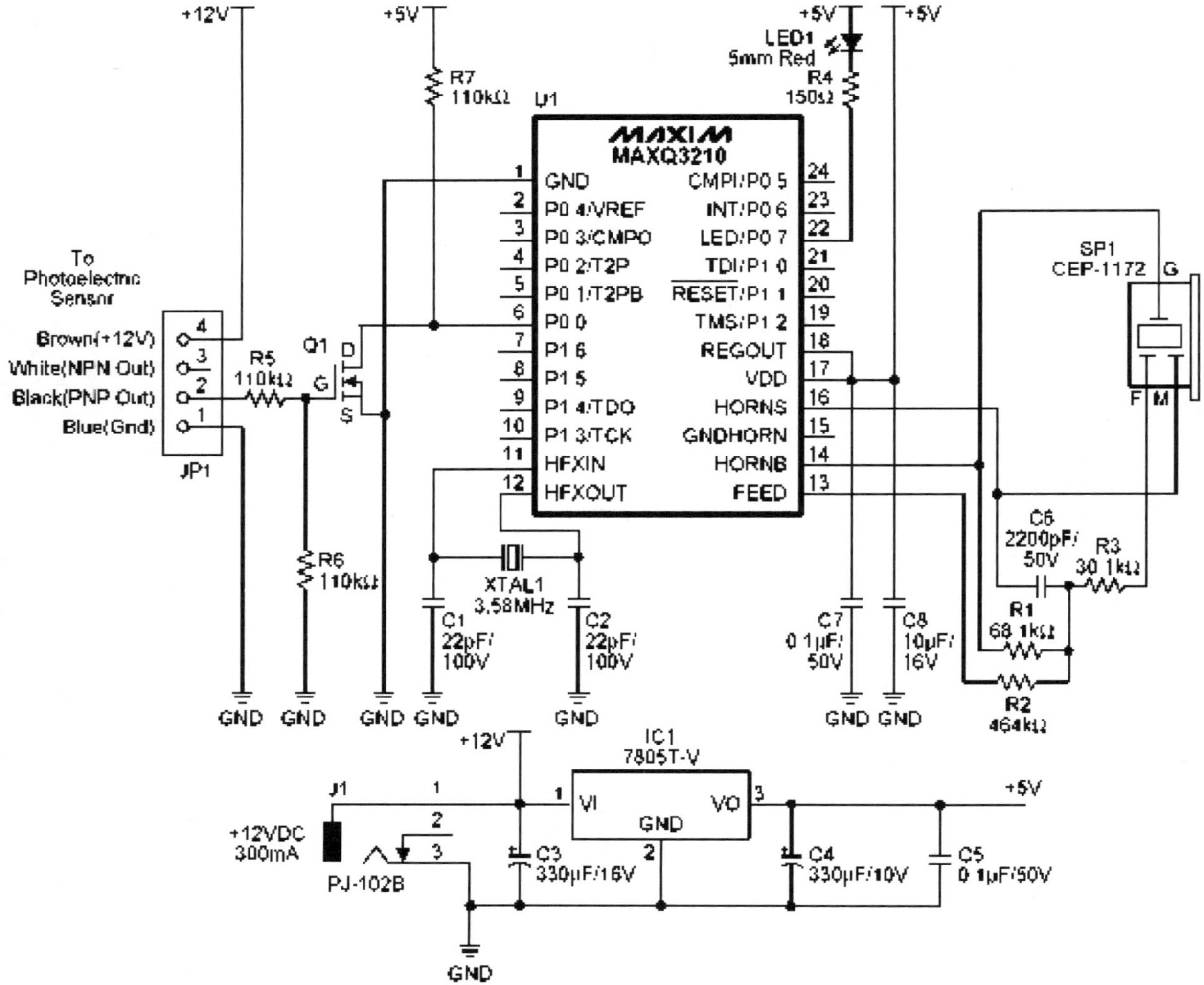

Abb. 3.22: Quelle: Using the MAXQ3210 in a Light-Beam Alarm System, Maxim Application Note 4153

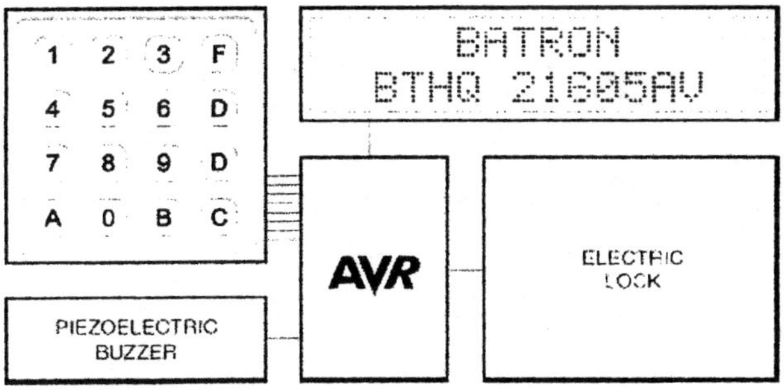

Abb. 3.23: Quelle: AVR245: Code Lock with 4x4 Keypad and I2C LCD, Atmel Application Note

4 Interfaces und I/O-Schaltungen

4.1 Ausgangs-Erweiterung bei PICs

Es gibt verschiedene Möglichkeiten, einen gegenüber den Ausgängen eines Mikrocontrollers erweiterten Ausgangsbereich einer Mikrocontrollerschaltung zu schaffen. Hierbei schnellen oft Aufwand und Kosten in die Höhe. Eine relativ preiswerte Lösung zeigt *Abb. 4.1*. Statt Logik-ICs wird ein zweiter PIC herangezogen, der wenig Platz beansprucht und preiswert ist. Die Programmierung ist einfach, da eine simple spezielle Anwendung vorliegt. Die Ansteuerung für den gezeigten Fall mit beispielsweise sieben Siebensegment-Anzeigen verlangt nur die Nutzung eines einzigen Eingangs. Der Multiplexer lässt sich durch einen längeren Anfangsimpuls zurücksetzen.

4.2 Doppelnutzung (Sharing) von I/O-Pins

LCDs auf Basis des Prozessors HD44780A sind die bekanntesten und am häufigsten benutzten alphanumerischen Anzeigebausteine mit embedded System. Man kann sie einfach ansteuern und ihre Ausgangssignale flexibel nutzen. Ihr einziger Nachteil ist der relativ hohe Bedarf an I/O-Leitungen – sechs bis elf Leitungen werden benötigt. Damit stehen für andere Zwecke meist zuwenig I/O-Pins zur Verfügung.

Abb. 4.2 skizziert eine Doppelnutzung der PIC-I/O-Pins. Diese ist möglich, weil das LCD die Daten hält (Latch-Funktion), während der Eingang E Low-Pegel erhält. Solange der Digital Output des PICs also Low-Signal liefert, können die I/O-Pins auch für andere Funktionen genutzt werden. Man muss dabei allerdings zwei Bedingungen beachten:

- Wenn es sich um eine Ausgangs-Applikation handelt, muss sie mit den Ausgangssignalen zum Ansteuern des LCDs klarkommen.
- Wenn es sich um eine Eingangs-Applikation handelt, darf sie während der LCD-Ansteuerung keine Signale liefern (dritter Zustand, hochohmig).

Diese Bedingungen lassen sich erfüllen bzw. umgehen, wenn man an den PIC einen Bus-Transceiver legt und das E-Signal nutzt, um die Verbindung zwischen PIC und Applikation zu aktivieren oder zu deaktivieren.

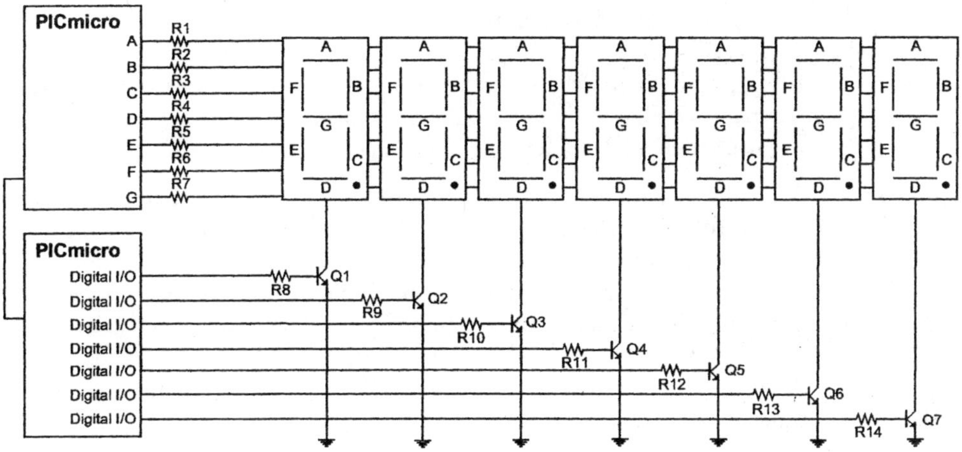

Note: Pins A - G are Digital I/O.

Abb. 4.1: Quelle: Dan Matthews, Basic PIC16/17 Oscillator Design

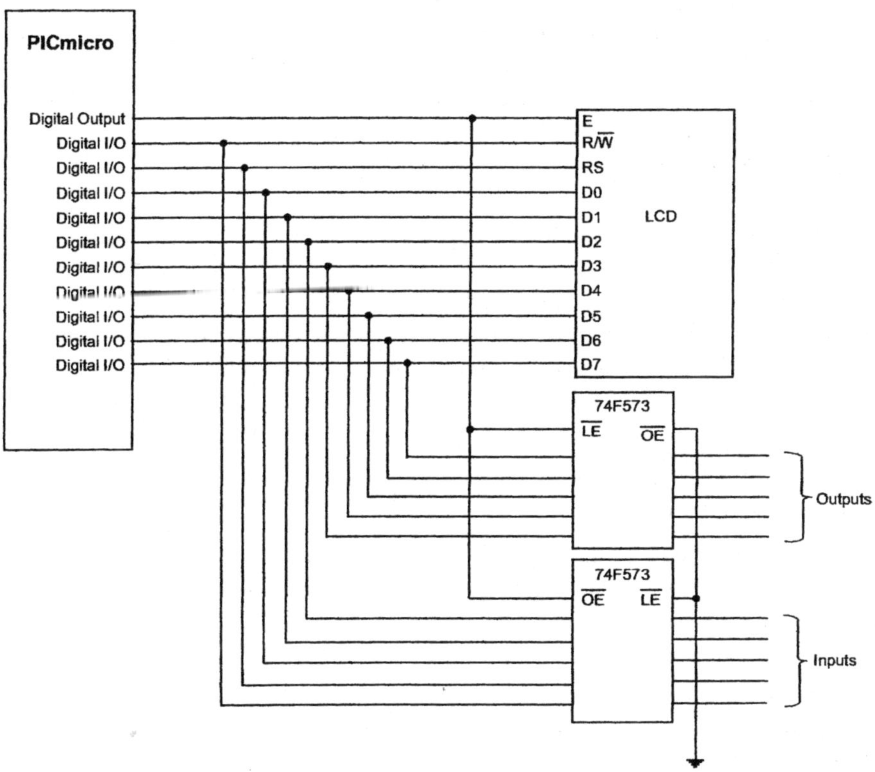

Abb. 4.2: Quelle: Dan Matthews, Basic PIC16/17 Oscillator Design

4.3 Mehrere Schalter an einem Eingang

Normalerweise legt man einen Schalter an einen Eingang, für Mehrschalter-Anwendungen, wie Keypads, werden also mehrere Eingänge benötigt. Einige Designs bieten aber die Möglichkeit, mehrere Schalter an einen Eingang zu legen.

Ein gutes Beispiel ist eine Analog-Digital-Wandlung, die es erlaubt, analoge Signale mit dem Mikrocontroller zu erfassen. Wenn der Mikrocontroller einen ADC-Eingang besitzt, kann man den internen Analog-Digital-Wandler nutzen, um die Zustände von Schaltern zu erkennen. Dazu werden diese in einen Spannungsteiler eingefügt (*Abb. 4.3*). Der Spannungsteiler kann nun so ausgelegt sein, dass beispielsweise 1, 2 oder 3 V an R4 erscheinen, wenn S1, 2 oder 3 geschlossen ist. Ein simples Schema informiert also über die Schalterzustände. Etwas komplizierter, aber nicht unmöglich ist die Detektierung von Kombinationen geschlossener Schalter.

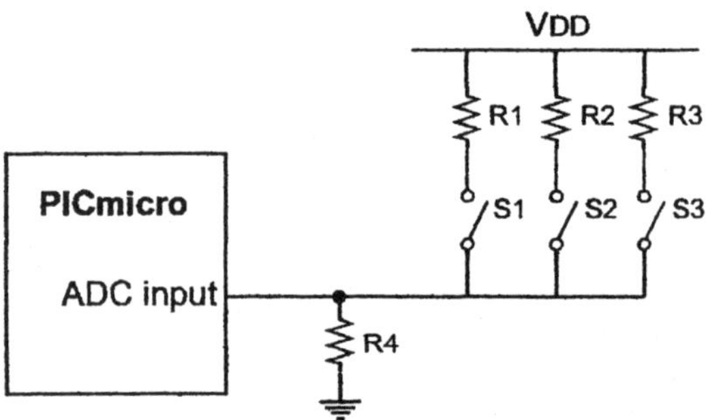

Abb. 4.3: Quelle: Joseph Julicher, Hardware Techniques for PICmicro Micrcontrollers, Microchip Application Note 234

In *Abb. 4.4* ist die Beschaltung eines Komparatoreingangs gezeigt. Auch der Komparator kann genutzt werden, um den Zustand mehrerer an einem Punkt zusammenliegender Schalter zu detektieren. Die interne Spannungsreferenz und die Widerstandskombinationen entscheiden über die Reaktion des Komparators. Dabei kann der Komparator wie ein AD-Wandler genutzt werden (s. oben, C1 wird durch Widerstand ersetzt) oder die Ladung des Kondensators. Diese verläuft je nach RC-Kombination mehr oder weniger schnell. Die Zeitkonstanten werden so gewählt, dass sich der Kondensator nach mehr oder weniger großer Zeit im Millisekundenbereich auf die Referenzspannung auflädt. Der Mikrocontroller misst diese Zeit und erkennt daran, welcher Schalter geschlossen ist. Hierbei ist bei unveränderter Schaltung auch eine digitale Referenz mithilfe von VIH möglich. Dabei ist jedoch der Stromverbrauch höher.

In *Abb. 4.5* ist die Anschaltung eines 4x4-Keypads gezeigt. Der Port B der PICs ist speziell für den Anschluss von Keypads vorgesehen. Ein 4x4-Kaypad benötigt normalerweise acht I/O-Ports. Mit den acht Widerständen entsteht aber eine Matrix, sodass ein geeigneter Eingang am Mikrocontroller genügt. Der aus jeder Druckknopfbetätigung resultierende Spannungswert wird vom AD-Konverter gelesen und interpretiert. Bei Einsatz eines Kondensators statt R9 kann ein Komparator eine Zeitspanne generieren, der sich ebenfalls eine Ziffer zuordnen lässt.

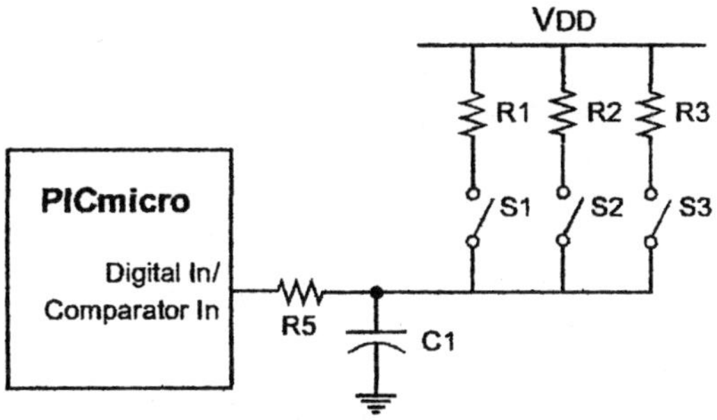

Note: R5 is approximately 100 Ω.

Abb. 4.4: Quelle: Joseph Julicher, Hardware Techniques for PICmicro Micrcontrollers, Microchip Application Note 234

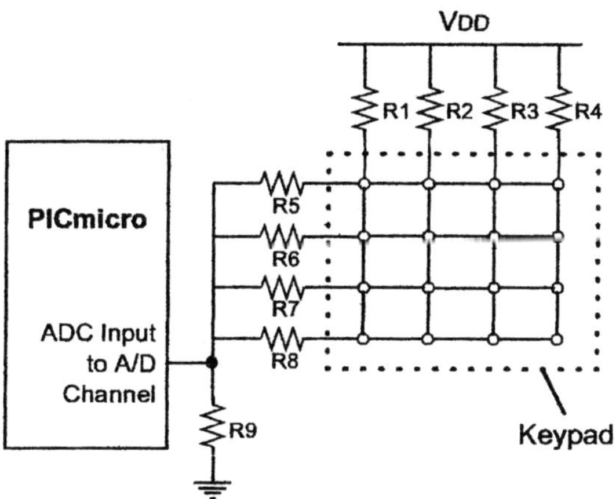

Abb. 4.5: Quelle: Joseph Julicher, Hardware Techniques for PICmicro Micrcontrollers, Microchip Application Note 234

4.4 Zwei LEDs bzw. eine Dual-LED an einem I/O-Port

Leuchtdioden werden oft an Mikrocontrollerausgänge angeschlossen. PICs liefern den entsprechenden Strom problemlos. Aber oft ist die Anzahl der Ausgänge begrenzt, sodass „Sparmaßnahmen" eingeleitet werden müssen. Diese erfolgen auf der Softwareseite.

In *Abb. 4.6* haben die Widerstände gleiche Werte. D1 und D2 sind LEDs. Liefert der Ausgang Low-Pegel, fließt Strom durch R1 und D1. Liefert der Ausgang H-Pegel, fließt aus ihm heraus ein Strom durch D2 über R2 nach Masse.

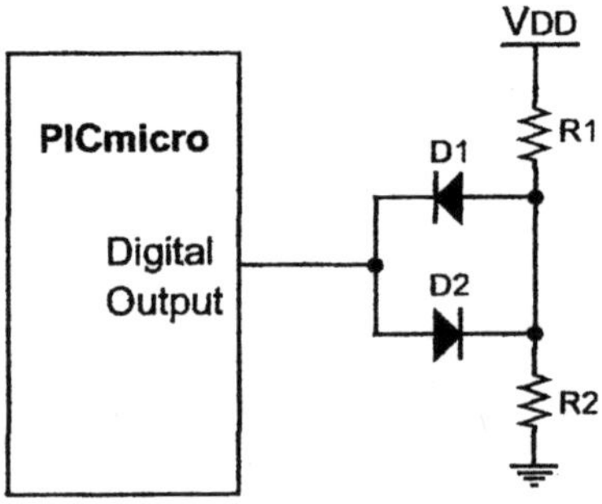

Abb. 4.6: Quelle: Joseph Julicher, Hardware Techniques for PICmicro Micrcontrollers, Microchip Application Note 234

4.5 Sechs LEDs an drei I/O-Ports

Der Betrieb von zwei LEDs an einem Port ist simpel. Ein wenig komplexer ist die Schaltung nach *Abb. 4.7*. Im Falle ausschließlicher Ausgangsfunktion ist die Zuordnung wie folgt:

ii oben	ii Mitte	ii unten	leuchtende LEDs
L	L	L	keine
L	L	H	D2 und D5
L	H	L	D1 und D4
L	H	H	D5 und D1
H	L	L	D6 und D3
H	L	H	D3 und D2
H	H	L	D4 und D6
H	H	H	keine

Voraussetzung sind zu den Flussspannungen passende H-Pegel und fachgerecht dimensionierte Vorwiderstände.

Programmiert man auch die Eingangsfunktion, kann man erreichen, dass immer nur eine LED leuchtet. Dies kann die erstgenannte sein, sodass sich für jede LED ein bestimmter Zustand ergibt.

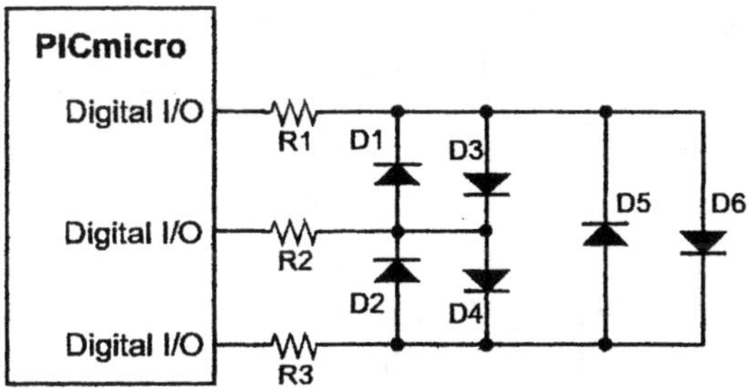

Abb. 4.7: Quelle: Joseph Julicher, Hardware Techniques for PICmicro Micrcontrollers, Microchip Application Note 234

4.6 Zwölf LEDs an vier I/O-Ports

Die Reaktion der LEDs in *Abb. 4.8* kann in einer ähnlichen Tabelle wie oben dokumentiert werden, bei gleichen Voraussetzungen. Man stellt sich das Bitmuster an den Ausgängen und die möglichen Strompfade von H- nach L-Pegel vor.
Obwohl das Konzept recht interessant erscheint, muss man auch hier sorgfältig die Potenzialverhältnisse bedenken. Die Software ist entsprechend der gewünschten Anzeigewirkung zu erweitern.

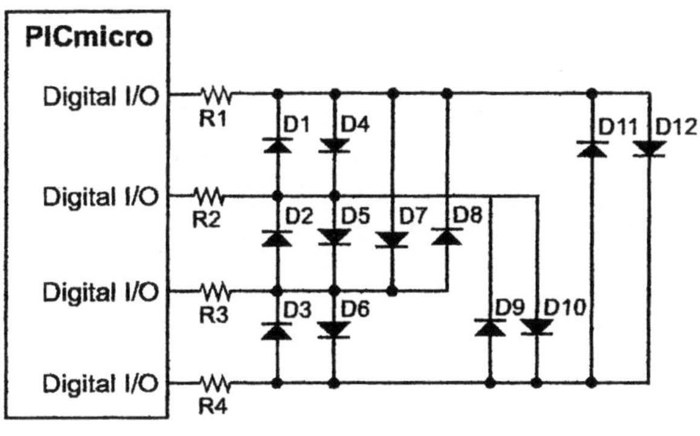

Abb. 4.8: Quelle: Joseph Julicher, Hardware Techniques for PICmicro Micrcontrollers, Microchip Application Note 234

4.7 Zwei Siebensegment-Anzeigen an acht I/O-Ports

Siebensegment-Anzeigen werden an Mikrocontrollern oft genutzt. Sind mehrere Stellen erforderlich, steht eine hohe Anzahl von Segmenteingängen einer begrenzten Anzahl von I/O-Ports gegenüber. Soll die Anzeige nur zweistellig sein, gibt es einen einfachen Ausweg (*Abb. 4.9*). Die erste Stelle hat eine gemeinsame Anode (Common Anode, CA), die zweite eine gemeinsame Kathode (Common Cathode, CC). Über den digitalen Ausgang erfolgt ein „Polaritäts-Multiplexing".

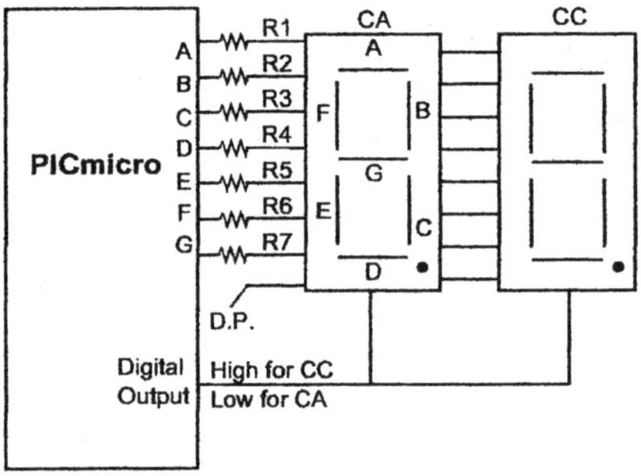

Note: Pins A - G are Digital I/O.

Abb. 4.9: Quelle: Joseph Julicher, Hardware Techniques for PICmicro Micrcontrollers, Microchip Application Note 234

4.8 Achtfach-Latch ermöglicht Anschluss von sieben Siebensegment-Anzeigen

Um mehr als zwei Siebensegment-Anzeigebausteine an einem Mikrocontroller zu betreiben, kann man entsprechende Decoder/Multiplexer benutzen, die ein Vier-Bit-Datenwort aufbereiten und das Multiplexing übernehmen.
Eine andere Möglichkeit zeigt *Abb. 4.10*. Hier kommt ein Achtfach-Latch-Baustein zusammen mit sieben Widerstands-Transistor-Kombinationen zum Einsatz. Die zugehörige Prozedur ist folgende:

- Erhöhe /LE und setze <A-G> für das gewünschte Bitmuster. <A> = 1 und <B> = 0 aktiviert G1 oder Stelle 1.
- Verringere /LE und setze <A-B>, um die korrekte Anzeige zu erzielen. <A-F> = 1 und <G> = 0 lässt die Null auf Stelle 1 erscheinen.
- Wähle die Verzögerungszeiten lang genug. Mit 3 ms pro Digit, also 21 ms für alle Stellen, ergibt sich eine 47-Hz-Refresh-Rate.
- Repeat

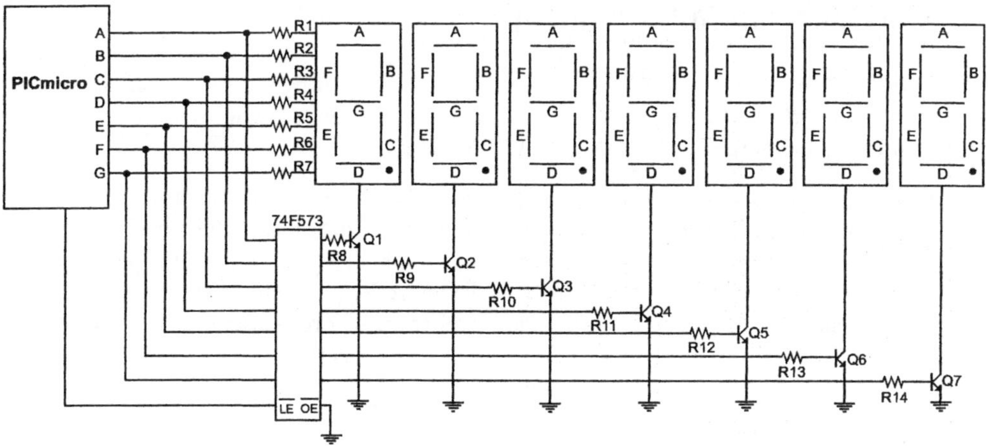

Note: Pins A - G are Digital I/O.

Abb. 4.10: Quelle: Joseph Julicher, Hardware Techniques for PICmicro Micrcontrollers, Microchip Application Note 234

4.9 Optokoppler schützt Ausgang

Statt einer diskreten LED kann man an einen Mikrocontroller auch eine Optokoppler-LED schalten und damit den Ausgang von der Last isolieren. Wenn durch die LED in *Abb. 4.11* Strom fließt, schaltet der Transistor durch und entlädt C1. Dann schaltet auch der FET durch und legt über seinen On-Widerstand die Versorgungsspannung an die Last. Diese kann wie bei direktem Anschluss an den Mikrocontroller an Masse liegen.

Beim Ausschalten bewirkt C1 eine kleine Verzögerung. Damit wird eine eventuelle Refresh-Phase des Ausgangs für die Last überbrückt. Realistische Beispielwerte für eine 300-µs-Refresh-Unterbrechung: R1 = R2 = 1 kOhm, C1 = 1 µF.

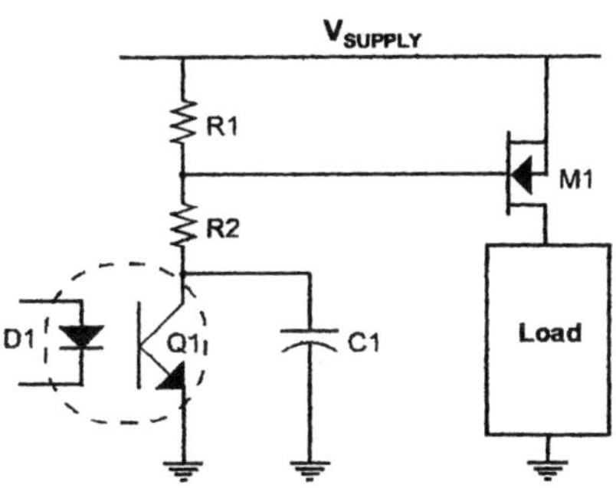

Abb. 4.11: Quelle: Joseph Julicher, Hardware Techniques for PICmicro Micrcontrollers, Microchip Application Note 234

4.10 MIDI am Mikrocontroller

In *Abb. 4.12* sind Sende- und Empfangsseite eines MIDI gezeigt. Jeweils sorgt ein Optokoppler für den gegen Störeffekte und Überspannungen isolierten Übergang zwischen UART des Mikrocontrollers und Audioanwendung.

MIDI steht für Musical Instrument Digital Interface, also Digitale Schnittstelle für Musikinstrumente und ist im Grunde ein Datenübertragungsprotokoll zur Übermittlung von Steuerinformationen zwischen elektronischen Instrumenten und PCs bzw. Laptops. Das betreffende Instrument bzw. der betreffende Rechner muss dazu über entsprechende MIDI-Anschlüsse verfügen, wobei meist drei Anschlüsse vorhanden sind: MIDI-Eingang, MIDI-Ausgang und MIDI-Thru. Letzterer dient dazu, über den MIDI-Eingang empfangene Daten unbeeinflusst an ein weiteres MIDI-Gerät weiterzuleiten.

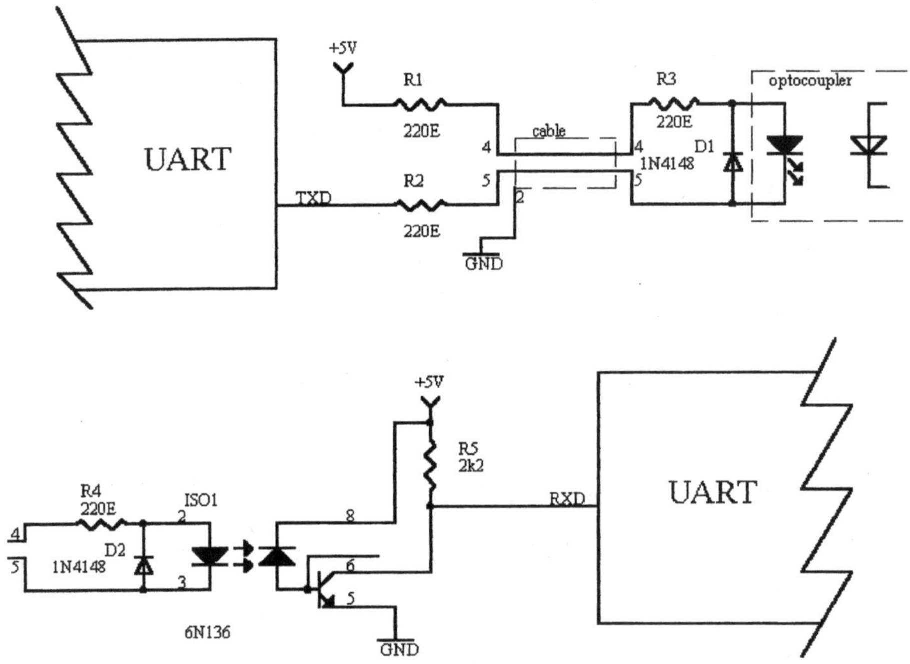

Abb. 4.12: Quelle: http://home.concepts-ict.nl

4.11 Mikrocontroller multiplext DIP-Schalter am I/O-Port

Beispielsweise bei Identifikationsanwendungen muss ein Mikrocontroller eine mehrstellige Binärfolge lesen. Die zur Verfügung stehenden I/O-Leitungen reichen dafür manchmal nicht aus. Man kann einen Multiplexer einsetzen, um eine solche Leitung doppelt oder mehrfach zu nutzen. In der Schaltung nach *Abb. 4.13* ist er nicht erforderlich. Trotzdem gelingt es, das mit 32 DIP-Schaltern festgelegte Datenwort über nur zwölf Leitungen zu übertragen. Dazu sind nur acht Pullup-Widerstände erforderlich. Vier 8-Bit-DIP-Schalter werden jedoch jeweils parallel einseitig an einen einzigen I/O-Port gelegt. Das Multiplexing erfolgt, indem die Gruppen der Reihe nach durch einen zweiten I/O-Anschluss an L-Pegel gelegt werden. Der Control Port dient als hochohmiger Eingang. So können über zwölf I/O-Ports 32 Schalterstellungen erkannt werden.

Das Listing ist in der Quelle ausgedruckt und kann unter www.ednmag.com im Software Design Center erreicht werden (Design Idea 2483).

4.12 Drahtloses Mini-Terminal-Interface

Die Schaltung nach *Abb. 4.14* verbindet drahtlos beispielsweise einen PC mit einer externen Datenquelle. Die Terminal-Software arbeitet mit 1200 Baud auf 181,818 MHz.

Die Miniatur-Rahmenantenne mit zwölf Windungen befindet sich auf der Platine. Der Zweck der Entwicklung des Terminal-Interfaces bestand darin, dem Computer die Kommunikation mit solchen Moduelen zu ermöglichen, um ein Terminal-Emulator-Programm zu nutzen. Daher liegt im Prinzip ein RS-232-Interface vor, das mit 9600 Baud, 1 Stop-Bit, no parity den Computer anspricht.

Die Transistoren 2N2907 und 2N2222 bilden das RS-232-Interface. Die Empfindlichkeit wird mit R1, R2 und R3 festgelegt.

Die Firmware für das Terminal Interface ist sehr kompakt.

4.13 RS-232/100-MHz-Desktop-Datenkanal-Adapter

Der Mikrocontroller in *Abb. 4.15* wurde um ein Low-Power/Low-Bandwidth-Datenübertragungs-System für 100 MHz erweitert. Oben der Empfänger, unten der Sendeteil. Die Daten laufen auch über die RS-232-Schnittstelle rechts. Die drei Transistoren unten bilden eine Power-Management-Schaltung.

Der Zweck des Adapters ist das schnell mögliche Wechseln zwischen verschiedenen Instrumenten auf dem Computertisch.

Über RS-232 einlaufende Daten werden auf 100 MHz gesendet. Alle auf 100 MHz empfangenen Daten, die für das Terminal adressiert sind, werden decodiert und am RS-232-Port bereitgestellt.

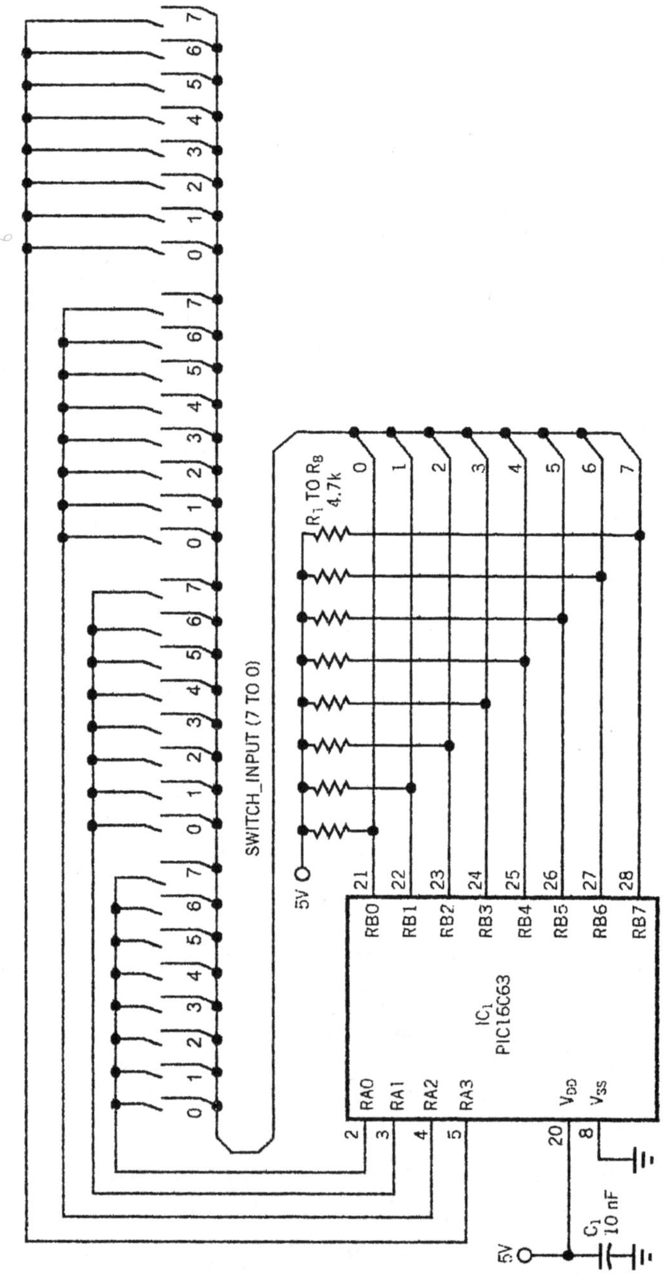

Abb. 4.13: Quelle: Gregory Willson, µC multiplexes DIP switches to I/O port, EDN February 17, 2000

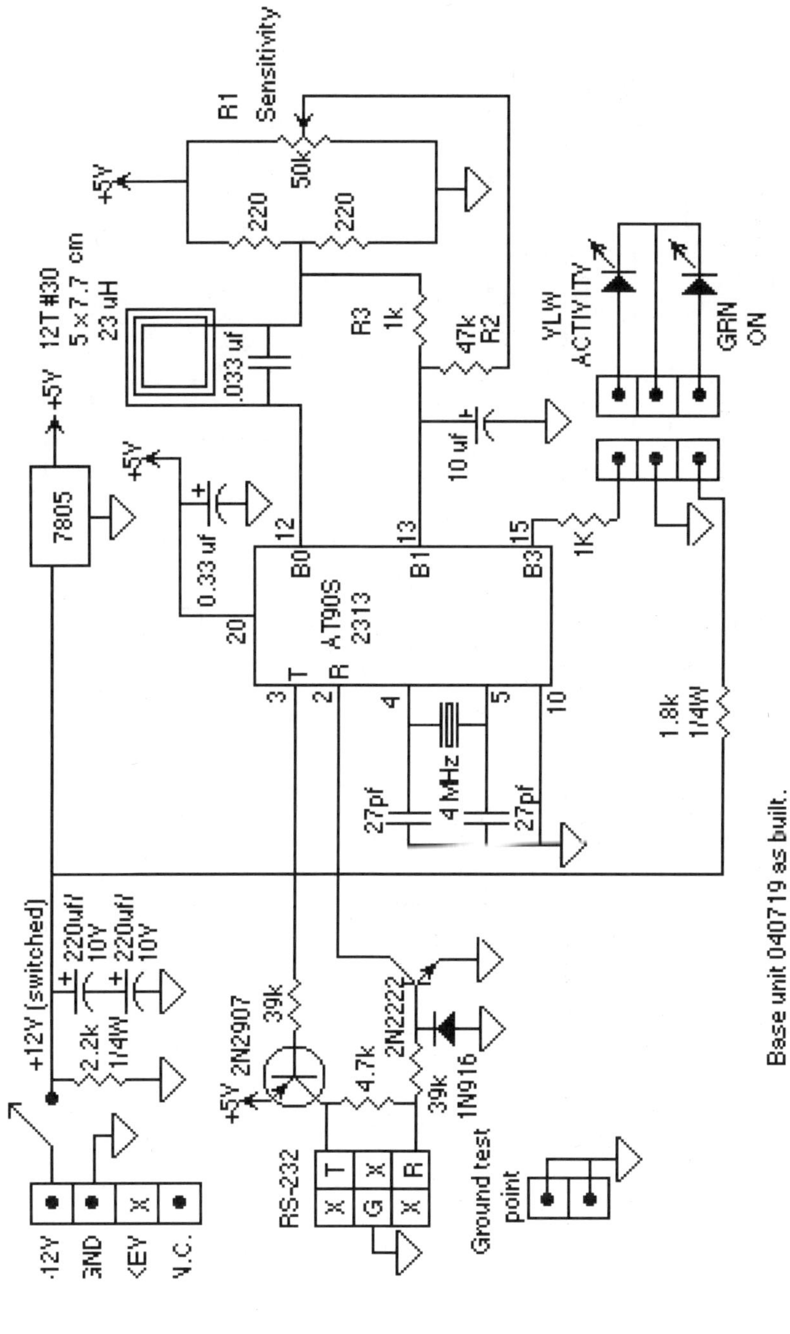

Abb. 4.14: Quelle: Dick Cappels, Minimum Mass Wireless Coupler Terminal Interface, www.projects.cappels.org

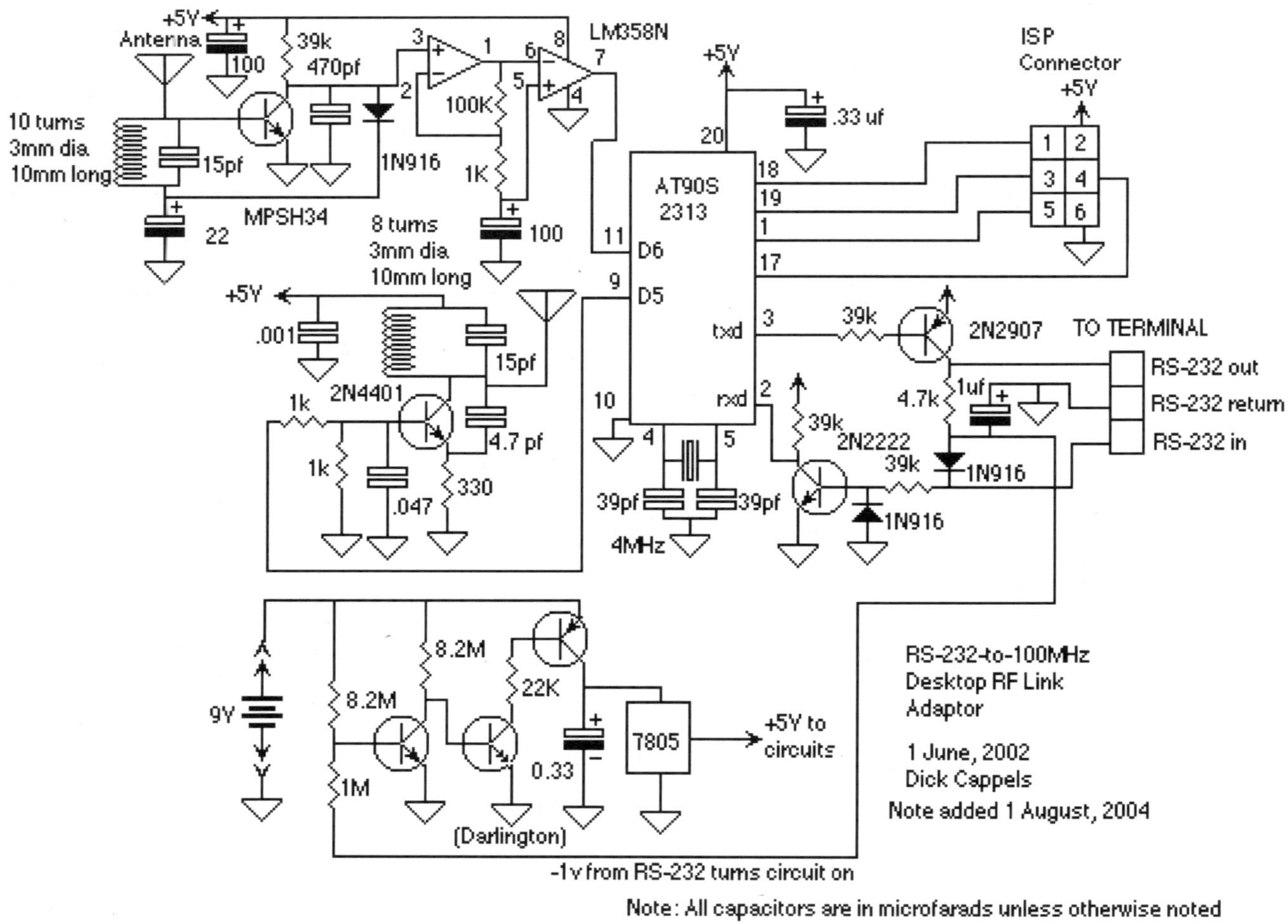

Abb. 4.15: Quelle: Dick Cappels, RS-232 to 100 MHz RF Desktop Channel Adapter, www.projects.cappels.org

Sende- und Empfangsadresse legt der User fest und speichert sie im EEPROM. Das Adressfeld hat einen Bereich von 0 bis 7.

Der Adapter wurde beispielsweise einem Frequenzmesser/Impulsgenerator angefügt.

4.14 Interface-Testschaltung

Abb. 4.16 zeigt eine Schaltung für den Datentransfer via Handshake (DS). Das DS-Protokoll wurde entwickelt, um Firmware-basierte bidirektionale Host-to-Slave/Inter-Processor-Kommunikation zu ermöglichen. Diese benötigt man in Situationen, wo keine Hardware-Lösung verfügbar ist und Host und/oder Slave nicht in der Lage zum Real-Time-Betrieb sind.

Die einzige spezifische Hardware, welche erforderlich ist, sind zwei bidirektionale I/O-Ports an jedem Chip (alternativ zwei Input-Ports und zwei Tri-State-Ausgänge).

Die Funktionalität des Zweidraht-Interfaces (I^2C) liegt also vor.

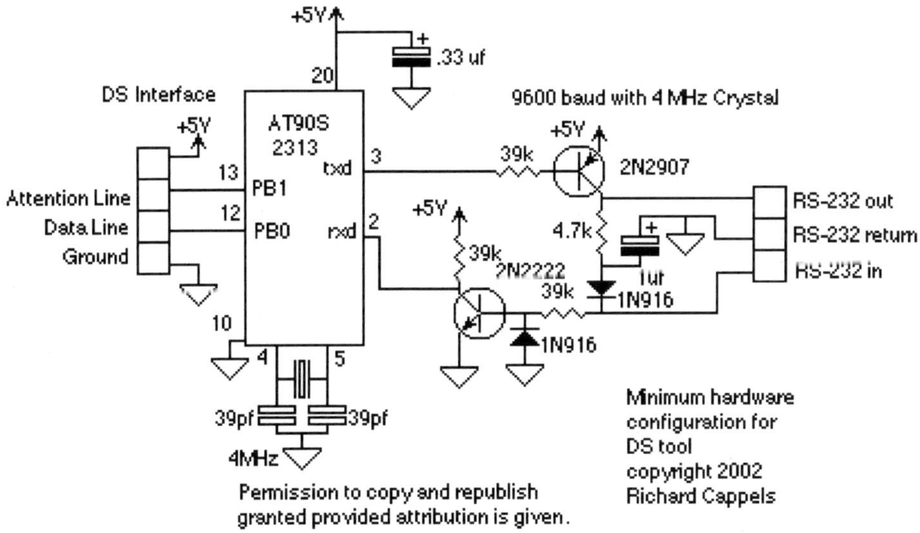

Abb. 4.16: Quelle: Dick Cappels, DS interface test tool, www.projects.cappels.org

4.15 Zweidraht-Interface

Die Schaltung nach *Abb. 4.17* verwendet den PIC16C84. Alphanumerische LCDs sind sehr populär für Mikrocontroller-Applikationen; man kann sie für viele Projekte in verschiedenen Weisen nutzen.

Das am besten bekannte LCD-Interface ist der auf dem Hitachi 44780 basierende LCD Controller Chip, der überschaubare Arbeitsweise mit geringer Leistungsaufnahme kombiniert. Die Anwendung des Chips ist jedoch nicht einfach und wird durch das Fehlen entsprechender Informationen zusätzlich erschwert. Der Hitachi 44780 benötigt zwölf Anschlüsse vom Mikrocontroller für den 8-Bit-Modus. Kleine Controller, welche diese Pins nicht bieten, kann man im 4-Bit-Modus betreiben. Es werden dann nur sechs Pins verlangt. Doch auch das kann noch inakzeptabel sein. Eine verbreitete Lösung, die nur einen Pin am Mikrocontroller beansprucht, besteht in der Nutzung eines Serial-LCD-Interfaces, das NRZ-Daten (Not Return to Zero) für den Hitachi 44780 aufbereitet. Die Daten benötigen hier natürlich ein gutes „Timing". Nutzt man synchrone serielle Daten (Daten und Takt) in Zusammenhang mit einem Serial-in/Parallel-out Shift-Register, kann das die bessere Lösung sein.

Die gezeigte Schaltung ist eine solche Lösung. Der E-Strobe-Pin wird direkt vom Mikrocontroller angesteuert, um die Daten für das LCD zu halten. Kombiniert man die Data Line des Shift-Registers mit dem MSB (Most Significant Bit) des Shift-Registers, dann kann E Strobe implementiert werden, ohne eine separate Leitung zu benötigen. Der 1-kOhm-Widerstand und die Diode bewirken eine AND-Funktion.

Das Assembler Source File wurde für den PIC16C84 geschrieben.

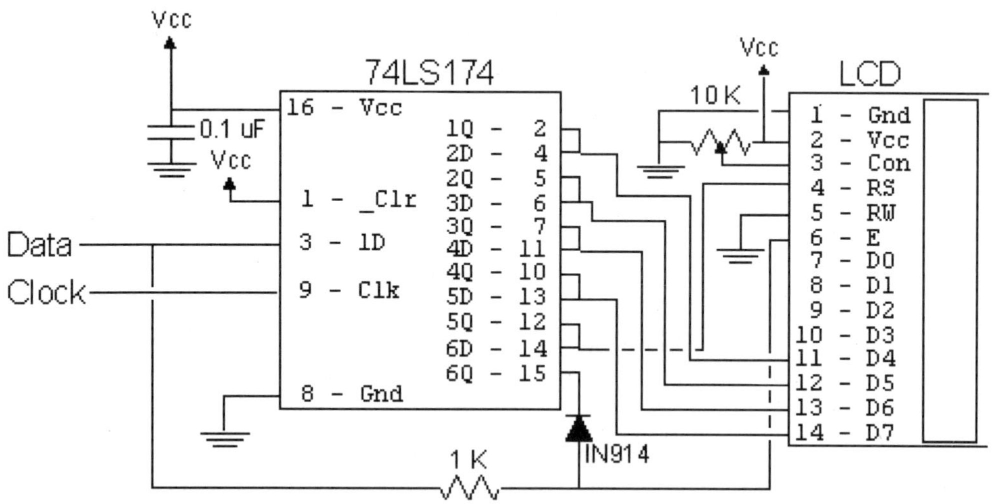

Abb. 4.17: Quelle: Myke Predko, 2-Wire PIC LCD Interface, www.rentron.com/Myke2.htm

4.16 Mikrocontroller steuert LCD über eine Leitung an

LC-Displays mit dem Controller HD44780 sind die meistverwendeten alphanumerischen Displays. Im 4-Bit-Nibble-Modus benötigen sie allerdings sechs und im 8-Bit-Modus bis zu elf Leitungen. Man kann die Anzahl der benötigten Ansteuerleitungen mithilfe eines Mikrocontrollers reduzieren. Dabei ist es möglich, mit nur einer Leitung gegen Masse auszukommen. In *Abb. 4.18* wurde dies mit dem Platz sparenden PIC10F202 realisiert. Grundlage ist ein asynchrones, vereinfachtes RS-232-Protokoll mit 9600 Baud. Im Prinzip ist jedes Mitglied der PIC-Familie verwendbar. Es wird der interne Oszillator genutzt.

Das Listing ist unter www.edn.com/071203di1 verfügbar.

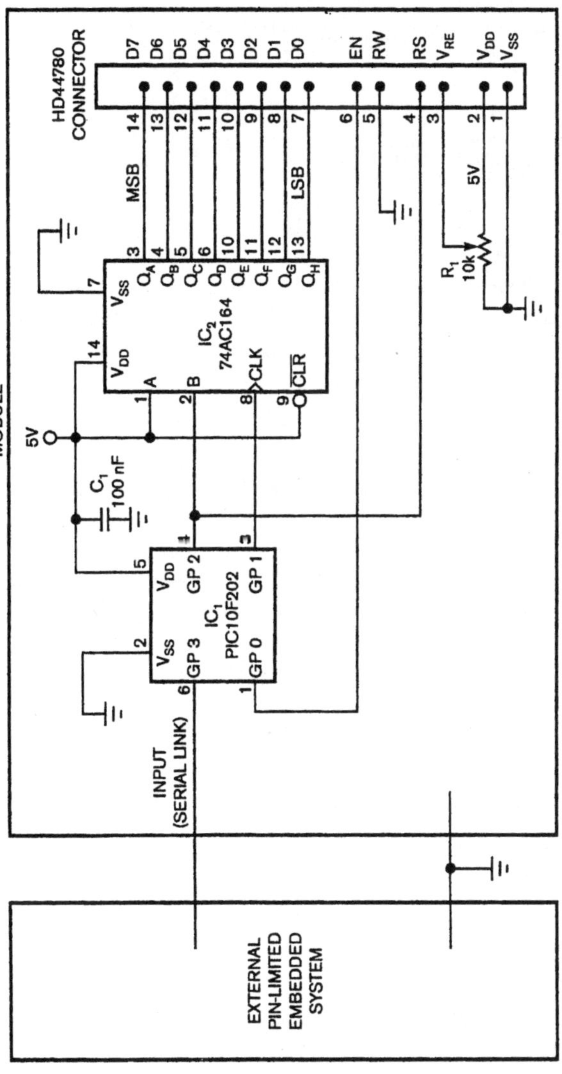

Abb. 4.18: Quelle: Noureddine Benabadji, Microcontroller drives LCD with just one wire, EDN December 3, 2007

4.17 I²C-Interface verbindet Flashcard mit Mikrocontroller

Kleine Mikrocontroller besitzen nicht genug RAM und EEPROM, um große Datenmengen, wie sie etwa bei Langzeitbeobachtungen anfallen, zu speichern. Zum Anschluss externer Speicher sind meist keine geeigneten Anschlüsse vorgesehen. Als Ausweg bleibt eine Flashcard.

Gemäß *Abb. 4.19* kann man eine Compact-Flashcard mithilfe des I²C-Busses an einen Mikrocontroller anschließen. IC1 ist ein 16-Bit-I²C-I/O-Extender. Im Memory-Modus steuert ein 8 Bit breiter Datenbus die Flashcard.

4.18 PIC als I²C-Peripherie

Der I²C-Bus beruht auf einem bidirektionalen Zweidraht-Übertragungsprotokoll mit den Leitungen SCL (Takt) und SDA (Daten). Der Mikrocontroller PIC16C5X eignet sich gut für dieses System als Standard-Slave. In *Abb. 4.20* ist die entsprechende Beschaltung dargestellt. Die Nutzung des Pins RA0 als Dateneingang wird empfohlen. R2 wird benötigt, falls ein solcher Widerstand beim Master nicht vorhanden ist. Es entsteht ein I²C-Teilnehmer mit acht Registern.

4.19 Sharing von drei A/D-Wandlern

Der Baustein LTC1095 ist ein serielles Mikrocontroller-Interface im SOIC8-Gehäuse. Sechs analoge Single-Ended-Eingänge stehen zur Verfügung. In *Abb. 4.21* ist gezeigt, wie drei dieser Bausteine von einem Mikrocontroller gesteuert werden können, sodass die Daten in einem Mehrfachbetrieb auf die drei Leitungen kommen. Es ist ein serielles Dreidraht-Interface entstanden.

4.20 TC7135-Mikrocontroller-Interface

Viele Datenerfassungssysteme benötigen ein visuelles Display und ein Computer Interface. Der TC7135 ist ein 4 1/2 Bit Analog/Digital-Wandler, der leicht ein Display bedienen kann. Er besitzt gemultiplexte BCD-Ausgänge zum Anschluss an Low-Cost-LED- oder -LCD-Anzeigen.

Die Schaltung nach *Abb. 4.22* wurde für einen Mikroprozessor 6502 und einen I/O-Baustein 6522 entwickelt, kann aber leicht für andere Prozessoren und I/O-Chips modifiziert werden.

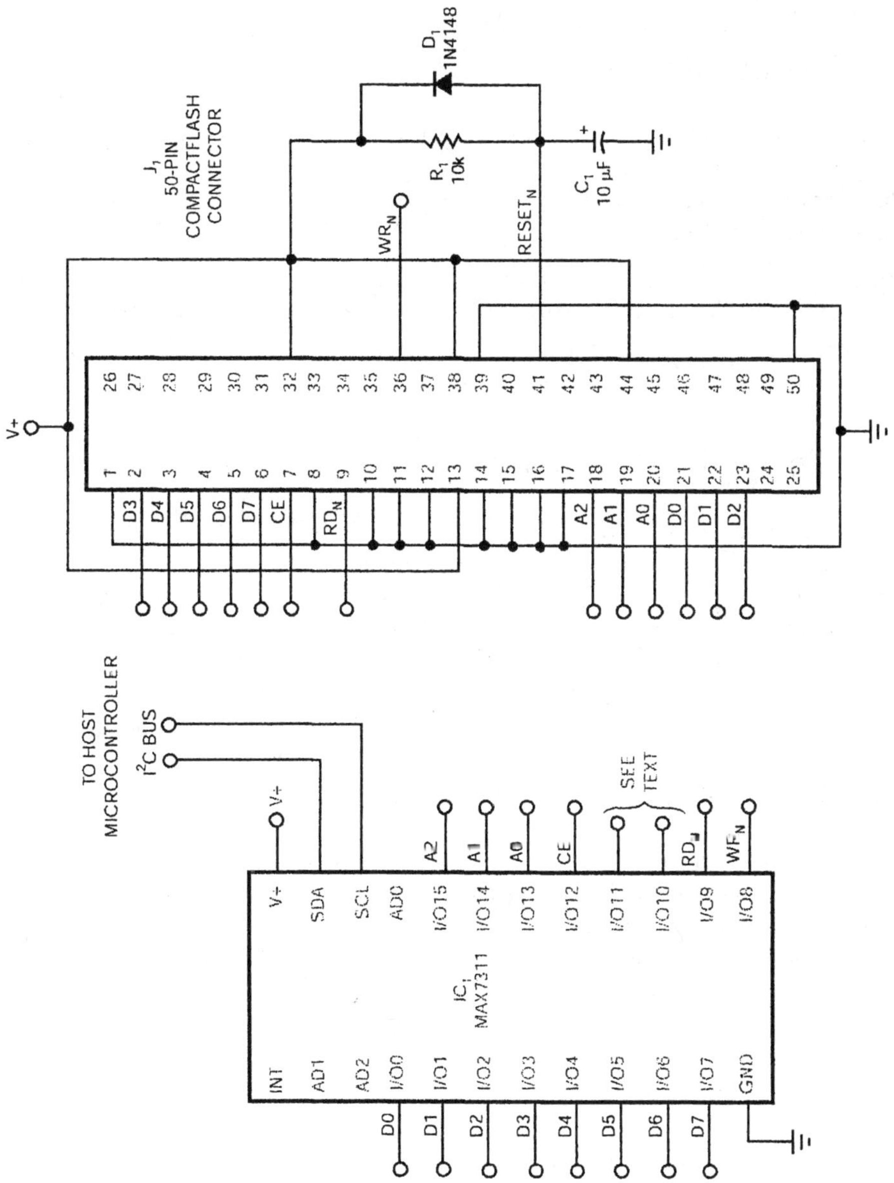

Abb. 4.19: Quelle: Fons Janssen, I2C interface connects CompactFlash card to microcontroller, EDN September 1, 2006

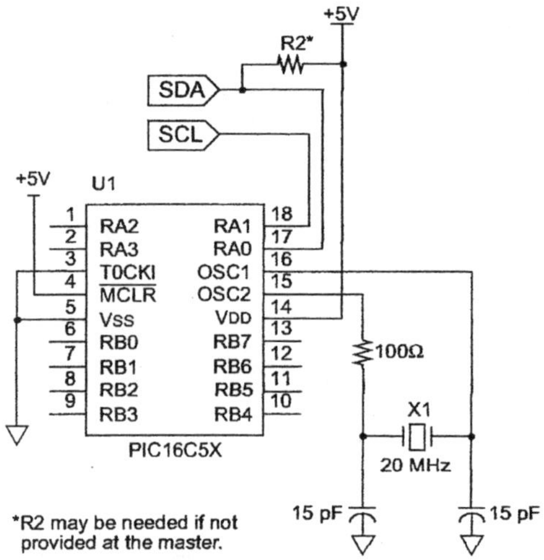

Abb. 4.20: Quelle: Don Lekei, Using a PIC16C5X as a Smart I2C Peripheral, Microchip Application Note 541

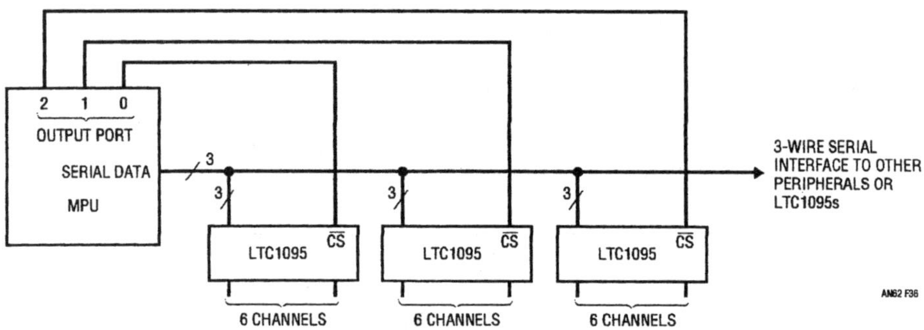

Abb. 4.21: Quelle: Kevin R. Hoskins, Data Acquisition Circuit Collection, Linear Technology Application Note 62

Sie zeichnet sich u. a. durch folgende Eigenschaften aus:

- hohe Auflösung (20.000 Schritte)
- hohe Genauigkeit (+/– 1 Schritt)
- kleiner Roll-Over-Fehler (+/– 1 Schritt)
- vernachlässigbare Nullpunktdrift
- Unterdrückung von 50-Hz-Störungen

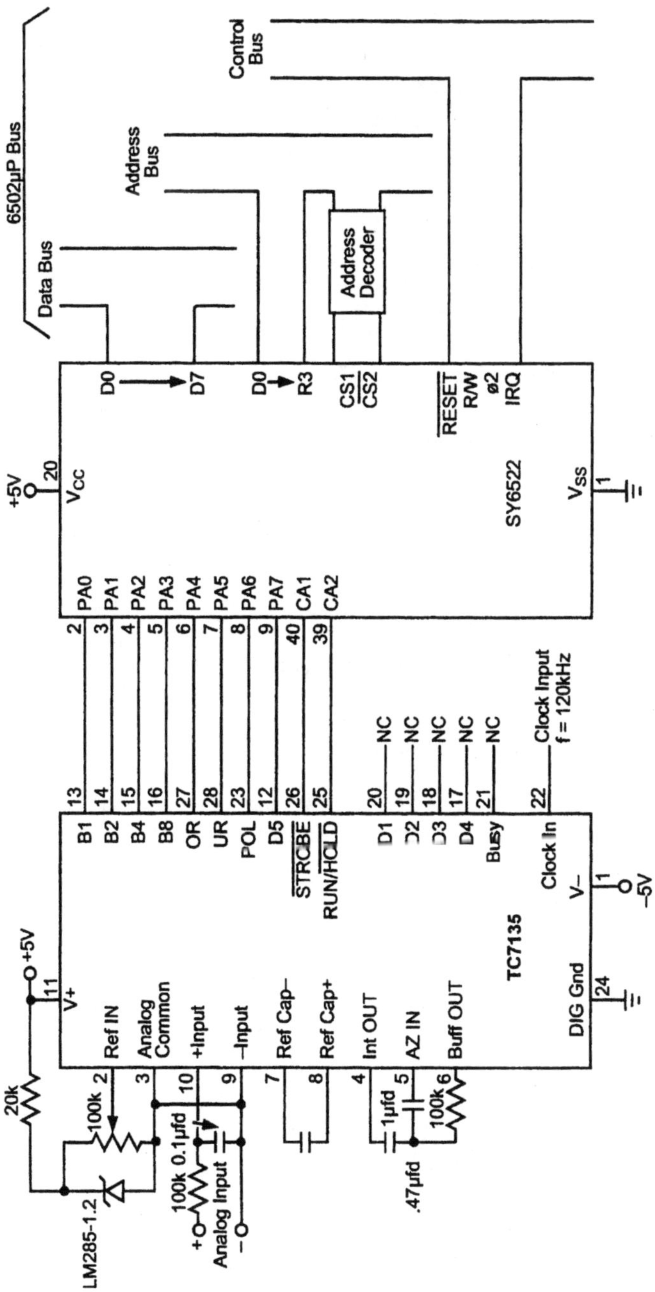

Abb. 4.22: Quelle: Wes Freeman, TC7135 Microprocessor Interface, Microchip Application Note 16

4.21 AD7416 via I²C am PIC

Mithilfe eines I²C-Bus-Interfaces kann man den Analog/Digital-Wandler mit geringstmöglichem Hardware-Aufwand an einen PIC16F84 koppeln (*Abb. 4.23*). In *Abb. 4.24* sind mögliche Steckverbinder und die Beschaltung des Pins MCLR gezeigt. Der Quellcode ist leicht für andere Mikrocontroller-Typen modifizierbar. Der PIC16F84 ist ein CMOS-EEPROM-Mikrocontroller mit 18 Pins.

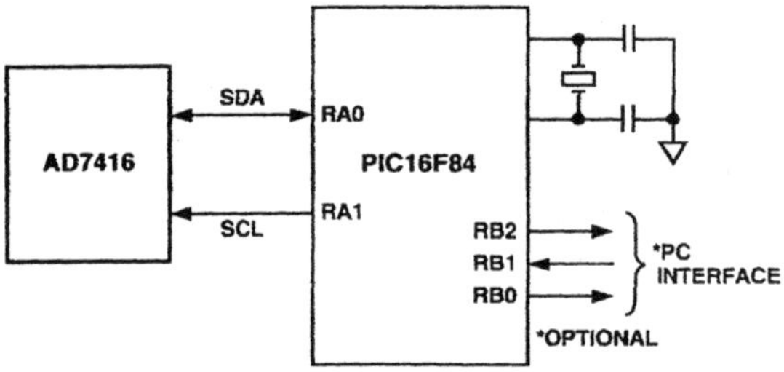

Abb. 4.23: Quelle: Ken Kavanagh, AD7416 Connects to the PIC16F84 via Emulated I2C Interface, Analog Devices Application Note 661

4.22 Sechs LEDs an drei PIC-Pins

Nutzt man I/O-Ports (GP) und programmiert den Mikrocontroller entsprechend, kann man mehr Leuchtdioden betreiben, als Ausgänge vorhanden sind. Mit der Anzahl X der verfügbaren I/O-Ports ergebt sich die maximale Diodenanzahl zu X x (X –1). Bei drei Pins, wie in *Abb. 4.24*, lautet die Rechnung also 3 x (3 –1) = 6. In *Abb. 4.26* sind LEDs, die leuchten, mit 1 bezeichnet. Z kennzeichnet einen unbestimmten Zustand des entsprechenden Pins GP.

4.23 Mehrere Tasten mit einem Eingang abfragen

Die Zeitkonstante eines RC-Glieds ist Basis der Funktion der Schaltung nach *Abb. 4.27*. Je nachdem, welcher Taster gedrückt wurde, erreicht die Spannung am Kondensator nach einer kürzeren oder längeren Zeit einen bestimmten Wert. Der Mikrocontroller wertet diese Zeitspanne aus und erkennt daran, welcher Taster betätigt wurde. Die Software konfiguriert GP2 zunächst als Ausgang, um über einen L-Pegel den Kondensator zu entladen. Ist dies erfolgt, wird GP2 als Komparatoreingang betrieben. Der Komparator schaltet nach einer bestimmten Zeit um, die davon abhängt, welcher Taster betätigt wurde. Ein Timer misst diese Zeit.

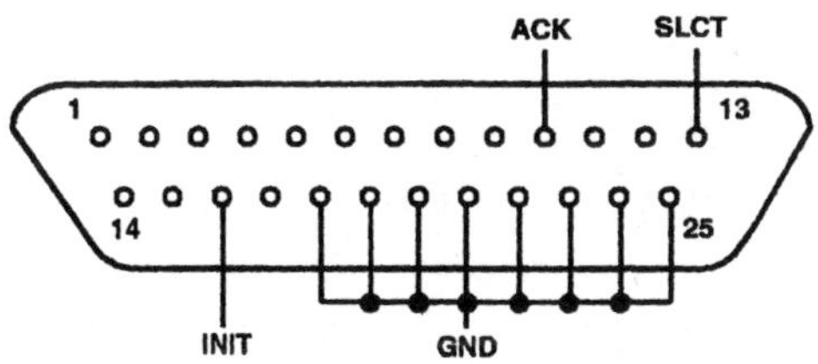

25-Way Male D-Type Connector

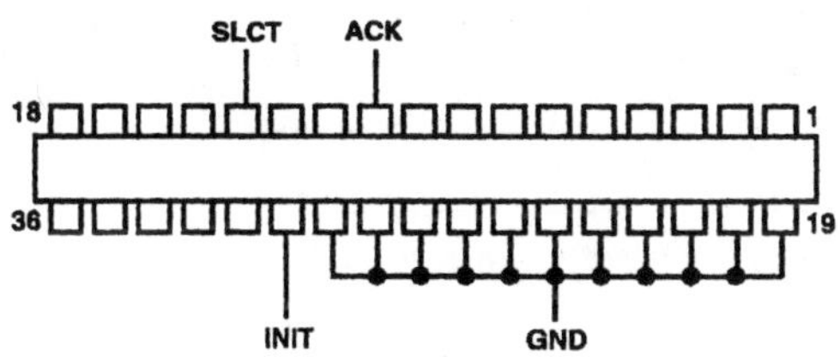

36-Way Centronics Connector

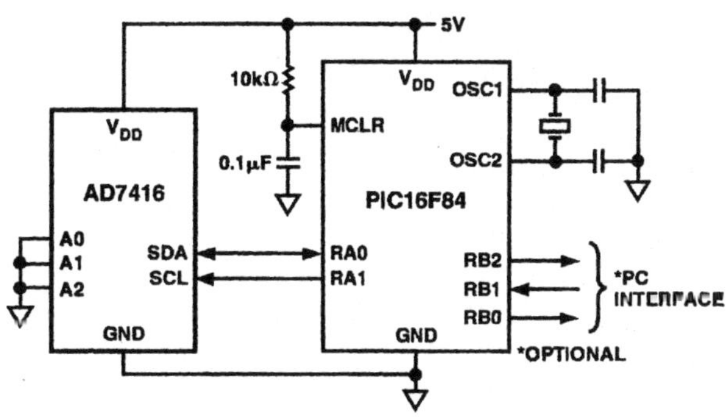

Abb. 4.24: Quelle: Ken Kavanagh, AD7416 Connects to the PIC16F84 via Emulated I2C Interface, Analog Devices Application Note 661

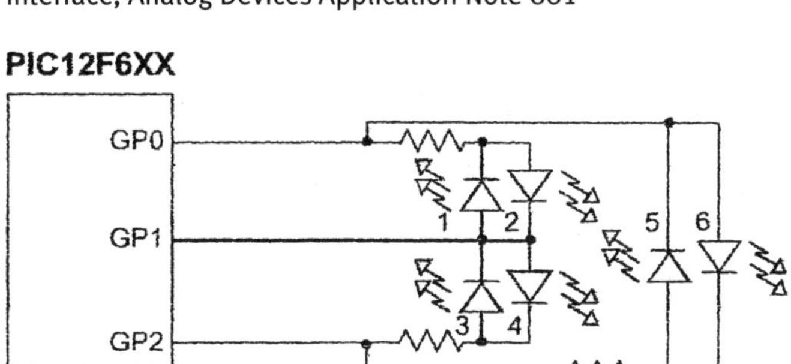

Abb. 4.25: Quelle: Compiled Tips 'n Tricks Guide, Microchip 2009

GPx			LEDs					
0	1	2	1	2	3	4	5	6
0	0	0	0	0	0	0	0	0
0	1	Z	1	0	0	0	0	0
1	0	Z	0	1	0	0	0	0
Z	0	1	0	0	1	0	0	0
Z	1	0	0	0	0	1	0	0
0	Z	1	0	0	0	0	1	0
1	Z	0	0	0	0	0	0	1
0	0	1	0	0	1	0	1	0
0	1	0	1	0	0	1	0	0
0	1	1	1	0	0	0	1	0
1	0	0	0	1	0	0	0	1
1	0	1	0	1	1	0	0	0
1	1	0	0	0	0	1	0	1
1	1	1	0	0	0	0	0	0

Abb. 4.26: Quelle: Compiled Tips 'n Tricks Guide, Microchip 2009

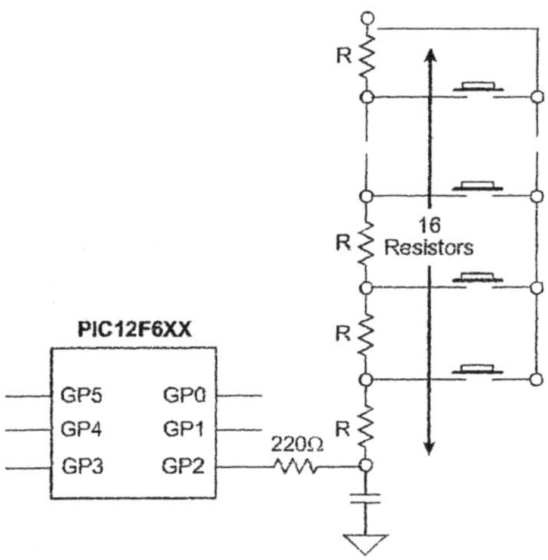

Abb. 4.27: Quelle: Compiled Tips 'n Tricks Guide, Microchip 2009

4.24 Abfrage mehrerer Taster und Beenden des Sleep-Zustands

Wenn man die eben besprochene Beschaltung um die in *Abb. 4.28* erkennbaren Bauelemente ergänzt, dann ist es möglich, dass der Mikrocontroller zunächst im Strom sparenden Sleep-Modus arbeitet und gewissermaßen durch das Betätigen eines Tasters wachgeküsst wird. Hierfür ist allerdings die Nutzung eines zweiten I/O-Pins Voraussetzung. Dieses liegt an der gemeinsamen Verbindung aller Taster. GP1 ist als Eingang programmiert.

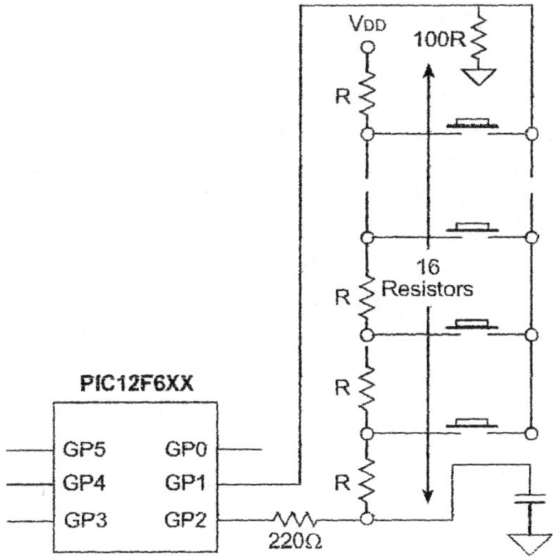

Abb. 4.28: Quelle: Compiled Tips 'n Tricks Guide, Microchip 2009

4.25 4x4-Keyboard an einem Eingang

Wenn die Widerstandswerte in *Abb. 4.29* entsprechend ausgewählt werden, dann erscheint beim Betätigen jedes Tasters am Eingang GP0 eine andere Spannung. Diese kann der dahinterliegende Analog/Digital-Konverter messen, und der Mikrocontroller kann anhand des digitalen Ergebnisses erkennen, welcher Taster gedrückt wurde. Ist kein Taster gedrückt, liegt die Eingangsspannung bei null.

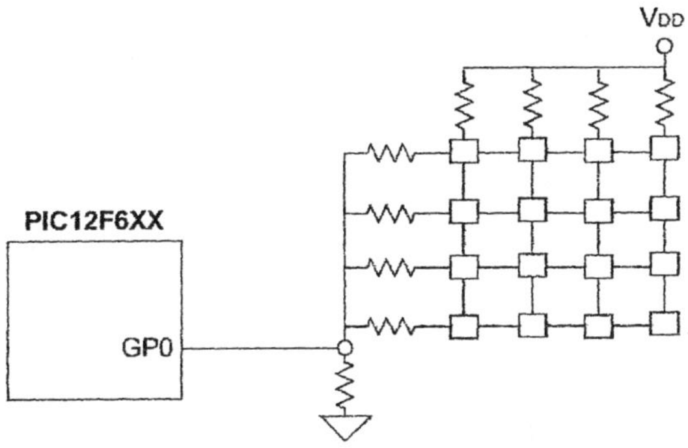

Abb. 4.29: Quelle: Compiled Tips 'n Tricks Guide, Microchip 2009

4.26 Tasterdecodierung und ID Settlings

Taster und Jumper können sich I/O-Pins teilen, wenn über einen anderen I/O-Anschluss ausgewählt wird, welcher Kontakt ausgelesen werden soll. Jeder Eingang GP0 bis GP3 gehört zu einer Taster/Jumper-Kombination. Die Kontakte (Taster/Jumper) liegen an einem gemeinsamen Pull-down-Widerstand (s. *Abb. 4.30*). Die Mikrocontroller-Eingänge lesen daher niedriges Potenzial, wenn keine Betätigung erfolgt. Mit GP4 als H-Pegel führenden Ausgang ist die Zuweisung eindeutig. Sowohl ein gesteckter Jumper als auch ein gedrückter Taster bedeuten ebenfalls H-Pegel am entsprechenden Eingang.

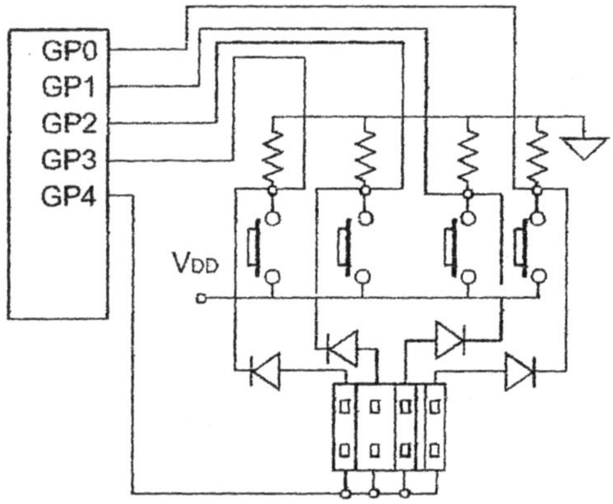

Abb. 4.30: Quelle: Compiled Tips 'n Tricks Guide, Microchip 2009

4.27 Versorgungsspannung und Daten über eine Leitung

Ein einziges I/O-Pin wird benötigt, um von einem zweiten Mikrocontroller die Versorgungsspannung zu beziehen und Daten an diesen zu senden. In *Abb. 4.31* ist rechts der mitversorgte und die Daten sendende Mikrocontroller angedeutet. Der Pull-up-Widerstand hält die Verbindungsleitung auf hohem Potenzial. Die Dioden-Kondensator-Kombination sorgt dafür, dass im Fall der Sendung von Daten die Gleichspannung am Betriebsspannungs-Pin dieses Mikrocontrollers praktisch stabil bleibt. Um Daten zu senden, wird der Transistor angesteuert, sodass auf der Leitung L-Zustände auftreten.

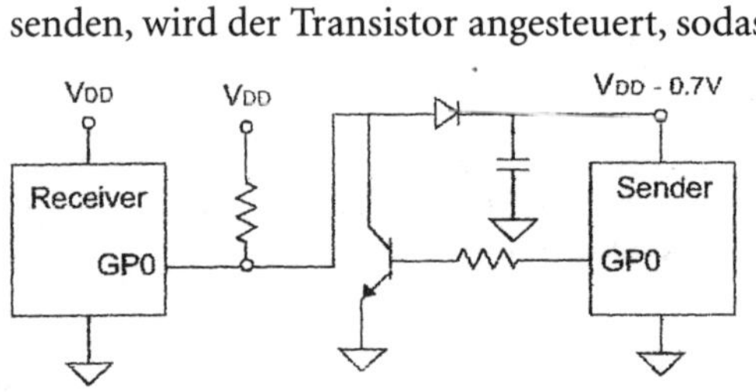

Abb. 4.31: Quelle: Compiled Tips 'n Tricks Guide, Microchip 2009

4.28 Ausgangserweiterung mit RC-Glied

Um mehrere Ausgangssignale zur Verfügung zu haben, kann man einen Seriell-zu-Parallel-Konverter wie den HC164 im Zusammenhang mit einem RC-Glied zwischen Input und ansteuerndem Mikrocontroller nutzen. Im Fall des HC164 sind bis zu acht Ausgänge möglich (*Abb. 4.32*). Jedes Bit besteht aus einer 1-0-1-Folge. Die Länge des 0-Zustands bestimmt den logischen Pegel. Mit dem RC-Glied ist die Unterscheidung möglich.

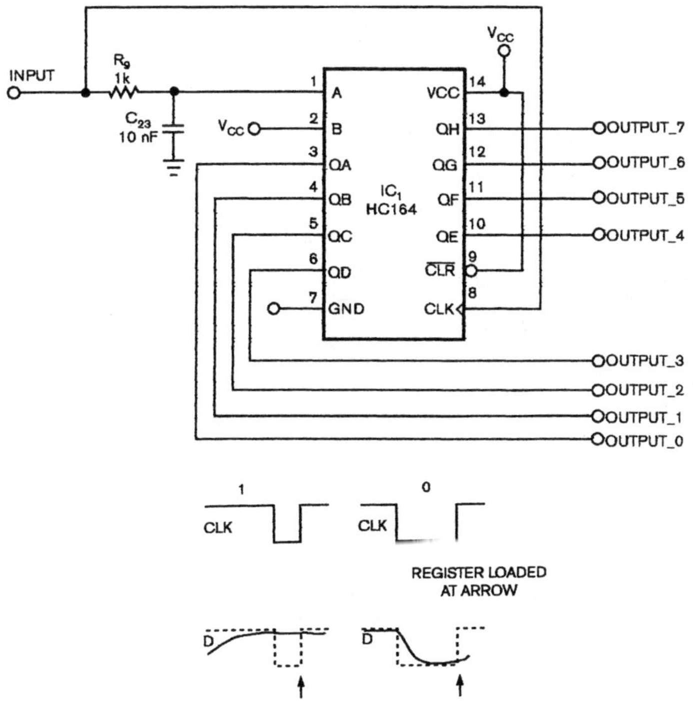

Abb. 4.32: Quelle: Rex Niven, RC lowpass filter expands microcomputer´s output port, EDN June 21, 2007

Das entsprechende Listing ist eine einfache „Whip"-Routine.

In *Abb. 4.33* wird der Einsatz eines anderen Seriell/Parallel-Wandlers dargestellt (14094). Hiermit können auf dem Controller HD44780 basierende Systeme vorteilhaft angesteuert werden.

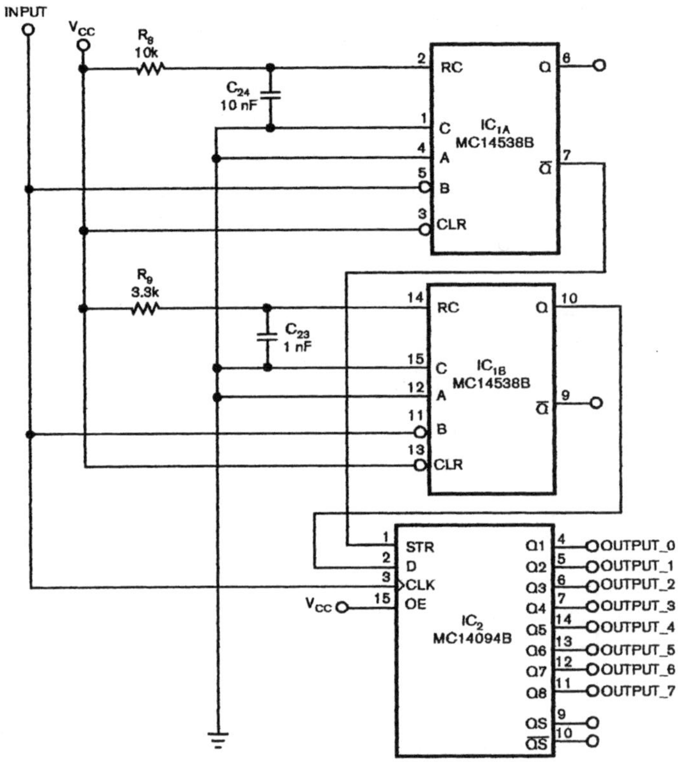

Abb. 4.33: Quelle: Rex Niven, RC lowpass filter expands microcomputer's output port, EDN June 21, 2007

4.29 Ein/Aus und Anzeigeumschaltung mit nur einem Schalter

Traditionelle Steuerungen benutzten Einzelschalter, um die Versorgungsspannung und Systemfunktionen zu schalten. Nach *Abb. 4.34* kann man jedoch die Ein-/Ausschaltfunktion und weitere Funktionen kombinieren, sodass nur ein einziger Schalter erforderlich ist. Im Beispiel sind die Funktionen Ein/Aus und Celsius/Fahrenheit kombiniert.

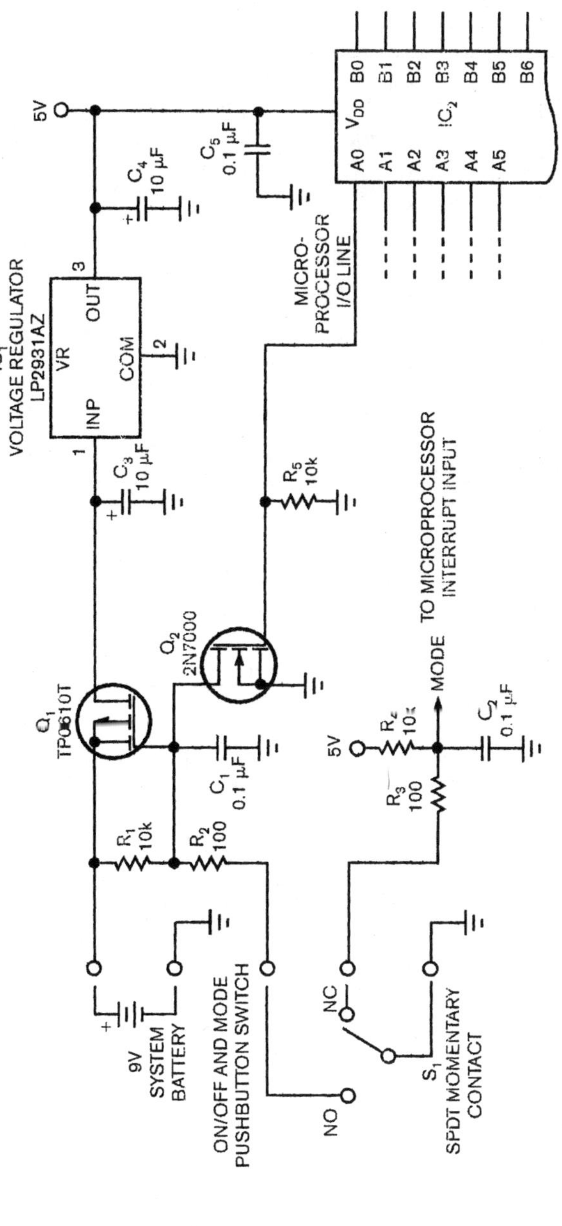

Abb. 4.34: Quelle: Steve Hageman, Single switch serves dual duty in small, microprocessor-based system, EDN March 30, 2006

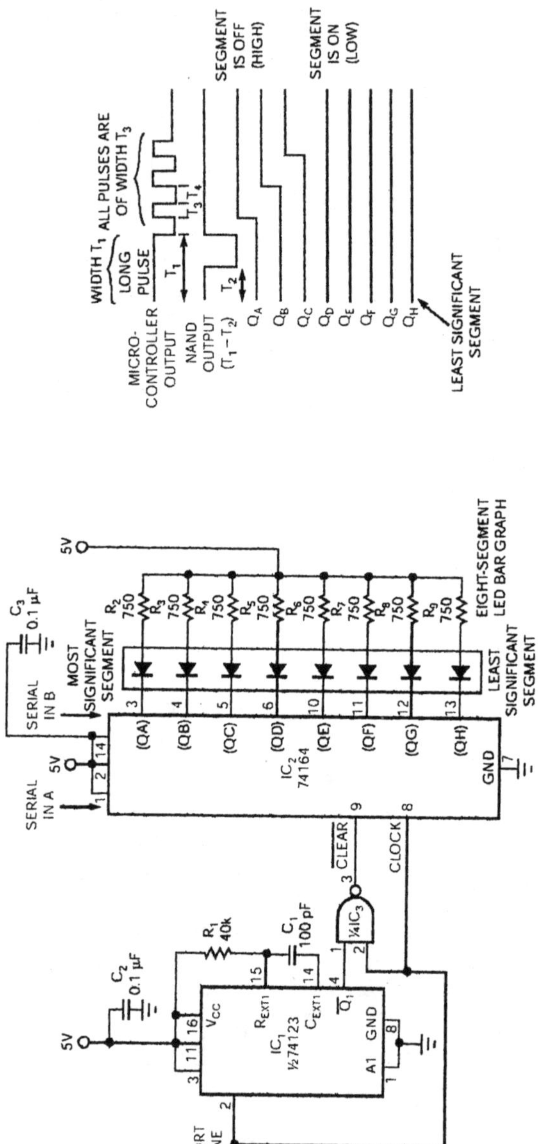

Abb. 4.35: Quelle: R. Jayapal, Microcontroller´s single I/O port line drives a bar-graph display, EDN July 6, 2006

4.30 Bargraph-Ansteuerung über eine Leitung

Um nicht so viele I/O-Leitungen zu beanspruchen wie LEDs anzusteuern sind, nutzt man in manchen Schaltungen das PMW-Feature (Pulse-Width Modulation) des Mikrocontrollers. Dann wird meist ein LM3914 eingesetzt.

Die Schaltung nach *Abb. 4.35* arbeitet noch einfacher. Immer wenn das Bargraph-Display ein Update benötigt, veranlasst die Software des Mikrocontrollers die Lieferung einer Impulskette. Dadurch wird die Übernahme des neuen Werts veranlasst, wie rechts im Bild skizziert. In diesem Fall sollen fünf der acht LEDs leuchten.

4.31 Mehr Ausgänge durch Schieberegister

Wenn man acht Ausgänge benötigt, aber nur einen 8-Pin-Mikrocontroller einsetzen möchte oder darf, dann kann man das Problem gemäß *Abb. 4.36* lösen. Der Baustein 74HC595 ist ein Schieberegister. Das Diagramm in *Abb. 4.37* verdeutlicht die Funktion der Schaltung.

Die Software ist unter www.edn.com/050804di1 erhältlich.

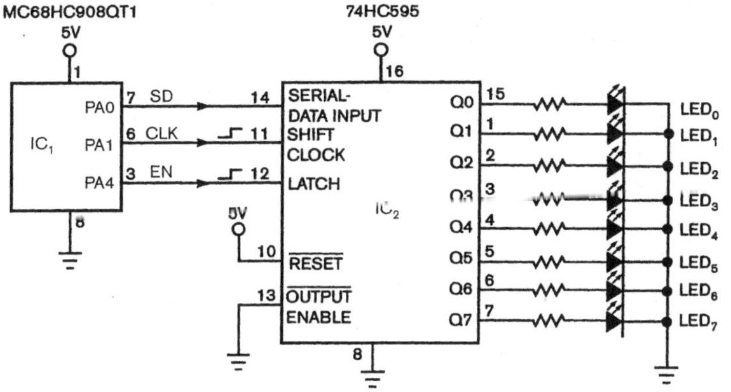

Abb. 4.36: Quelle: Abel Raynus, Squeeze extra outputs from a pin-limited microcontroller, EDN August 4, 2005

4.32 Keypad-Interface mit nur zwei Leitungen

Normalerweise wird ein Keypad so ausgewertet, dass man eine Matrix bildet, also beispielsweise bei einem 3x3-Keypad sechs Leitungen zum Abfragen hat. In *Abb. 4.38* wurde dies durch eine zusätzliche Widerstandsbeschaltung vermieden. Es genügen eine Leitung (X) und eine Leitung (Y).

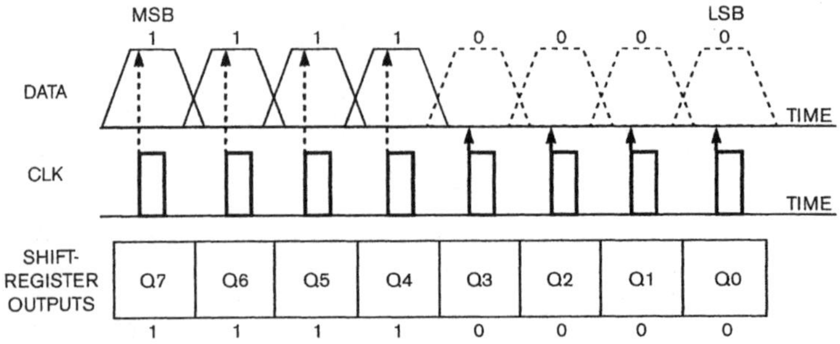

Abb. 4.37: Quelle: Abel Raynus, Squeeze extra outputs from a pin-limited microcontroller, EDN August 4, 2005

Das Geheimnis der Schaltung besteht darin, dass bei Betätigung eines Tasters ein Impuls gebildet wird. Da jedoch bei jedem Taster ein anderer Gesamtwiderstand wirksam wird, kann der Taster an der Breite des Impulses vom Mikrocontroller erkannt werden. Die Impulsbildung erfolgt mithilfe des bekannten Timers 555.

Die Software ist über die Online-Version der Quelle auf www.edn.com zugänglich.

4.33 Siebensegment-LCD-Ansteuerung über zwei Leitungen

Gemäß dem in *Abb. 4.39* gezeigten Konzept lassen sich Siebensegment-LCDs über nur zwei Verbindungsleitungen von einem Mikrocontroller steuern. Jedes Segment erhält eine Ansteuerung von einem 8-Bit-Schieberegister. Ein Ausgang steht für den Dezimalpunkt bereit.

Der kleine Mikrocontroller wird mit 1 MHz getaktet. Er empfängt die darzustellenden Daten beispielsweise über einen I^2C-Bus. Die Daten werden im bitsynchonen Modus mit maximal 40 kbps übermittelt.

Die Software ist über die Online-Version des Originalartikels auf www.edn.com verfügbar.

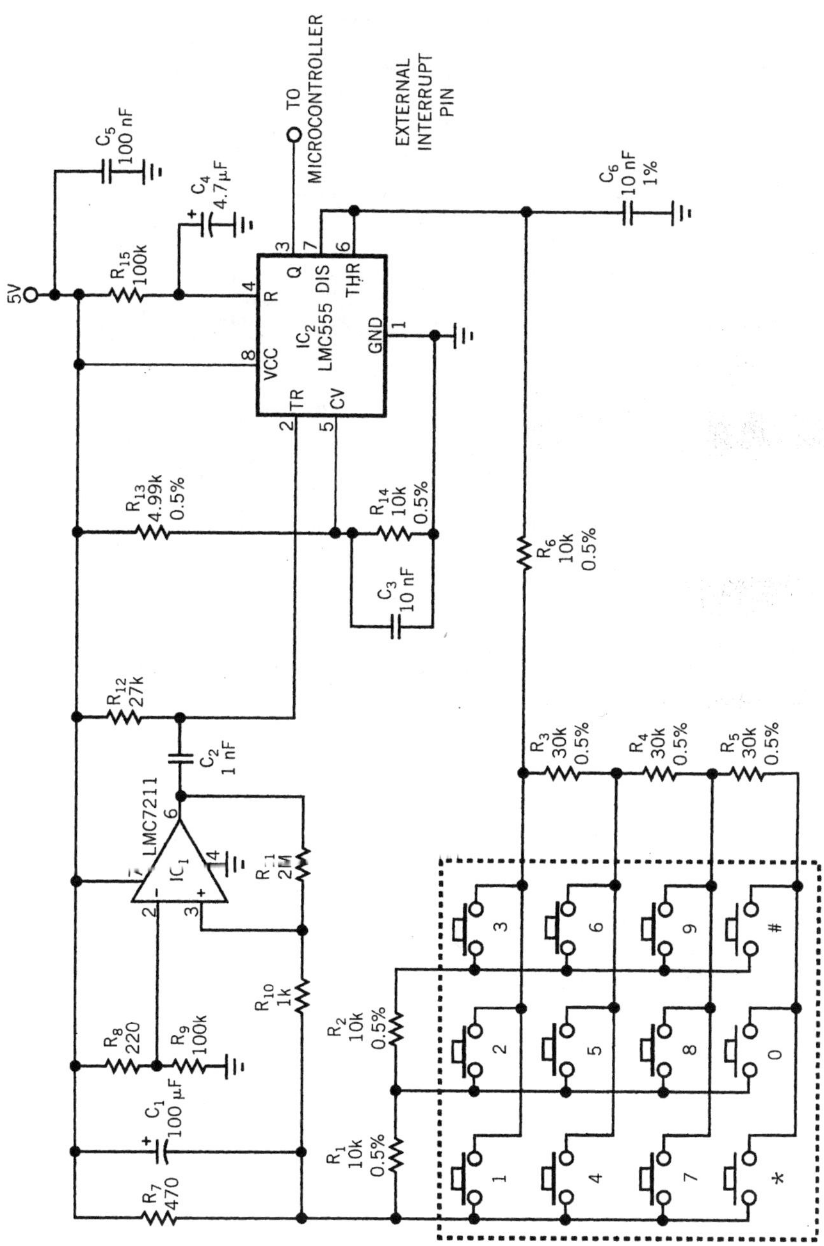

Abb. 4.38: Quelle: Israel Schleicher, Single-wire keypad interface frees microcontroller-I/O pins, EDN March 31, 2005

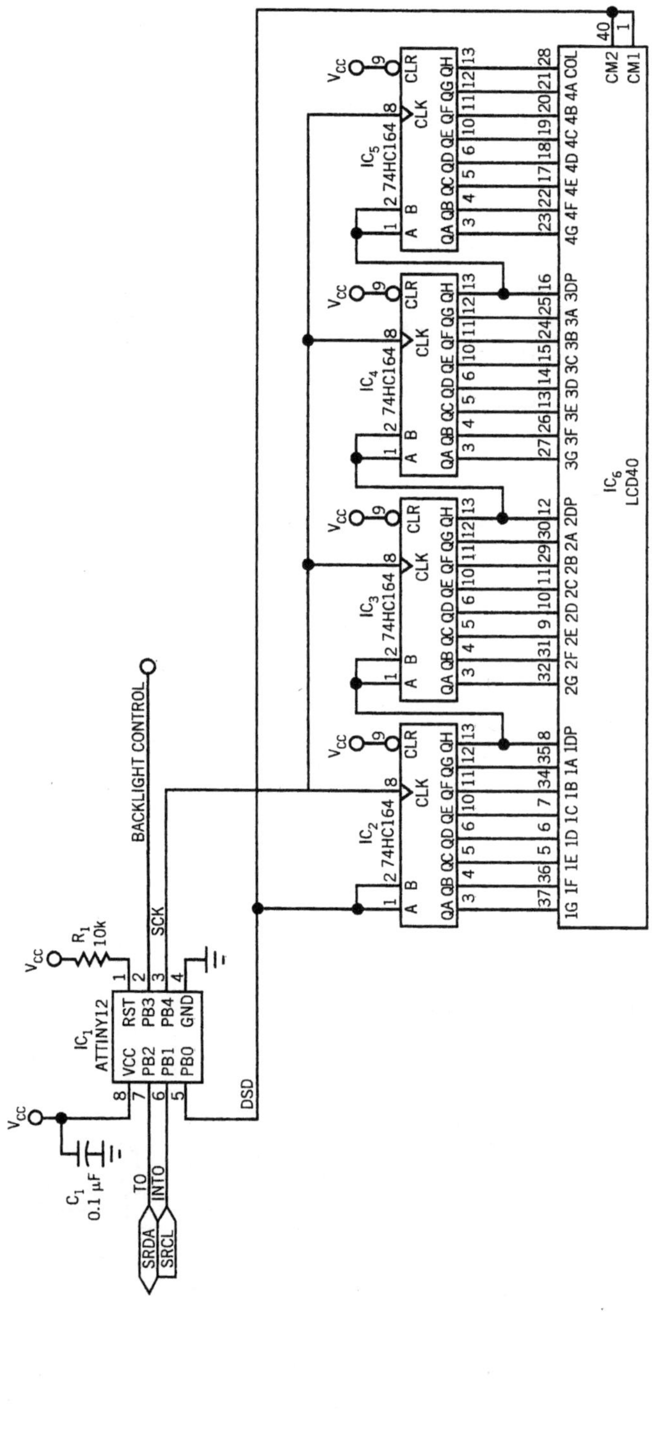

Abb. 4.39: Quelle: Hans Krobath, Seven-segment LCD uses two-wire interface, EDN September 4, 2003

4.34 M68HC11 an PSD-Systemen

Die Firma WSI bietet eine Familie von Mikrocontroller-Peripheriebausteinen an, welche PSD-programmierbar sind. Diese machen den Einsatz eines Mikrocontrollers ohne ROM möglich, wo sonst z. B. maskenprogrammierte Mikrocontroller eingesetzt werden müssen. PSD-Bausteine kombinieren EPROM, SRAM, programmierbare Logik für die Memory-Map-Decodierung, programmierbare I/O-Ports, einen Adress-Latch, Power Managernent sowie andere interessante und nützliche Features.

In *Abb. 4.40* ist die Zusammenschaltung eines Mikrocontrollers M68HC11 mit einem System PDS3XX gezeigt. *Abb. 3.41* skizziert die Verbindung des gleichen Mikrocontrollers mit einem System PSD4XX/5XX.

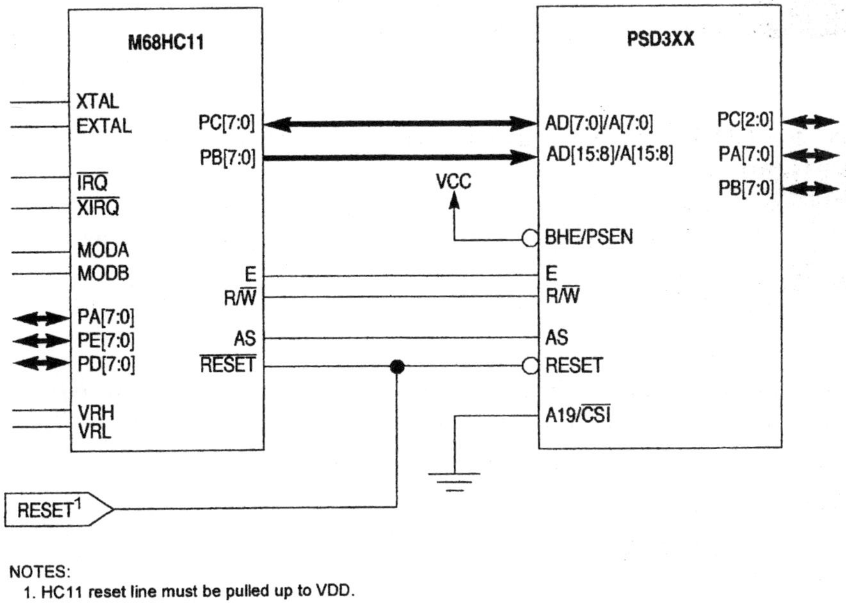

Abb. 4.40: Quelle: Steve Torp, Using M68HC11 Microcontrollers with WSI Programmable Peripheral Devices, Freescale Semiconductor Application Note 1237/D

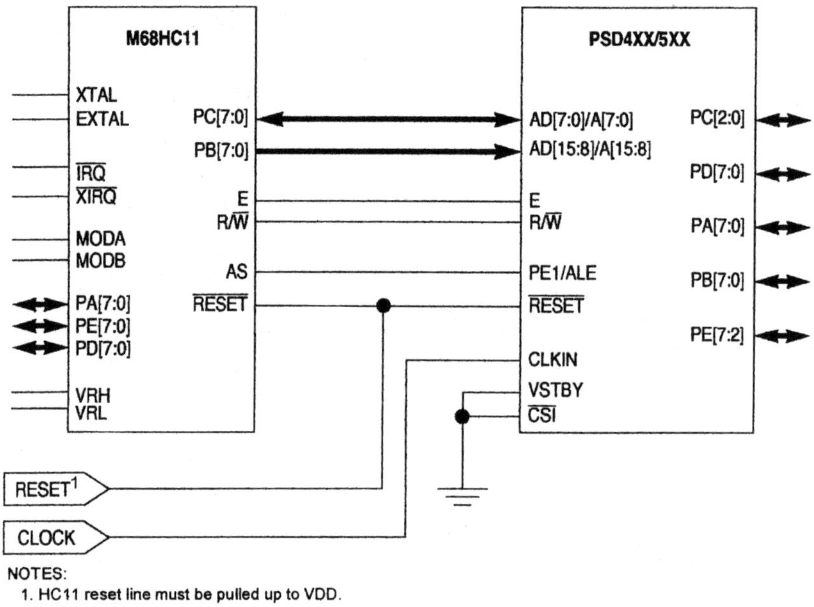

Abb. 4.41: Quelle: Steve Torp, Using M68HC11 Microcontrollers with WSI Programmable Peripheral Devices, Freescale Semiconductor Application Note 1237/D

4.35 Mikrocontroller mit Keypad, LEDs und LED-Display

Die in *Abb. 4.42* gezeigte Schaltung zeigt die Vielseitigkeit der Port-Konfigurationen von AVR-Mikrocontrollern. Zwei durch die LEDs symbolisierte Lasten können kontrolliert an- und abgeschaltet werden. Die Schaltung kann in auf die spezielle Applikation abgewandelter Form praktische Anwendung finden. Grundsätzlich ist der Einsatz jedes 20-Pin-AVR-Mikrocontrollers möglich.

Normalerweise würde man für die dargestellten Funktionen 23 I/O-Anschlüsse benötigen. Hier ist die erforderliche Anzahl auf 15 reduziert. Dies ist durch das Zusammenlegen der Keypad-Abfrageleitungen mit den LED-Display-Ansteuerleitungen gelungen.

Der Power-down-Zustand wird durch ein blinkendes Display angezeigt.

Der Displaybetrieb wird durch die hohe Stromergiebigkeit der AVR-Ausgänge ermöglicht.

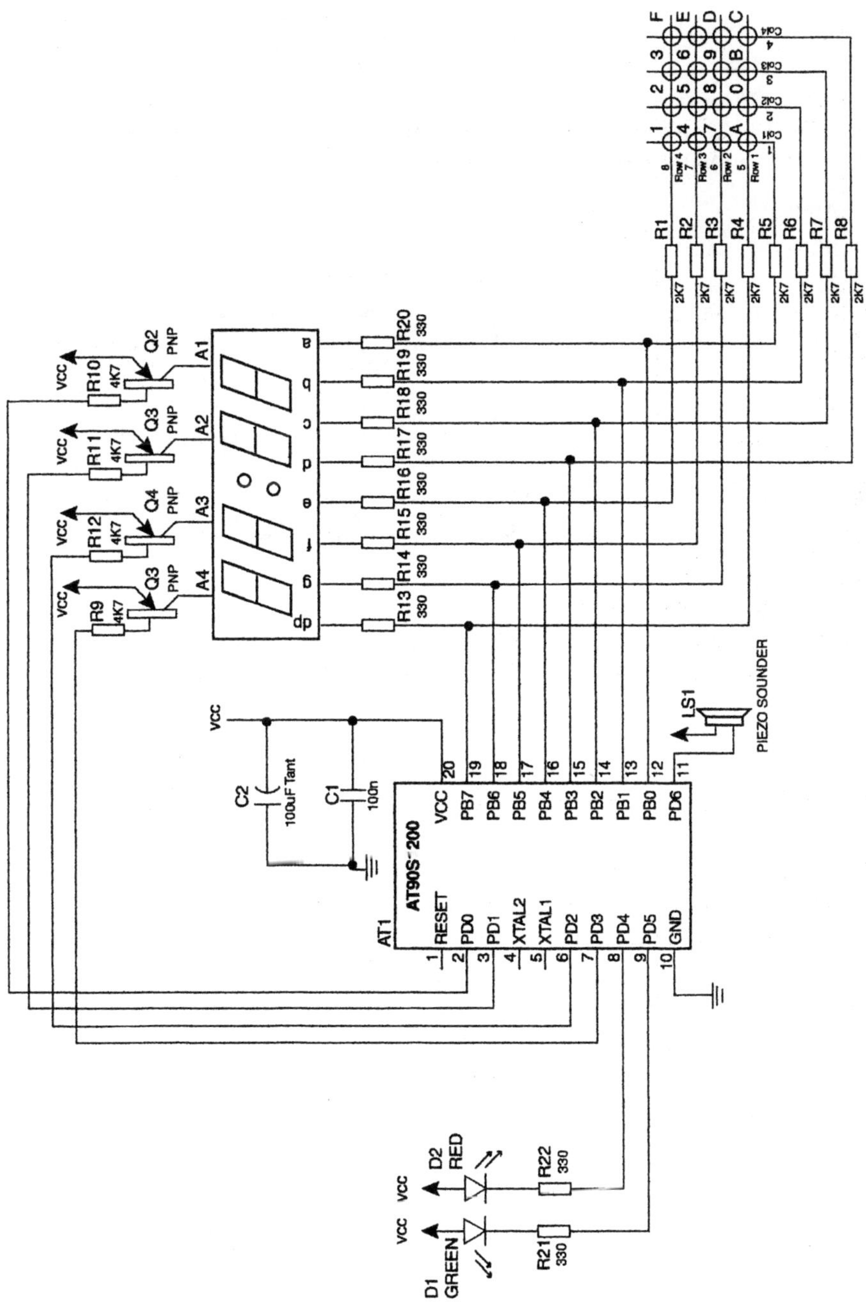

Abb. 4.42: Quelle: AVR242: 8-bit Microcontroller Multiplexing LED Drive and 4x4 Keypad, Atmel Application Note

4.36 AVR-Mikrocontroller treibt direkt LCD

Gemäß *Abb. 4.43* ist der Direktanschluss eines LCDs an einen AVR-Mikrocontroller möglich. Bis zu 15 Segmente sind ansteuerbar (2x7 Segmente plus ein Dezimalpunkt). Die Software ermöglicht Treiber für eine gemeinsame Verbindung.

Die Software ist in C geschrieben.

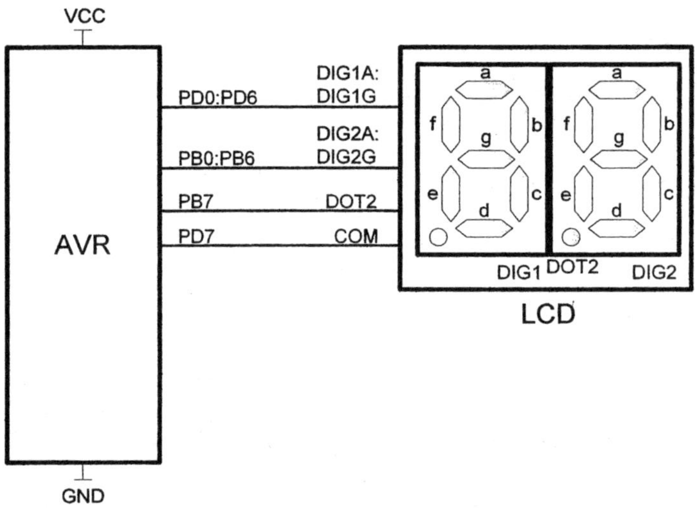

Abb. 4.43: Quelle: AVR241: Direct driving of LCD display using general IO, Atmel Application Note

4.37 Keypad mit Aufwachfunktion

Eingabeschaltungen werden in der Regel nur selten benutzt und sollten im Bereitschaftszustand nur sehr wenig Strom aufnehmen. Bindet man ein Keypad an einen Mikrocontroller an, dann sollte dieser im Sleep/Power-down Mode darauf warten, bis eine Taste betätigt wird, und durch diesen Vorgang „aufgeweckt" werden, um die Eingabe zu prüfen und bei richtiger Betätigung die gewünschte Funktion auszulösen. Dies ist mit der einfachen Schaltung nach *Abb. 4.44* möglich. Grundsätzlich kann jeder AVR-Mikrocontroller benutzt werden.

Wenn zuerst 0 gedrückt wird, dann blinkt die rote LED zehnmal. Wenn eine andere Taste gedrückt wird, dann blinkt die grüne LED entsprechend der Taste. Wenn beispielsweise die Taste C gedrückt wird, dann blinkt die grüne LED zwölfmal.

Die Firmware besteht aus drei Teilen: Reset-Routine, Testprogramm und Interrupt-Service-Routine.

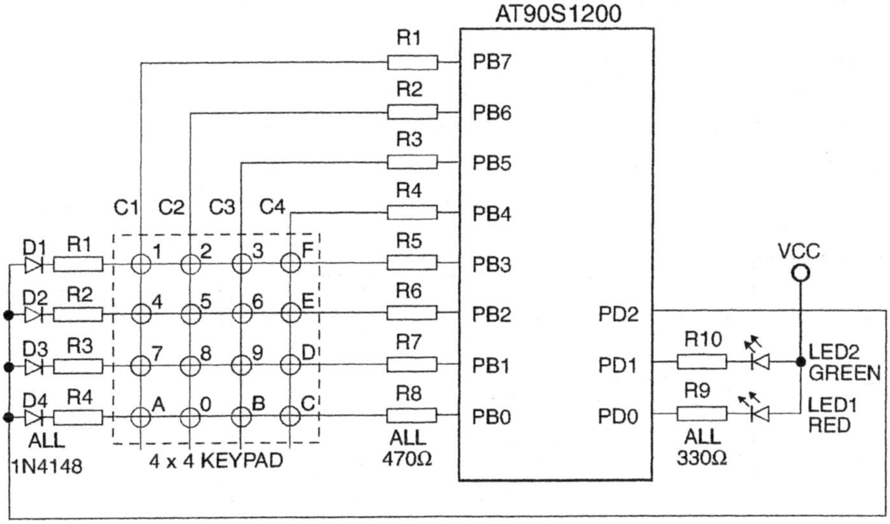

Abb. 4.44: Quelle: AVR240: 4x4 Keypad – Wake-up on Keypress, Atmel Application Note

4.38 LCD über Zweidrahtverbindung am Mikrocontroller

Der Zweidraht-Serial-Interface-Master-Driver des I²C-Protokolls erlaubt einfaches Senden und Empfangen von Daten. In *Abb. 4.45* ist skizziert, wie ein Batron LCD mit 2x16 Zeichen auf diese Weise mit einem Mikrocontroller verbunden werden kann. Die meistverbreiteten I²C LCD Drivers werden berücksichtigt. Heute ist der I²C Bus in viele Bausteine und Mikrocontroller implementiert.

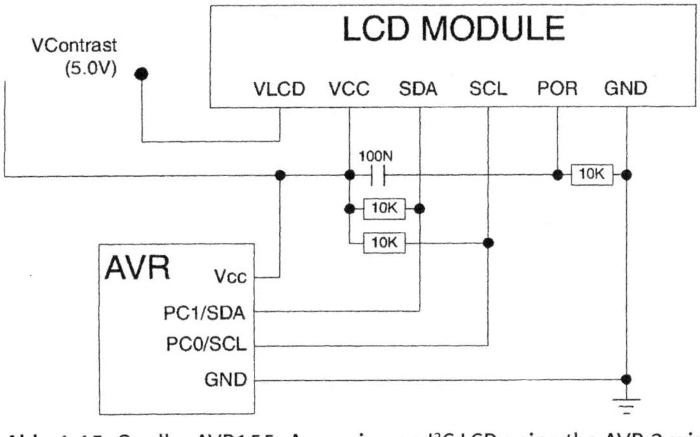

Abb. 4.45: Quelle: AVR155: Accessing an I²C LCD using the AVR 2-wire Serial Interface, Atmel Application Note

Die AVR-TWI-Familie (Two-Wire Interface) kann mit jedem I^2C-kompatiblen Baustein kommunizieren, entweder als Master oder als Slave.

Das Programm wurde in C geschrieben.

5 Messtechnik-Anwendungen

5.1 Temperatursensor-Anschluss an PIC16 via I2C

Abb. 5.1 zeigt den prinzipiellen Aufbau einer Verbindung des 10-Bit-Temperatursensors AD7416 mit einem PIC16F84 durch ein I²C-Bus-Interface. Der AD7416 liefert in seinem Register ein der Temperatur entsprechendes Datenwort. Obere und untere Temperaturschwellen lassen sich programmieren. Ein Übertemperatur-Indikator (Over-Temperature Indicator, OTI) ist vorhanden. Der AD7416 nutzt ein I²C-kompatibles serielles Interface und besitzt eine wählbare Busadresse, weshalb bis zu acht Bausteine an einem Bus betrieben werden können.

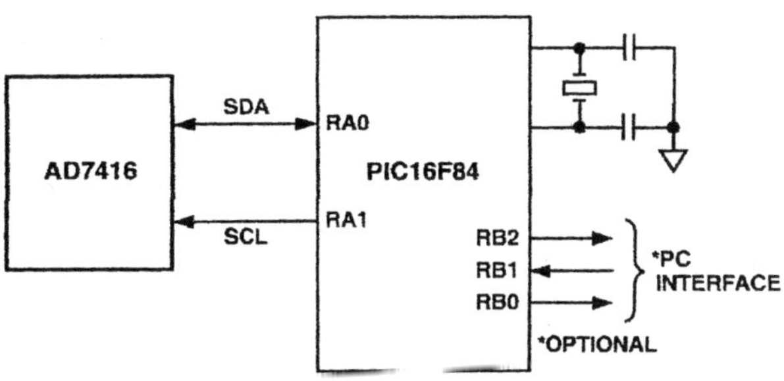

Abb. 5.1: Quelle: Ken Kavanagh, AD7416 Connects to the PIC16F84 via Emulated I²C Interface, Analog Devices Application Note 561

Abb. 5.2 verschafft einen Software-Überblick. Die Kommunikationsroutinen können für jeden anderen PIC modifiziert werden.

Abb. 5.3 zeigt zwei Verbinderbeschaltungen und die Applikationsschaltung.

5.2 Frequenzzähler

Abb. 5.4 zeigt eine effiziente und kostengünstige Frequenzmesserschaltung mit dem Atmel 89C2051. Jeder Vertreter dieser Familie ist einsetzbar. Die Schaltung zählt die Impulse innerhalb einer bestimmten Torzeit und schickt das Ergebnis an den seriellen Port eines PCs. Der TTL-kompatible Ausgang des Mikrocontrollers treibt den Inverter 1488, der als Konverter die RS-232-Pegel liefert. Ein Baustein 1489 arbeitet als Empfänger.

```
TMR0        EQU   1
PCL         EQU   2
STATUS      EQU   3
FSR         EQU   4
PORTA       EQU   5
PORTB       EQU   6
EEDATA      EQU   8
EEADR       EQU   9
PCLATH      EQU   0x0A
INTCON      EQU   0x0B
TRISA       EQU   5
TRISB       EQU   6
RP0         EQU   5
RP1         EQU   6
COUNT       EQU   0x0C
TEMP        EQU   0x0F
TXVAL       EQU   0x11
RW          EQU   0x12
ACK         EQU   0x13
HIGHBYTE    EQU   0x14
LOWBYTE     EQU   0x15
ACKSTATUS   EQU   0x16
TIME1       EQU   0x17
INTCON      EQU   0x0B
GIE         EQU   0x7
T0IE        EQU   0x5
T0IF        EQU   0x2
OPTREG      EQU   0x81
```

Abb. 5.2: Quelle: Ken Kavanagh, AD7416 Connects to the PIC16F84 via Emulated I2C Interface, Analog Devices Application Note 561

Der Mikrocontroller arbeitet hier mit einem 12-MHz-Quarz und einer Baud-Rate von 2,4 kbit/s.

Die zugehörige Assembler-Routine ist der Quelle zu entnehmen, wo sie ausführlich kommentiert wird. Sie kann von www.edn.com unter „Search Databases" aus dem Software Center geladen werden (Design Idea 2616).

5.3 Datenlogger mit PIC16F876

Ein Datenlogger (Data Logger) besteht im Wesentlichen aus einem Mikrocontroller mit möglichst geringem Strombedarf, einem elektronisch löschbaren Speicher (EEEPROM) und einem Interface-Baustein zur Ausgabe der Daten an einen Rechner.

In der Schaltung nach *Abb. 5.5* sind dies PIC16F876, EEPROM 24LC128 und MAX235. Hinzu kommt noch ein LC-Display mit 2x16 Zeichen zur Anzeige der Messwerte vor Ort. Der PIC besitzt einen internen AD-Wandler.

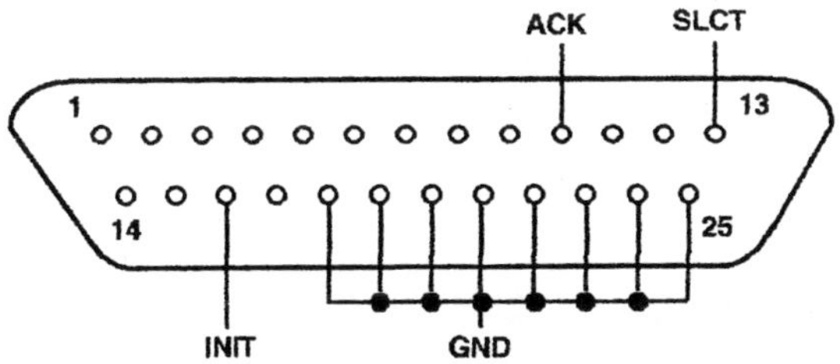

25-Way Male D-Type Connector

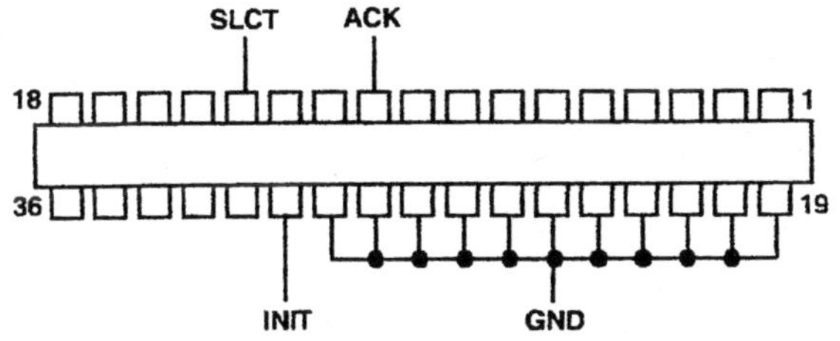

36-Way Centronics Connector

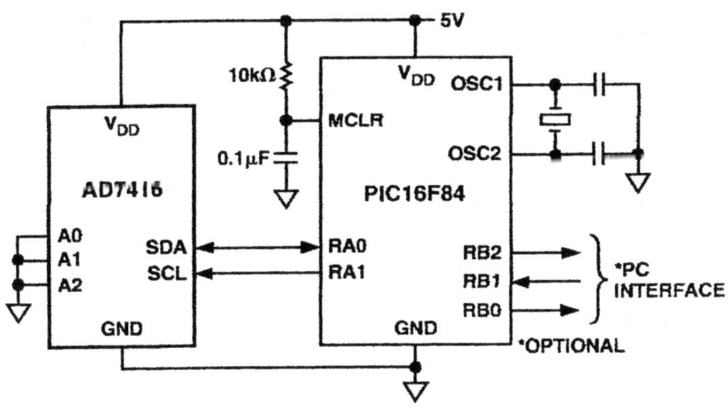

Application Circuit Diagram

Abb. 5.3: Quelle: Ken Kavanagh, AD7416 Connects to the PIC16F84 via Emulated I²C Interface, Analog Devices Application Note 561

Die Betriebsspannung von 8...14 V wird an einen Stabi-IC gelegt, der 5 V liefert.

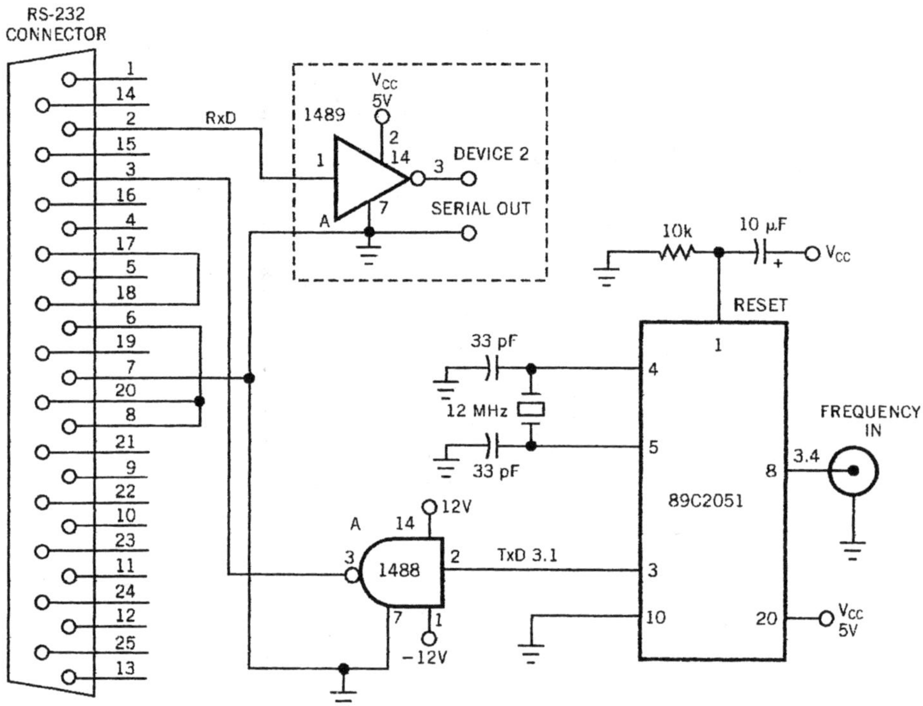

Abb. 5.4: Quelle: Fazal Pathan, µC makes effective frequency counter, EDN November 23, 2000

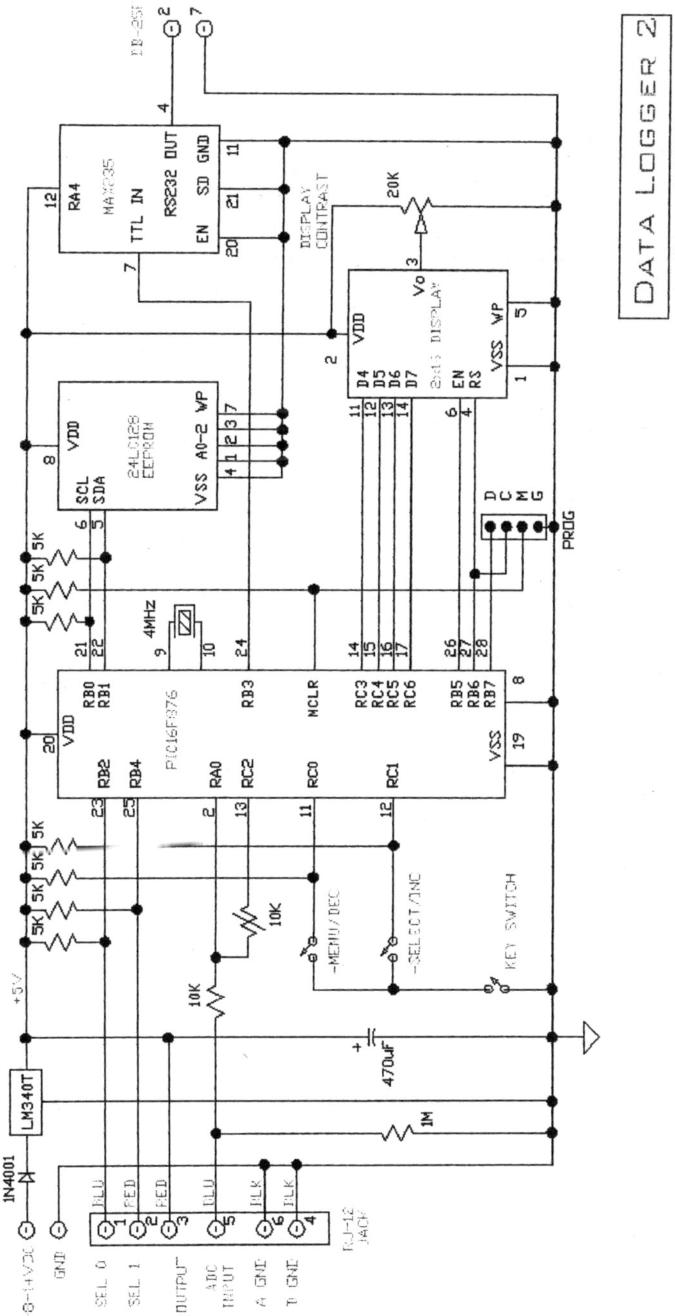

Abb. 5.5: Quelle: www.vermontficks.org/datalogs.gif

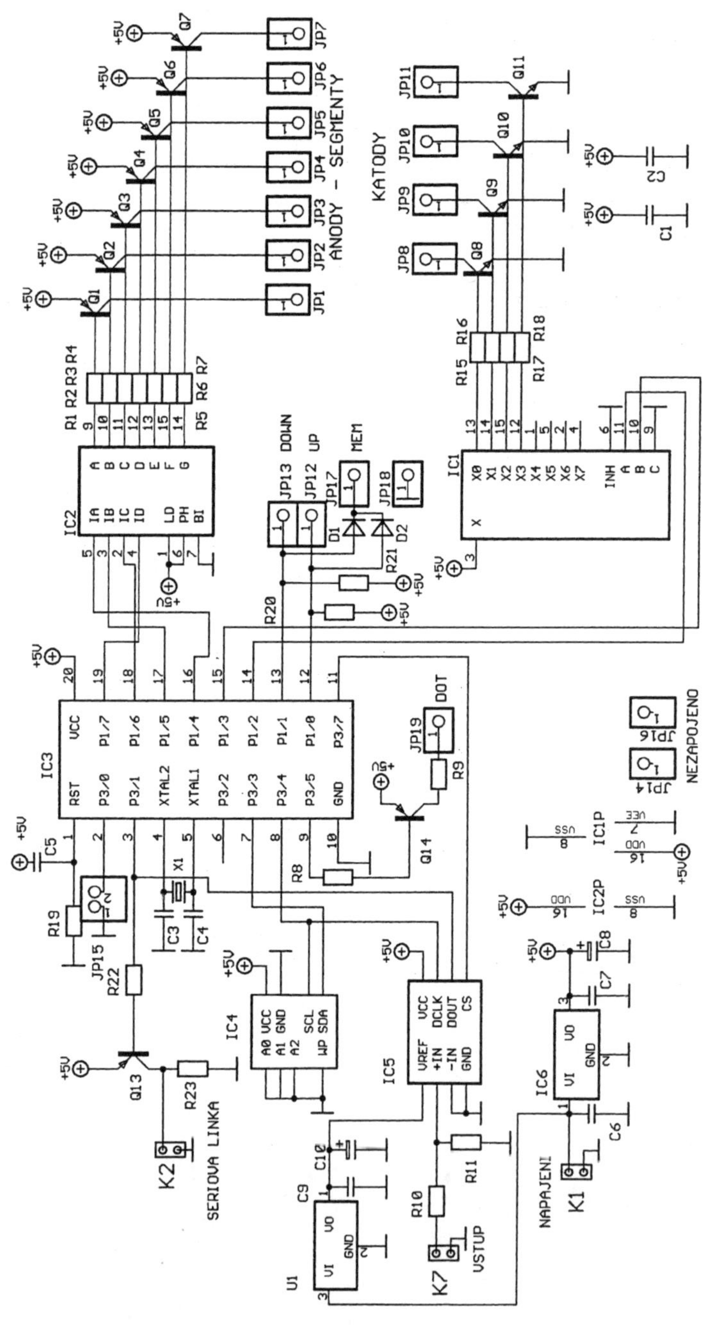

Abb. 5.6: Quelle: Radek Václavik, Napeťový záznamnik: logger, Praktická elektronika A Radio 10/2004

5.4 Datenlogger mit AT89C4051

Auch der Data Logger nach *Abb. 5.6* ist nicht für autonomen Betrieb geeignet, denn sein Stromverbrauch beträgt vor allem durch die vierstellige LED-Anzeige maximal 300 mA. Es wird ein Mikrocontroller AT89C4051 benutzt. Die Schaltung kann Anregungen für ähnliche Projekte liefern.

5.5 1-kHz-Sinusgenerator

Die Schaltung nach *Abb. 5.7* nutzt einen AVR-Controller mit einem 8-Bit-I/O-Port. Das 1-kHz-Sinussignal wird von einem Quarz abgeleitet und hat einen kalibrierten Pegel von 1 V Spitze-Spitze. Außerdem stehen ein 1-kHz-Rechtecksignal zum Synchronisieren eines Oszilloskops und ein 900-mV-Sinussignal mit 180 Grad Phasenversatz (unkalibriert) zur Verfügung.

16 Widerstände am Mikrocontroller bilden den D/A-Wandler nach dem R-2R-Prinzip. Das Programm für den AT90S2313 wurde in C geschrieben und läuft auch auf ATTiny2313 und ATMega8515/AT90S8515. Es kann leicht für andere AVR-Controller mit 8-Bit-I/O-Port modifiziert werden.

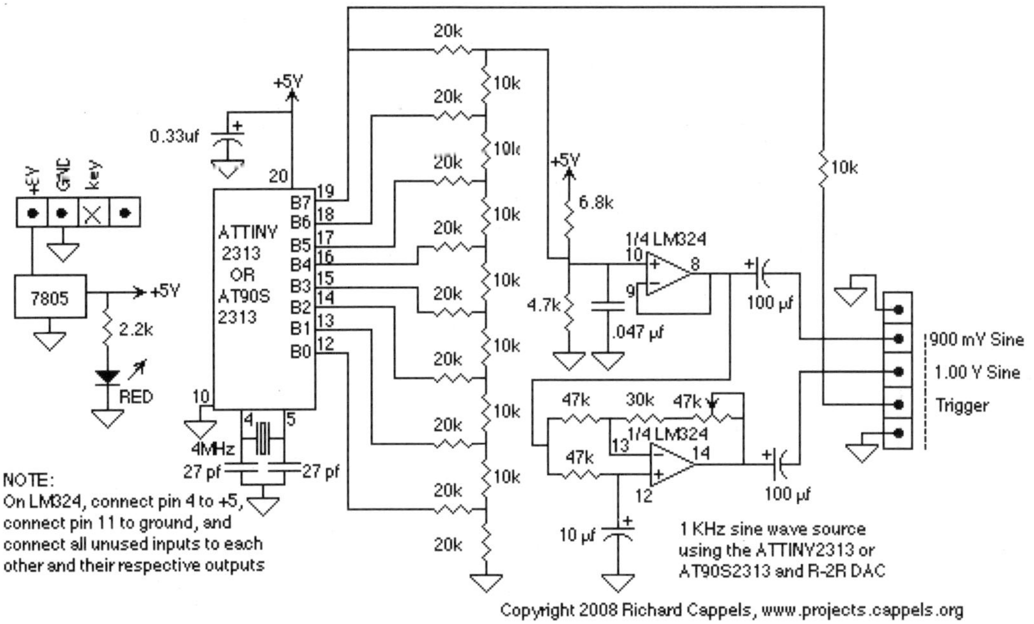

Abb. 5.7: Quelle: Dick Cappels, 1000 Hz Sine Wave Generator, www.projects.cappels.org

Ein neuer 8-Bit-Wert wird an jedem Port pro 31,25 µs wirksam.

Oberwellen liegen 40 dB unter dem 1-kHz-Träger; der Kondensator am Ausgang des Mikrocontrollers sorgt für weitere 10 dB.

Man kann diese Schaltung leicht vereinfachen.

5.6 LC-Meter

Der AVR-Mikrocontroller in *Abb. 5.8* berechnet die Werte für L oder C aus der Oszillationsfrequenz unter Nutzung einer Referenz. Ein 2x16-Zeichen-LCD zeigt die berechneten Werte und die Oszillatorfrequenz an. Die Frequenz könnte von Interesse sein, da Spulen mit Kern ihre Induktivität und somit die Messbedingungen verändern könnten.

Als Referenz sind ein genau bekannter Kondensator und eine genau bekannte Induktivität erforderlich. Beim Muster waren das ein 10-nF-Kondensator und eine 1-mH-Induktivität.

Die einzige Schwierigkeit, die Schaltung zur Anzeige von Kapazität und Induktivität zu bringen,, war die Programmentwicklung in Assembler. Da der Autor sich im Umgang mit einem C-Compiler üben wollte, hat er das Programm in C geschrieben.

Im Prinzip wird ein Parallelschwingkreis auf der Resonanzfrequenz betrieben. Zur Bestimmung einer Induktivität wird der bekannte Kondensator herangezogen, zur Bestimmung einer Kapazität die bekannte Spule. So lassen sich Induktivitäten bis 50 H mit 0,1 µH Auflösung und Kapazitäten bis 1 µF mit 1 pF Auflösung ermitteln.

5.7 LC-Meter mit dem ATtiny861

In *Abb. 5.9* ist eine gegenüber der eben vorgestellten verbesserte Schaltung zu sehen. Ein erweiterter Kapazitäts-Messbereich, Selbstkalibration sowie genaue Funktion mit präzisen Komponenten zeichnet sie aus.

Für diese Verbesserungen wurde mehr Flash-Speicher benötigt. Die zwei „2313“ wurden durch einen ATtiny861 ersetzt.

5.8 LC-Bestimmung durch Resonanzfrequenz-Messung

Die Schaltung nach *Abb. 5.10* zur indirekten LC-Ermittlung besteht aus 5-V-Regler, LM393-LC-Oszillator, AT90S2313 und serieller Verbindung zum LCD-Modul.

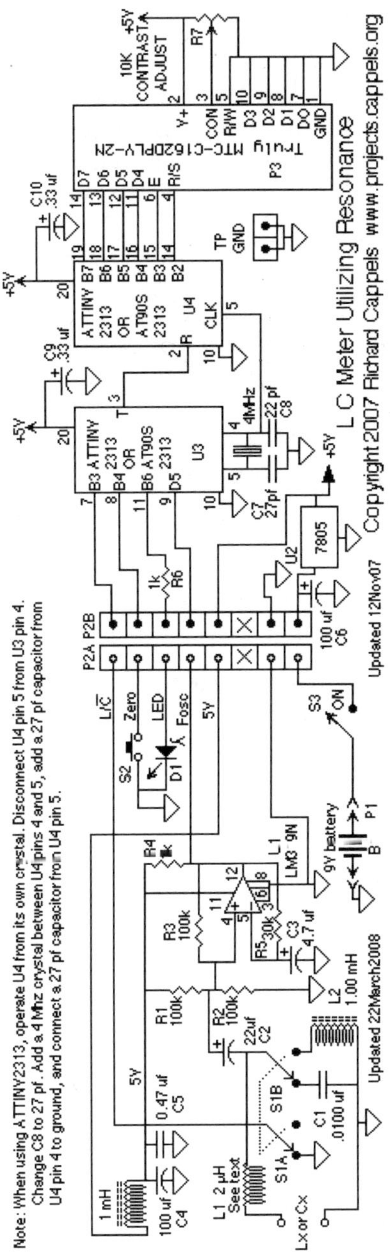

Abb. 5.8: Quelle: Dick Cappels, A Pretty Good LC Meter, www.projects.cappels.org

Note: C1 and C7 should be stable types.

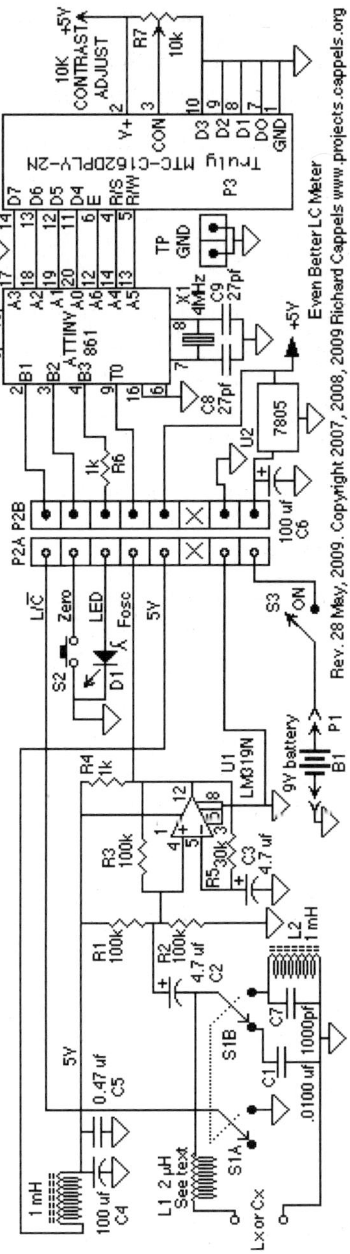

Abb. 5.9: Quelle: Dick Cappels, An Even Better LC Meter, www.projects.cappels.org

Der AT90S2313 dient als Frequenzmesser. Der Ausgang hat CMOS-Charakteristik. Der Transistor 2N2907 soll den AT90S2313 vor elektrostatischer Aufladung schützen.

Der Oszillator schwingt auf der Resonanzfrequenz von L und C. Das bekannte Bauteil ist so auszuwählen, dass die Schwingfrequenz nicht wesentlich über 100 kHz liegt. Mit schnelleren Komparator-ICs, wie dem LM311, kann man höhere Frequenzen nutzen.

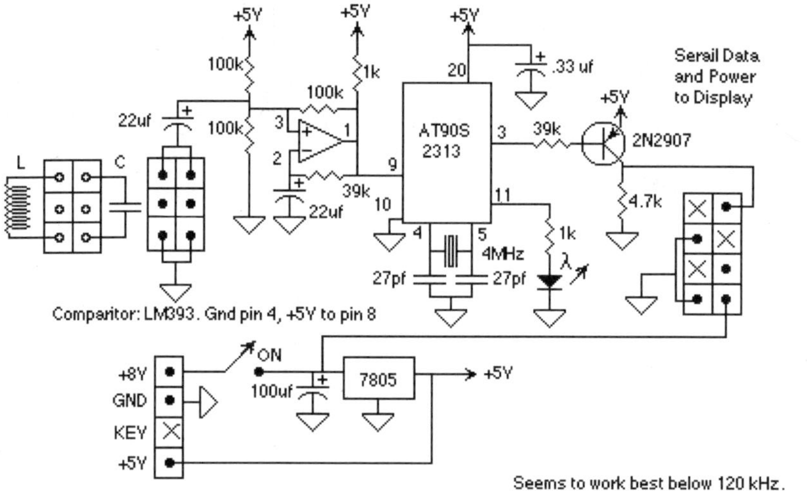

$$L = \frac{\left(\frac{1}{2\pi f}\right)^2}{C} \qquad C = \frac{\left(\frac{1}{2\pi f}\right)^2}{L}$$

Abb. 5.10: Quelle: Dick Cappels, LC Determination by Resonant Frequency Measurement, www.projects.cappels.org

5.9 30-MHz-Frequenzmesser

Die maximal mögliche Eingangsfrequenz für die Schaltung nach *Abb. 5.11* ist 30 MHz (nominell). In der vereinfachten Konfiguration nach *Abb. 5.12* sind es 5 oder 10 MHz, je nachdem, ob ein 10- oder 20-MHz-Quarz eingesetzt wird.

Alle Versionen haben 9 1/2 Digit Auflösung. Die Musterausführung der Multi-Chip-Version arbeitete bis 40 MHz. Das Ergebnis hängt vom den speziellen Werten der Chips sowie vom Layout ab. Der Signalpegel muss zum High-Speed-CMOS-IC passen.

Die 10-MHz-Single-Chip-Version mit dem ATtiny2313 eignet sich ideal für das Zusammenspiel mit einem Vorteiler durch 10 oder 100.

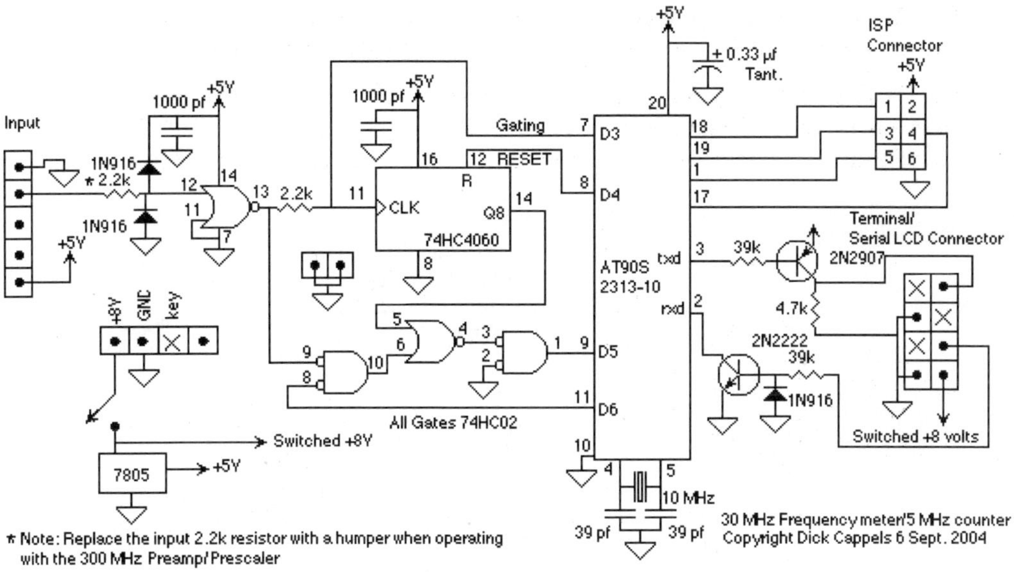

Abb. 5.11: Quelle: Dick Cappels, A Little More Serious Frequency Meter/Counter, www.projects.cappels.org

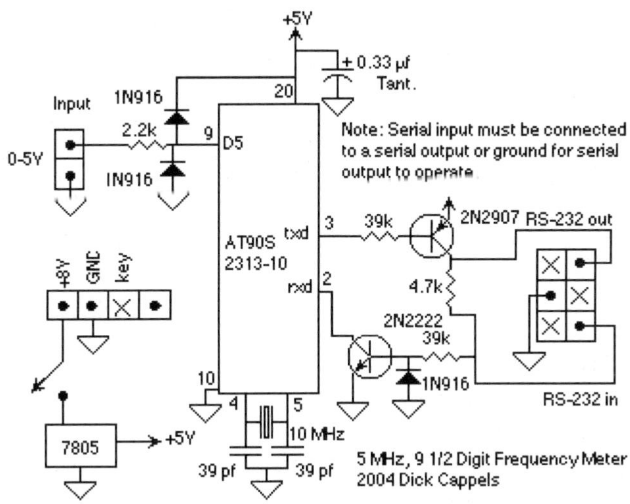

Abb. 5.12: Quelle: Dick Cappels, A Little More Serious Frequency Meter/Counter, www.projects.cappels.org

Die 30-MHz-Version hat eine Zeitbasis von 0,1, 1, 10 und 100 s, die 5-MHz-Version von 1, 10 und 100 s.

Die Web-Site hält die Assembler-Programme für alle Versionen bereit.

5.10 Frequenzmesser und Impulsgenerator

Die Schaltung nach *Abb. 5.13* mit dem Atmel AT902313 ist einfach. Der Aufbau benötigt keine Frontplatte, denn die Steuerung erfolgt via RS-232-Terminalprogramm mit 9600 Baud.

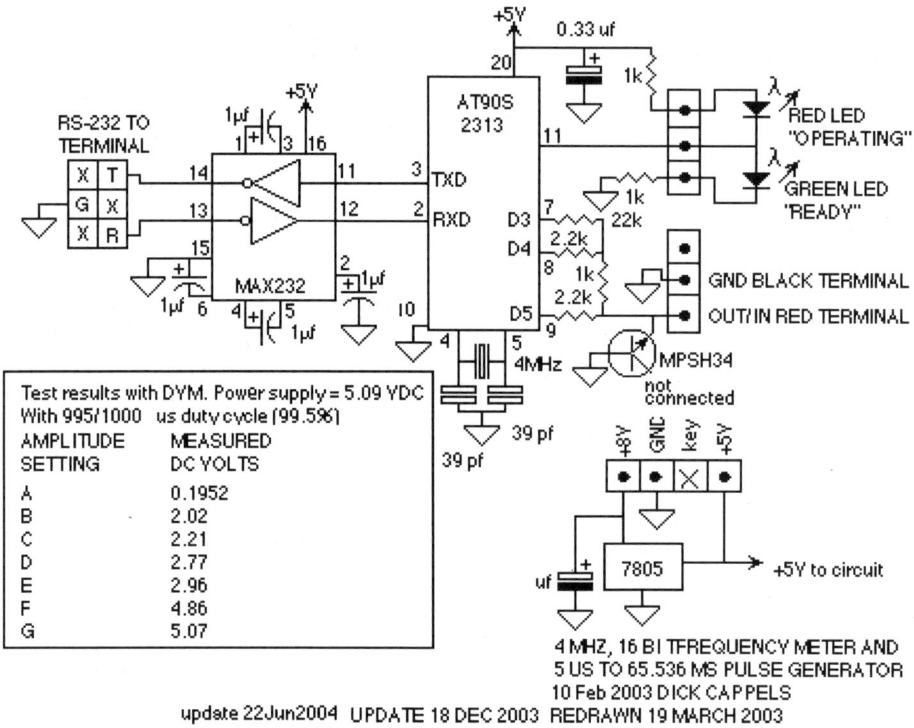

Abb. 5.13: Quelle: Dick Cappels, Frequency Meter and Pulse Generator, www.projects.cappels.org

Der 16-Bit-Zähler im AT90S2313 wird mithilfe einer Zeitschleife ausgelesen. Die Ergebnisse der Zählung werden in ASCII gewandelt und so zum Terminal gegeben. Da die Frequenzmessung nur die Hälfte des Flash-ROMs beansprucht, wurde noch ein Impulsgenerator-Programm vorgesehen.

Der Chip wechselt zwischen den beiden Programmen, welche lediglich die Initialisierung und den I/O-Code für den seriellen Port gemeinsam nutzen.

Der Frequenzmesser zählt bis 65.536 (volle Ausnutzung des 16-Bit-Zählers im „2313") bei wählbarer Zeitbasis von 0,1, 1.0, 10 oder 100 s und 4 MHz maximaler Signalfrequenz, die sich durch Quarzwechsel erhöhen lässt.

Der Impulsgenerator ermöglicht 10 μs bis 65,5 ms Periodendauer, 5 μs bis 65 ms Impulsbreite und eine mit 3 Bits wählbare Amplitude.

Der Nutzer steuert die Kombi-Schaltung und liest Daten via ASCII-Terminal mit 9600 Baud, 1 Stop-Bit, no Parity. Genutzt wurde das im Internet erhältliche Emulationsprogramm Term.exe.

5.11 Digitaler HF-Feldstärke-Indikator

Abb. 5.14 zeigt die Schaltung eines digitalen HF-Feldstärke-Indikators mit LED-Display auf Basis eines Atmel AT90SA2313. Der unvermeidliche Analogteil rechts unten ist sehr klein. Zwei Transistoren sorgen für stabile Spannung und dienen als Demodulator, dessen Ausgangssignal den A/D-Konverter mit dem Komparator im Mikrocontroller ansteuert. Der andere Eingang des AT90S2313-Komparators liegt am Rampenkondensator C1. Die Spannung wird in 160-ms-Intervallen gemessen; dazwischen wird der Offsetfehler korrigiert. Höhere Feldstärke bedeutet hier eine geringere Spannung vom Gleichrichter. Eine Überlauf-Anzeige ist vorhanden. Das A/D-Wandler-Ausgangssignal wird ins BCD-Format umgesetzt und gelangt auf ein dreistelliges LED-Display, welches alle 16 ms mit neuen Daten aufgefrischt wird. Das LED-Display hat gemeinsame Kathodenanschlüsse und wird gemultiplext.

5.12 Breitbandiger HF-Feldstärke-Indikator

Dieser breitbandige Indikator besitzt eine kleine Antenne (etwa 15 cm langer isolierter Draht). Die elektrische Feldkomponente erzeugt hier eine Spannung im Millivoltbereich, welche gleichgerichtet und an ein digitales Voltmeter gegeben wird. Der Stromverbrauch des Moduls ist sehr gering.

Signale mit 4, 35, 55, 100 und 900 MHz, ein mobiles Telfon und ein Mikrowellen-Ofen wurden erfolgreich getestet.

Alle Transistoren sollten vom gleichen Typ sein, um den Einfluss der thermischen Drift zu minimieren.

Das 10-kOhm-Poti dient einem groben Offsetabgleich.

Der Atmel AT90S1200A nutzt den internen Taktgenerator, insbesondere deswegen, damit die Schaltung möglichst wenig vom eigenen Oszillator beeinflusst wird.

Die Schaltung arbeitet an zwei AA-Elementen. Ein Timer bewirkt die automatische Abschaltung nach 15 min.

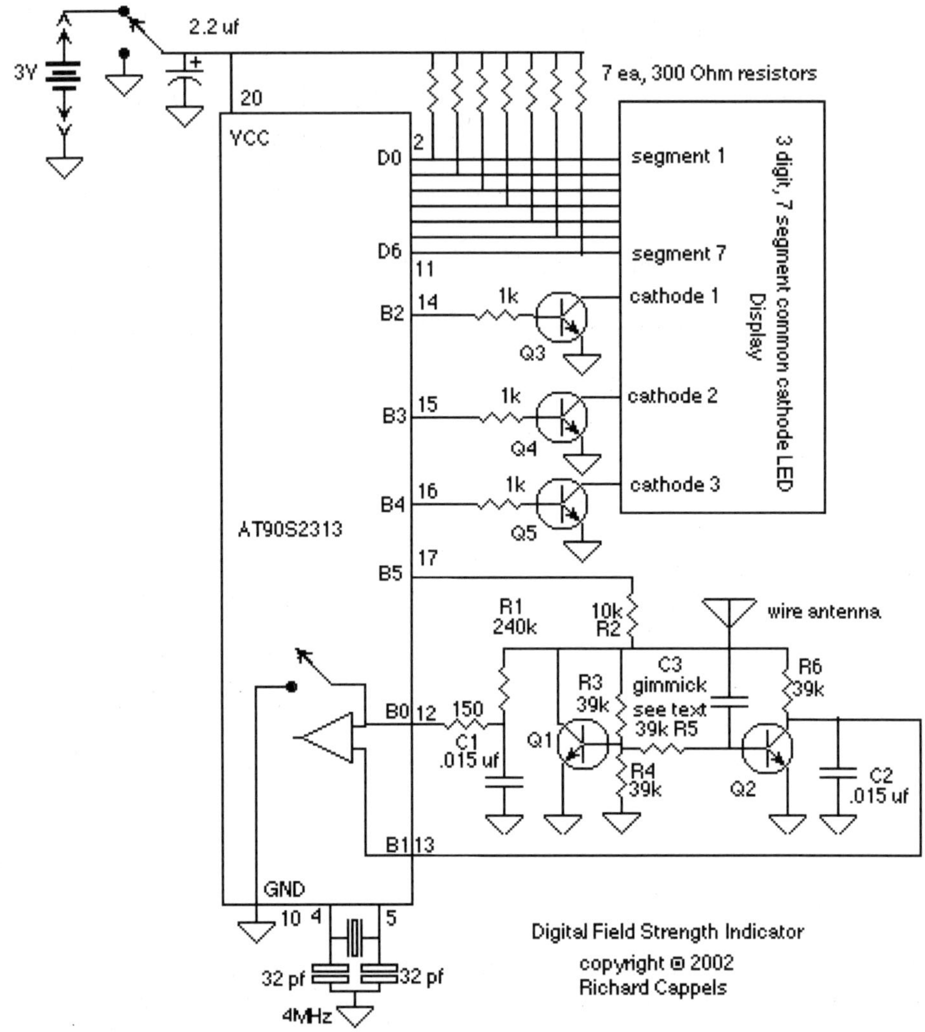

Abb. 5.14: Quelle: Dick Cappels, Digital RF Field Strength Indicator, www.projects.cappels.org

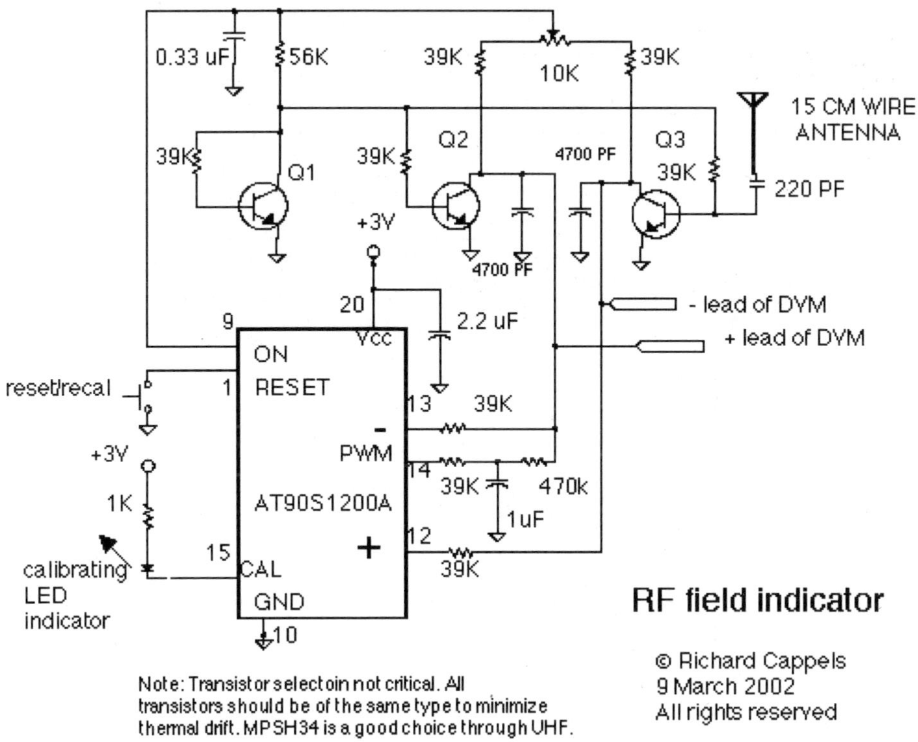

Abb. 5.15: Quelle: Dick Cappels, RF Field Strength Probe, www.projects.cappels.org

5.13 Höhenmesser

Als Basis für die Höhenmessung dient der Luftdruck. Der Zusammenhang ist gemäß *Abb. 5.16* jedoch nichtlinear. Hier kann ein Mikrocontroller für eine lineare Anzeige umrechnen. In dem genannten Projekt dient ein MPX4115-Luftdruckmesser als Sensor, gefolgt von einem Operationsverstärker, siehe *Abb. 5.17*. Die Signalspannung im Bereich 0,2...4,8 V geht an einen A/D-Wandler-IC MAX 187. Die Basic Stamp rechnet den linearen Zusammehang aus. Die Gesamtschaltung ist nebst Quellcode in der bei den Bildern genannten Quelle zu finden.

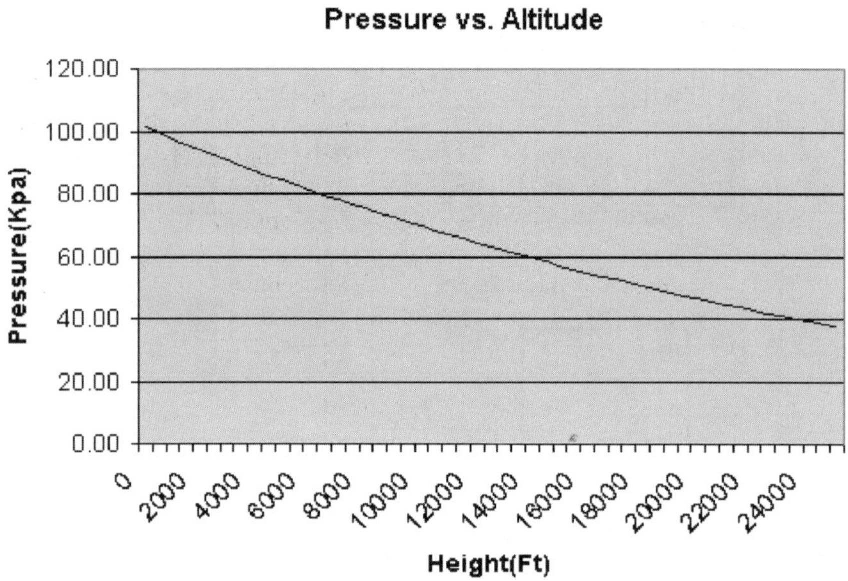

Abb. 5.16: Quelle: W. Shaun, Altimeter, http://geocities.com/SiliconValley/Orchard/6633/hstamp.html

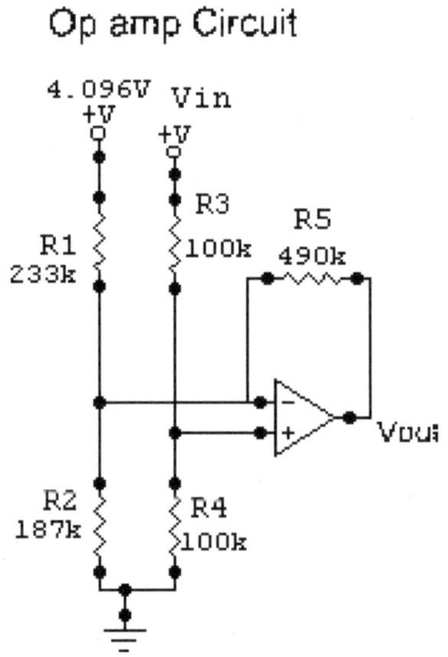

Abb. 5.17: Quelle: W. Shaun, Altimeter, http://geocities.com/SiliconValley/Orchard/6633/hstamp.html

5.14 Lichtmessung mit LED

Bestrahlt man eine Leuchtdiode mit Licht ihrer Farbe, dann entsteht in ihr ein Fotostrom. In *Abb. 5.18* liegt die Kathode über einen Vorwiderstand an einem Ausgangspin des Mikrocontrollers. Die Anode liegt an Masse. Liefert der Ausgang H-Pegel, wird der parasitäre Kondensator in der LED aufgeladen. Die LED leuchtet nicht, da sie in Sperrrichtung betrieben wird. Nach Umschalten auf einen hochohmigen Eingang des Mikrocontrollers ist die LED solange als Lichtsensor verwendbar, wie der parasitäre Kondensator ausreichend geladen bleibt. Für eine von der Umgebungshelligkeit abhängige Zeit erhält der Eingang H-Pegel. Je höher die Helligkeit, umso schneller erfolgt die Entladung.

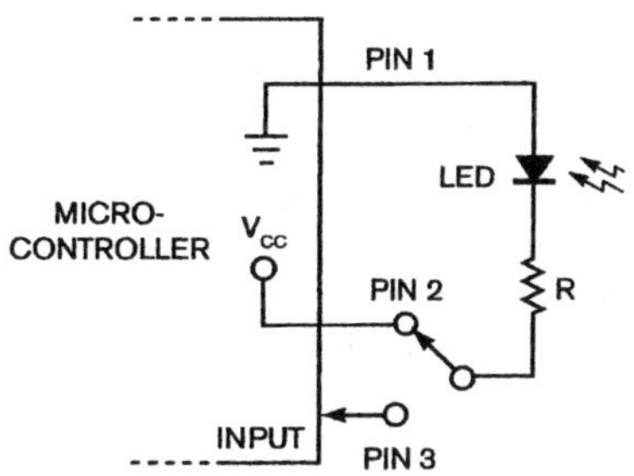

Abb. 5.18: Quelle: Dhanajay V. Gadre/Sheetal Vashist, LED senses and displays ambient-light intensity, EDN November 9, 2006

In *Abb. 5.19* kommt eine superhelle rote LED zur Anwendung. Benötigt werden nur drei der sechs I/O-Pins des ATtiny15. Die Frequenz des Signals an Pin 3 ist proportional zur Lichtintensität. Entsprechend verhält sich auch der Strom durch die LED, wenn sie zwischenzeitlich leuchtet.

Das Listing ist unter www.edn.com/061109di1 zugänglich.

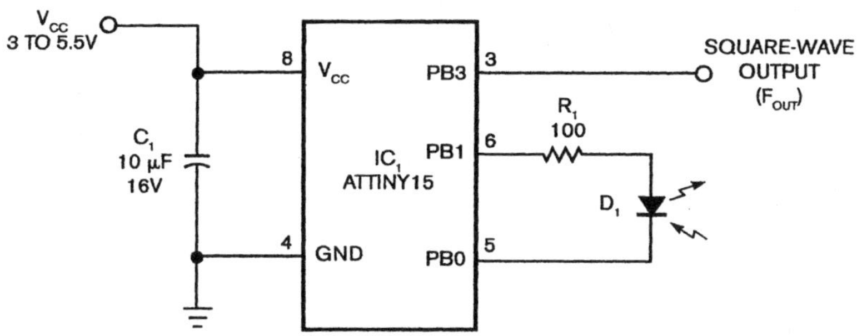

Abb. 5.19: Quelle: Dhanajay V. Gadre/Sheetal Vashist, LED senses and displays ambient-light intensity, EDN November 9, 2006

5.15 PIC treibt 20-LED-Anzeige

Die Schaltung nach *Abb. 5.20* nutzt lediglich fünf I/O-Ports des Mikrocontrollers, um 20 LEDs im Punkt- oder Balkenbetrieb (Bargraph) zu betreiben. Andere Mikrocontrollertypen, wie der PIC12C508A, lassen sich problemlos einsetzen. Die maximal mögliche LED-Anzahl erhält man, wenn man die verfügbaren I/O-Pins mit der Anzahl der verfügbaren I/O-Pins minus 1 multipliziert.

Die Umschaltung der Betriebsart erfolgt mit S1: Drücken, halten und Betriebsspannung anlegen führt zur Bargraph-Anzeige.

Das Listing ist unter www.edn.com/060901di1 verfügbar.

5.16 Frequenzzähler mit PIC

Der PIC16C5X besitzt einen 8-Bit-Timer, den man als 8-Bit-Frequenzteiler einsetzen kann. Der Prescaler läuft dann asynchron und kann folglich eine recht hohe Frequenz teilen. Die garantierten Werte für Anstiegs- und Abfallszeit von je 10 ns lassen auf 50 MHz schließen. Da der Prescaler durch 256 teilen kann, ergibt sich eine Auflösung von 16 Bit. Der Prescaler kann aber nicht direkt wie ein Register lesen. Auf Grund des in *Abb. 5.21* skizzierten universellen Konzepts ist es möglich, den 8-Bit-Wert aus dem Prescaler zu „extrahieren“, wobei die Auflösung 16 Bit beträgt.

5.17 Brücken-Messschaltung nutzt PIC

In *Abb. 5.22* wird gezeigt, wie man den Mikrocontroller PIC16C774 an eine Messbrücke anschließen kann. Dabei werden die besonderen analogen Peripheriebausteine des PICs genutzt, einschließlich seines 12-Bit-Analog/Digital-Wandlers und seiner beiden Referenzquellen. Weiterhin nützlich können die über 9 Bit adressierbare USART für die serielle Kommunikation sowie der Master Synchronous Serial Port (MSSP) sein.

5.18 Widerstands- und Kapazitätsmessung mit PIC

Der 8-Bit-Mikrocontroller PIC16C622 gehört zu einer Entwicklungslinie, die sich durch zwei analoge Komparatoren, deren Eingänge gemultiplext werden können, und eine variable Referenzspannungsquelle auszeichnet. In der Messschaltung nach *Abb. 5.23* wird das Single-Slope-Prinzip für die A/D-Wandlung genutzt. Der zu messende Widerstand bzw. Kondensator bestimmt die Anstiegsgeschwindigkeit. Diese wird als Maß für den Wert ermittelt. Die Versorgung erfolgt über die RS-232-Schnittstelle. Mit S1 wählt man zwischen Widerstands- und Kapazitätsmessung in den Bereichen 1...999 Ohm bzw. Nanofarad. Der PC bringt das Ergebnis auf den Bildschirm.

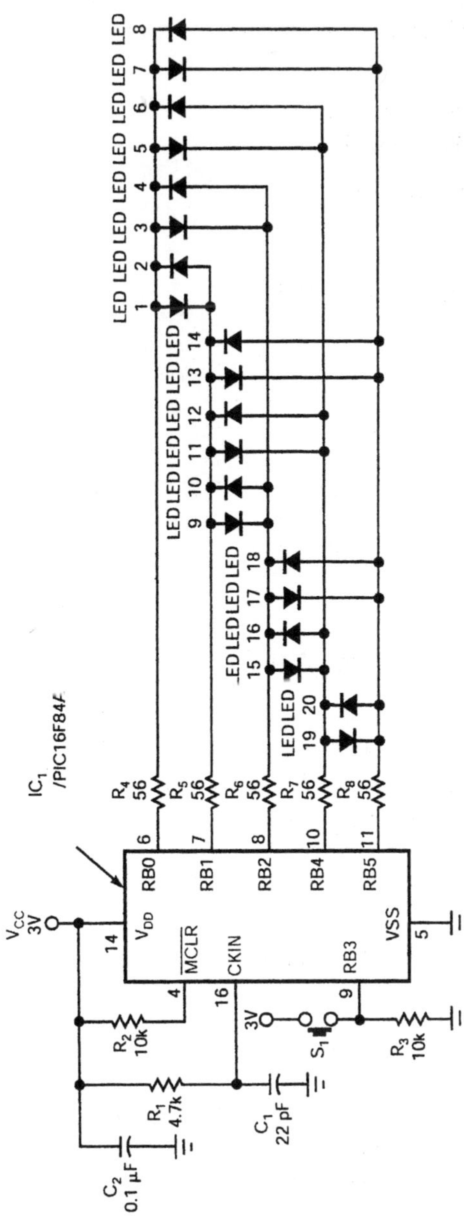

Abb. 5.20: Quelle: Noureddine Benabadji, PIC microprocessor drives 20-LED dot- oder bar-graph display, EDN September 1, 2006

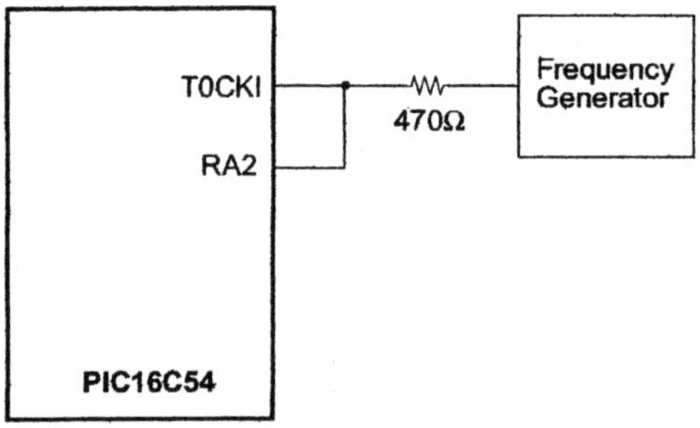

Abb. 5.21: Quelle: Stan D´Souza, Frequency Counter Using PIC16C5X, Microchip Application Note 592

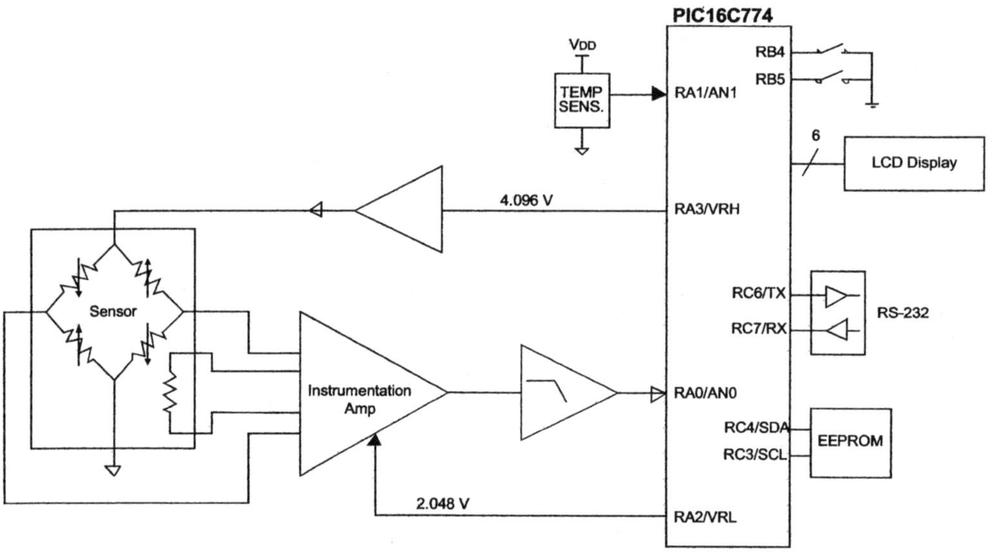

Abb. 5.22: Quelle: Steve Bowling, Ratiometric Sensing Using the PIC16C774

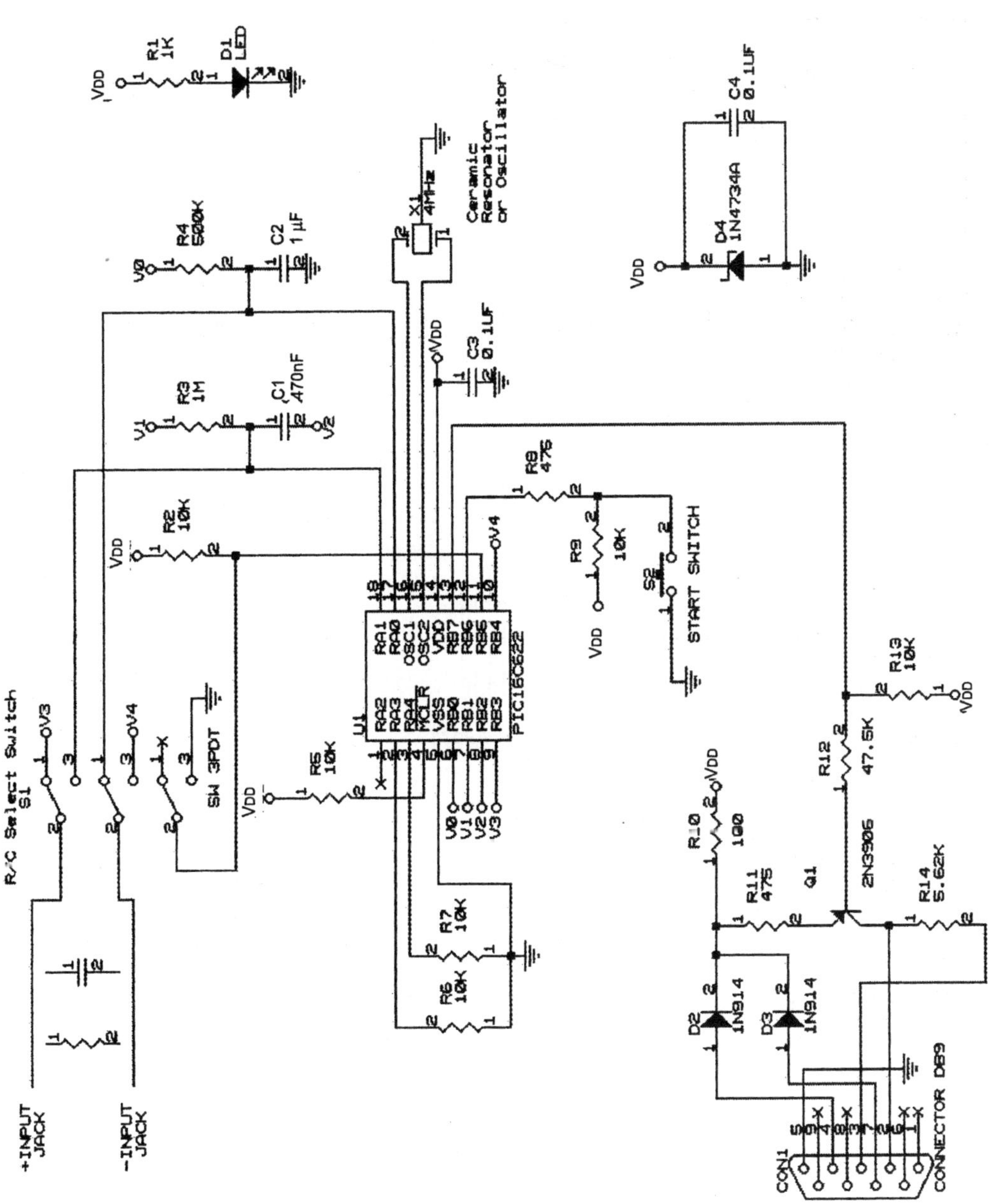

Abb. 5.23: Quelle: Rodger Richey, R and C Meter Using a PIC16C622, Microchip Application Note 611

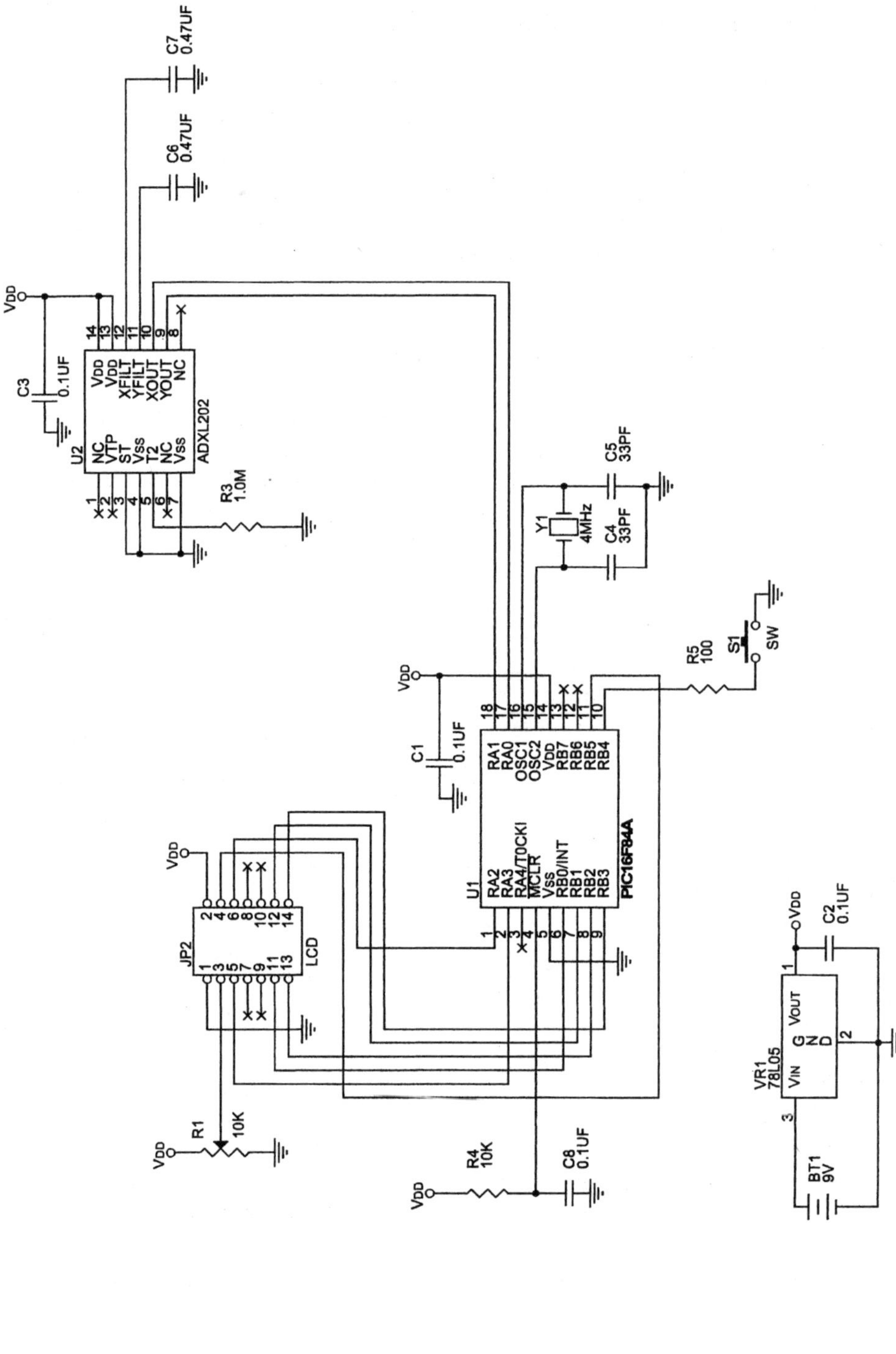

Abb. 5.24: Quelle: Rodger Richey, Measure Tilt Using PIC16F84A & ADXL202, Microchip Application Note 715

5.19 XY-Neigungsdetektor mit PIC

Die Bausteine PIC16F84A und ADXL202 passen gut zusammen. Beim ADXL202 handelt es sich um einen XY-Neigungssensor mit Oszillator, Demodulatoren und nachfolgenden Baustufen on chip.

In *Abb. 5.24* ist die komplette Schaltung zu sehen. Die Versorgung erfolgt aus einer 9-V-Batterie. Das LC-Display hat 2 x 8 Zeichen und zeigt die Neigung gegen X- und Y-Achse an. Mit S1 ist eine einfache Kalibrierung möglich.

5.20 Hochwertige Brückenelektronik mit PIC

Mit der Brückenelektronik nach *Abb. 5.25* erreicht man eine hohe Genauigkeit. Auf die Brücke folgt ein Multiplexer MAX323. Der Operationsverstärker dient als Puffer und wird von einem einfachen einstellbaren Tiefpass gefolgt. CINT ist der Integrationskondensator. Wenn RA3 des PIC-Mikrocontrollers H-Pegel erhält, beginnt die Spannung an RA0 langsam anzusteigen. Später kommt es zum Umschalten des Komparators.

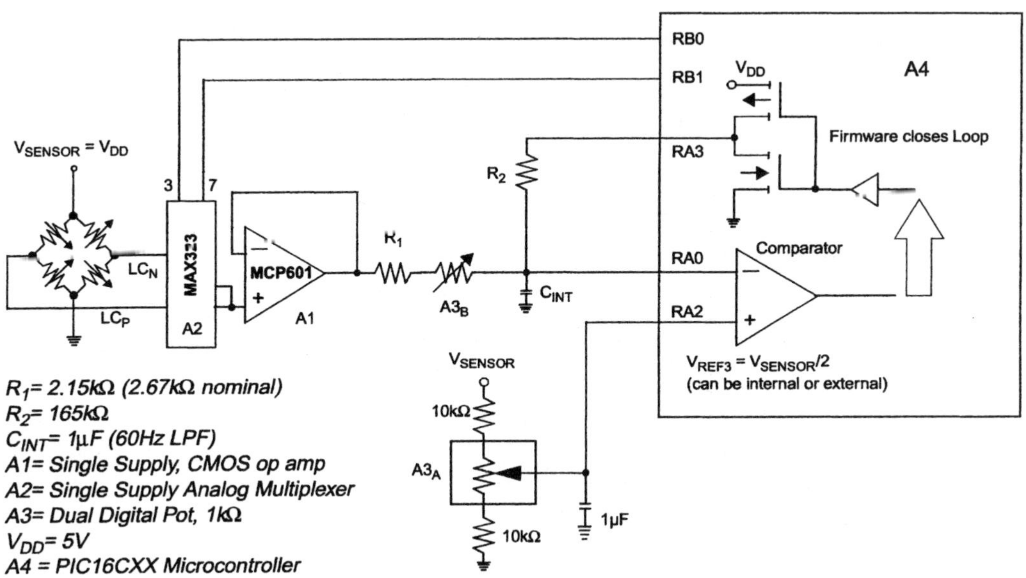

Abb. 5.25: Quelle: Bonnie C. Baker, Building a 10-bit Bridge Sensing Circuit using the PIC16C6XX and MCP601 Operational Amplifier, Microchip Application Note 717

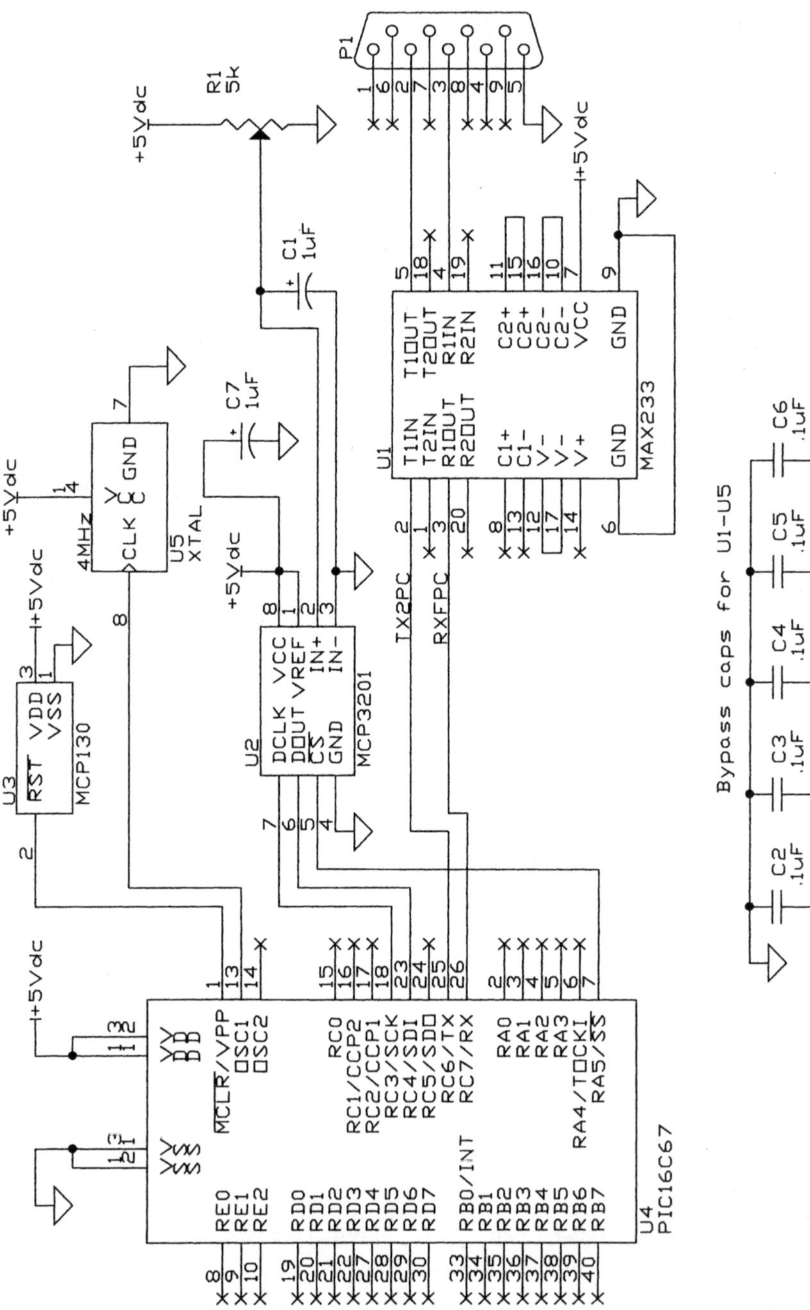

Abb. 5.26: Quelle: Richard L. Fischer, Interfacing Microchip´s MCP3201 Analog-to-Digital Converter to the PIC Microcontroller, Microchip Application Note 719

5.21 A/D-Wandler MCP3201 am PIC

Abb. 5.26 zeigt die ausführliche Schaltung für die Verbindung des Analog/Digital-Wandlers MCP3201 mit einem PIC16C67. Der MCP130 hat eine Hilfsfunktion, der MAX233 besorgt die Pegelwandlung für die Schnittstelle.

Der MCP3201 arbeitet nach dem Prinzip der sukzessiven Annäherung und besitzt ein entsprechendes Register. Es ist ein 12-Bit-Baustein mit Pseudo-Differenzeingang.

Die Firma Microchip stellt das entsprechende Programm in Assembler und C zur Verfügung.

5.22 Temperaturmessung mit dem Watchdog Timer

Normalerweise wird zur Temperaturmessung ein von der Auswerteelektronik getrennter Sensor benutzt. In der Schaltung nach *Abb. 5.27* ist das anders. Es wird der interne Watchdog Timer benutzt! Dieser hat bei den PICs eine Time-out-Periode von nominell 18 ms, die temperaturabhängig ist. Man kann nun diesen typabhängigen Zusammenhang nutzen. Mit den vier Tastern ist das Kalibrieren der Anzeige möglich. Der PIC befindet sich normalerweise im Sleep-Modus. Der Stromverbrauch wird im Wesentlichen durch die Anzeigen bestimmt.

5.23 Temperatursensor MCP9700 am PIC

Lt. *Abb. 5.28* ist es völlig unproblematisch, den elektronischen Temperatursensor MCP9700 an ein PIC-Starterkit anzuschließen. Der Sensor erhält 5 V und liefert eine temperaturproportionale Spannung an den internen Analog/Digital-Wandler des PICs. Die acht LEDs zeigen die Temperatur im BCD-Code an. Außerdem erfolgt eine Datenübertragung per USB auf den PC.

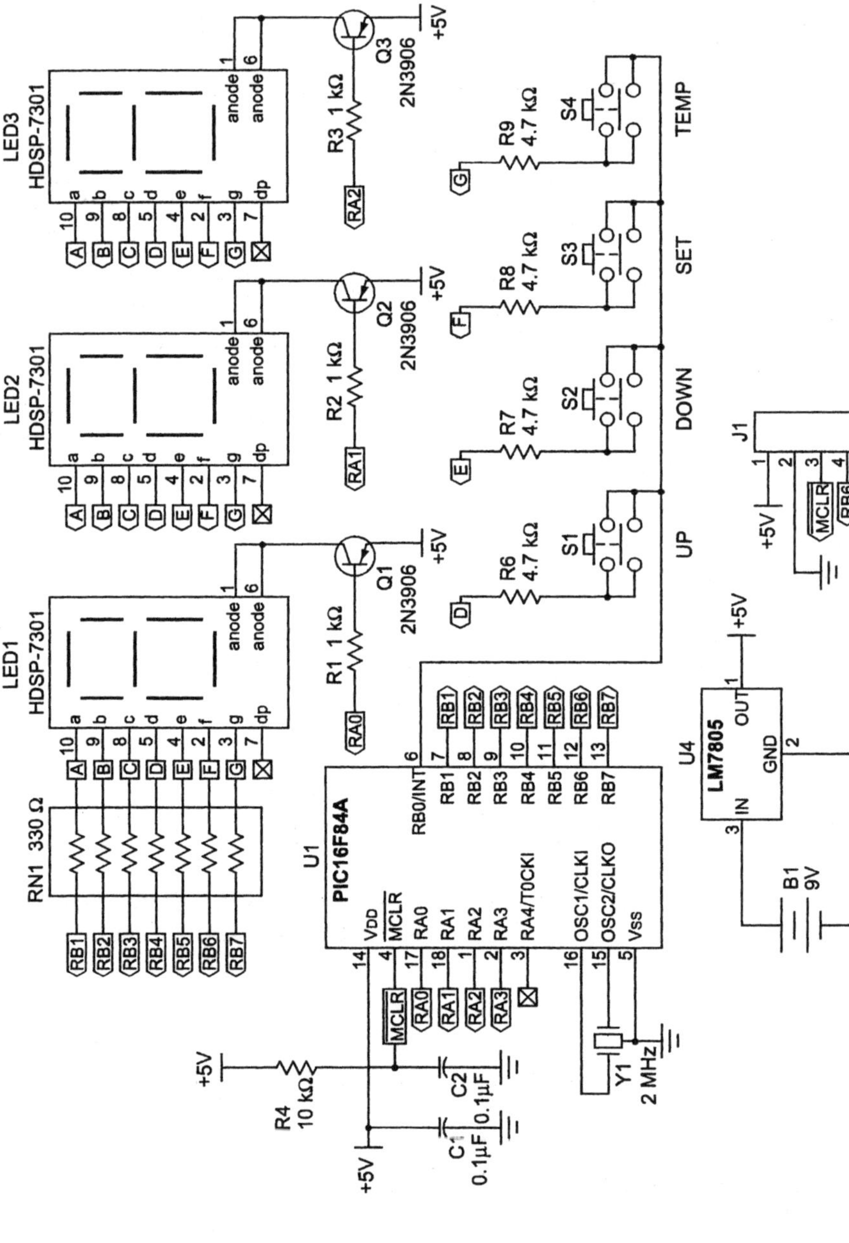

Abb. 5.27: Quelle: Leena Chaudhari, Measuring Temperature with the PIC16F84A Watchdog Timer, Microchip Application Note 828

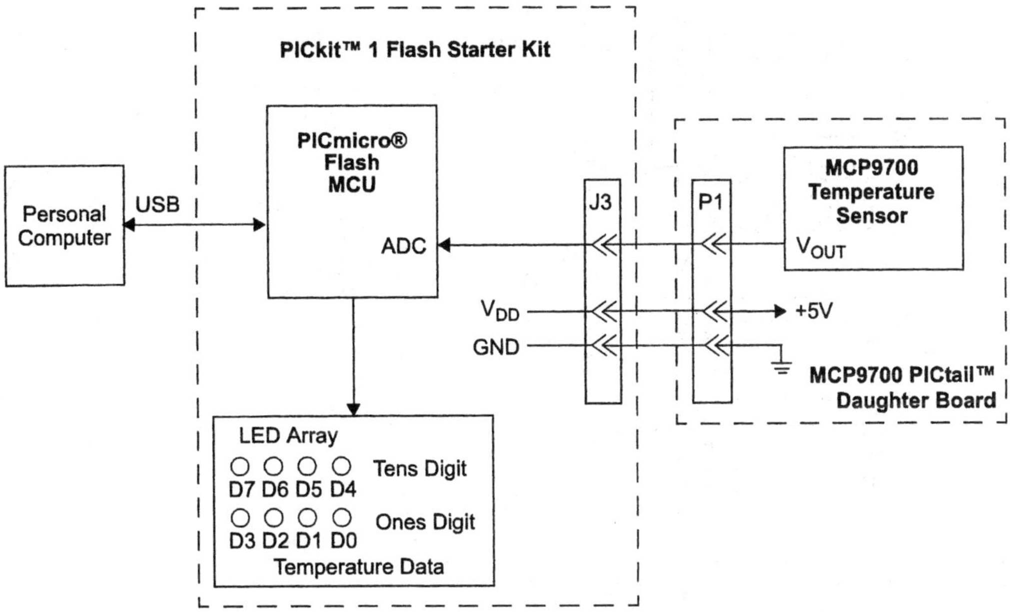

Abb. 5.28: Quelle: Ezana Haile/Jim Lepkowski, Interfacing a MCP9700 Analog Output Temperature Sensor to a PIC Microcontroller, Microchip Application Note 981

5.24 Temperatursensor MCP9800 am PIC

Der MCP9800 ist ein digitaler CMOS-Silizium-Temperatursensor. Er kann in einem One-Shot-Modus laufen, wobei er regelmäßig aus dem Shutdown-Betrieb „aufwacht", die Temperatur fühlt und digital übermittelt. Der Ausgang ist für den I²C-Bus ausgelegt.

Abb. 5.29 zeigt, wie der präzise Sensor beispielsweise an einen Mikrocontroller PIC16F684 angeschlossen werden kann. Es genügen neben Masse fünf Leitungen.

5.25 Dreistelliger Zähler bis 5 MHz

Die in *Abb. 5.30* gezeigte Frequenzzählerschaltung wurde für einen kleinen Amateurfunk-Transceiver entwickelt. Auf die FET-Stufe folgt ein Transistor, der als Schalter arbeitet und dem Mikrocontroller ein rechteckiges Signal liefert. Die drei Siebensegment-Anzeigen betreffen die Stellen 10 kHz, 1 kHz und 100 Hz. Der Mikrocontroller ist ein einfacher AT90S2313. Er nimmt im Empfangsfall eine Verrechnung der Oszillatorfrequenz mit der Zwischenfrequenz (als Frequenz-Offset) vor, sodass die entscheidenden Stellen der Empfangsfrequenz direkt angezeigt werden.

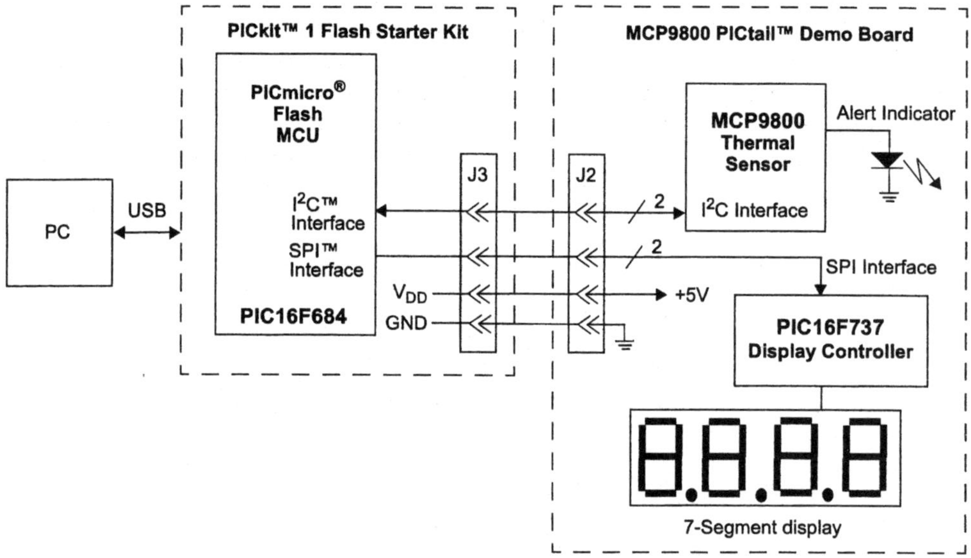

Abb. 5.29: Quelle: Ezana Haile/Jim Lepkowski, Interfacing a MCP9800 I2C Output Temperature Sensor to a PIC Microcontroller, Microchip Application Note 988

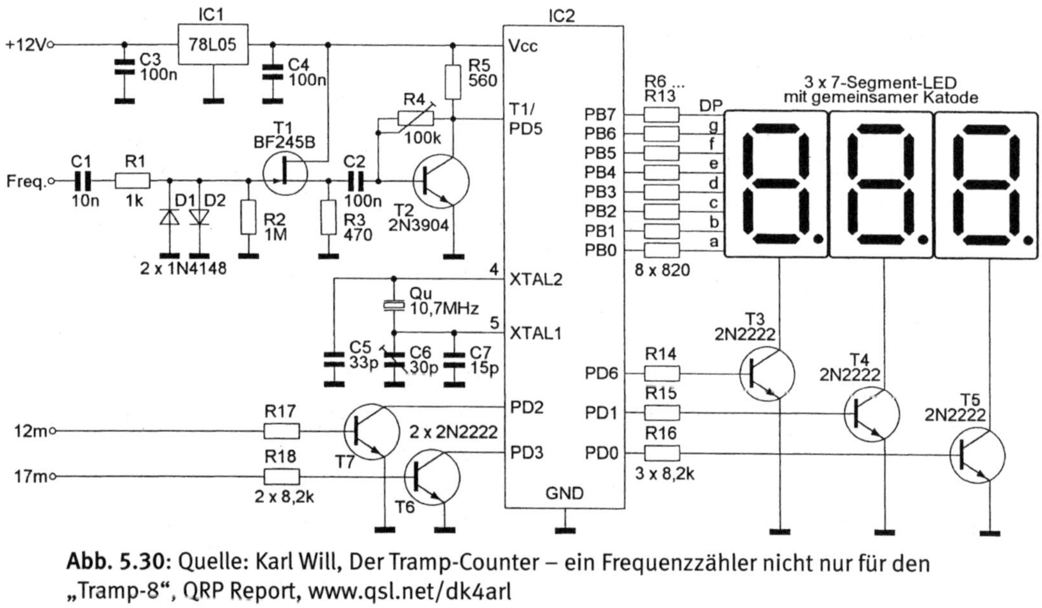

Abb. 5.30: Quelle: Karl Will, Der Tramp-Counter – ein Frequenzzähler nicht nur für den „Tramp-8“, QRP Report, www.qsl.net/dk4arl

5.26 Mini-Zähler mit Offset

Die Zählerschaltung nach *Abb. 5.31* ist für ähnliche Zwecke vorgesehen wie die eben vorgestellte und besitzt daher auch die Möglichkeit der Einstellung für einen Frequenz-Offset, sodass bei Überlagerungsempfängern die Empfangsfrequenz und nicht die Oszillatorfrequenz angezeigt wird. Es erfolgt eine Vorverstärkung mit zwei FETs und dann eine Pegelwandlung mit Schmitt-Trigger-Stufen. Verwendet wird der PIC16F84-04/P, welcher direkt ein LCD mit 16 Zeichen in einer Zeile treibt. Die gesamte Zählerelektronik arbeitet an 5 V von einem Stabi-IC. Es werden sechs Stellen auf 100 Hz genau bis über 30 MHz angezeigt.

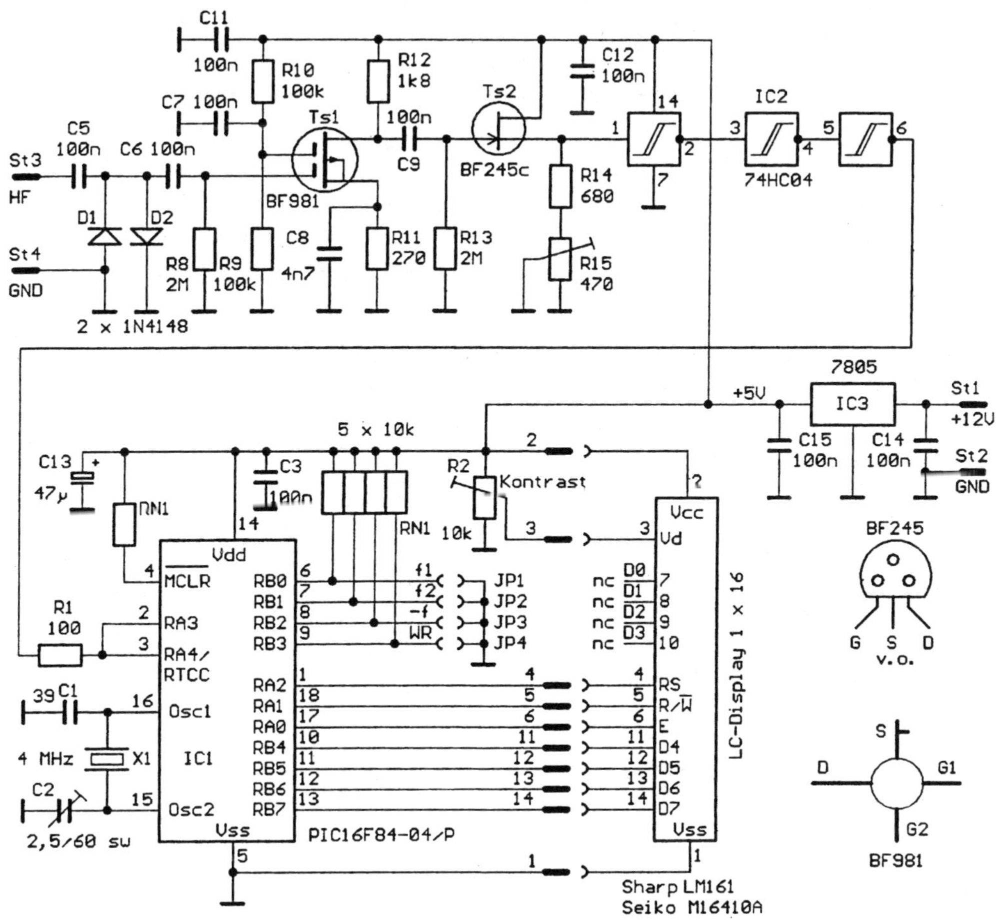

Abb. 5.31: Quelle: Max Perner, Mini-Zähler mit Offset, funk 3/2001

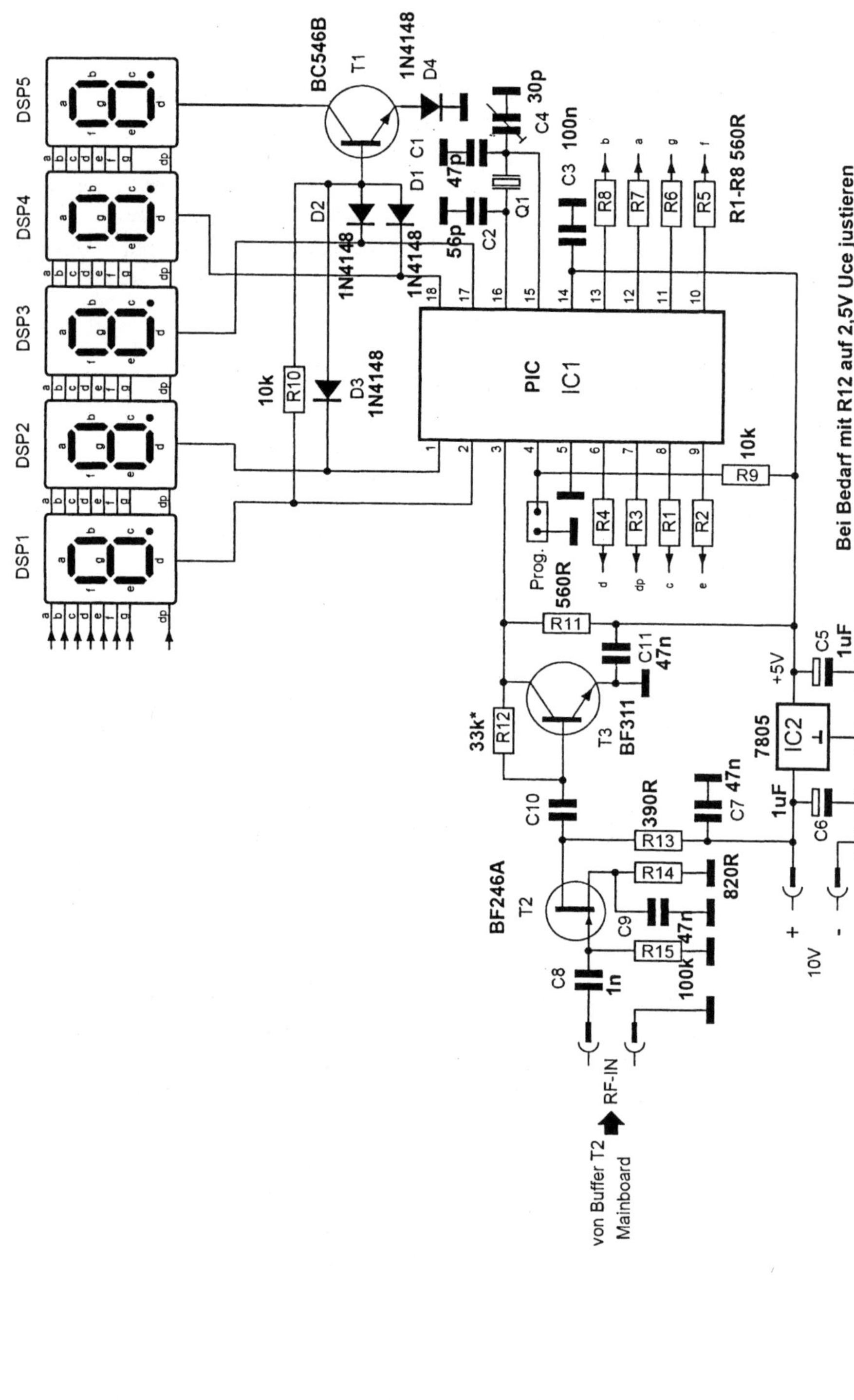

Abb. 5.32: Quelle: Peter Zenker, Universelle Frequenzanzeige nach DL4YHF, QRP-Report 4/2007

5.27 Universelle Frequenzanzeige

Auch die Schaltung nach *Abb. 5.32* basiert auf einem PIC-Prozessor. Sie zählt sicher bis 50 MHz und kann mit einer beliebigen Frequenz-Offset programmiert werden (Programmier-Modus). Das Herz der Schaltung ist ein preiswerter PIC16F628 mit 18-poligem DIL-Gehäuse. Es erfolgt je nach Frequenz eine automatische Torzeit-Umschaltung und somit Dezimalstellen-Anpassung. Optional ist ein Stromsparmodus möglich: Abschalten des Displays, wenn sich die Frequenz 15 s lang nicht ändert. Zwei Transistoren sorgen für eine ausreichende Vorverstärkung.

5.28 Temperaturmessung mithilfe der PIC-CTMU

Die PIC-Mikrocontroller der Generation PIC24F und PIC18F besitzen eine Charge Time Measurement Unit (CTMU). Diese funktioniert auf Basis einer Konstantstromquelle, welche einen Kondensator lädt, sodass eine linear ansteigende Spannung entsteht. Dieselbe Stromquelle kann man nutzen, um die Temperatur zu messen, wenn man die entsprechenden physikalischen Zusammenhänge ausnutzt. Es bietet sich eine Halbleiterdiode an. Lässt man durch diese einen Konstantstrom fließen, so ist die temperaturbedingte Änderung der Flussspannung indirekt proportional zur Temperatur. Über den A/D-Konverter erhält der Mikrocontroller entsprechende digitale Daten, aus denen er durch Herausrechnen der Flussspannung bei 0 °C die aktuelle Temperatur ermittelt (*Abb. 5.33*).

5.29 Vierkanal-Digitalvoltmeter bzw. Keypad-Abfrage

Der PIC16C71 gehört zu den 8-Bit/High-Speed-„Mittelklasse-Mikrocontrolleren“ und verfügt über einen Analog/Digital-Konverter. Damit ist er sehr gut gerüstet, um beispielsweise in einem Digitalvoltmeter zu arbeiten.

In *Abb. 5.34* ist die Grundbeschaltung für den Multiplexbetrieb der Anzeige zu sehen. In *Abb. 5.35* ist ein Keypad hinzugekommen, das abgefragt wird. Ein Taster muss mindestens 50 ms lang gedrückt werden. Die Anzeige informiert über die gedrückten Taster. In *Abb. 5.36* ist das einkanalige Abfragesystem auf vier Kanäle erweitert worden. Die Sampling Rate beträgt 20 ms.

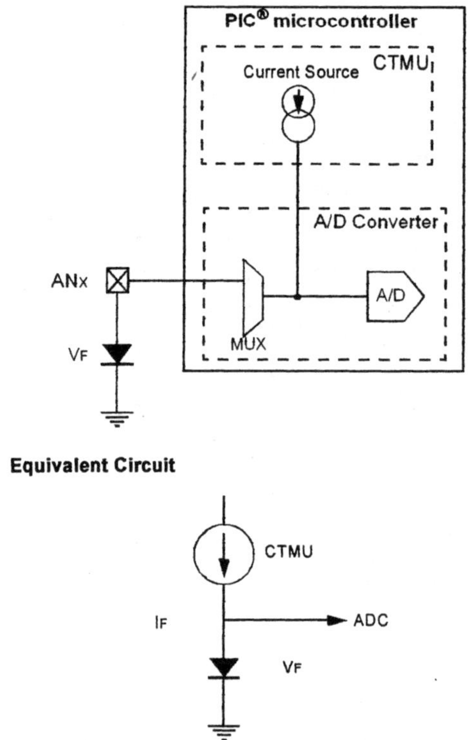

Abb. 5.33: Quelle: Padmaraja Yedamale, Using the PIC MCU CTMU for Temperature Measurement, Microchip TB3016

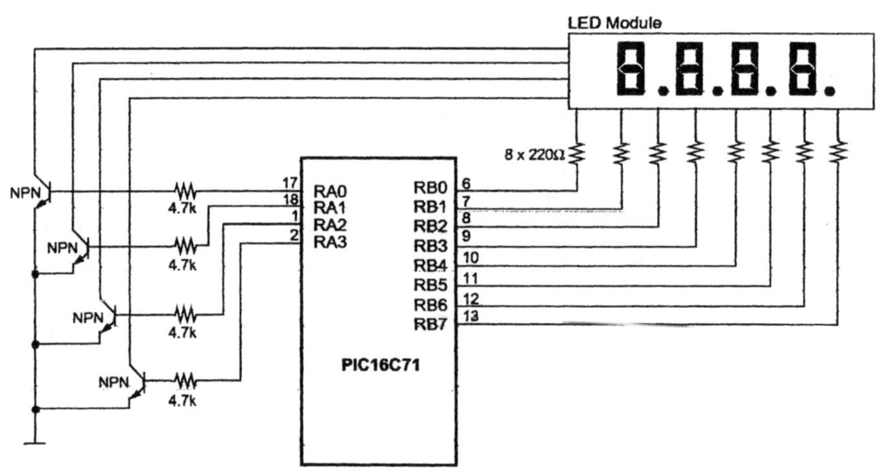

Abb. 5.34: Quelle: Stan D´Souza, Four Channel Digital Voltmeter with Display and Keyboard, Microchip Application Report 557

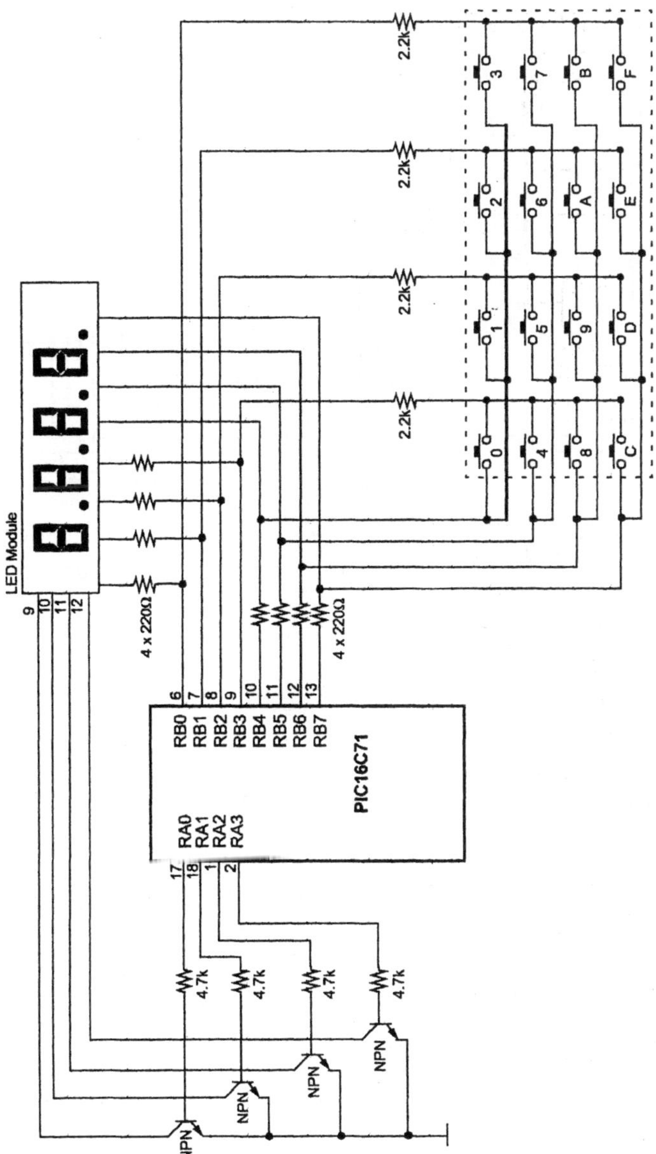

Abb. 5.35: Quelle: Stan D´Souza, Four Channel Digital Voltmeter with Display and Keyboard, Microchip Application Report 557

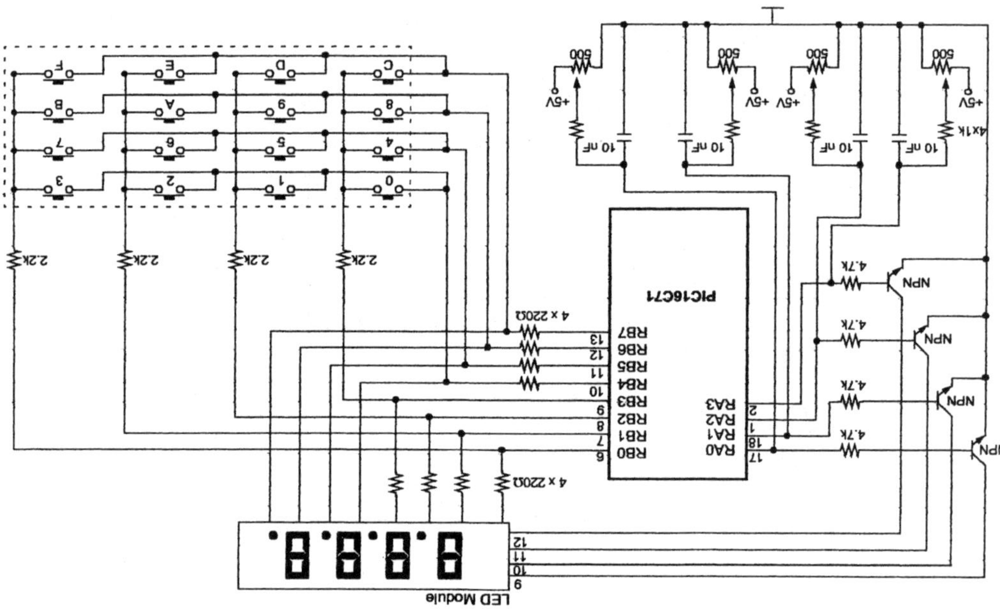

Abb. 5.36: Quelle: Stan D´Souza, Four Channel Digital Voltmeter with Display and Keyboard, Microchip Application Report 557

5.30 Ultraschall-Entfernungsmesser

Der Ultraschall-Entfernungsmesser nach *Abb. 5.37* arbeitet mit einem PIC16F873. Dabei können viele Features des PIC16F873 sinnvoll genutzt werden. So dient der A/D-Konverter zur Aufnahme des reflektierten Signals. Der PIC errechnet aus der Zeitdifferenz aufgrund der Ausbreitungsgeschwindigkeit die Entfernung. Ein Display kann problemlos betrieben werden.

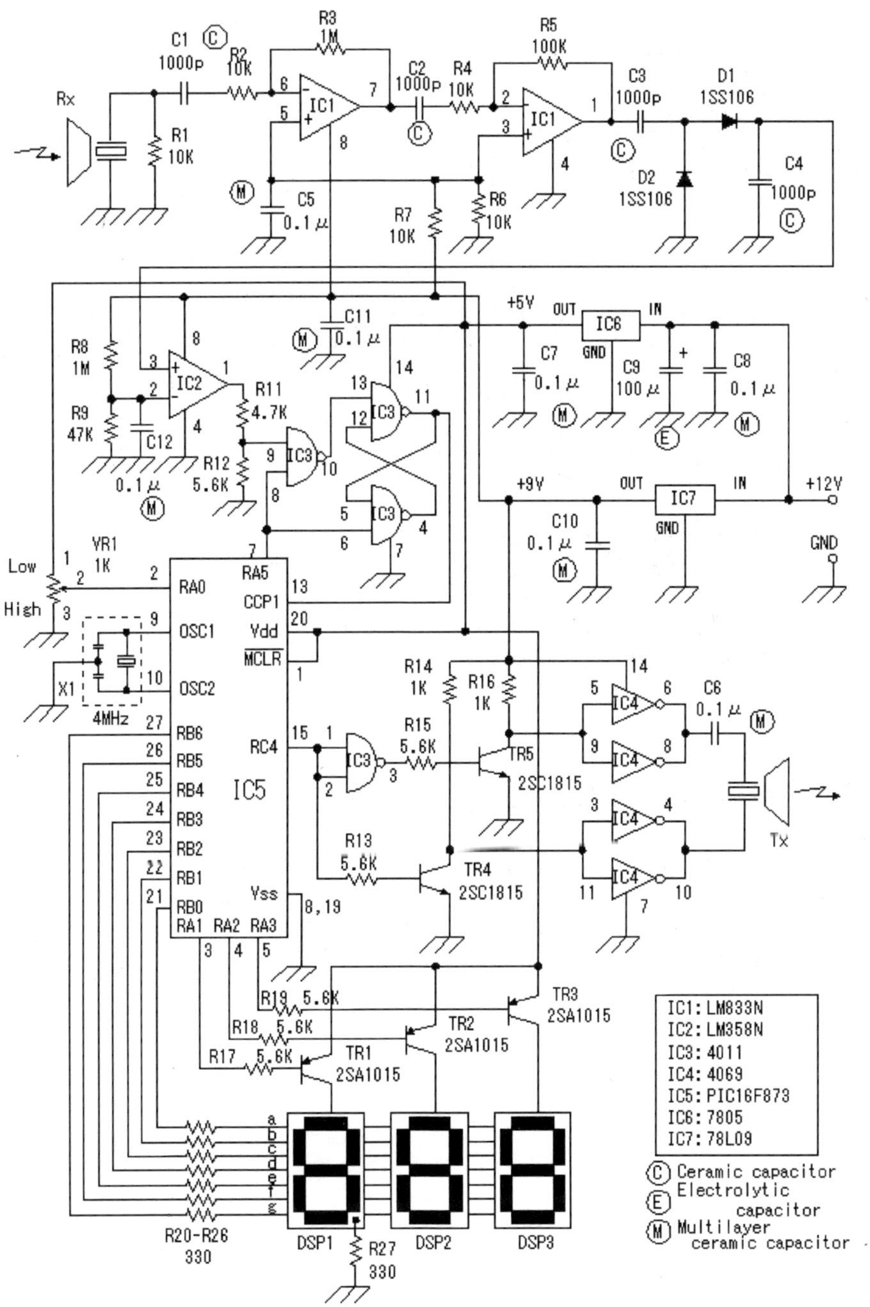

Abb. 5.37: Quelle: PIC Circuits Gallery, Ultrasonic Range Meter, www.massmind.org/images/www/hobby_elec/e_pic6_6.htm

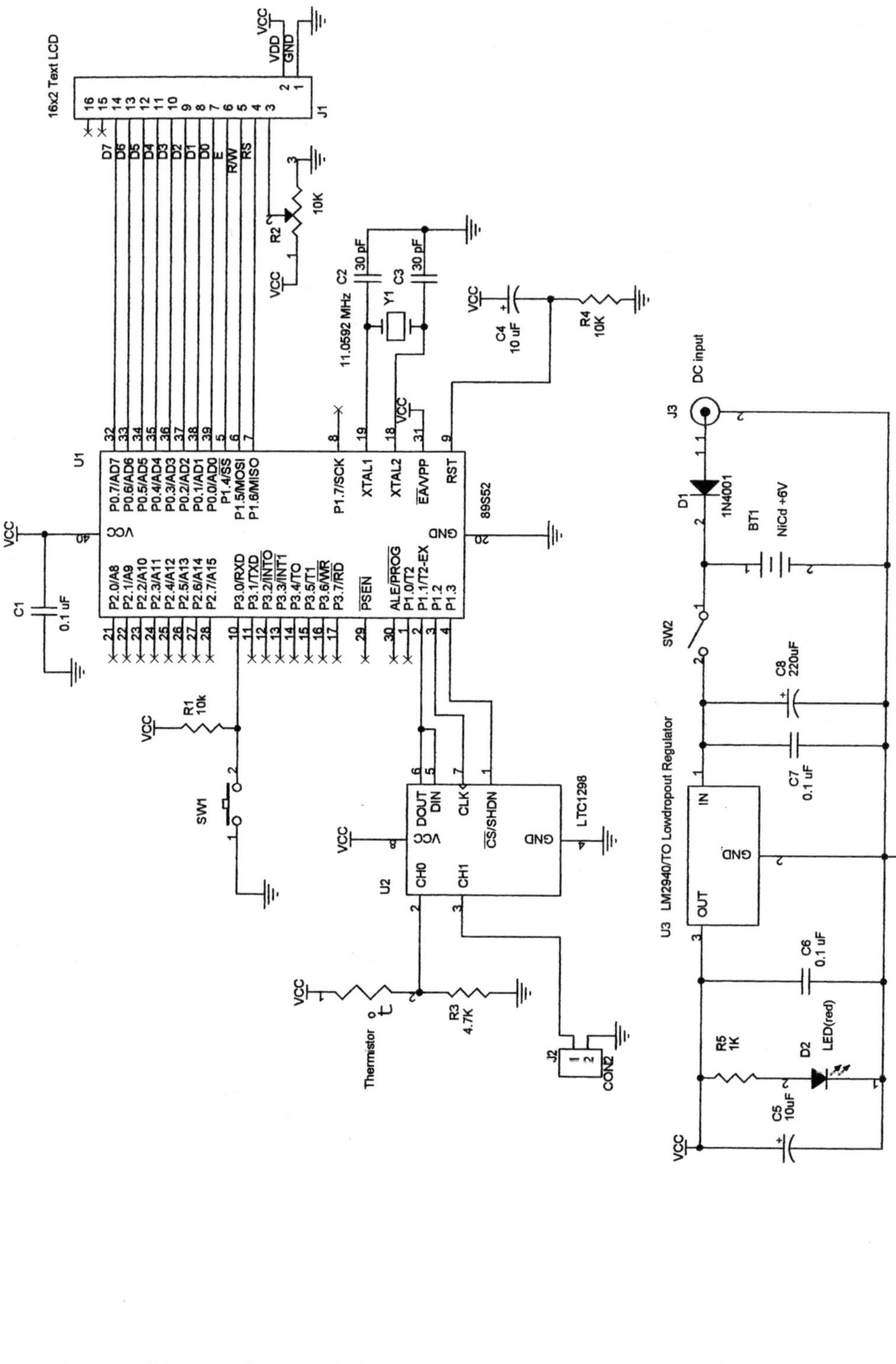

Abb. 5.38: Quelle: Wichit Sirichote, Thermistor Thermometer, www.kmitl.ac.th/~kswichit/

5.31 Thermistor-Thermometer mit LCD

Die Temperaturmessschaltung nach *Abb. 5.38* nutzt einen Thermistor als Temperatursensor. Die Temperatur wird auf einem LCD mit 16x2 Textzeilen dargestellt.

Dem Mikrocontroller 89S52 wurde ein A/D-Konverter LTC1286 vorgeschaltet, alternativ eignen sich z. B. auch LTC1298 oder MCP3202. Die P0-Pins führen zum LCD. SW1 ist ein optionaler Kippschalter.

Da nicht viele I/O-Ports benötigt werden, lässt sich die 40-Pin-MCU auch gegen eine 20-Pin-MCU austauschen. J2 dient zum Anschluss eines anderen Sensors. Der Signalspannungsbereich ist 0 bis 5 V.

5.32 Mini-Logger

Ein Data Logger erfasst über eine längere Zeit entweder kontinuierlich oder in Proben mindestens ein analoges Signal. Der MiniLOGGER, dessen Blockschaltbild in *Abb. 5.39* zu sehen ist, besitzt einen achtkanaligen Analogeingang für –99 bis +999 mV sowie einen Pulse Input. Das Backup erfolgt über 256 kByte SRAM. Die Verbindung zum PC ist über die RS-232C-Schnittstelle möglich.

Start und Stop können manuell über Schalter oder vorprogrammiert erfolgen.

Die gespeicherten Daten stehen im ASCII-Format zur Verfügung.

Der autonome Logger wird mit einer 3-V-Lithiumbatterie betrieben.

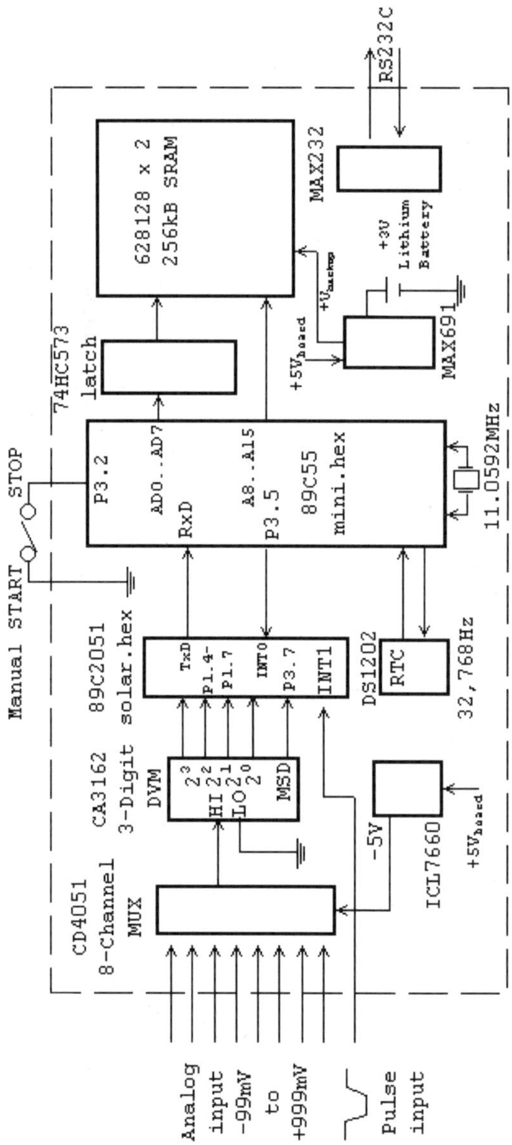

Abb. 5.39: Quelle: Wichit Sirichote, Build Your Own MiniLOGGER, via www.kmitl.ac.th/~kswichit/

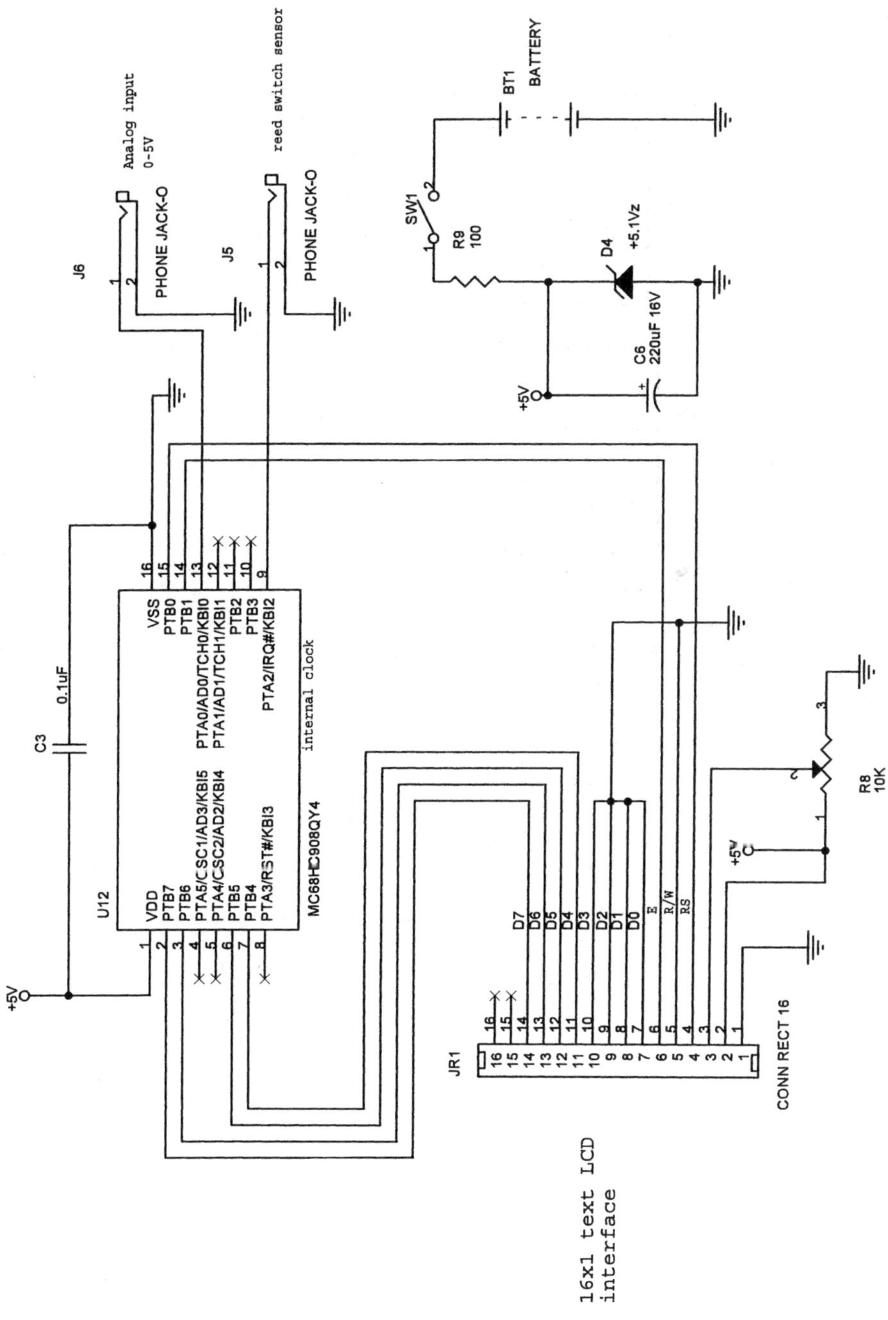

Abb. 5.40: Quelle: Wichit Sirichote, Electronic Distance Meter, via www.kmitl.ac.th/~kswichit/

5.33 Entfernungsmesser

Die Schaltung nach *Abb. 5.40* erlaubt die Entfernungsbestimmung, während man z. B. mit dem Fahrrad fährt. Die Entfernung wird direkt in Metern angezeigt. Die batteriebetriebene Schaltung arbeitet mit einem Mikrocontroller 68HC908QY4 (16 Pins) von Nitron.

Die MCU nutzt den internen Oszillator und internen Reset, daher ist nur die Stromversorgung erforderlich.

Der LCD-Verbinder ist eine 16-Pin-Steckerleiste. D0 bis D3 werden nicht genutzt. Genutzt wird ein Reed-Relais-Sensor. Die Position, wo er am Rad angebracht wird, ist unkritisch.

Die Firmware wurde in C geschrieben. Der Raddurchmesser ist anzugeben.

5.34 Sechsstelliger 2,5-GHz-Zähler

Die in *Abb. 5.42* gezeigte Zählerschaltung verbindet einfache Konstruktion und hohe Leistungsfähigkeit. Herz ist der Mikroprozessor PIC16F870. Seine Taktfrequenz beträgt 13 MHz. Die Software kann Zwischenfrequenzen von 455 kHz oder 10,7 MHz berücksichtigen (Offset).

Die sechsstellige Anzeige löst auf 1 kHz genau auf, wenn die Frequenz maximal 999.999 kHz beträgt. Eine RS-232-Schnittstelle ist optional möglich (Q7). Der HF-Eingang ist symmetrisch. Man kann ein Pin an Masse legen. Einige zehn Millivolt Eingangsspannung genügen. Der LMX2322 hat eine Vorteiler-Funktion (:64). Andere ICs sind möglich.

Der Controller zählt die Impulse 64 ms lang. Die LED-Diplays werden im Multiplex-Betrieb angesteuert. Mit SW1 und SW2 erfolgt bei Bedarf die Offset-Einstellung.

Die Software kann für 1 kHz oder 10 kHz Auflösung geladen werden.

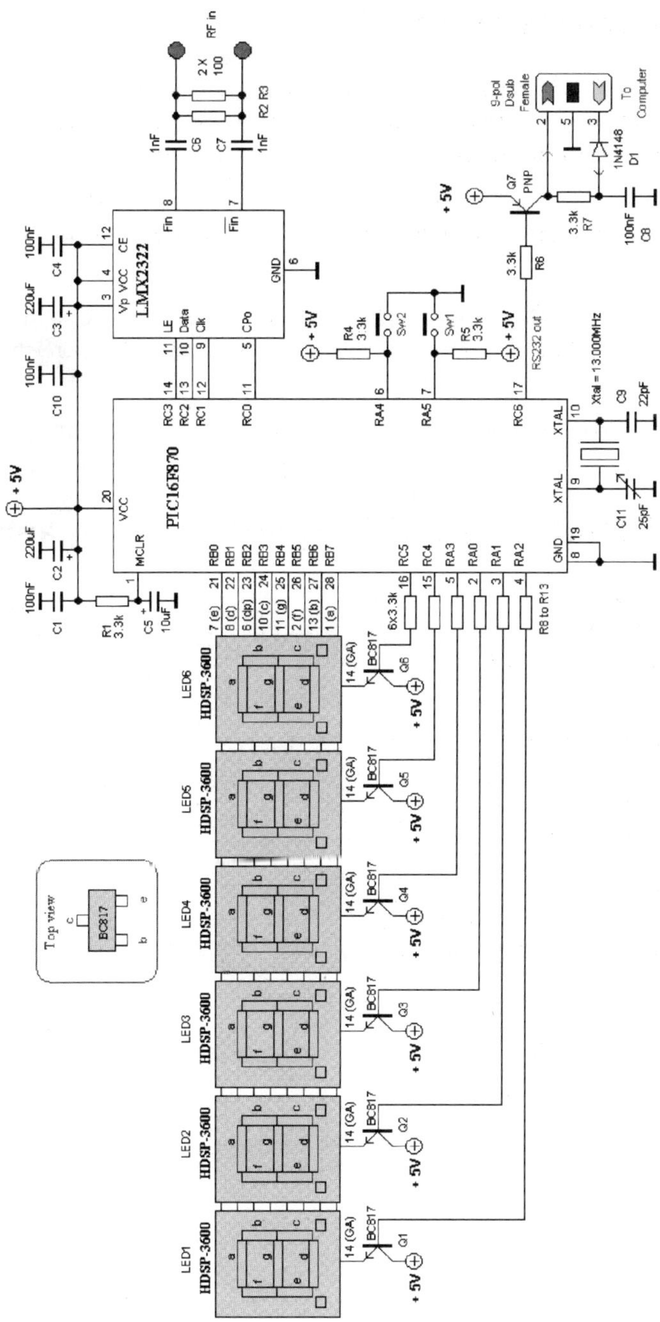

Abb. 5.41: Quelle: http://hem.passagen.se/communication/frcpll.html

5.35 Wattmeter für die Funktechnik

Das digitale Wattmeter, dessen Herz *Abb. 5.42* zeigt, arbeitet mit den Bausteinen AD8307 und PIC16F876 und stellt das Ergebnis der Messung auf einem LC-Display dar.

Es wurde im Elektor Magazine Oktober 2002 vorgestellt und nimmt Anleihen aus den Quellen QST June 2001, Seite 38, Funkamateur 12/99, Seite 1383 und Elektor 1/99, Seite 26.

Die Toleranz beträgt +/–1 dB im Bereich 1...450 MHz. Der Eingangsleistungsbereich beträgt –60 bis +30 dBm (1 nW bis 1 W). Das Gerät kann im Bereich 1 kHz bis 500 MHz kalibriert bzw. genutzt werden.

Der Stromverbrauch mit normal leuchtendem Display beträgt 120 mA.

5.36 50-MHz-Zähler/Spannungsmesser/Bargraph-Indikator

Die Schaltung nach *Abb. 5.43* vereinigt einen 50-MHz-Frequenzzähler, ein Voltmeter und einen SWR/Power-Indikator (Standing-Wave Ratio) und wurde für Amateurfunkzwecke entwickelt.

Die Basis ist der 28-Pin Mikrocontroller PIC16F876. Dieser ist in der Lage, ein vierstelliges LED-Display im Multiplexbetrieb anzusteuern und die Messung von Frequenz, Betriebsspannung sowie SWR/Leistung durch zwei analoge Eingänge zu ermöglichen.

Ein externer LED-Display-Treiber ist nicht erforderlich, ebenso wie man keinen externen EEPROM benötigt.

Die Schaltung misst Frequenzen bis 50 MHz, Spannungen von 0 bis 25,5 V und stellt stufig das SWR bzw. die Signalstärke dar.

Ein Power-Save-Modus ist vorhanden. Ein Frequenz-Offset (Addition oder Subtraktion) von 0 bis 99,9999 kHz ist möglich. Die Display-Auflösung beträgt 100 Hz, die Messauflösung 12,5 Hz.

Nach kurzem Druck auf den Knopf Ti1 wechselt der Modus. Drückt man länger, ändert sich die Torzeit.

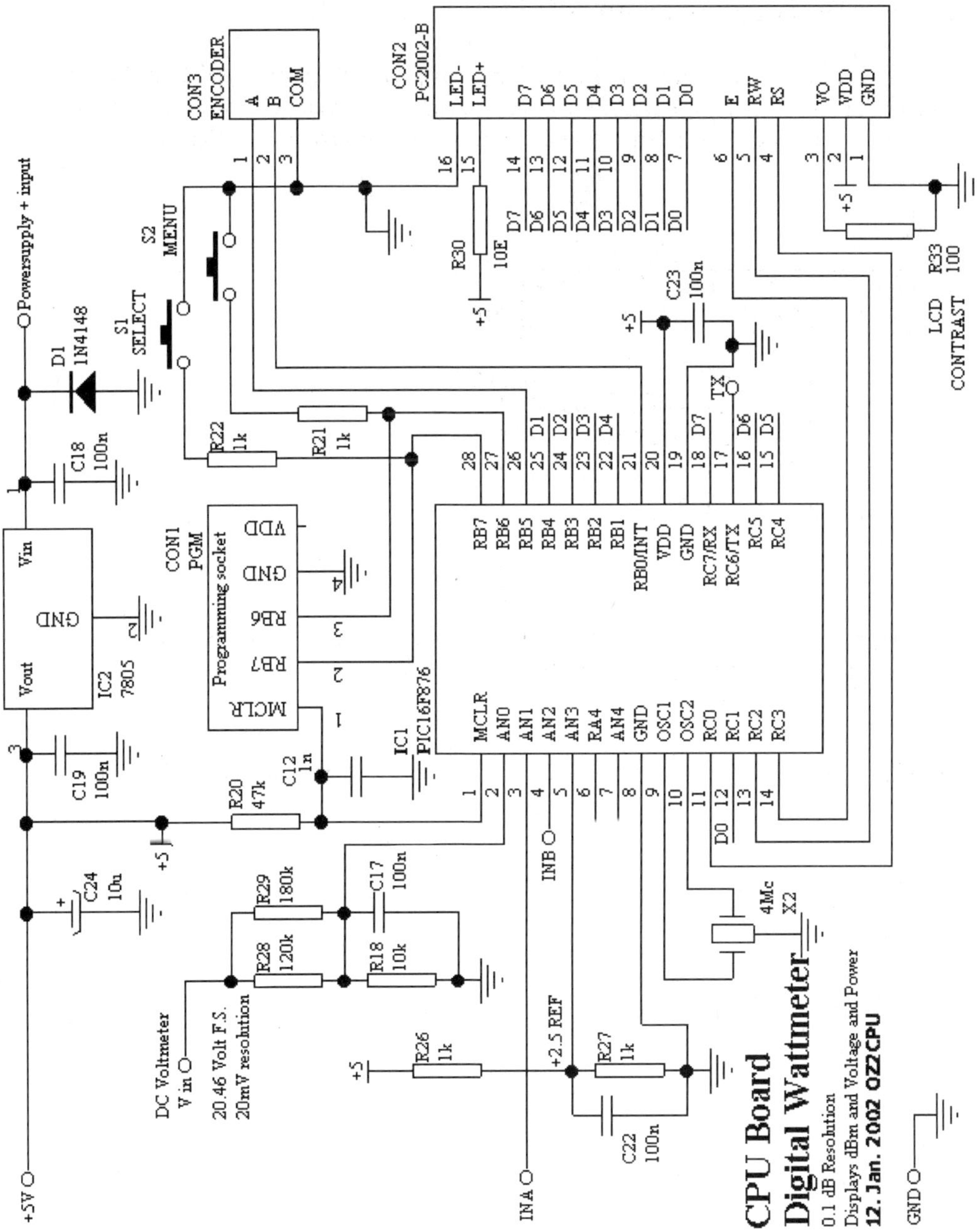

Abb. 5.42: Quelle: www.webx.dk/oz2cpu/radios/miliwatt.htm

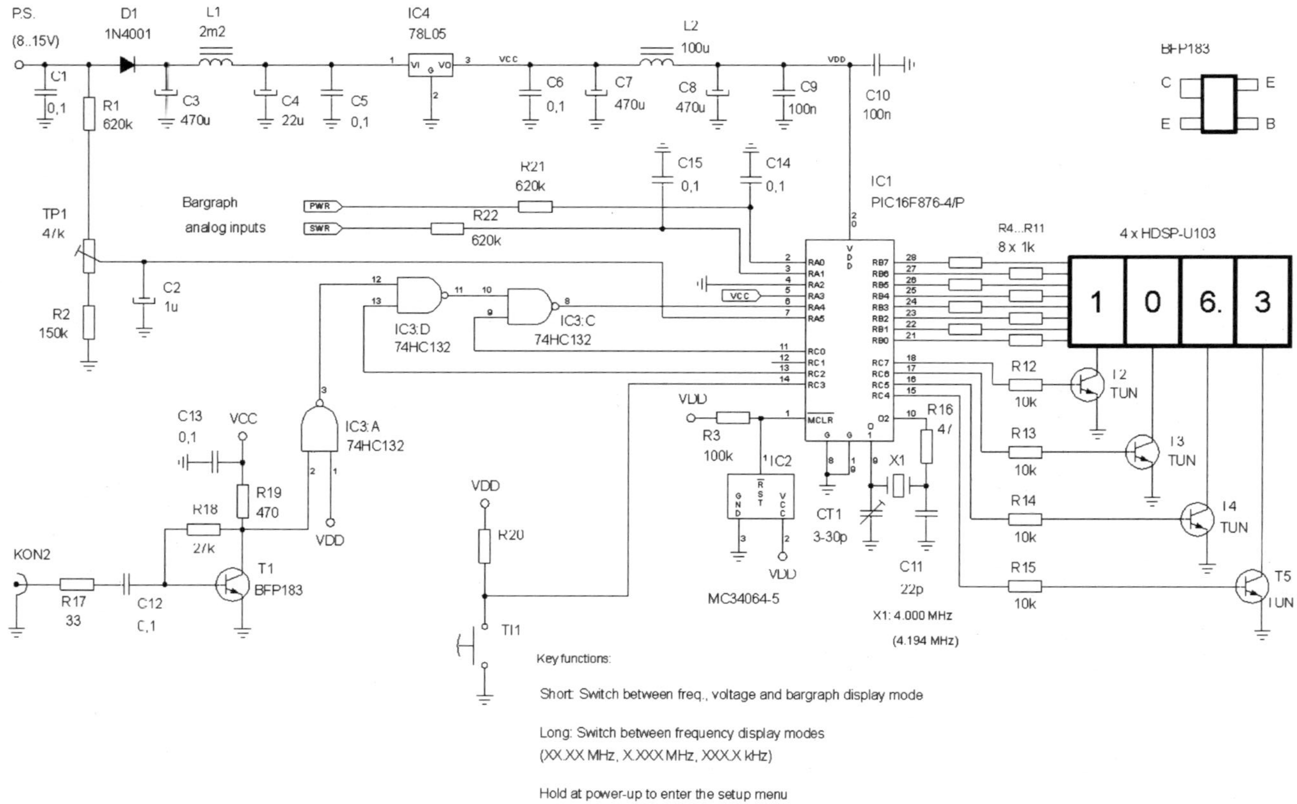

Abb. 5.43: Quelle: Abb. 10.17: Quelle: Aleksander Stare, 50 MHz frequency counter, V-meter & SWR/PWR indicator, via http://lea.hamradio.si zu S56AL Homepage

5.37 MAX186/188 an Mikrocontrollern

Die Bausteine MAX186 und 188 sind Low-Power-Analog/Digital-Wandler mit typisch 1,5 mA Stromverbrauch und 4,5 MHz Kleinsignal-Bandbreite. Die Auflösung beträgt 12 Bit, wobei acht unsymmetrische oder vier symmetrische Kanäle (gemultiplext) möglich sind.

In *Abb. 5.44* ist die grundsätzliche Anschaltung dieser ICs an einen Mikrocontroller gezeigt. *Abb. 5.45* bringt die Verbindung mit einem Mikrocontroller MC68HC16, während *Abb. 5.46* das Zusammenschalten mit einer Basis Stamp zeigt.

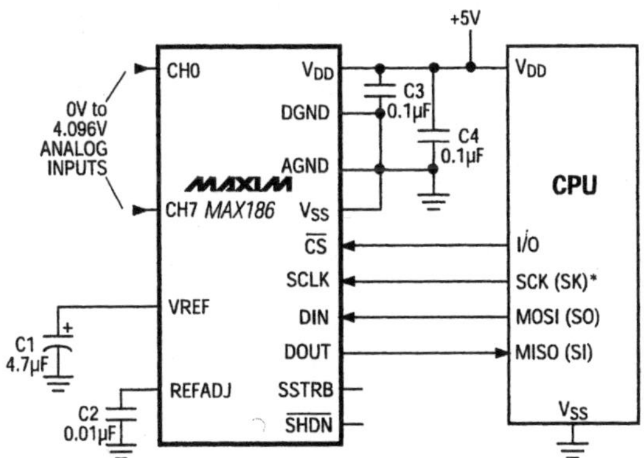

Abb. 5.44: Quelle: MAX186/MAX188 Low-Power, 8-channel, Serial 12-Bit ADCs, Maxim Data Sheet

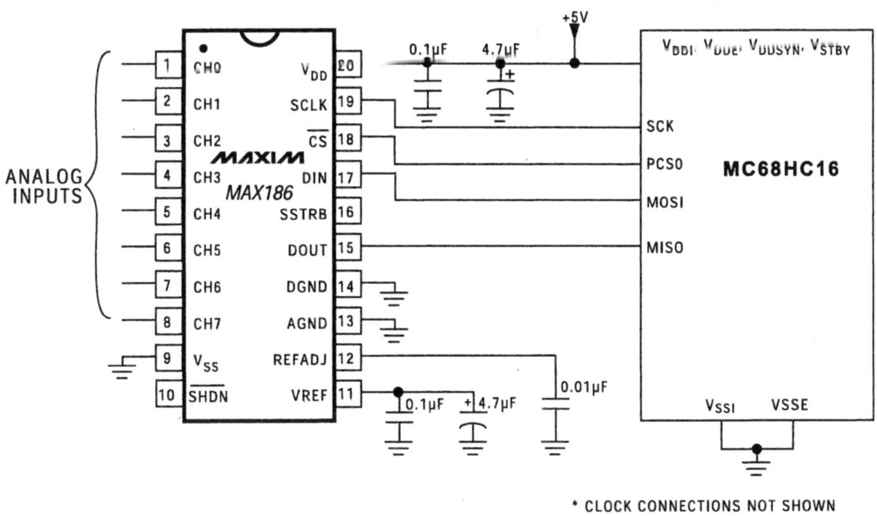

Abb. 5.45: Quelle: MAX186/MAX188 Low-Power, 8-channel, Serial 12-Bit ADCs, Maxim Data Sheet

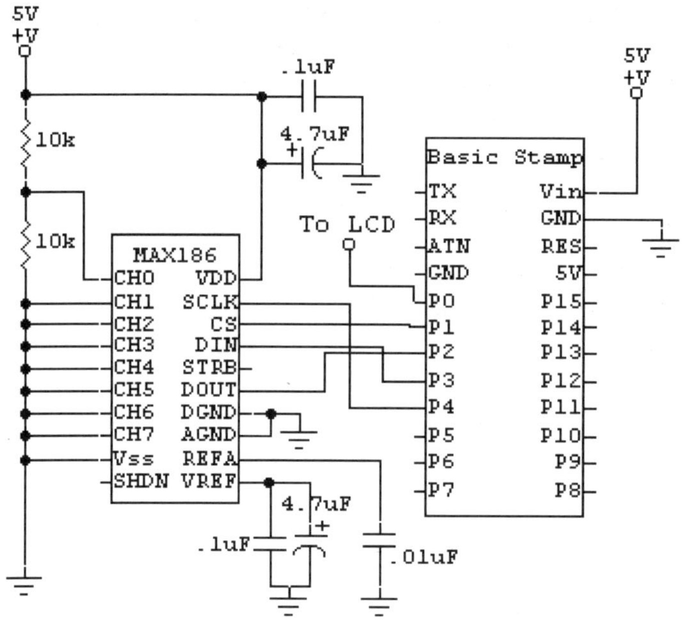

Abb. 5.46: Quelle: Internet

5.38 Sensorbetrieb nach der Charge-Balancing-Methode

Wenn man die Charge Balancing Method anwendet, kann man die Genauigkeit der Messung mit einem Sensor steigern. Diese Methode ist für Auflösungen von 10 oder 12 Bit geeignet. Das grundsätzliche Konzept besteht darin, eine konstante Spannung an einem Kondensator bereitzustellen, indem eine Ladung durch den Sensor oder eine Entladung durch einen Referenzwiderstand erfolgt. Ein Timer wird benutzt, um die Kondensatorspannung in regelmäßigen Abständen zu sampeln, bis eine vorbestimmte Anzahl von Samples erreicht ist. Der Komparator und die Komparator-Referenzspannung des PIC12F629/675 sind ideal geeignet für diese Applikation. In *Abb. 5.47* ist die entsprechende Beschaltung gezeigt.

5.39 Sensorbetrieb nach der A/D-Methode

NTC-Sensoren (Negative Temperature Coefficient) besitzen eine nichtlineare Kennlinie. Bei geringen Temperaturen ist die Widerstandsänderung pro Kelvin geringer als bei hohen Temperaturen. Daher ist der Messbereich nach unten begrenzt. Doch durch Änderung des Spannungsteilers am Mikrocontroller kann man den Messbereich vergrößern. In *Abb. 5.48* ist GP1 als Ausgang auf H und GP2 als Eingang programmiert, wenn der höhere Temperaturbereich genutzt werden soll. Bei Nutzung des niedrigeren Bereichs ist die Funktion der Pins vertauscht.

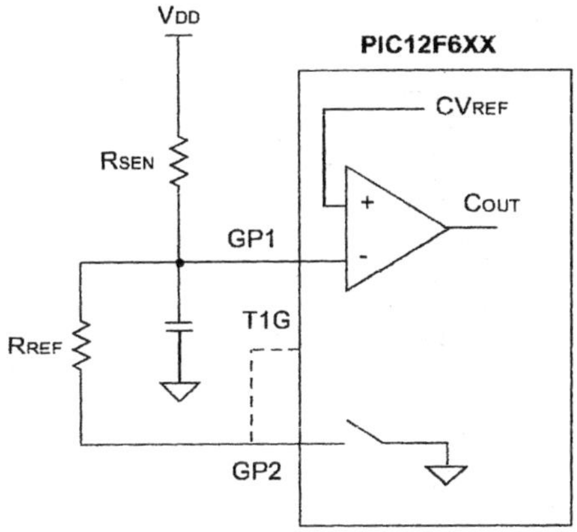

Abb. 5.47: Quelle: Compiled Tips 'n Tricks Guide, Microchip 2009

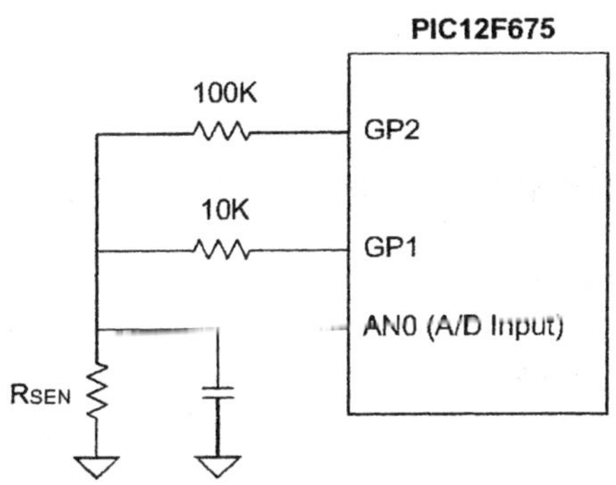

Abb. 5.48: Quelle: Compiled Tips 'n Tricks Guide, Microchip 2009

5.40 Delta-Sigma-Konverter

Ein Analog/Digital-Wandler nach dem Delta-Sigma-Verfahren lässt sich mit weitgehend digitalen Baustufen realisieren und wird daher gern in der Mikrocontroller-Technik benutzt. Benötigt werden ein Differentiator, ein Integrator, ein Komparator, ein 1-Bit-Digital/Analog-Wandler (Umschalter) sowie ein digitales Filter, welches das dem analogen Eingangssignal entsprechende digitale Datenwort ausgibt. In *Abb. 5.49* ist das Konzept dargestellt.

In der Schaltung nach *Abb. 5.49* wird die Ladung des Kondensators auf dem Wert der Referenzspannung gehalten. Dafür sorgt der Mikrocontroller durch gezielte Entladung über den Anschluss GP2. Ein Timer wird genutzt, um das Bit COUT periodisch zu sampeln. Immer wenn GP2 L-Pegel annimmt, zählt ein Zähler weiter. Der Zählerstand korrespondiert mit der Eingangsspannung.

Um den Einfluss der Toleranzen der externen Bauelemente zu minimieren, lässt sich die Schaltung kalibrieren.

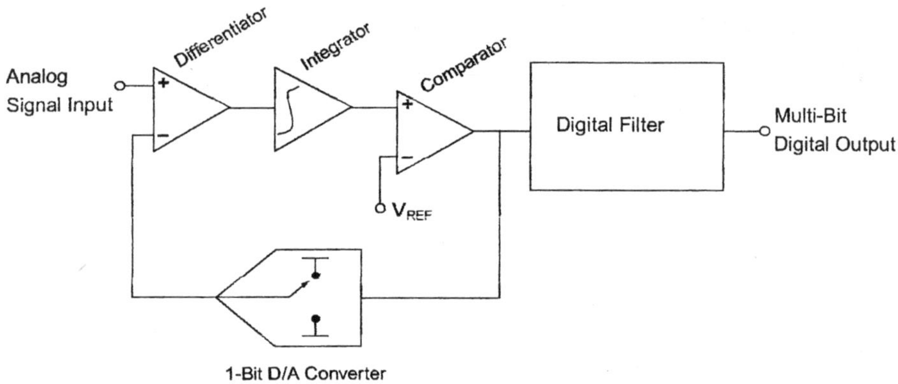

Abb. 5.49: Dieter Peter/Bonnie C. Baker/Dan Butler/Hartono Darmawaskita, Make a Delta-Sigma Converter Using a Microcontroller´s Analog Comparator Module, Microchip Application Note 700)

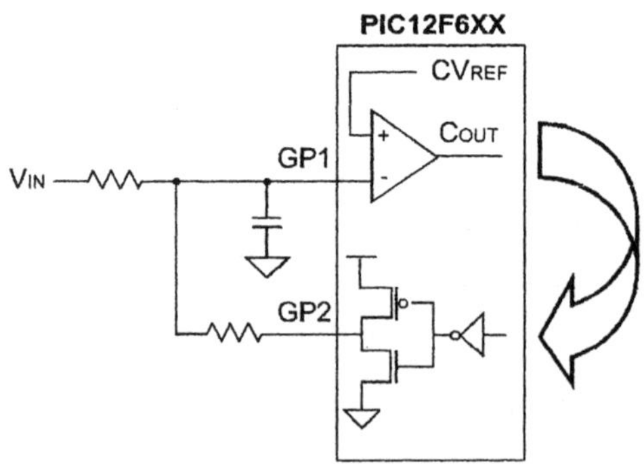

Abb. 5.50: Quelle: Compiled Tips 'n Tricks Guide, Microchip 2009

5.41 Mehr Delta-Sigma-Konverter

Nach *Abb. 5.51* kann ein Mikrocontroller mit zwei externen Widerständen und einem Kondensator als Delta-Sigma-Konverter konfiguriert werden. Diese Bauelemente bilden vor allem ein Tiefpassfilter im Eingang. Dabei übernimmt der Kondensator die Integrationsfunktion. Die Referenzspannung kann intern gewonnen oder extern zugeführt werden. Die Eingangsspannung darf im Bereich 0...5 V liegen.

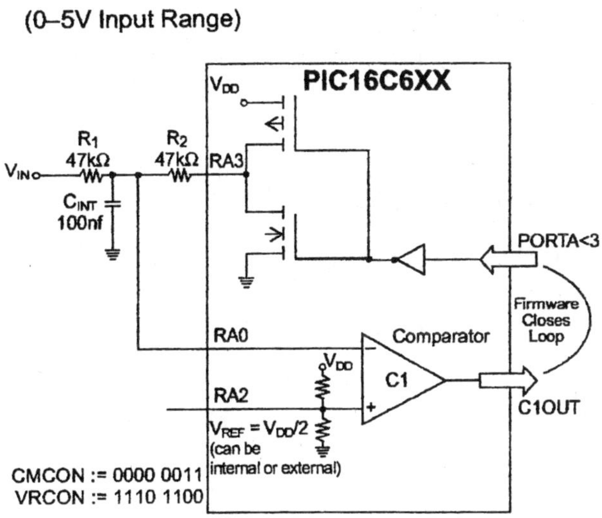

Abb. 5.51: Dieter Peter/Bonnie C. Baker/Dan Butler/Hartono Darmawaskita, Make a Delta-Sigma Converter Using a Microcontroller´s Analog Comparator Module, Microchip Application Note 700

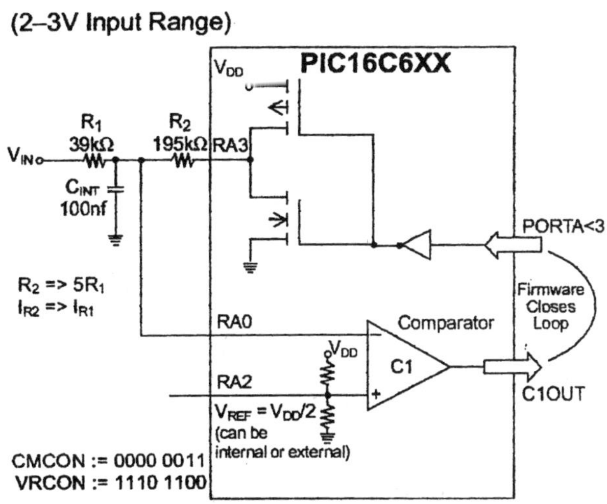

Abb. 5.52: Dieter Peter/Bonnie C. Baker/Dan Butler/Hartono Darmawaskita, Make a Delta-Sigma Converter Using a Microcontroller´s Analog Comparator Module, Microchip Application Note 700

(10–15V Input Range)

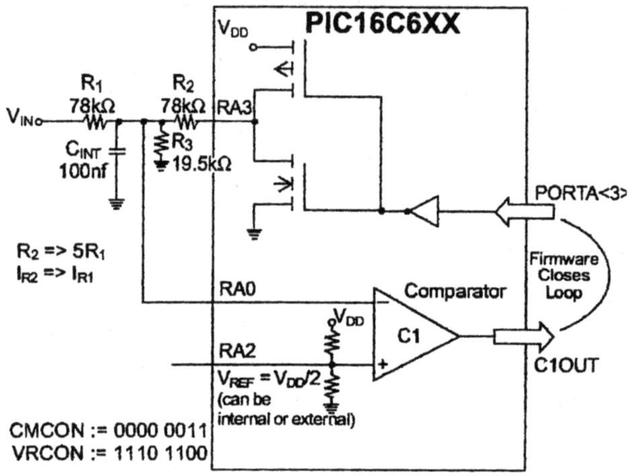

Abb. 5.53: Dieter Peter/Bonnie C. Baker/Dan Butler/Hartono Darmawaskita, Make a Delta-Sigma Converter Using a Microcontroller´s Analog Comparator Module, Microchip Application Note 700

(0.5 to -0.5V Input Range)

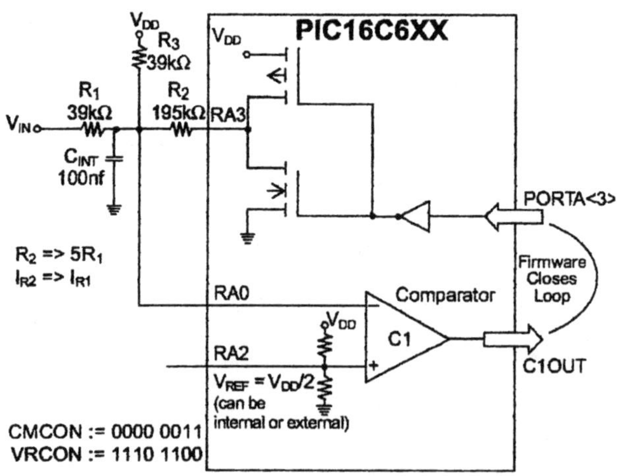

Abb. 5.54: Dieter Peter/Bonnie C. Baker/Dan Butler/Hartono Darmawaskita, Make a Delta-Sigma Converter Using a Microcontroller´s Analog Comparator Module, Microchip Application Note 700

Die Schaltung nach *Abb. 5.52* ist ganz ähnlich ausgeführt. Die Widerstände im Eingang sind aber so ausgelegt, dass der Analog/Digital-Wandler Eingangsspannungen von 2,5 V +/–500 mV korrekt und mit hoher Auflösung verarbeitet.

Ganz anders liegt der Eingangsspannungsbereich mit der Beschaltung nach *Abb. 5.53*. Hier sind nämlich 12,5 V +/–2,5 V möglich. Dazu wurde ein dritter Widerstand vorgesehen, der gegen Masse geht.

Sieht man hingegen einen dritten Widerstand vor, der an Betriebsspannung liegt, kann man auch negative Spannungen verarbeiten. Im Beispiel nach *Abb. 5.54* wird ein Eingangsspannungsbereich von 0 V +/–500 mV ermöglicht.

5.42 Vierkanal-8-Bit-A/D-Wandler am PIC

Die PIC17C4X-Mikrocontrollerfamilie gehört zu den schnellsten 8-Bit-Mikrocontrollern. Ein Analog/Digital-Konverter ist nicht vorhanden. In *Abb. 5.55* wird daher gezeigt, wie man einen einfachen vierkanaligen 8-Bit-A/D-Wandler mit dem PIC17C4X verbinden kann. Es handelt sich um ein einfaches serielles Interface mit drei Leitungen. Der PIC17C4X ist der Master und generiert den Takt und initialisiert die Wandlung. Der PIC16C710 stellt als Slave die A/D-Wandler-Hardware dar.

Die Leitungen sind Takt, Daten in und Daten out.

5.43 Spannungs-Pulsweiten-Konvertet

In der Schaltung nach *Abb. 5.56* ist eine modifizierte Version des klassischen Analog/Digital-Wandler-Konzepts mit Ladung/Entladung eines Kondensators dargestellt. Der Mikrocontroller arbeitet hierbei als Zähler. Wenn ein Komparator Gleichheit der Kondensatorspannung und der Eingangsspannung feststellt, zählt der Mikrocontroller weiter oder zurück, je nachdem, wie die Verhältnisse vor Erreichen des Gleichheitszustands waren. Der LM334 sorgt als Konstantstromquelle für einen linearen Verlauf.

Eine 8-Bit-Spannungs-Pulsweiten-Konvertierung benötigt weniger als 4 ms.

Das Programm ist unter www.edn.com/061201di1 zugänglich.

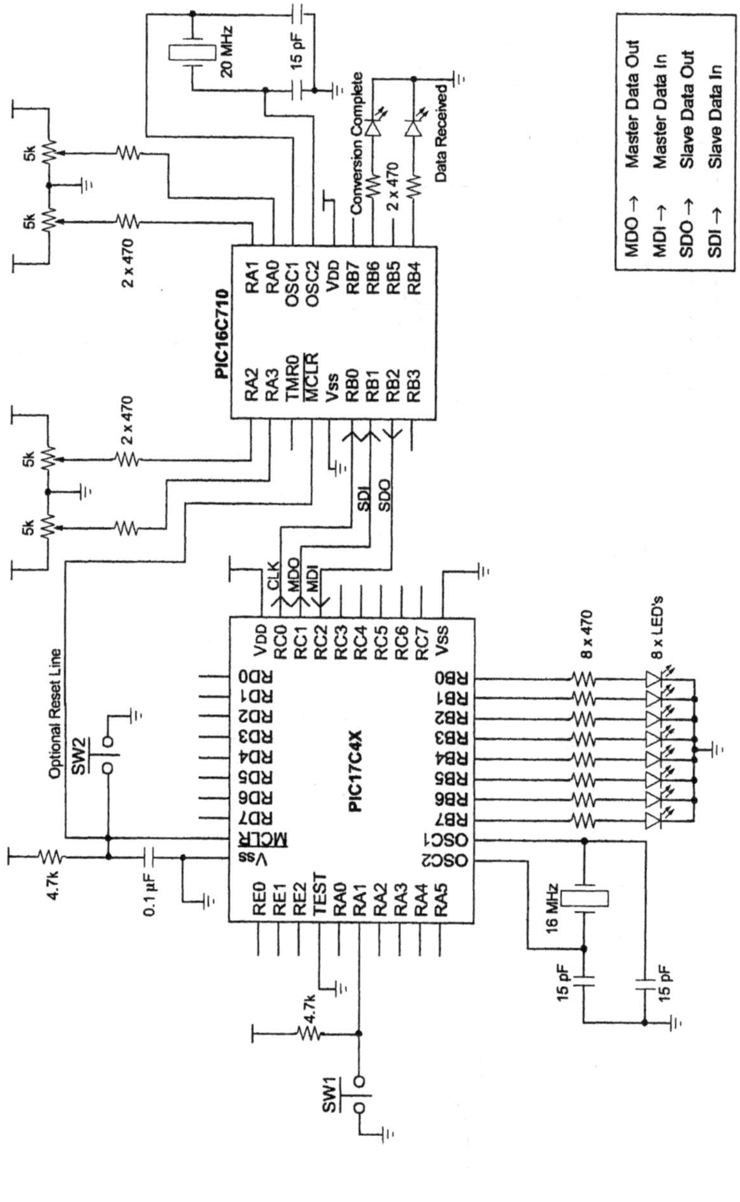

Abb. 5.55: Quelle: Stan D'Souza, Adding a Simple 4-channel 8-bit A/D to a PIC17C4X, Microchip Technical Brief 010

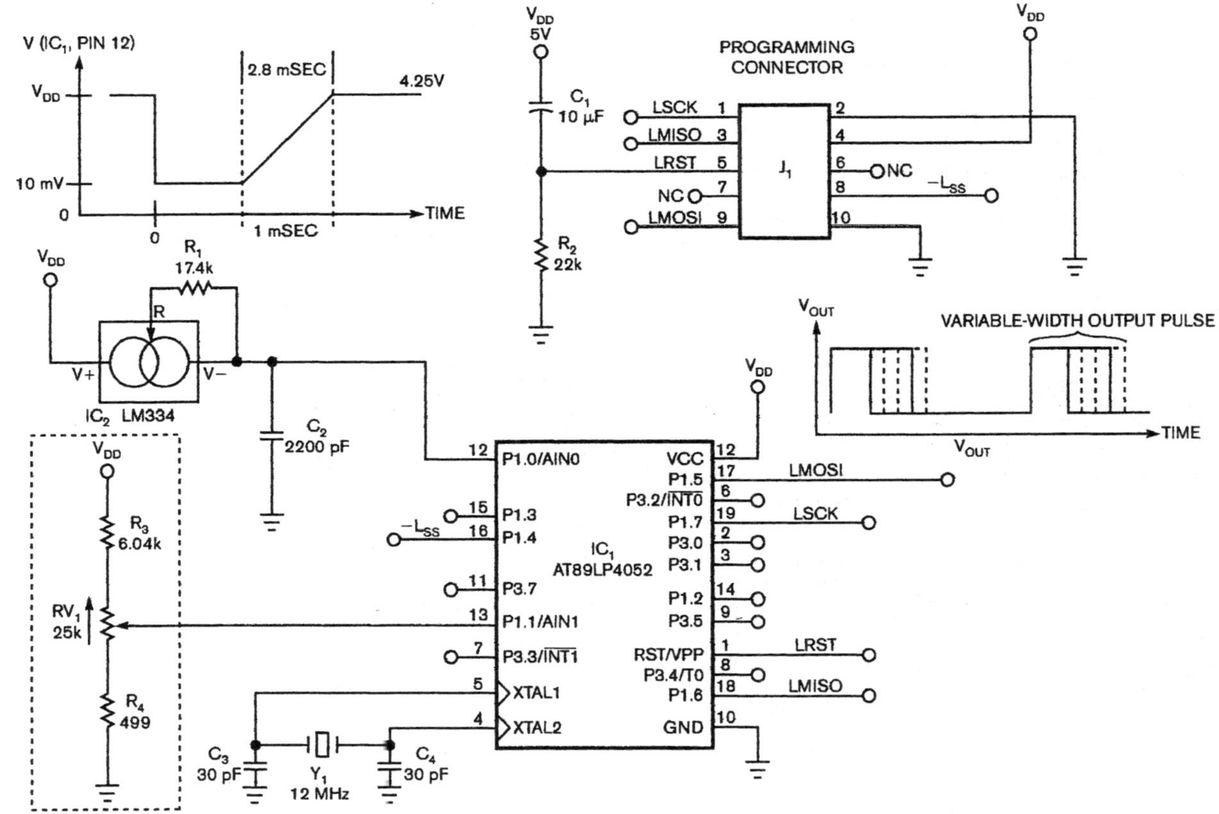

Abb. 5.56: Quelle: James Christensen, Voltage-to-pulse-width converter spares microprocessor's resources, EDN December 1, 2006

5.44 20-LED-Punkt-/Balkenanzeige

Die in *Abb. 5.57* gezeigte Schaltung – oder besser Mikrocontroller-Beschaltung – ist sehr flexibel. Nicht nur, dass man zwischen Punkt- und Balkenanzeige wählen kann, es ist auch ein linearer oder logarithmischer Verlauf möglich. Für einen flackerfreien Betrieb der LEDs genügt ein 1875-Hz-Interruptzyklus und die Steuerung vom Systemtaktgenerator mit z. B. 9,6 MHz. Schließt man S1, dann friert die Anzeige ein.

Das Programm ist über wwwe.edn.com/070118di1 zugänglich. Demzufolge beträgt der Eingangsspannungsbereich 0...5 V.

5.45 LCD-Betrieb über nur eine Leitung

Die LC-Displays mit HD44780-Controller haben sich weitgehend durchgesetzt und bewährt. Man benötigt jedoch sechs I/O-Pins für den 4-Bit-Nibble-Modus und bis zu elf Pins im 8-Bit-Modus.Es gibt daher einige Lösungen, um mit weniger Pins auszukommen. Eine davon wird in *Abb. 5.58* gezeigt. Sie benötigt nur eine einzige Leitung gegen Masse! Dies ermöglicht der preiswerte und kleine Mikrocontroller zwischen dem externen System und dem Logikschaltkreis vor dem HD44780. Genutzt wird ein asynchrones, vereinfachtes RS-232-Protokoll mit 9600 Baud. Das Programm ist unter www.edn.com/071203di1 verfügbar, ein einfacher Assembler Source Code.

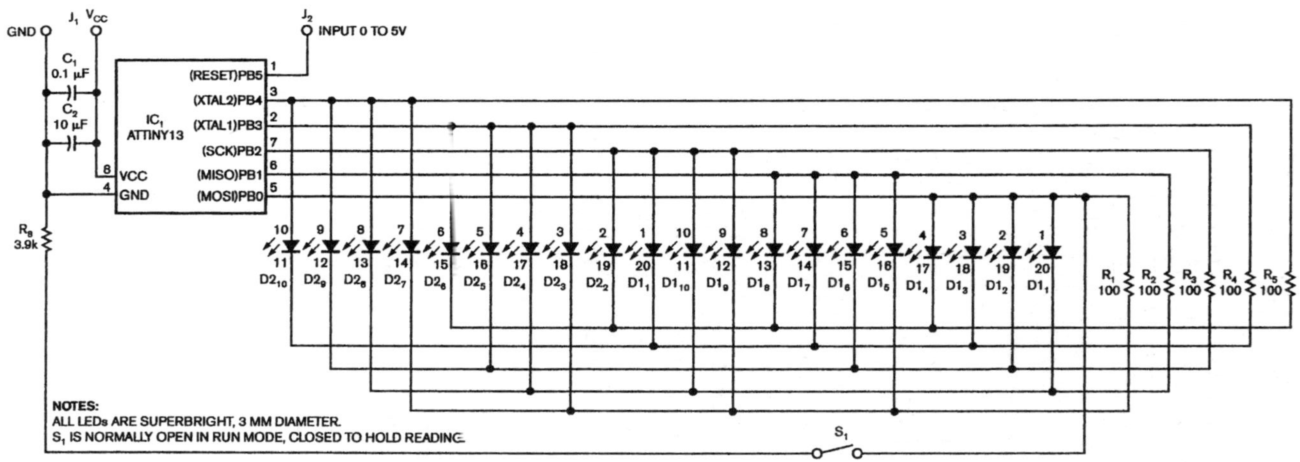

Abb. 5.57: Quelle: Dhananjay V. Gadre/Anurag Chugh, Microcontroller drives logarithmic/linear dot/bar 20-LED display, EDN January 18, 2007

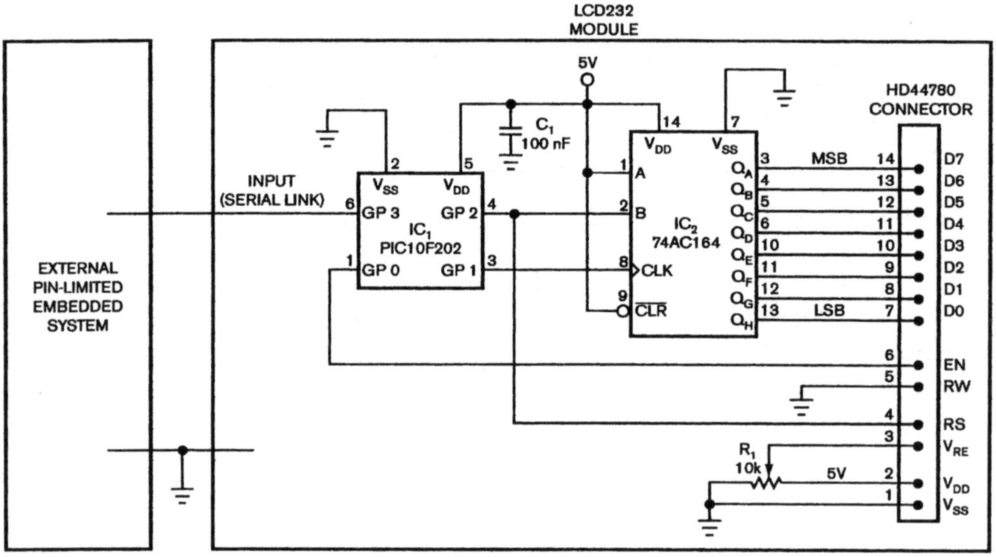

Abb. 5.58: Quelle: Noureddine Benabadjii, Microcontroller drives LCD with just one wire, EDN December 3, 2007

5.46 Zweistelliges Digitalvoltmeter

Die in *Abb. 5.59* gezeigte Schaltung offeriert eine preiswerte Alternative zu kommerziellen Digitalvoltmetern. Obwohl der Anzeigeumfang nur zwei Stellen beträgt, sodass man beispielsweise Spannungen von 1 bis 99 mV oder V anzeigen kann, ist die Anordnung sehr flexibel und besitzt dank des FET einen hochohmigen Eingangswiderstand. Der Messbereich ohne weitere Vorverstärkung bzw. Dämpfung beträgt 10 bis 990 mV. Die Kondensatoren C1 und C2 müssen im Wert eventuell dem Quarz angepasst werden.

Die Firmware steht unter www.edn.com/060622di1 zur Verfügung.

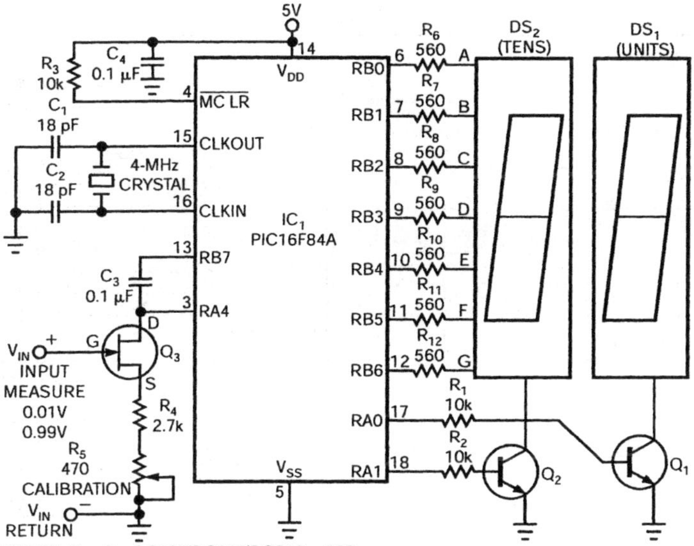

NOTES: Q_2=Q_1=BC237/BC337/BC546 ... 550.
Q_3=BF245A. (USE "A" GRADE ONLY.)
C_1, C_2=SEE TEXT.
DS_1, DS_2=COMMON-CATHODE, SEVEN-SEGMENT LED DISPLAY.

Abb. 5.59: Quelle: Noureddine Benabadjii, Microcontroller, JFET form low-cost, two-digit millivoltmeter

5.47 Temperatur-Fernmessung mit Quarz

Quarze mit einem definierten Temperaturgang lassen sich als Temperatursensor verwenden. Hiermit liegt die Temperatur direkt und automatisch als Frequenz vor, sodass sich dieses Prinzip für die Fernmessung sehr gut eignet. Der Schaltung nach *Abb. 5.60* liegt ein TK des Quarzes von –29,5 ppm/K zugrunde. Bei 25 °C schwingt der Quarz mit 40 kHz. Er ist Bestandteil des Oszillators mit dem Operationsverstärker IC1. Das Signal wird über eine symmetrische Leitung übertragen (störresistent).

Der PIC übernimmt die Auswertung und steuert ein LCD an, auf dem die Temperatur in Grad Celsius erscheint.

Der Source Code ist auf www.edn.com zugänglich.

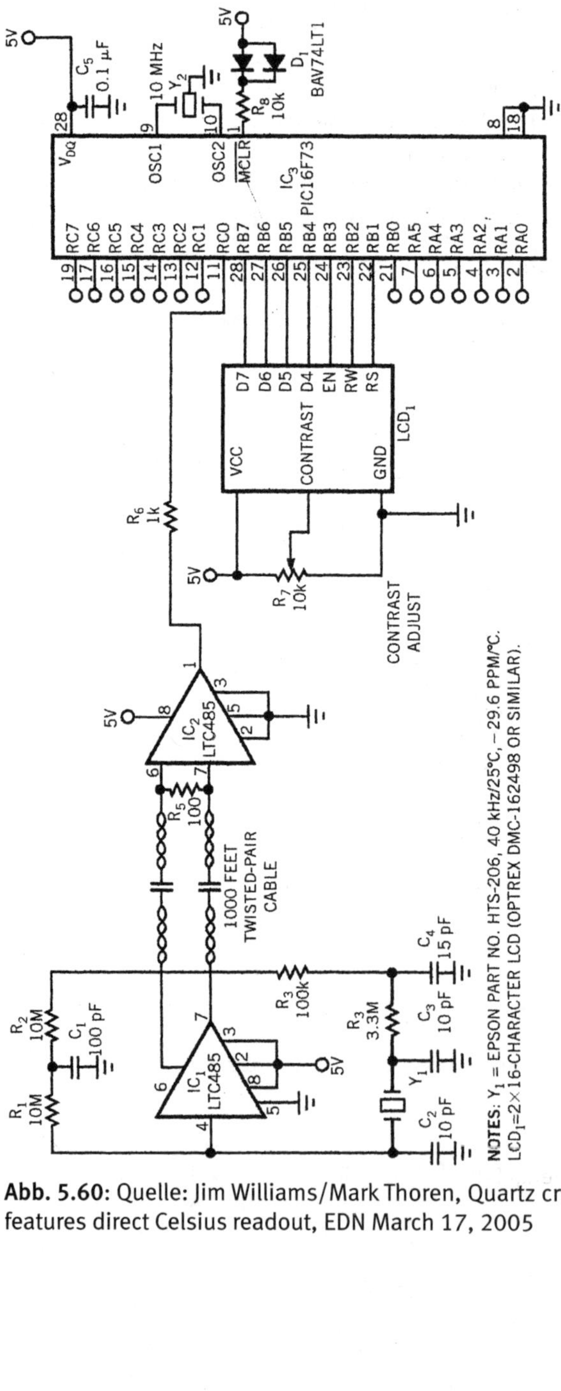

Abb. 5.60: Quelle: Jim Williams/Mark Thoren, Quartz crystal-based remote thermometer features direct Celsius readout, EDN March 17, 2005

5.48 Drehzahlmesser mit wenig Aufwand

Die Drehzahlmesserschaltung nach *Abb. 6.61* arbeitet digital und zeigt digital an bei sehr geringem Aufwand. Der Atmel-Mikrocontroller steuert ein zweizeiliges LC-Display direkt an. Der Kontrast ist mit R1 einstellbar. Die rhythmischen Signale von der rotierenden Achse werden von einem Hall-Sensor geliefert. Auf der Achse wird ein Permanentmagnet angebracht, der dicht am Sensor vorbeiläuft.

Die Betriebsspannung wird aus einer Wechselspannung über einen Brückengleichrichter gewonnen.

Das Programm ist über die Quelle erreichbar.

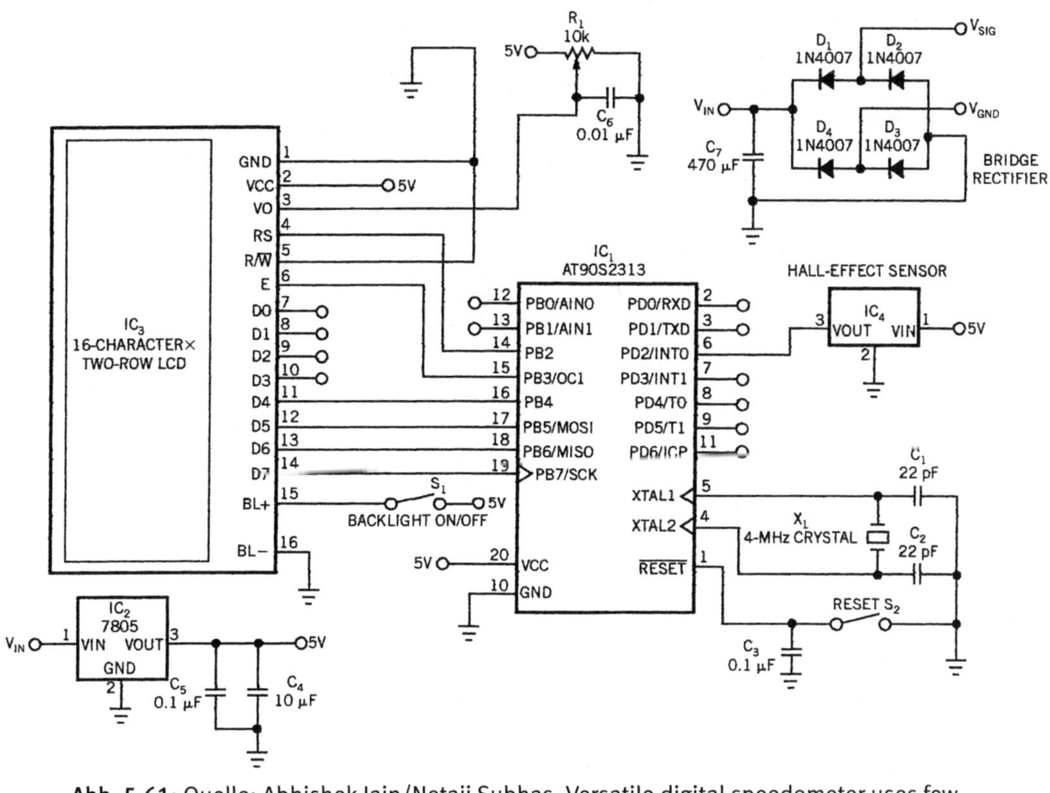

Abb. 5.61: Quelle: Abhishek Jain/Netaji Subhas, Versatile digital speedometer uses few components, EDN May 12, 2005

5.49 Eindraht-Temperaturlogger

Die Temperaturlogger-Applikation nach *Abb. 5.62* nutzt einen Mikrocontroller vom Typ MAXQ3210 und das digitale Eindraht-Thermometer DS1822-1. Der Mikrocontroller zeichnet sich durch geringe Leistungsaufnahme aus – besonders wichtig für den hier vorliegenden autonomen Betrieb. Die zyklisch ermittelten Temperaturwerte werden im EEPROM des Mikrocontrollers für eine spätere Auswertung abgelegt. Als RS-232-Pegelwandler dient der MAX233.

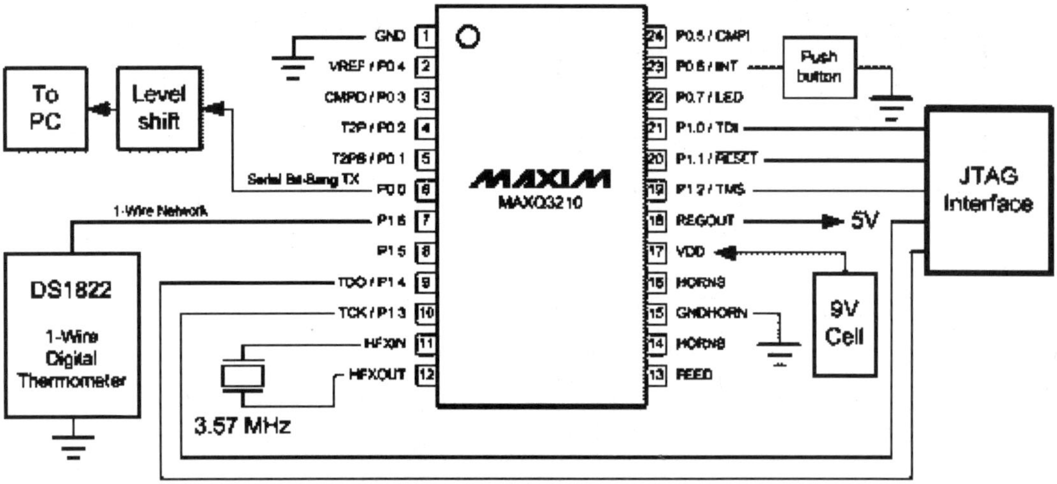

Abb. 5.62: Quelle: Building a 1-Wire Temperature Logger Using the MAXQ3210, Maxim May 8, 2006

5.50 ADC MAX1169 am PIC

In *Abb. 5.63* ist am Beispiel eines PIC18F442 gezeigt, wie der Analog/Digital-Wandler MAX1169 mit einem PIC-Mikrocontroller verbunden werden kann. Der MAX1169 ist ein 16-Bit-ADC mit geringer Leistungsaufnahme und I^2C-Kompatibilität. Dabei ist ein High-Speed-Modus bis 1,7 MHz möglich. Hier wird der normale High-Speed-Takt 400 kHz eingesetzt.

Der MAX4413 dient als Eingangspuffer, der MAX232E als digitaler Pegelwandler.

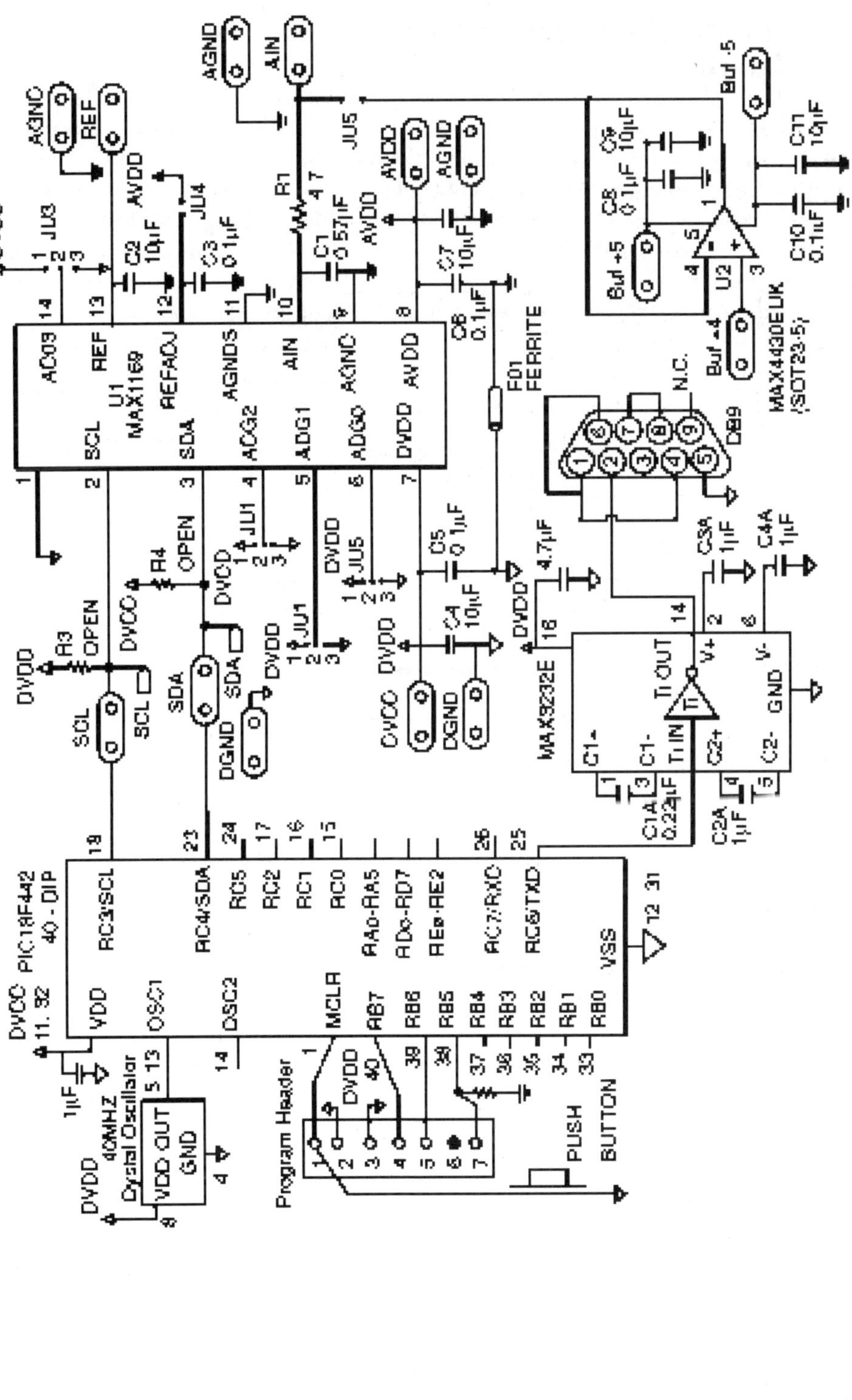

Abb. 5.63: Quelle: Interfacing the MAX1169 ADC to a PIC Microcontroller, Maxim Application Note 2394

5.51 6-Bit-Analog/Digital-Wandler mit 8-Bit-AVR-Mikrocontroller

Der preiswerte, aber auch einfache A/D-Wandler aus *Abb. 5.64* ist extrem simpel. Er ist Interrupt Driven mit einer Codegröße von 23 Wörtern, hat 6 Bits Auflösung und erfasst Eingangsspannungen von 0 bis 2 V. Man kann eigentlich jeden AVR-Mikrocontroller benutzen, der einen 8-Bit-Timer/Counter und einen analogen Komparator besitzt. Das Eingangssignal wird mit einem nach einer e-Funktion fallenden Referenzsignal verglichen. Die Zeit, welche vergeht, bis die Größe des Eingangssignals erreicht wird, wird gemessen. Aus dieser Zeit schließt das Programm auf den Wert der Eingangsspannung.

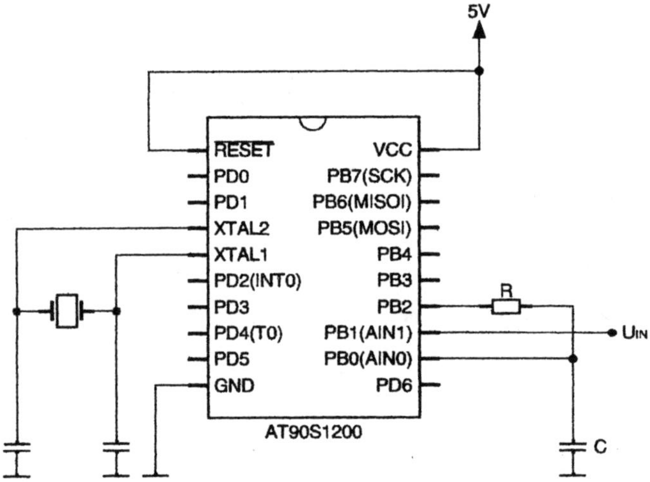

Abb. 5.64: Quelle: AVR400: Low Cost A/D Converter, Atmel Application Note

5.52 8-Bit-Analog/Digital-Wandler mit 8-Bit-AVR-Mikrocontroller

Auch die in *Abb. 5.65* gezeigte A/D-Wandler-Schaltung zeichnet sich durch geringe Materialkosten aus, bietet aber 8 Bit Auflösung. Eine Selbstkalibrierung eliminiert Bauteiltoleranzen. Die zu messende Eingangsspannung darf im Bereich von 0 V bis Betriebsspannung liegen. Die maximale Umsetzzeit beträgt 1,2 ms.

Der Wandler arbeitet nach dem bekannten Dual-Slope-Prinzip. Hierbei wird der Kondensator über den Transistor T mit Konstantstrom geladen, sodass seine Spannung linear ansteigt. Viele andere Mikrocontroller mit Komparator können ebenfalls benutzt werden.

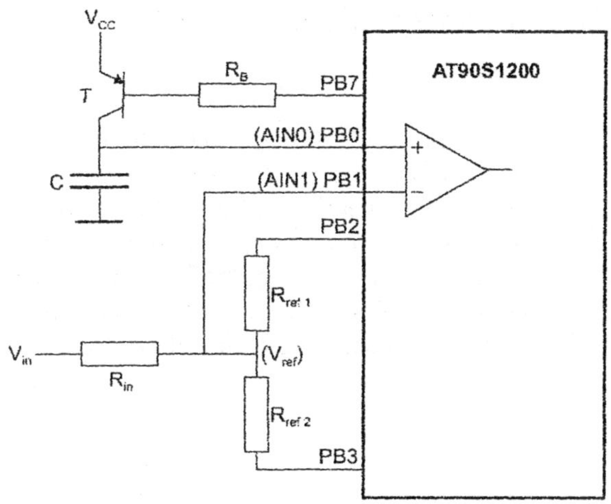

Abb. 5.65: Quelle: AVR401: 8-bit Precision A/D Converter, Atmel Application Note

5.53 2,5-GHz-Frequenzmesser

Die in *Abb. 5.66* gezeigte Schaltung beruht auf modernen Bauelementen. Der Mikrocontroller steuert alle Funktionen. Um den hohen Frequenzbereich zu erhalten, wurde ein IC LMX2322 als Vorteiler eingesetzt.

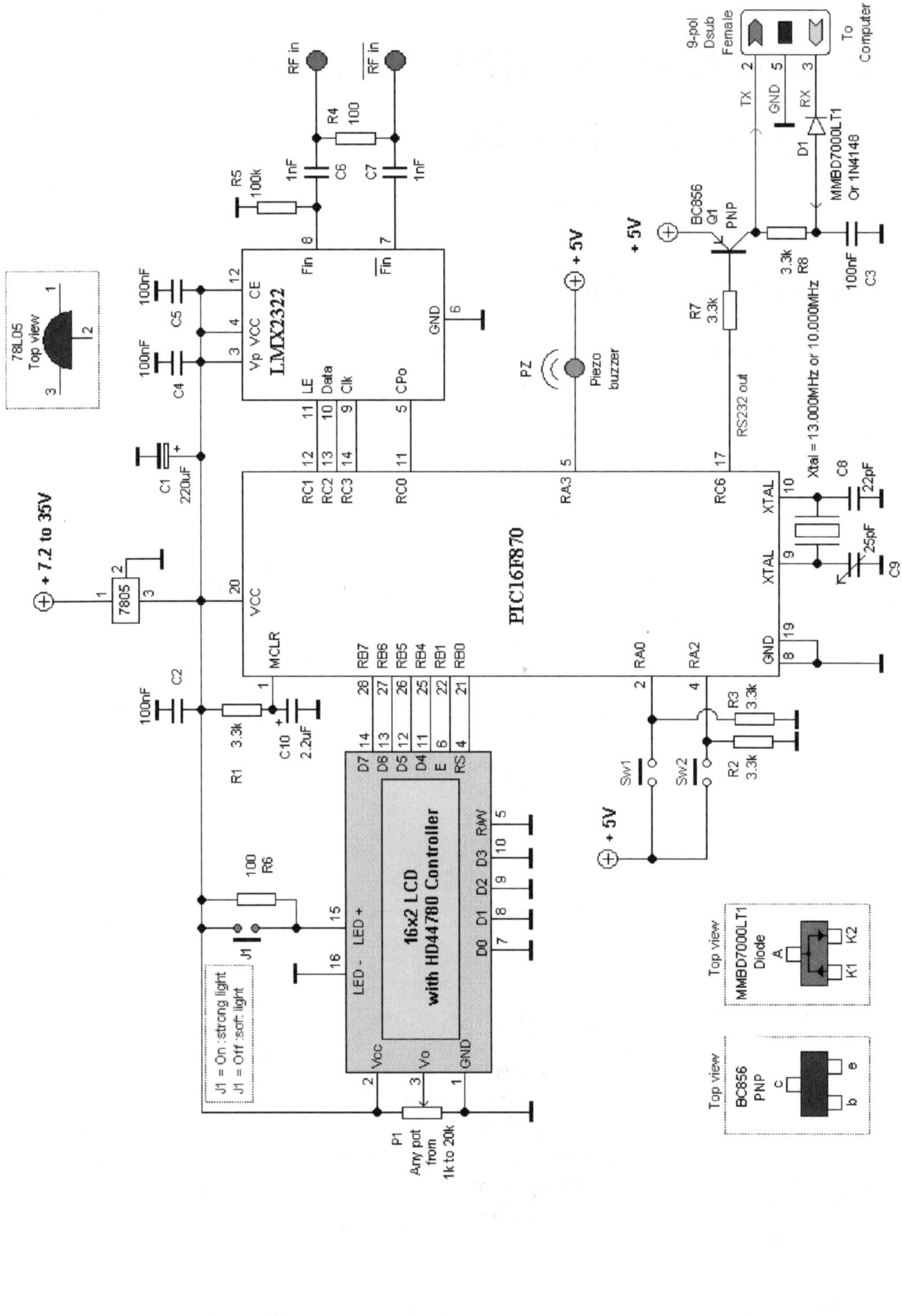

Abb. 5.66: Quelle: FeedBurner, http://feeds.feedburner.com/tescircuit

6 Digital Signal Processing: Signalerzeugung

6.1 DSP mit dem PIC16C74

In der Quelle wird nicht nur grundlegend beschrieben, wie man den PIC16C74 in DSP-Applikationen einbinden kann, sondern es werden auch Applikationscode-Module, Beispiele für eine DTMF-Erzeugung, für ein Notch-Filter sowie einen einfachen PID-Kompensator für Steuerungen besprochen.

In *Abb. 6.1* ist der typische Aufbau eines digitalen Signalprozessorsystems gezeigt. In der Mitte befindet sich der Signalprozessor, entweder ein spezieller DSP-Baustein oder ein Mikrocontroller.

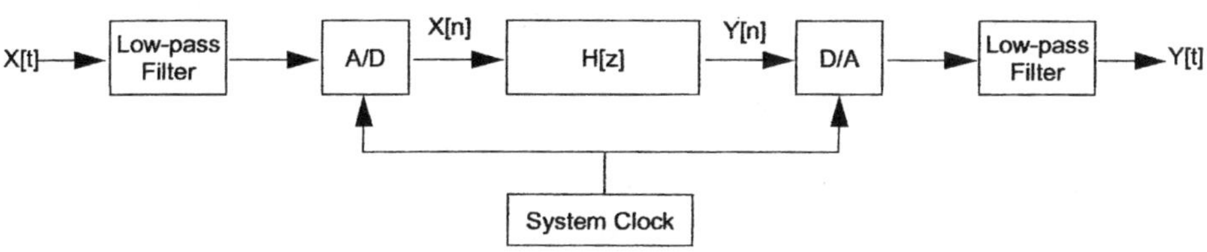

Abb. 6.1: Quelle: Darius Mostowfi, Digital Signal Processing with the PIC16C74, Microchip Application Note 616

In *Abb. 6.2* wird als praktisches Beispiel für ein solches System ein dreipoliges Tschebyscheff-Filter gezeigt. Zwei integrierte Bausteine wirken mit dem PIC-Demoboard zusammen: ein Vierfach-Operationsverstärker und ein Ladungspumpen-Spannungsinverter zur Bereitstellung der negativen Versorgungsspannung.

6.2 Treiber für Horn/Hupe

Ein kräftiger Signalgeber wird beispielsweise für Warn- und Alarmanlagen benötigt. Diese Signalgeber basieren grundsätzlich auf einem Piezoelement, welches nur auf einer bestimmten Frequenz maximal und somit am wirkungsvollsten schwingt. Bei einem qualifizierten Horn-Treiber hat der Signalgeber drei Anschlüsse, zwei zur Ansteuerung und einen zur Rückkopplung, damit eine Auswerteelektronik den maximalen Schallpegel bzw. die optimale Betriebsfrequenz einregeln kann.

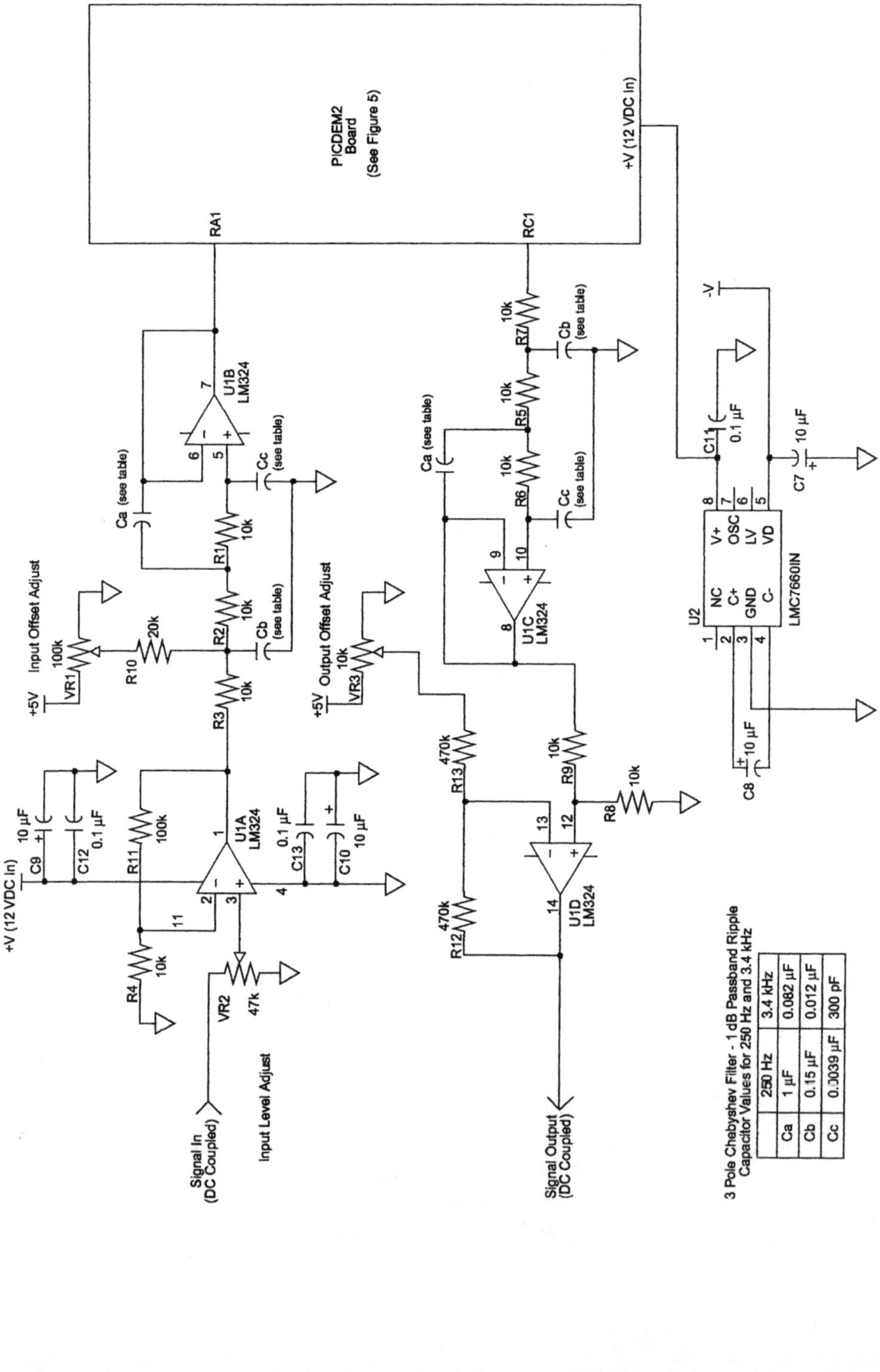

	250 Hz	3.4 kHz
Ca	1 µF	0.082 µF
Cb	0.15 µF	0.012 µF
Cc	0.0039 µF	300 pF

Abb. 6.2: Quelle: Darius Mostowfi, Digital Signal Processing with the PIC16C74, Microchip Application Note 616

In *Abb. 6.3* ist eine solche Schaltung gezeigt. Sie fällt durch Einsatz des Mikrocontrollers sehr einfach aus. Dieser kann nicht den für die gewünschte Lautstärke erforderlichen Strom liefern, daher die beiden Verstärkertransistoren. Es entsteht eine Brückenschaltung, daher kann ein Koppelkondensator entfallen.

Die Ausgangsspannung des Signalgebers wird gleichgerichtet und auf den internen Analog/Digital-Wandler gegeben.

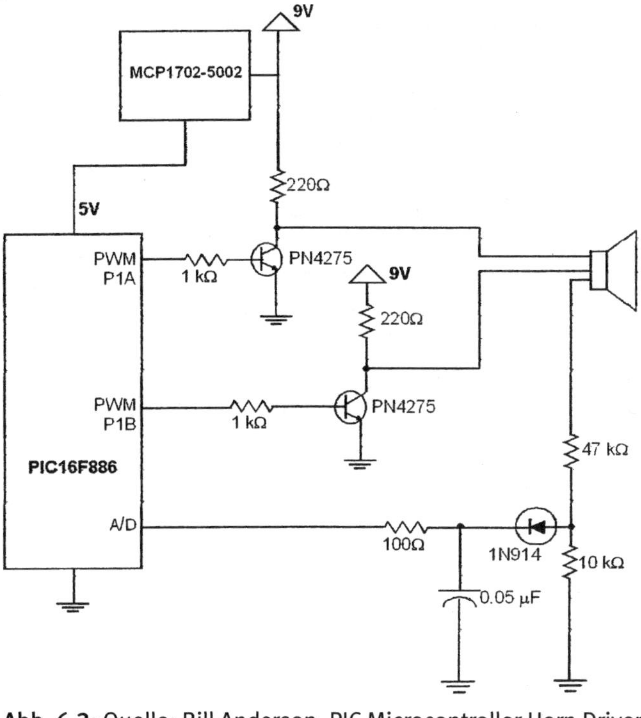

Abb. 6.3: Quelle: Bill Anderson, PIC Microcontroller Horn Driver, Microchip Application Note 1244

6.3 Generierung eines frequenzmodulierten Signals

In *Abb. 6.4* ist der Blockaufbau eines hochwertigen DSP-Stereo-Frequenzmodulators gezeigt. Solche Systeme können in UKW-Rundfunksendern eingesetzt werden. Zwischen dem EZ-Kit Lite 16-Bit DSP-Entwicklungsboard und dem Evaluation-Board mit dem DDS-Baustein (direkte digitale Synthese) befindet sich der Block I/O Decode Logic. In *Abb. 6.5* wird dessen Aufbau sowie Verbindung genauer gezeigt. Das EVAL-Board ist für eine Verbindung über den Parallelport mit dem PC ausgelegt.

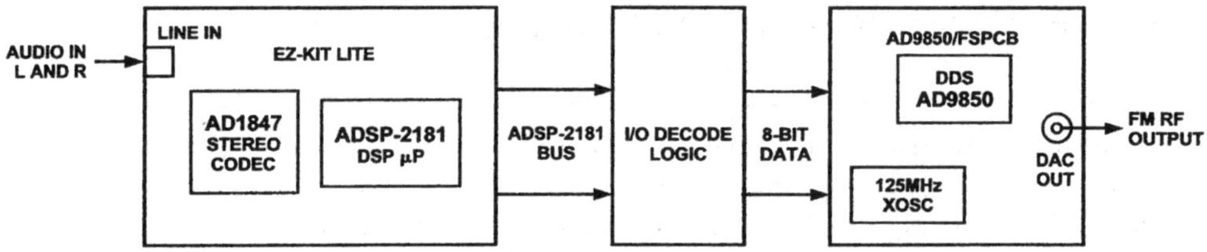

Abb. 6.4: Quelle: Dean R. Becker, High Quality, All-Digital RF Frequency Modulation Generation with the ADSP-2181 DSP and the AD9850 Direct Digital Synthesizer, Analog Devices Application Note 543

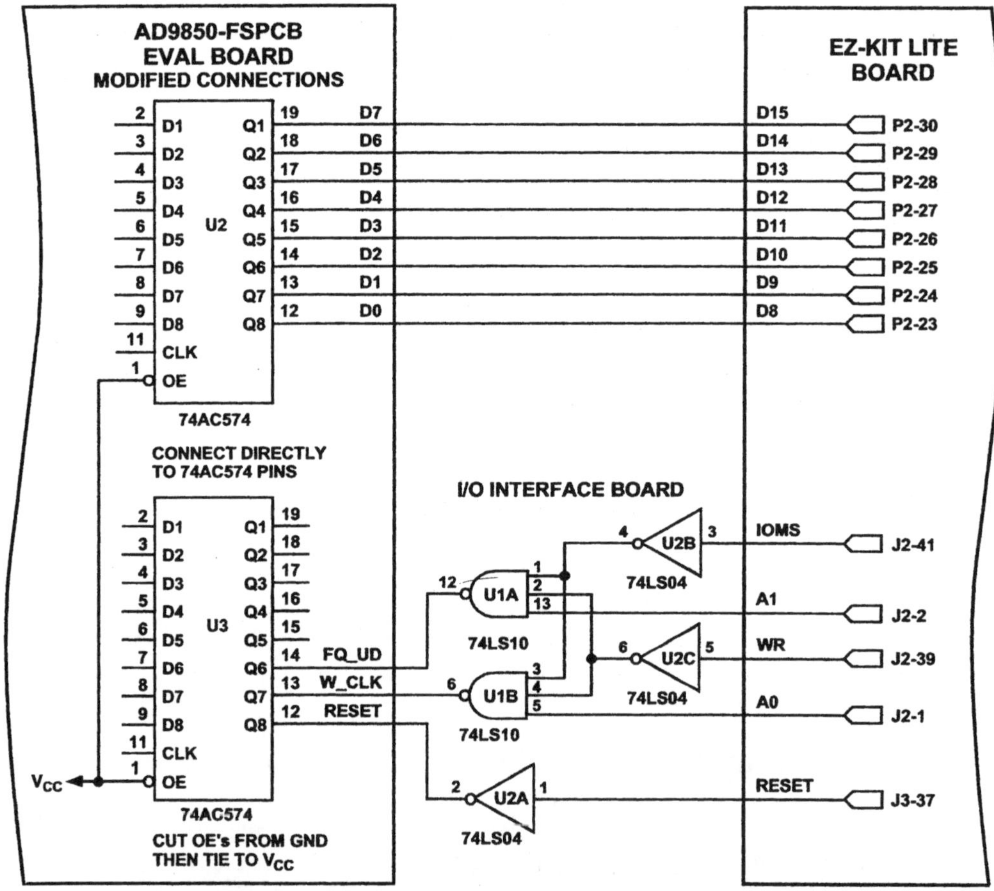

Abb. 6.5: Quelle: Dean R. Becker, High Quality, All-Digital RF Frequency Modulation Generation with the ADSP-2181 DSP and the AD9850 Direct Digital Synthesizer, Analog Devices Application Note 543

6.4 Rechteckgenerator mit PIC16C84

Der PIC16C84 (*Abb. 6.6*) ist ein Low-Power/High-Speed-CMOS-EEPROM-Mikrocontroller für Betriebsspannungen von 2 bis 6 V. Die Taktfrequenz kann 10 MHz oder mehr betragen. Damit ist dieser Mikrocontroller gut geeignet zum Aufbau eines Rechteckgenerators. Man benötigt nur einen Widerstand 4,7 kOhm zwischen Pin 4 und Betriebsspannung sowie die übliche Oszillatorbeschaltung mit beispielsweise zwei Kondensatoren 33 pF an Pin 15 und 16 gegen Masse und dem Quarz zwischen diesen Anschlüssen. Der Ausgang ist Pin 17.

Die Software legt die Frequenz und das Tastverhältnis fest. So ist ein LED-Flasher ebenso möglich wie ein Rechteckgenerator mit Tastverhältnis 0,5 und mindestens 1 MHz „Schwingfrequenz".

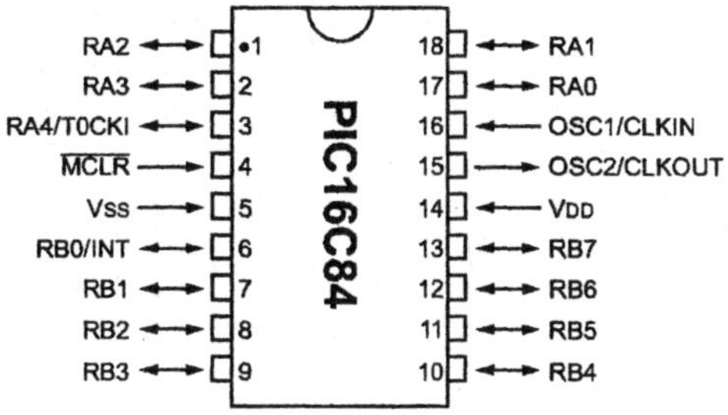

Abb. 6.6: Quelle: http://mastincrosbie.com, Electronics, PIC Projects

6.5 Funktionsgenerator auf 68HC11-Basis

In *Abb. 6.7* ist das Konzept eines Funktionsgenerators auf Basis des Bausteins 68HC11 zu sehen. Es umfasst einen Rechteckgenerator 1 Hz bis 1 MHz, ein digitales Filter sowie einen Sprachsynthesizer (Sprachausgabe statt Display). Ein Rechtecksignal 1 Hz bis 100 kHz kann über dieses Filter geführt werden, sodass ein Sinussignal mit nur 0,02 % Klirrfaktor entsteht.

6.6 Tonerzeugung mit PIC17C42

In der Quelle wird eine Routine zur Erzeugung eines Multitonsignals beschrieben. Beispielsweise kann ein duales Signal (DTMF) erzeugt werden. Normalerweise ist der Aufwand hoch, da jedes Signal extra programmiert werden muss bei entsprechendem Speicherbedarf. Es werden daher rekursive Techniken in Theorie und Praxis vorgestellt. In *Abb. 6.8* ist das Summensignal aus zwei Sinussignalen verschiedener Frequenz in zeitlicher Darstellung zu sehen. *Abb. 6.9* zeigt das entsprechende Spektrogramm.

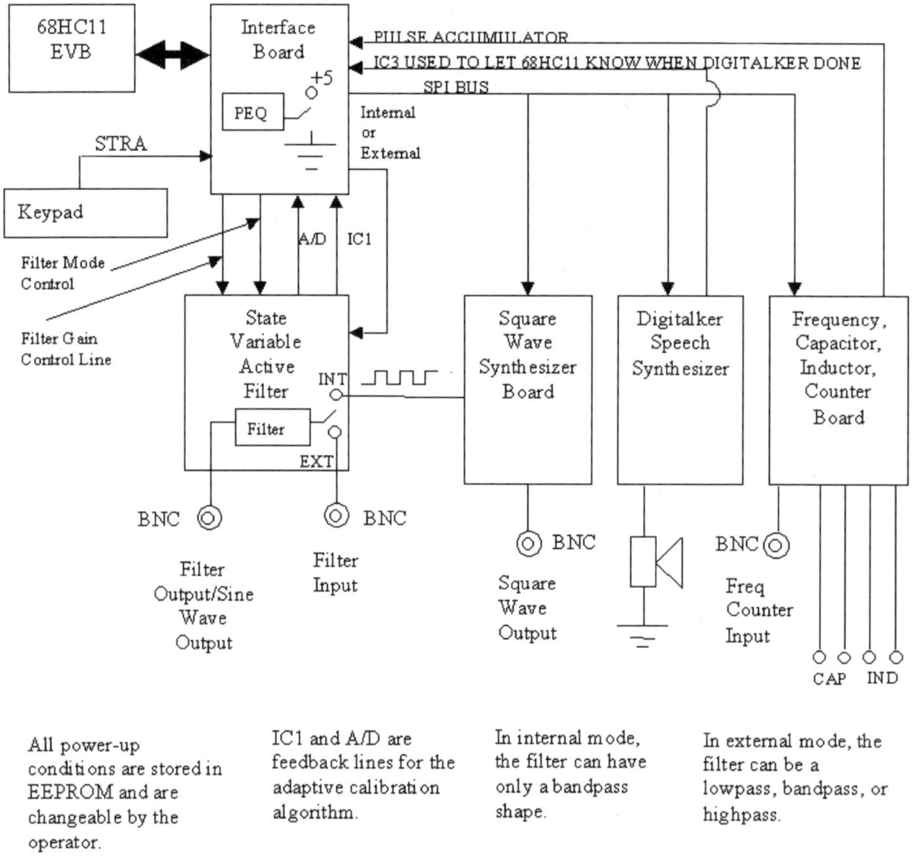

Abb. 6.7: Quelle: Michael G. Ellis, 68HC11 Based Function Generator, http://michaelgellis.tripod.com

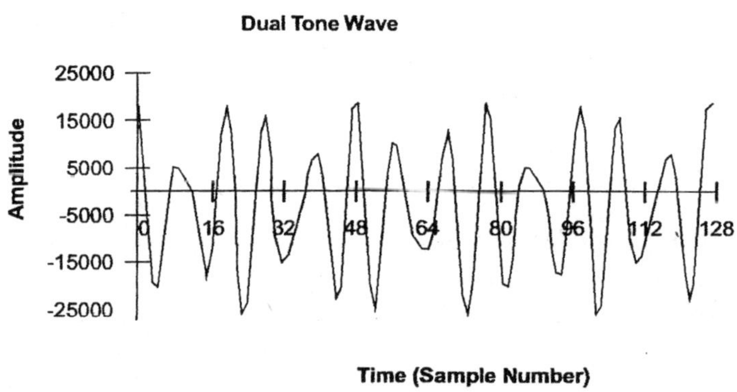

Abb. 6.8: Quelle: Amar Palacherla, Tone Generation, Microchip Application Note 543

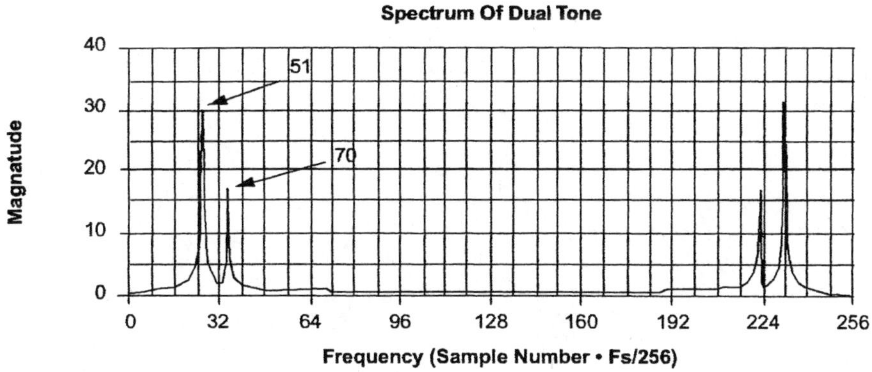

Abb. 6.9: Quelle: Amar Palacherla, Tone Generation, Microchip Application Note 543

6.7 MIDI-Generator

Die Schaltung nach *Abb. 6.10* arbeitet mit dem Mikrocontroller ATtiny26, kann aber für jeden anderen Typ der AVR-Familie modifiziert werden. Sie erzeugt einen stabilen MIDI-Ton und kann diesen verändern, wenn einige Tasten gedrückt werden (Channel 0...15 , Velocity 0...127, Pitch 0...127). Der Start erfolgt immer mit dem Mittenton (C) im Kanal 0 mit Verzögerung 30. Jeder Ton ist gleichbedeutend mit zwei MIDI-Ereignissen („note on" und „note off"). Eine LED signalisiert Start und Stop.

6.8 PAL-Color-Balkengenerator

Die Schaltung nach *Abb. 6.11* ermöglicht es, mithilfe einer AVR MCU einfache Farbstreifen zu erzeugen. Dies wurde von einigen Fachleuten durchaus für unmöglich gehalten mit Verweis auf die geringe mögliche Ausgangsfrequenz. Doch mit entsprechend hoher Taktfrequenz ist es doch möglich. Beispielsweise ein 8,867238-MHz-Quarz schwingt mit zweifacher Farbträgerfrequenz. Für die Farberzeugung muss diese Frequenz 4,43 MHz viermal in der Phase beeinflusst werden, um vier Farben zu erhalten, beispielsweise von 135° auf 135° + 90° = 225°. Somit wird ein 17,7-MHz-Quarz benötigt. Das Timing (Clock Cycles) jeder Instruktion ist sehr wichtig für die Phasenverschiebung des Farbträger- und Farb-Burst-Signals.

Ein 5-Bit-D/A-Konverter (R2R Ladder) mit zehn Widerständen ergänzt den Mikrocontroller.

Zdenek Zechovsky hat den originalen Source Code verbessert und neue Features angefügt.

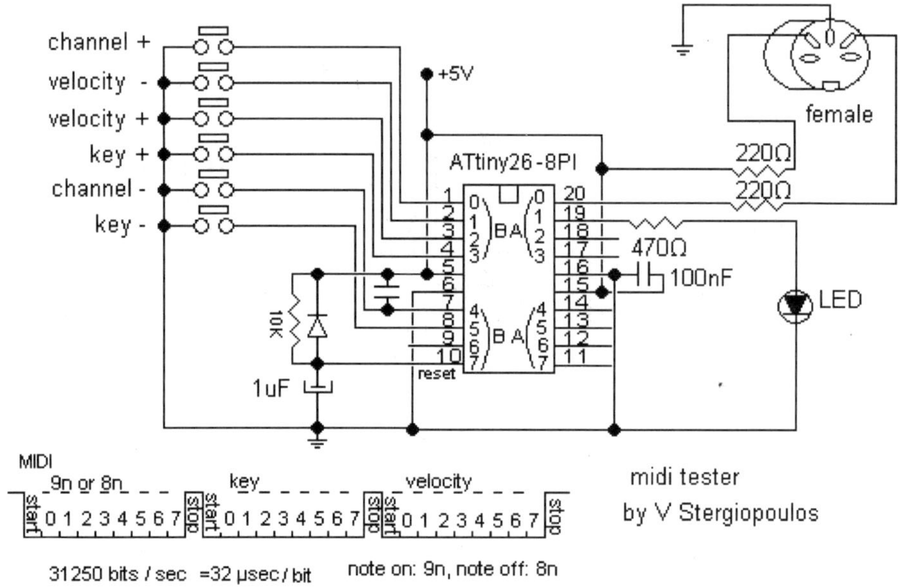

Abb. 6.10: Quelle: Vasilis Stergiopoulos, MIDI Generator, www.serasidis.gr

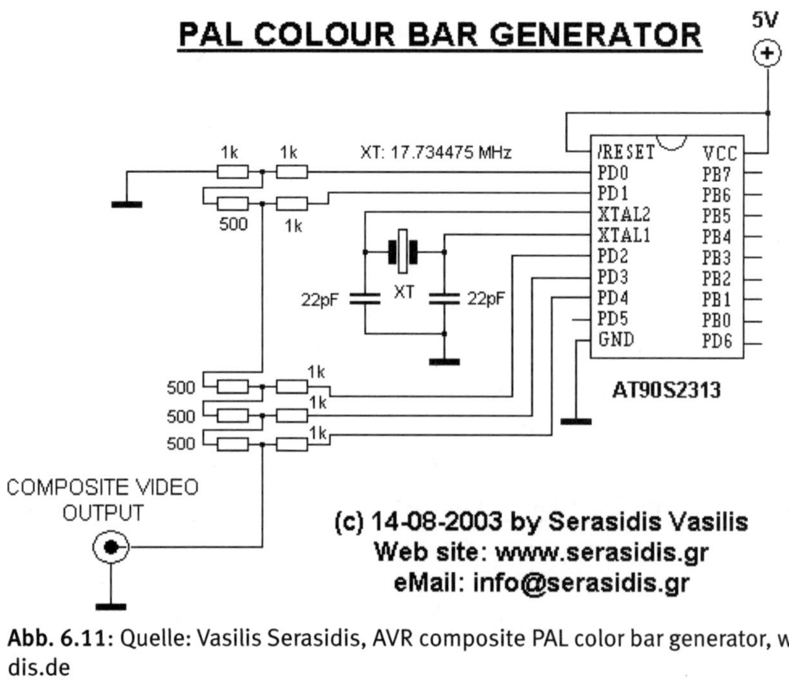

Abb. 6.11: Quelle: Vasilis Serasidis, AVR composite PAL color bar generator, www.serasidis.de

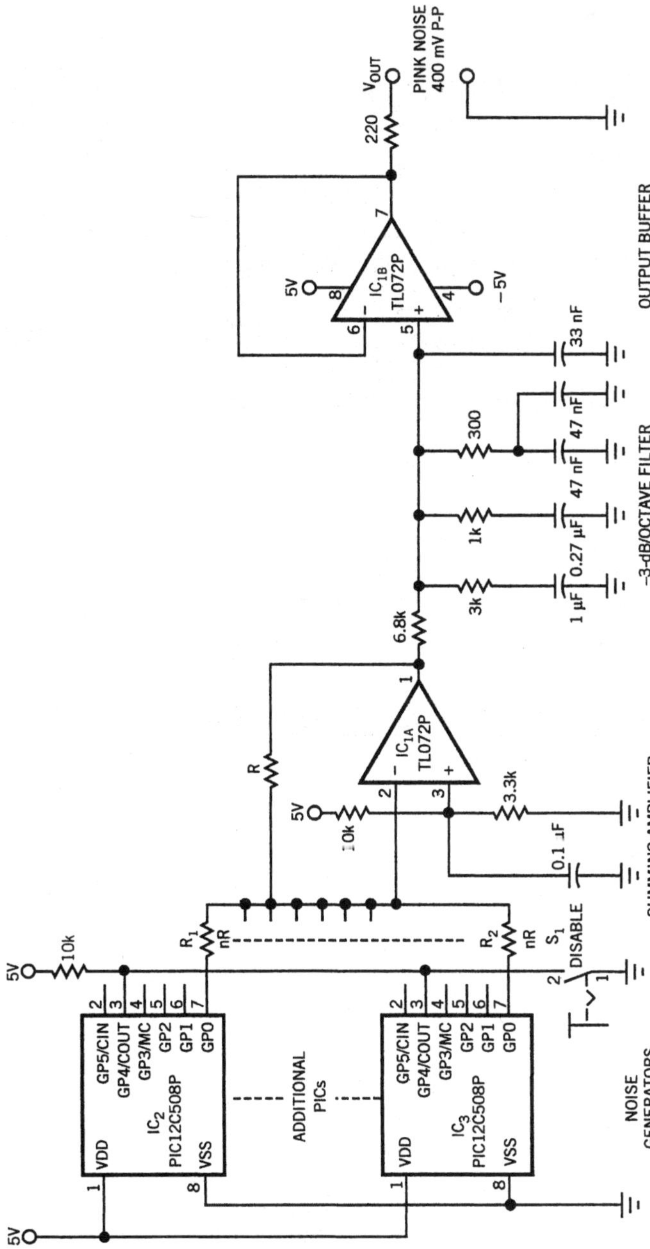

Abb. 6.12: Quelle: Peter Guettler, Make noise with a PIC, EDN August 7, 2003

6.9 Rauscherzeugung mit PIC

In der Schaltung nach *Abb. 6.12* erzeugt jeder der kleinen Mikrocontroller ein Pseudorauschen an seinem Ausgang GP0. Die Summierung mehrerer dieser Signale (Empfehlung 10...16) bedeutet ein Rauschen, das der Gaus'schen Verteilung weitgehend entspricht. Das auf den Summierer folgende Filter trägt zur Perfektionierung der Verteilung bei.

Alle Rauschgeneratoren benutzen dasselbe Programm. Es ist unter www.edn.com erhältlich.

6.10 Kostengünstiger Sinusgenerator

Um Sinussignale mit einem Mikrocontroller zu erzeugen, muss man nicht einen D/A-Wandler oder externen Oszillator bemühen. Genügt eine Festfrequenz oder ein enger Frequenzbereich, dann ist das auch mit einem Tief- oder Bandpassfilter einfach möglich. Die in *Abb. 6.13* gezeigte Schaltung geht noch einen Schritt in dieser Richtung weiter, indem sie das Filter programmierbar macht. Dazu liegen die Kondensatoren C1, 2 und 3 nicht an Masse, sondern an I/O-Pins. Je nach Frequenz sind diese Kondensatoren aktiv. Damit ist praktisch ein Frequenzbereich von 9 bis 20 kHz bei gutem Klirrfaktor möglich. Bei der kleinsten Frequenz sind die Pins 1, 2 und 3 Ausgänge und führen L-Pegel. Bei der höchsten Frequenz sind die Pins 1, 2 und 3 Eingänge (hochohmig), daher ist nur C4 wirksam.

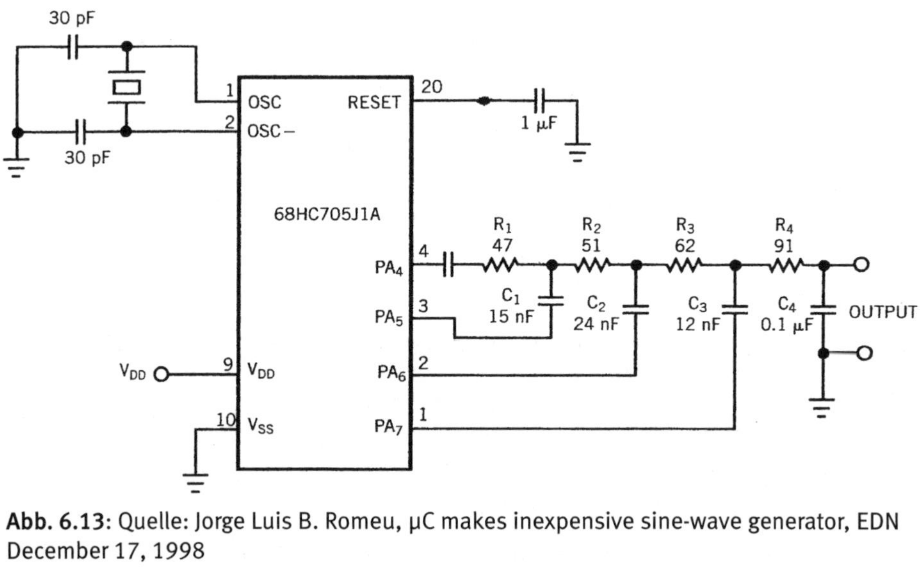

Abb. 6.13: Quelle: Jorge Luis B. Romeu, µC makes inexpensive sine-wave generator, EDN December 17, 1998

Das Listing ist unter www.ednmag.com als DI-SIG, #2278 erhältlich.

6.11 Numerically-Controlled Oscillator mit Mikrocontroller

Eine interessante Methode, mit einem Mikrocontroller ein analoges Signal zu bilden, stellt der NCO (Numerically-Controlled Oscillator) dar, der sich leicht programmieren lässt. Die zugrunde liegende Technik ist vom DDS (Direct-Digital Synthesizer) übernommen. Hierbei wird das Tastverhältnis gesteuert. Eine Periodendauer des analogen Signals ist daher 256 Taktperioden lang. Der interne Digital/Analog-Wandler liefert das Signal. Die NCO-Technik bedeutet eine vom Tastverhältnis unabhängige Welligkeit (Ripple) und ist daher der PWM-Technik (Pulse-Width Modulation) überlegen.

Die einfache Schaltung mit dem PIC16C711 ist in *Abb. 6.14* gezeigt.

Das Listing ist unter www.ednmag.com als DI #2346 erhältlich.

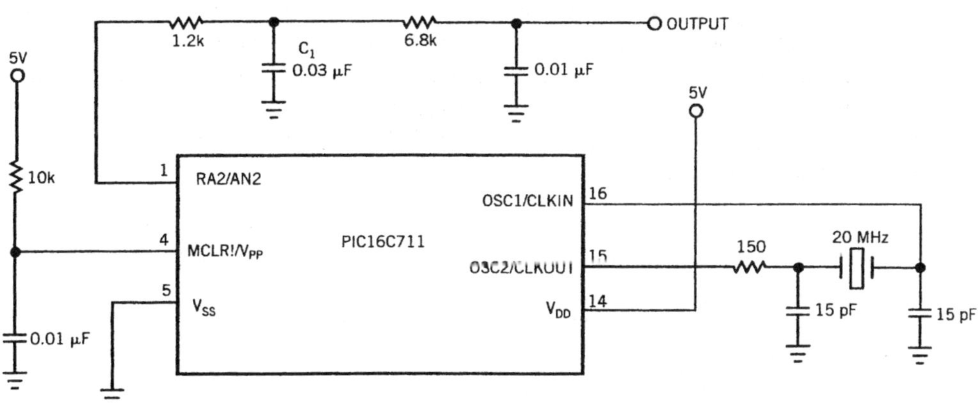

Abb. 6.14: Quelle: Steve Ploss, NCO technique helps µC produce clean analog signals, EDN April 15, 1999

6.12 Mikrocontroller produziert musikalische Töne

Heutzutage werden Benutzer mit musikalischen Tönen akustisch informiert. Die Bildung solcher Töne gelingt mit einem Mikrocontroller leicht. Im Prinzip wird nur die Takterzeugung benötigt, den Rest erledigt das Programm – siehe *Abb. 6.15*. Der Mikrocontroller MC68H705J1A ist sehr preiswert.

Die Programmierung wird in der genannten Quelle eingehend beschrieben.

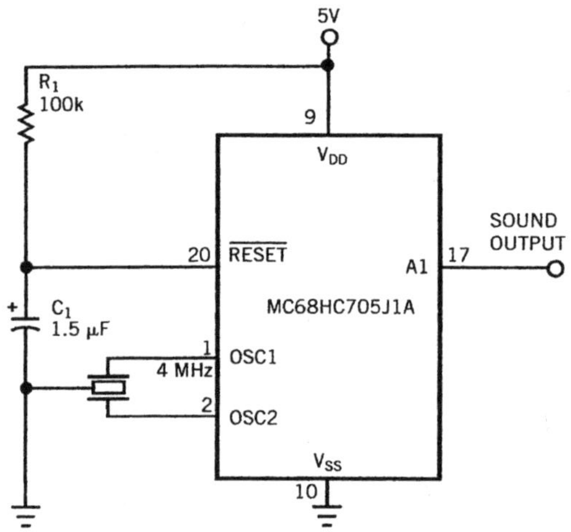

Abb. 6.15: Quelle: Abel Raynus, µC generates musical sounds, EDN April 15, 1999

6.13 DTMF-Sinusgenerator

DTMF steht für Dual-Tone Multiple Frequencies, ein Mehrtonverfahren für hohe Sicherheit. Beispielsweise mit einem Mikrocontroller mit SRAM und PWM-Fähigkeit (Pulse-Width Modulation) lässt sich ein solcher Tongeber leicht aufbauen. Zwei Frequenzen werden gemäß *Abb. 6.16* kombiniert.

Die in *Abb. 6.17* gezeigte Erzeugungsschaltung liefert Sinussignale. Da der Mikrocontroller keine analogen Signale ausgeben kann, wird ein PWM-Signal aus Impulsen verschiedener Breite gemäß *Abb. 6.18*. Der Code ist 260 Bytes groß, außerdem gibt es eine 128 Bytes große Tabelle. Die Programmierung erfolgte in Assembler.

fb/fa	1209 Hz	1336 Hz	1477 Hz	1633 Hz
697 Hz	1	2	3	A
770 Hz	4	5	6	B
852 Hz	7	8	9	C
941 Hz	*	0	#	D

Abb. 6.16: Quelle: AVR314: DTMF Generator, Atmel Application Note

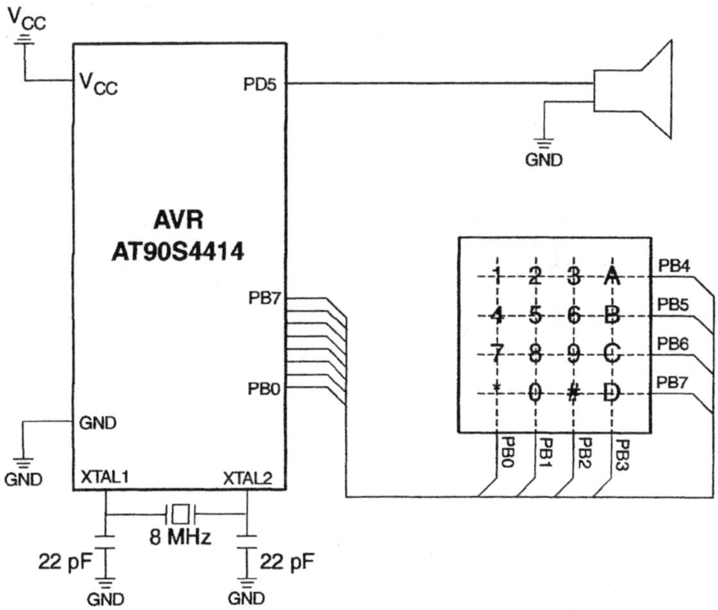

Abb. 6.17: Quelle: AVR314: DTMF Generator, Atmel Application Note

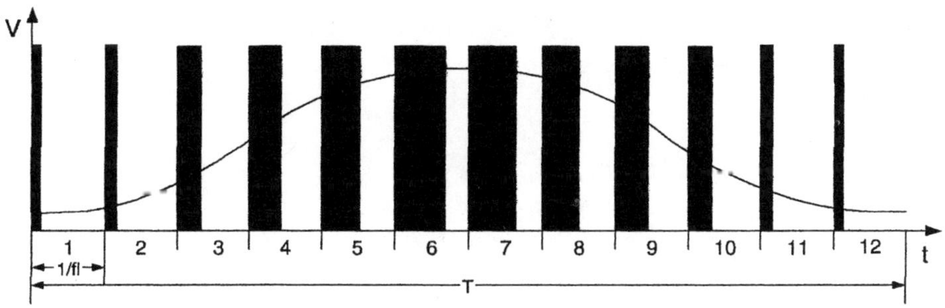

Abb. 6.18: Quelle: AVR314: DTMF Generator, Atmel Application Note

6.14 Implementierung eines DTMF-Generators

Es wurde soeben ein DTMF-Sinusgenerator vorgestellt, dessen Signal an einem 8-Bit-PWM-Ausgang zur Verfügung steht und auf einer „Sinustabelle" mit 128 Samples zu je 7 Bits beruht. Der Vorteil der Nutzung von nur 7 Bits besteht darin, dass die Summe der Teilsignale in ein Byte passt. Eine Möglichkeit zur Steigerung der Genauigkeit bei der Implementierung des Generators stellt die Originalquelle vor. Zur physikalischen Umsetzung wird das STK500 Top Module von Atmel genutzt (*Abb. 6.19*). Das PWM-Signal wird am Pin PD5 ausgegeben. Ein zusätzliches Ausgangsfilter verbessert die Sinusform.

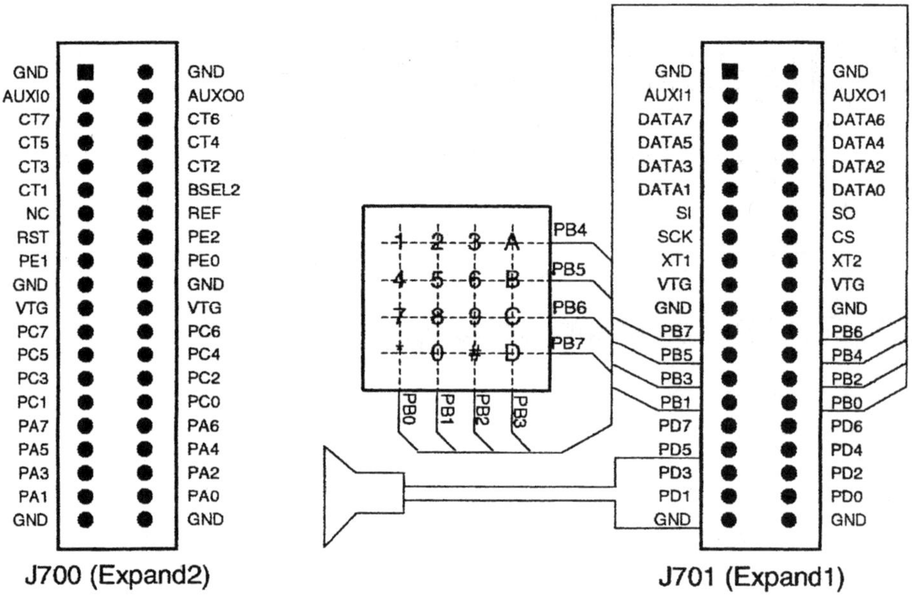

Abb. 6.19: Quelle: AVR314: DTMF Generator, Atmel Application Note

7 Digital Signal Processing: Signalverarbeitung

7.1 LTC1296 am Mikrocontroller

Der Single-Chip-Baustein LTC1296 ist ein 12-Bit-Datenerfassungssystem für unipolare und bipolare Übertragung. Die acht Eingangsleitungen können als Single-Ended-Eingänge oder als maximal vier Differenzeingänge betrieben werden. Der Analog-Digital-Wandler arbeitet nach dem Prinzip der sukzessiven Approximation.

Wie aus *Abb. 7.1* ersichtlich ist, werden zur Verbindung mit einem Mikrocontroller vier Leitungen gegen Masse benötigt, davon eine Hinleitung für die Daten (DOUT).

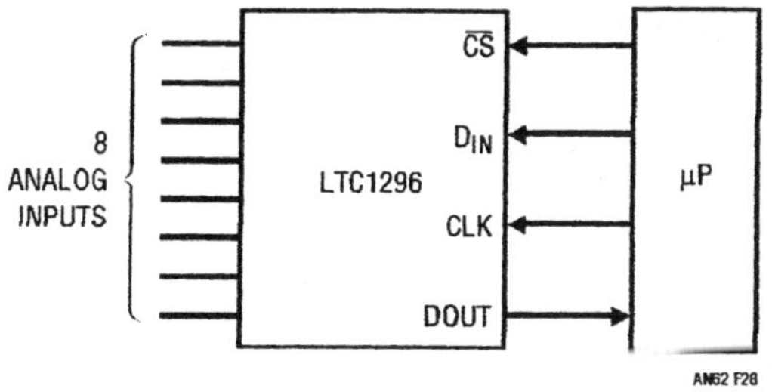

Abb. 7.1: Quelle: Kevin R. Hoskins, Data Acquisition Circuit Collection, Linear Technology Application Note 62

7.2 LTC1090/1290 am 8051

Der Baustein LTC1090 ist ein 10-Bit-Datenerfassungssystem für unipolare und bipolare Übertragung. Die acht Eingangsleitungen können als Single-Ended-Eingänge oder als maximal vier Differenzeingänge betrieben werden. Der Analog-Digital-Wandler arbeitet nach dem Prinzip der sukzessiven Approximation.

Wie *Abb. 7.1* zeigt, werden zur Verbindung mit einem Mikrocontroller Atmel 8051 fünf Leitungen gegen Masse benötigt, davon eine Hinleitung für die Daten (DOUT). Statt des LTC1090 kann der pinkompatible LTC1290 für 12 Bit Auflösung eingesetzt werden.

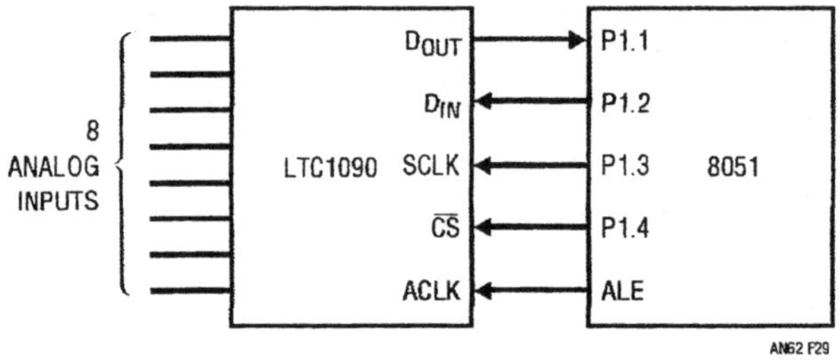

Abb. 7.2: Quelle: Kevin R. Hoskins, Data Acquisition Circuit Collection, Linear Technology Application Note 62

7.3 LTC1090/1290 am MC68HC05C4

Der LTC1096 benötigt als 10-Bit-Datenerfassungssystem für unipolare und bipolare Übertragung nur vier Verbindungsleitungen, wenn er einen Motorola-Mikrocontroller MC68HC05C4 bedienen soll. In *Abb. 7.3* ist das gezeigt. Die Daten kommen an das Pin MISO des MC68HC05C4. Also handelt es sich auch hier um eine serielle Übertragung.

Statt des LTC1090 kann der pinkompatible LTC1290 für 12 Bit Auflösung eingesetzt werden.

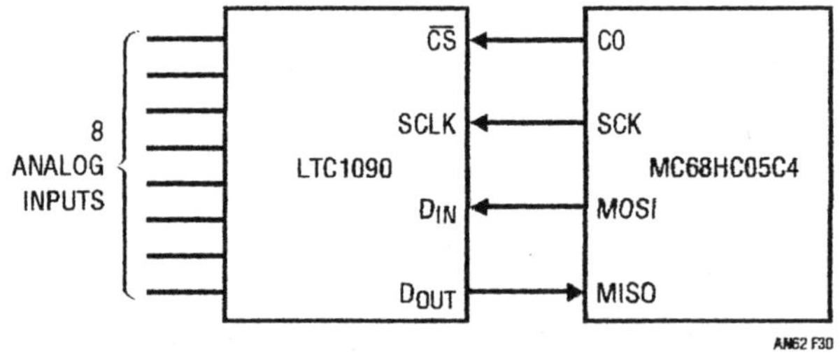

Abb. 7.3: Quelle: Kevin R. Hoskins, Data Acquisition Circuit Collection, Linear Technology Application Note 62

7.4 LTC1090/1290 am HD63705

Wenn der LTC1090 auf einen Mikrocontroller vom Typ HD63705 (Hitachi) arbeiten soll, werden vier Verbindungsleitungen benötigt, siehe *Abb. 7.4*. Die seriell übermittelten Daten liegen am Pin RX des Mikrocontrollers.

Statt des LTC1090 kann der pinkompatible LTC1290 für 12 Bit Auflösung eingesetzt werden.

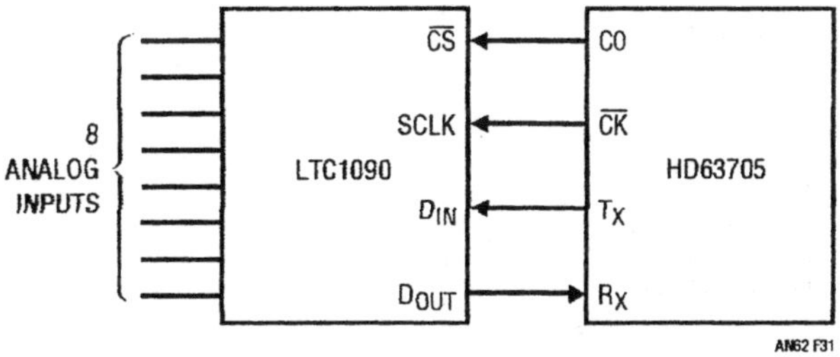

Abb. 7.4: Quelle: Kevin R. Hoskins, Data Acquisition Circuit Collection, Linear Technology Application Note 62

7.5 LTC1091/1291 am 8051

Der LTC1091 ist ein serielles 10-Bit-Datenerfassungssystem mit zwei Kanälen. Weitere Familienmitglieder sind LTC1092 mit einem Kanal, LTC1093 mit sechs Kanälen und LTC1094 mit acht Kanälen. *Abb. 7.5* skizziert die Verbindung mit einem Mikrocontroller 8051. Es werden nur drei Leitungen benötigt.

Ersetzt man den LTC1091 mit dem pinkompatiblen LTC1291, hat man 12 Bit Auflösung.

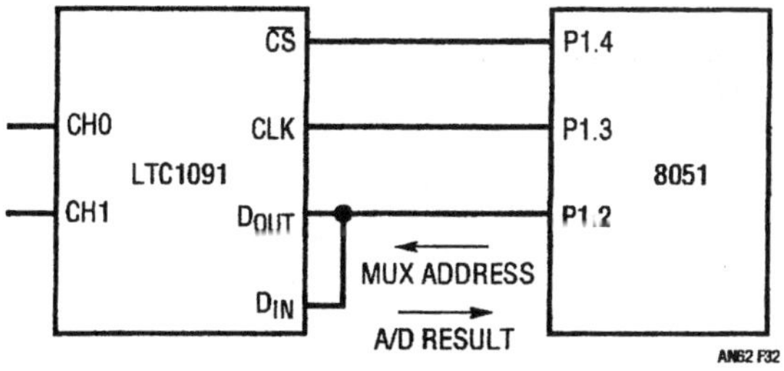

Abb. 7.5: Quelle: Kevin R. Hoskins, Data Acquisition Circuit Collection, Linear Technology Application Note 62

7.6 LTC1091/1291 am MC68HC05C4

Eine serielle Verbindung zwischen dem LTC1091 und dem Motorola-Mikrocontroller MC68HC05C4 zeigt *Abb. 7.6*. Vier Leitungen sind erforderlich.

Ersetzt man den LTC1091 mit dem pinkompatiblen LTC1291, hat man 12 Bit Auflösung.

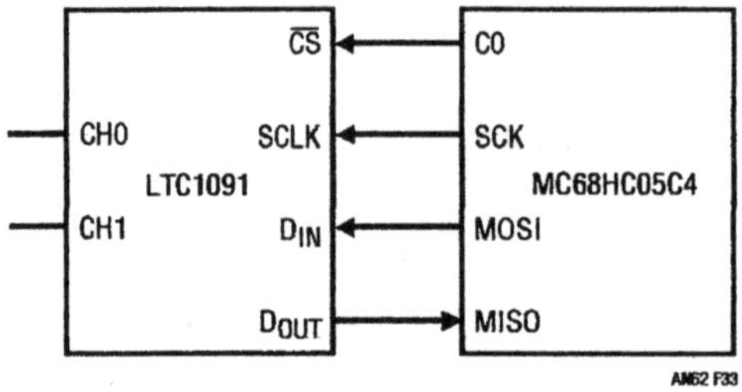

Abb. 7.6: Quelle: Kevin R. Hoskins, Data Acquisition Circuit Collection, Linear Technology Application Note 62

7.7 LTC1095 am 8051

Der Baustein LTC1095 ist ein serielles Mikrocontroller-Interface im SOIC8-Gehäuse. Sechs analoge Single-Ended-Eingänge stehen zur Verfügung. In *Abb. 7.7* ist die Verbindung mit dem Mikrocontroller 8051 gezeigt.

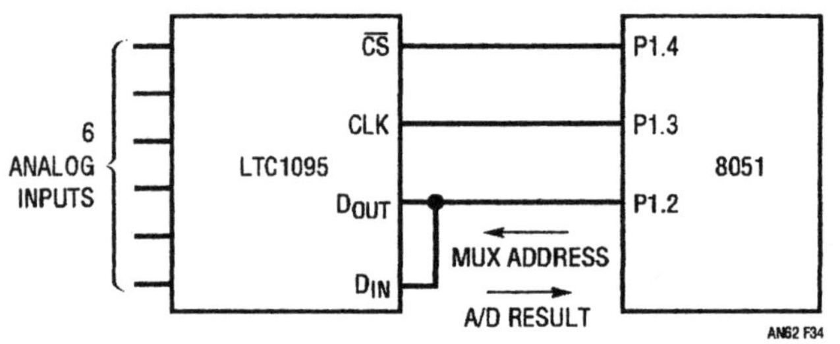

Abb. 7.7: Quelle: Kevin R. Hoskins, Data Acquisition Circuit Collection, Linear Technology Application Note 62

7.8 LTC1095 am MC68HC05C4

Wird der Baustein LTC1095 mit dem Motorola-Mikrocontroller MC68HC05C4 verbunden, so sind gemäß *Abb. 7.8* vier Leitungen erforderlich. Die serielle Datenleitung geht an das Pin MISO des Mikrocontrollers.

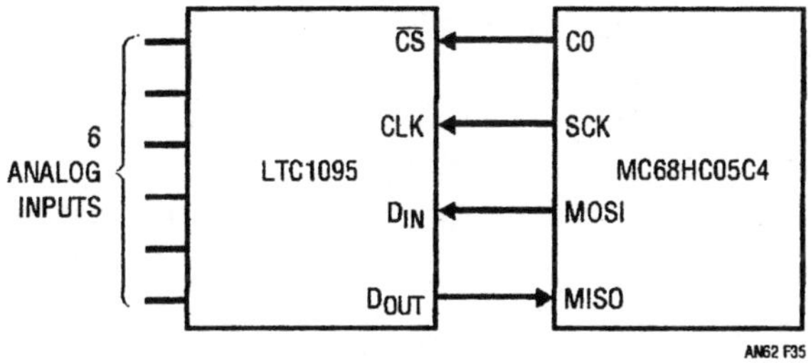

Abb. 7.8: Quelle: Kevin R. Hoskins, Data Acquisition Circuit Collection, Linear Technology Application Note 62

7.9 LTC1282 am TMS320C25

Der LTC1282 ist ein 12-Bit-Analog/Digital-Wandler für Betriebsspannungen ab 3 V. Er besitzt eine interne Referenzquelle und verarbeitet Daten mit 140 kS/s. In *Abb. 7.9* ist die grundsätzliche Zusammenschaltung mit dem bewährten DSP (Digital-Signal Processor) TMS320C25 von Texas Instruments gezeigt. Dieser 16-Bit-DSP stammt aus der zweiten Generation der TI-DSPs. Die Datenübertragung erfolgt grundsätzlich parallel, da hohe Verarbeitungsgeschwindigkeit an erster Stelle steht.

Neben dem Datenbus führen drei Leitungen zum LTC1282.

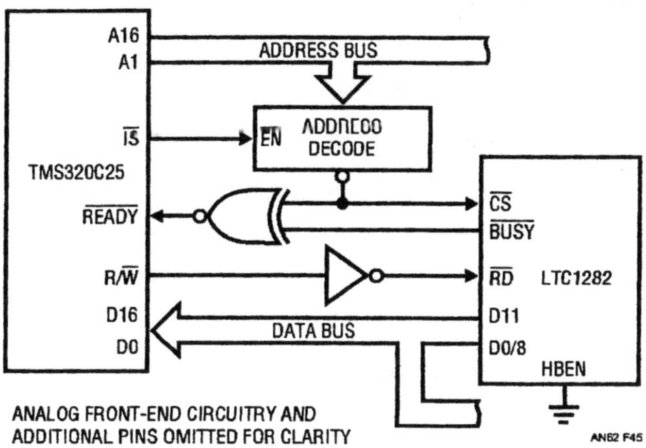

Abb. 7.9: Quelle: Kevin R. Hoskins, Data Acquisition Circuit Collection, Linear Technology Application Note 62

7.10 LTC1272/1273/1275/1276 am TMS320C25

Bei den Bausteinen LTC1272/1273/1275/1276 von Linear Technology handelt es sich um High-Speed-Analog/Digital-Wandler. Diese 12-Bit-Sampling-ADCs (Analog-Digital Converter) sind kondensatorbasiert und haben Verzögerungszeiten von um 3 µs.

In *Abb. 7.10* ist die Zusammenschaltung mit dem TMS320C25 gezeigt. Der Datenbus ist 12 Bit breit. Daneben genügt eine Leitung.

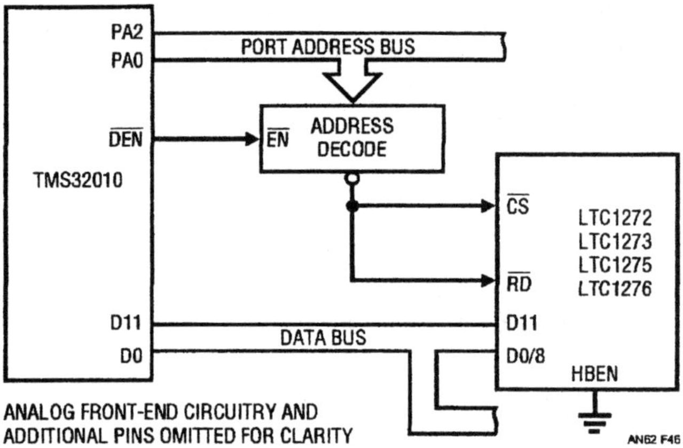

Abb. 7.10: Quelle: Kevin R. Hoskins, Data Acquisition Circuit Collection, Linear Technology Application Note 62

7.11 LTC1278 am TMS320C25

Bei dem Baustein LTC1278 handelt es sich um einen 12-Bit-Analog/Digital-Wandler, der mit 500 kS/s abtastet. Er lässt sich in den Shut-Down-Modus schalten.

Wie der LTC1278 mit dem Texas Instruments DSP Board zusammenarbeitet, ist grundsätzlich in *Abb. 7.11* gezeigt. Neben dem Datenbus sind zwei Leitungen erforderlich.

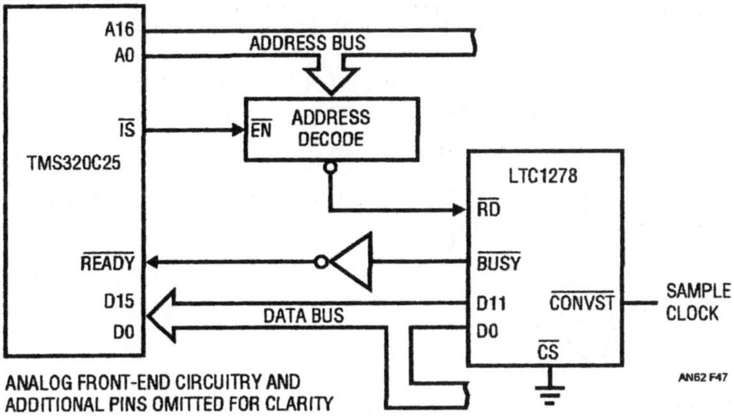

Abb. 7.11: Quelle: Kevin R. Hoskins, Data Acquisition Circuit Collection, Linear Technology Application Note 62

7.12 12-Bit-Datenerfassung mit Differenzeingang

In der Schaltung nach *Abb. 7.12* wird der Mikropower-A/D-Wandler LTC1286 benutzt, der einen Differenzeingang bietet und ein SO-8-Gehäuse besitzt. Er wird von einer 2,5-V-Referenzspannungsquelle unterstützt. Die Verbindung zum Mikrocontroller wie 8051 erfolgt über drei Leitungen. Das ganze System kann sehr Platz sparend aufgebaut werden.

7.13 ADC12038 an verschiedenen Mikrocontrollern

Der Analog/Digital-Wandler ADC12038 kann vorteilhaft mit verschiedenen Mikrocontrollern zusammenwirken.

Abb. 7.13 zeigt die Zusammenschaltung mit einem Mikrocontroller 68HC11 von Motorola. Vier Leitungen sind erforderlich. Das L-Signal aus Port B wird genutzt, um den ADC zu aktivieren (Bit 0).

Abb. 7.14 zeigt die Verbindung mit einem HPC-Mikrocontroller von National Semiconductor. Vier Leitungen werden benötigt. Die ADC-Aktivierung erfolgt über L-Pegel aus mit Bit 6.

Wie *Abb. 7.15* zeigt, benötigt man für das Zusammenwirken mit dem Intel 8051 nur drei Verbindungsleitungen, wobei der ADC aber ständig aktiv ist.

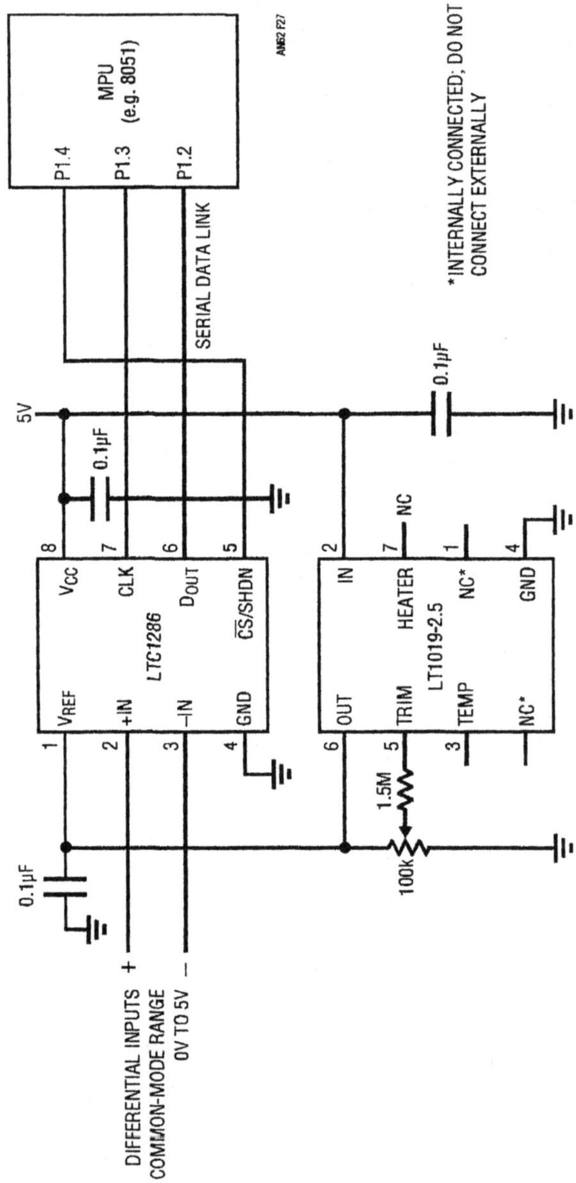

Abb. 7.12: Quelle: Kevin R. Hoskins, Data Acquisition Circuit Collection, Linear Technology Application Note 62

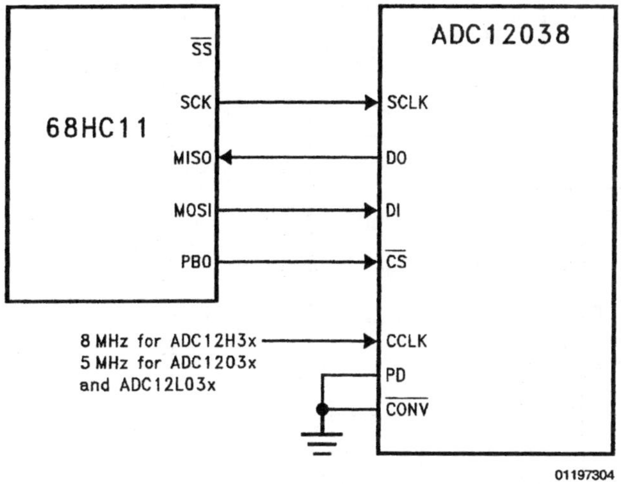

Abb. 7.13: Quelle: National Semiconductor Application Note 929

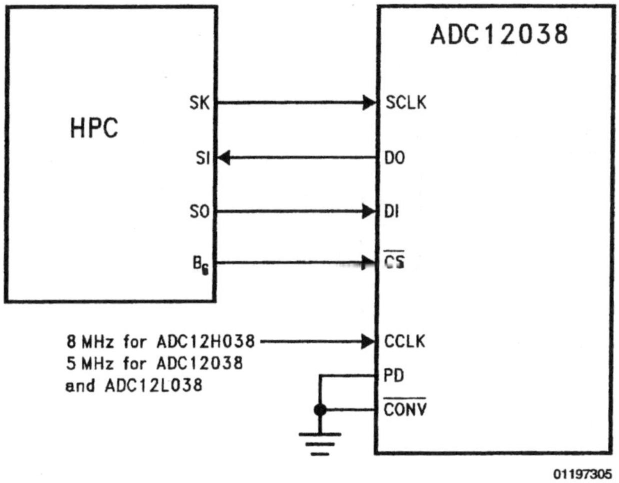

Abb. 7.14: Quelle: National Semiconductor Application Note 929

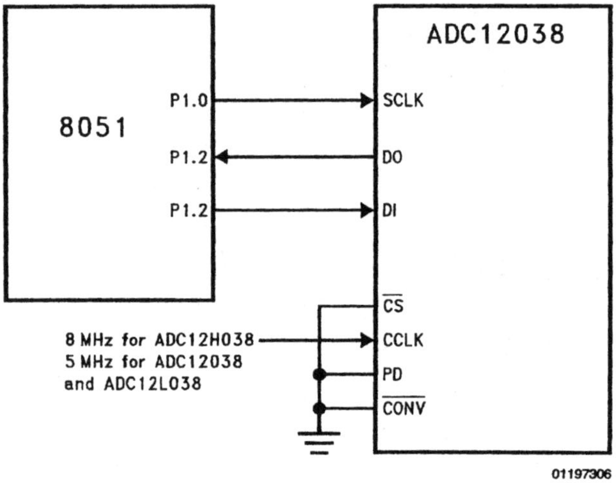

Abb. 7.15: Quelle: National Semiconductor Application Note 929

7.14 SPI für 68HC11/ADC12038

In *Abb. 7.16* ist die Verbindung zwischen einem Motorola-68HC11EVB und dem ADC12038 etwas konkreter ausgeführt. Beispielsweise wird ein 5-MHz-Oszillatormodul vorgeschlagen. Der ADC kann mit seinem Single-Ended-Eingang Spannungen bis 4,096 V verarbeiten. Auf der Stromversorgungsseite dieses Serial Peripheral-Interfaces (SPI) finden sich eine Z-Diode und eine Spannungsregler-IC.

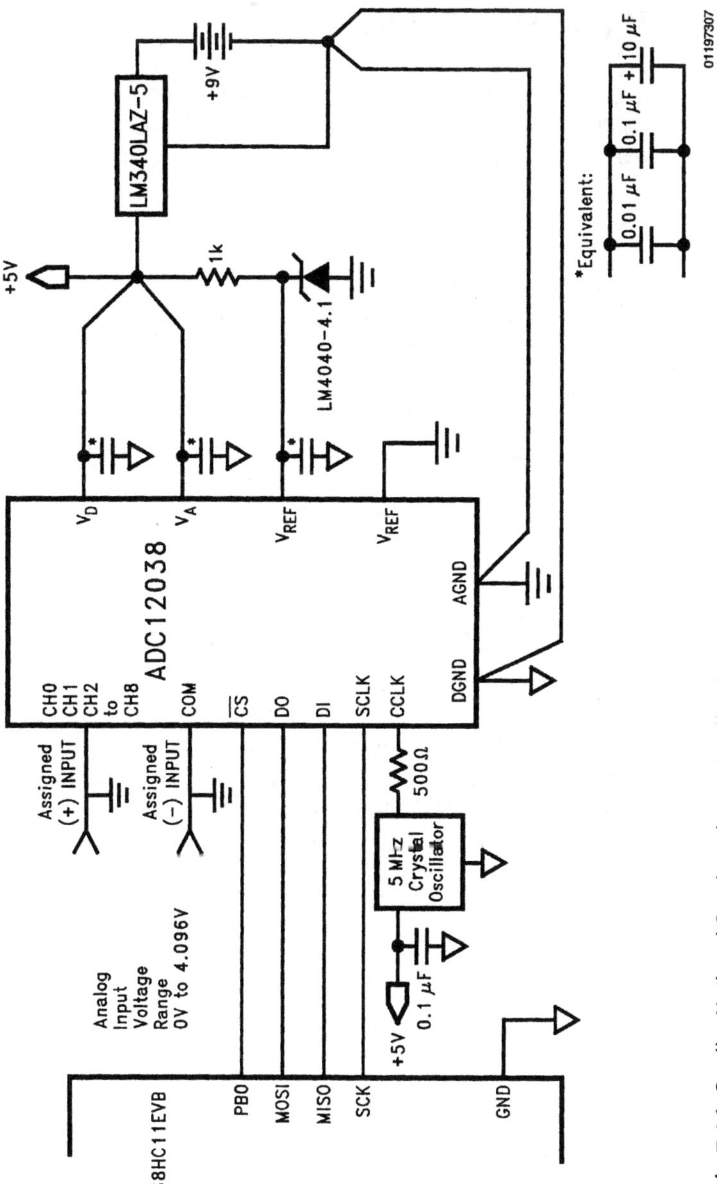

Abb. 7.16: Quelle: National Semiconductor Application Note 929

7.15 ADC MCP3201 am 8051

In *Abb. 7.17* ist die Anschaltung eines Analog/Digital-Wandlers vom Typ MCP3201 an einen Mikrocontroller aus der 8051-Familie gezeigt. Es genügen drei Verbindungsleitungen. Es sind zwei Methoden (I/O-Port und synchronisiert seriell) möglich.

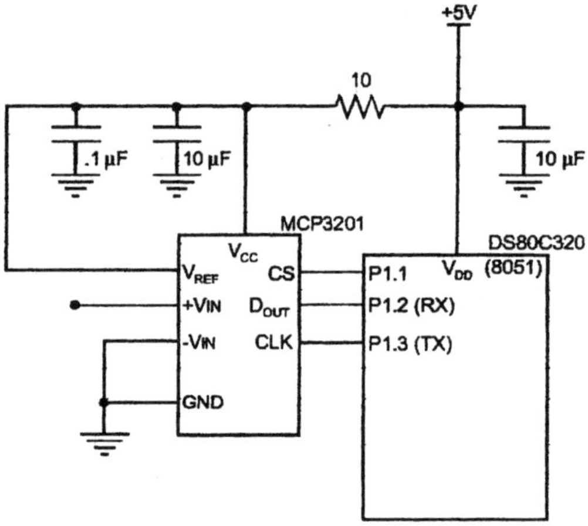

Abb. 7.17: Quelle: Lee Studley, Interfacing Microchip MCP3201 A/D Converter to 8051-Based Microcontroller, Microchip Application Note 702

7.16 Audiosystem mit vier Ein- und neun Ausgängen

Im AD1836 stecken ein Vierkanal-Analog/Digital-Wandler und ein Sechskanal-Digital/Analog-Wandler. Der AD1953 gehört zur DSP-Klasse, welche nach dem Sigma-Prinzip verarbeitet. Er enthält einen dreikanaligen Digital/Analog-Wandler mit Differenzausgängen und Audio-DSP-Stufen. Dieser Baustein kann für Equalizer, dynamisches Processing, Stereoaufbereitung und andere Audioanwendungen benutzt werden. Zusammen können diese Bausteine, wie es in *Abb. 7.18* dargestellt ist, leicht genutzt werden, um ein Audiosystem mit DSP und vier Eingängen sowie neun Ausgängen aufzubauen. Ein solches System ist beispielsweise für die Beschallung in PKWs geeignet.

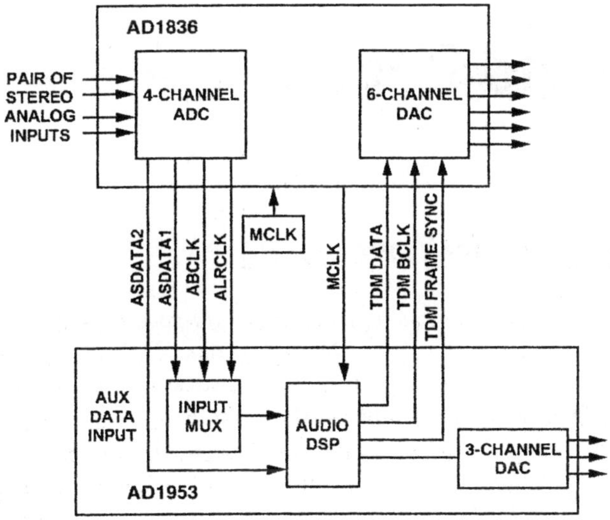

Abb. 7.18: Quelle: Jerad Lewis, Using the AD1836 and AD1953 for a 4-In/9-Out Analog System with DSP, Analog Devices Application Note 620

8 Steuern und Regeln

8.1 Mikrocontroller mit Timerfunktion

Die Schaltung in *Abb. 8.1* ist ein programmierbarer Timer mit zwei Ausgängen. OUT1 wird durch Druck auf Taste RED aktiviert. Die rote LED leuchtet dann für eine vorbestimmte Zeit. OUT2 zeigt entgegengesetztes Verhalten: Nach Druck auf den Taster GREEN erlischt die grüne LED, um sich nach einer vorbestimmten Zeit wieder zu melden. Beide Kanäle können jederzeit durch Druck auf den Taster GREEN deaktiviert werden. Die Siebensegment-Anzeigen zeigen die verbleibende Zeit in Sekunden an.

Durch die Oszillatorbeschaltung entsteht ein Echtzeit-Interrupt alle 8 ms. Der Mikrocontroller multipliziert diese Zeit mit 125. Das gewünschte Zeitintervall wird durch Drücken des Tasters YELLOW programmiert. Mit dem Taster RED kann man die so festgelegte Zeit vermindern.

Die Software ist unter www.ednmag.com und „Search Databases" im Software Center als Design Idea 2629 erhältlich.

8.2 Dualer Timer mit vier Ausgängen

Die Timerschaltung nach *Abb. 8.2* ist vielseitig einsetzbar und verursacht geringe Kosten. Die Assembler-Software, welche unter www.edn.com/050609di2 zur Verfügung steht, kann leicht individuellen Zwecken angepasst werden.

Der Mikrocontroller wird intern mit 12,8 MHz getaktet; dieser Takt wird intern durch 3 und dann noch einmal durch 64 geteilt. Es entstehen 50 kHz, die Frequenz, welche ein Timer Modulo Counter nutzt, um die 1-Hz-Basis zu generieren.

Zwei Gruppen von je vier Schaltern legen die beiden Zeitintervalle von je 1...16 s fest. Jeder Timer hat zwei Ausgänge, deren Reaktion das Diagramm verdeutlicht.

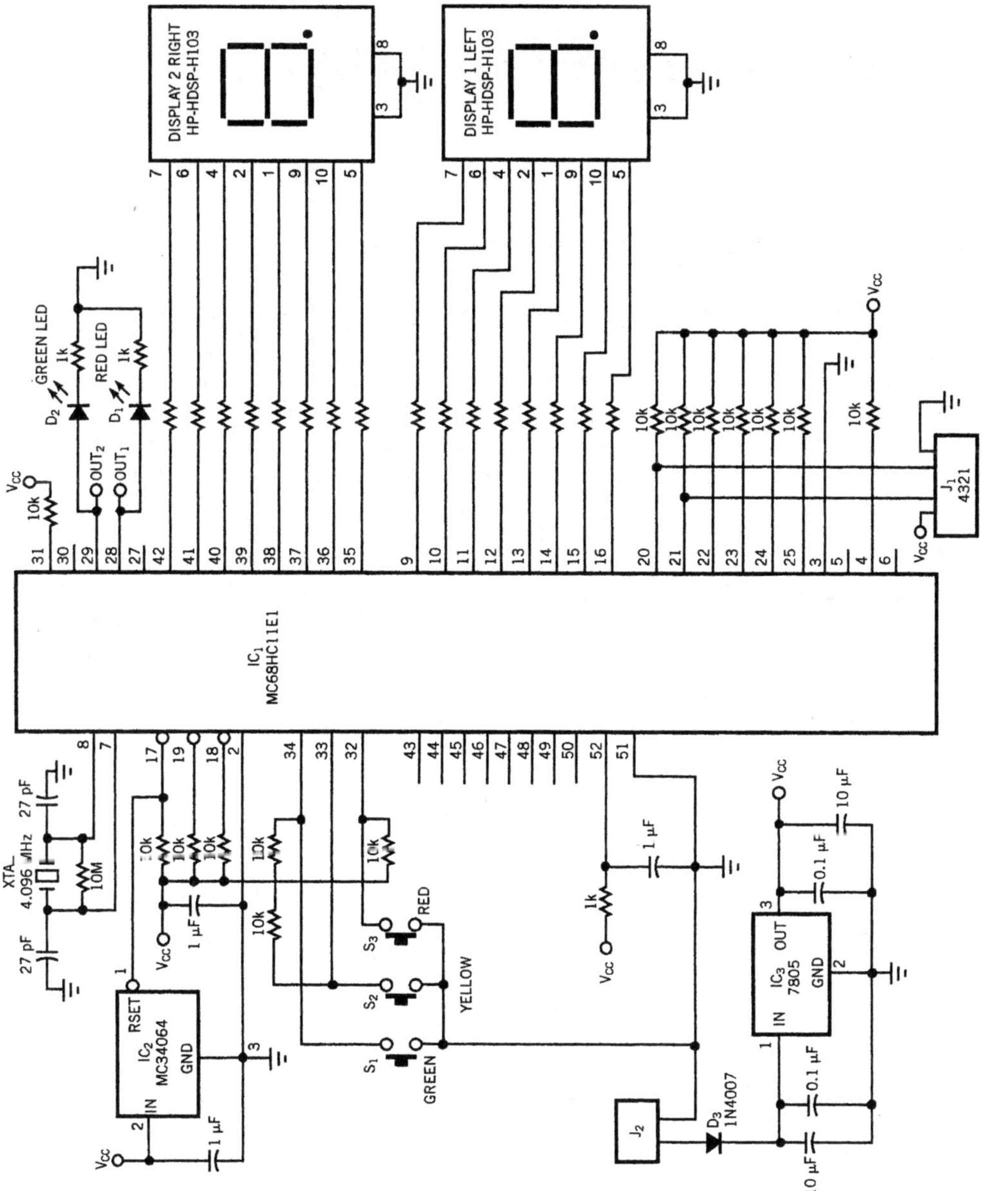

Abb. 8.1: Quelle: Toto Smailagich, µC provides timer function, EDN January 4, 2001

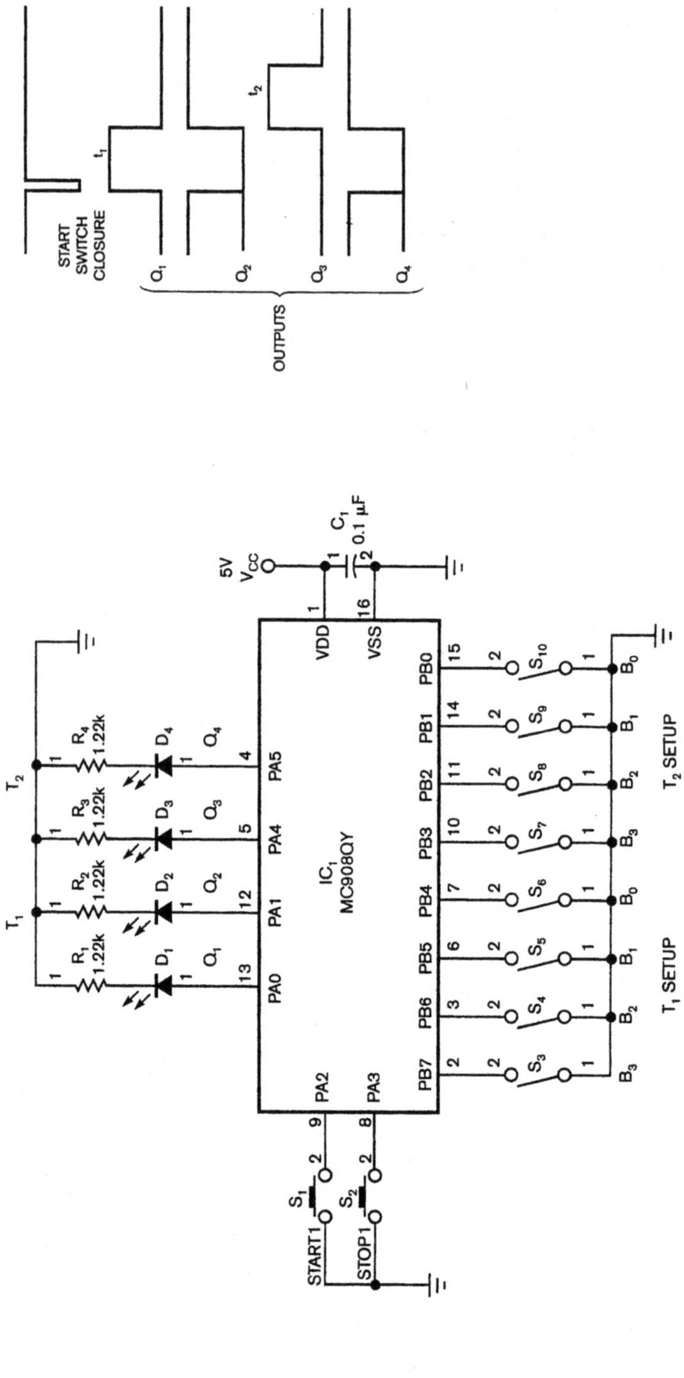

Abb. 8.2: Quelle: Tito Smailagich, Microprocessor-based dual timer features four outputs, EDN June 9, 2005

8.3 IR-Fernsteuerungs-Repeater

Die Schaltung nach *Abb. 8.3* empfängt das Signal einer Infrarot-Fernsteuerung vom TV oder DVD-Player und sendet es wieder aus. Damit ist beispielsweise eine Steuerung möglich, wenn sich das zu steuernde Gerät an einem Platz befindet, der nicht oder nicht sicher vom gewünschten Ort der Betätigung erreichbar ist.

Der verwendete 40-kHz-Träger erlaubt die Übertragung von bis zu 25 Instruktionen. Auch ein 38,4- oder 37-kHz-Träger mit einem Tastverhältnis bei 0,15 kann erzeugt werden.

Die Frequenzen sind über den Source Code festlegbar, sodass ein einziger programmierter GPIO5 am PIC die Auswahl von zwei Frequenzen erlaubt.

Die Modulation erfolgt über die logischen Pegel an GPIO2. Dieser Anschluss führt grundsätzlich zu einem IR-Decoder-IC.

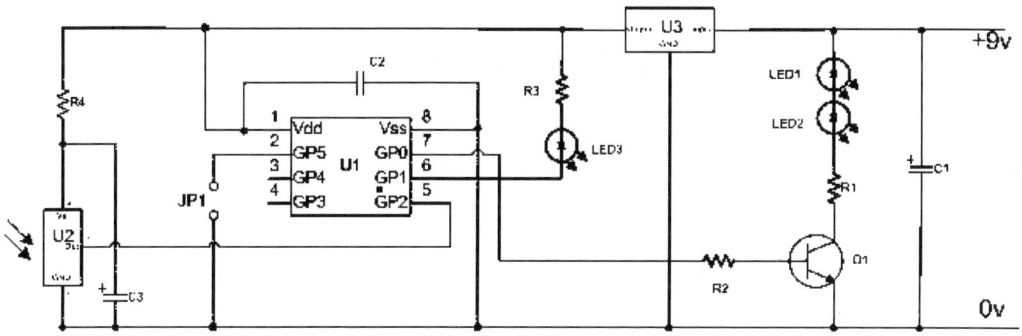

JP1 open - carrier frequency ~38Khz
JP1 closed - carrier frequency ~ 39.5Khz
Duty cycle set in software at ~ 15%

Typically the IR Leds will be located in the room where the equipment to be operated is located while the receiver and control circuit is in the location you are controlling from.

U1 PIC12F675 (12F629 should also work with the code but see notes in the source file)

I've successfully operated this circuit with a single IR LED. If you do this, increase the value of R1 to 68 ohms.

Component List

R1	33R
R2	4K7
R3	270R
R4	100R
C1	220uF
C2	100nF
C3	47uF
LED1,2	TSUS5400
LED3	3mm Hi Efficiency
U1	PIC 12F675
U2	TSOP2238
U3	78L05
Q1	BC548

Abb. 8.3: Quelle: IR Remote Control Repeater, http://picprojects.org.uk

8.4 Flankengetriggerter Timer mit vier Ausgängen

Die Timerschaltung nach *Abb. 8.4* stellt vier Ausgänge mit wählbaren Verzögerungen zur Verfügung.

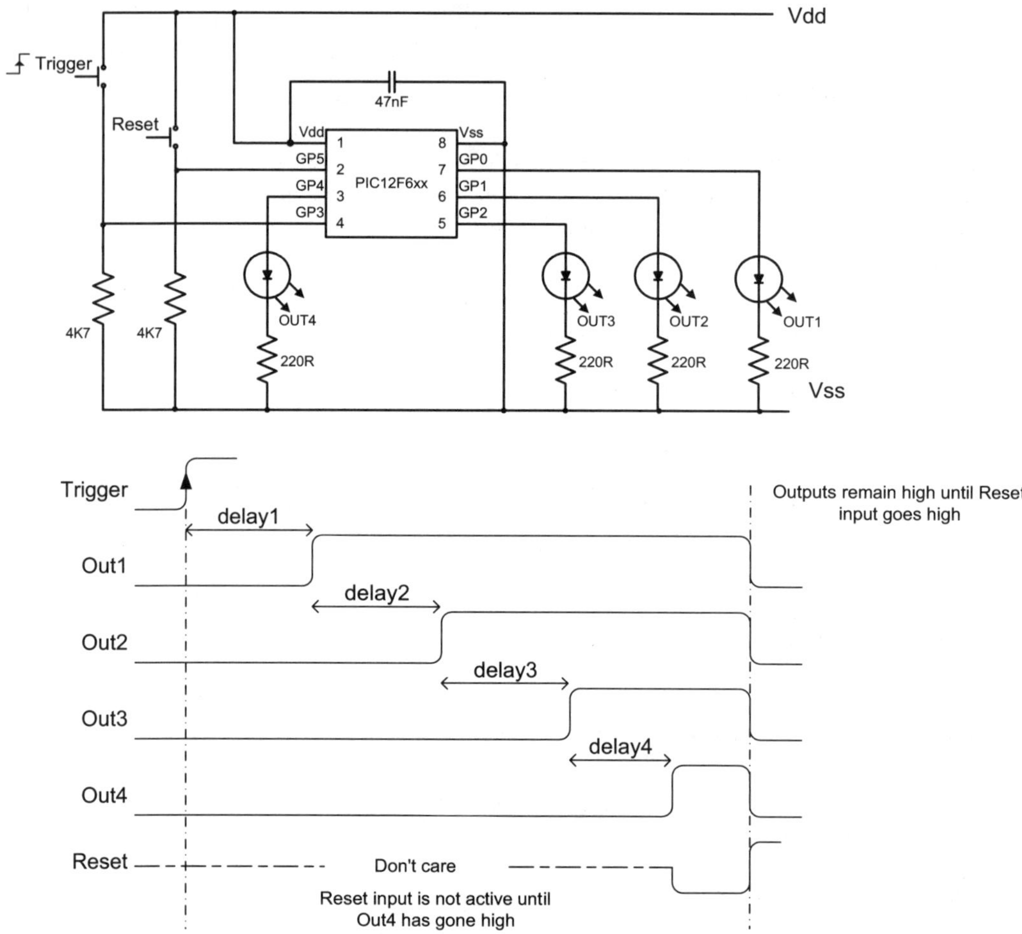

Abb. 8.4: Quelle: Edge triggered timer with four delayed outputs, http://picprojects.org.uk

Der Source Code passt zu den PICs 12F629, 12F675 oder 12F683.

Eine ansteigende Flanke am Trigger-Eingang startet den Timer. Nach Ablauf der programmierten Zeit nimmt Output 1 H-Pegel ein, und eine zweite Verzögerungszeit wird gestartet. Ist diese verstrichen, nimmt Output 2 H-Pegel ein usw.

Alle Verzögerungszeiten können vom Nutzer programmiert werden.

Über den Reset-Eingang lässt sich das Programm wieder in den ursprünglichen Wartezustand versetzen.

Die Verzögerungszeiten können in den Bereichen 0 bis 255 ms in Millisekunden-Intervallen oder 0 bis 25.500 ms in 100-ms-Schritten festgelegt werden.

8.5 Garten-Timer

Die Beleuchtung im Garten kann man mit Zeitschalter-Steckdosenaufsätzen steuern. Diese Einstellungen muss man aber von Zeit zu Zeit (z. B. wöchentlich) dem Monat anpassen, denn die Dunkelheit bricht bekanntlich je nach Jahreszeit früher oder später herein.

Nimmt man einen Mikrocontroller zu Hilfe, kann man in diesem eine Kalenderfunktion programmieren. Die Schaltzeitanpassung erfolgt dann automatisch.

Mit der Schaltung nach *Abb. 8.5* können zudem drei Relais für Licht gesteuert werden, z. B. für die Beleuchtung in der Mitte und auf beiden Seiten des Gartens. Hinzu kommt ein Relais für eine Pumpe.

Vier Grundzustände sind möglich: immer aus, immer ein, von abends bis zum Morgen oder von abends bis zu einer voreingestellten Zeit.

8.6 Beleuchtungssteuerung per Fernbedienung

Die in *Abb. 8.6* gezeigte Schaltung erlaubt es, eine Lichtquelle, die am Hausnetz liegt, mit der bereits beispielsweise für den Fernseher vorhandenen Fernbedienung zu steuern. Voraussetzung ist die verbreitete RC5/RC6-Codierung.

Die Schaltung enthält fünf integrierte Bausteine, als Mikrocontroller ist der PIC12F629 vorgesehen.

Für dieses Projekt ist ein Bausatz erhältlich.

Für eventuelle Schäden beim Nachbau übernehmen Autor und Verlag keine Haftung.

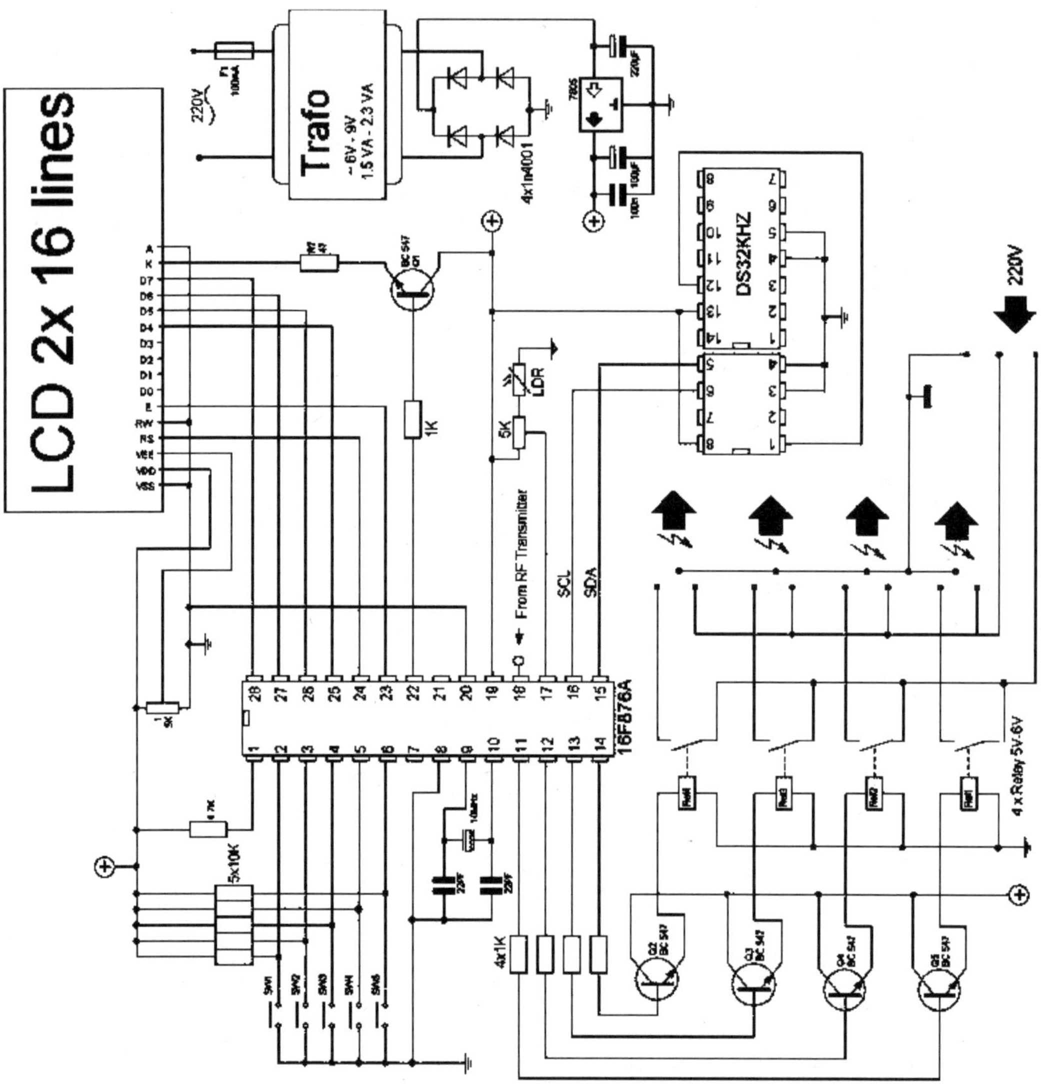

Abb. 8.5: Quelle: Frank Sloep, Garden Timer with Remote Control, http://users.picbasic.org

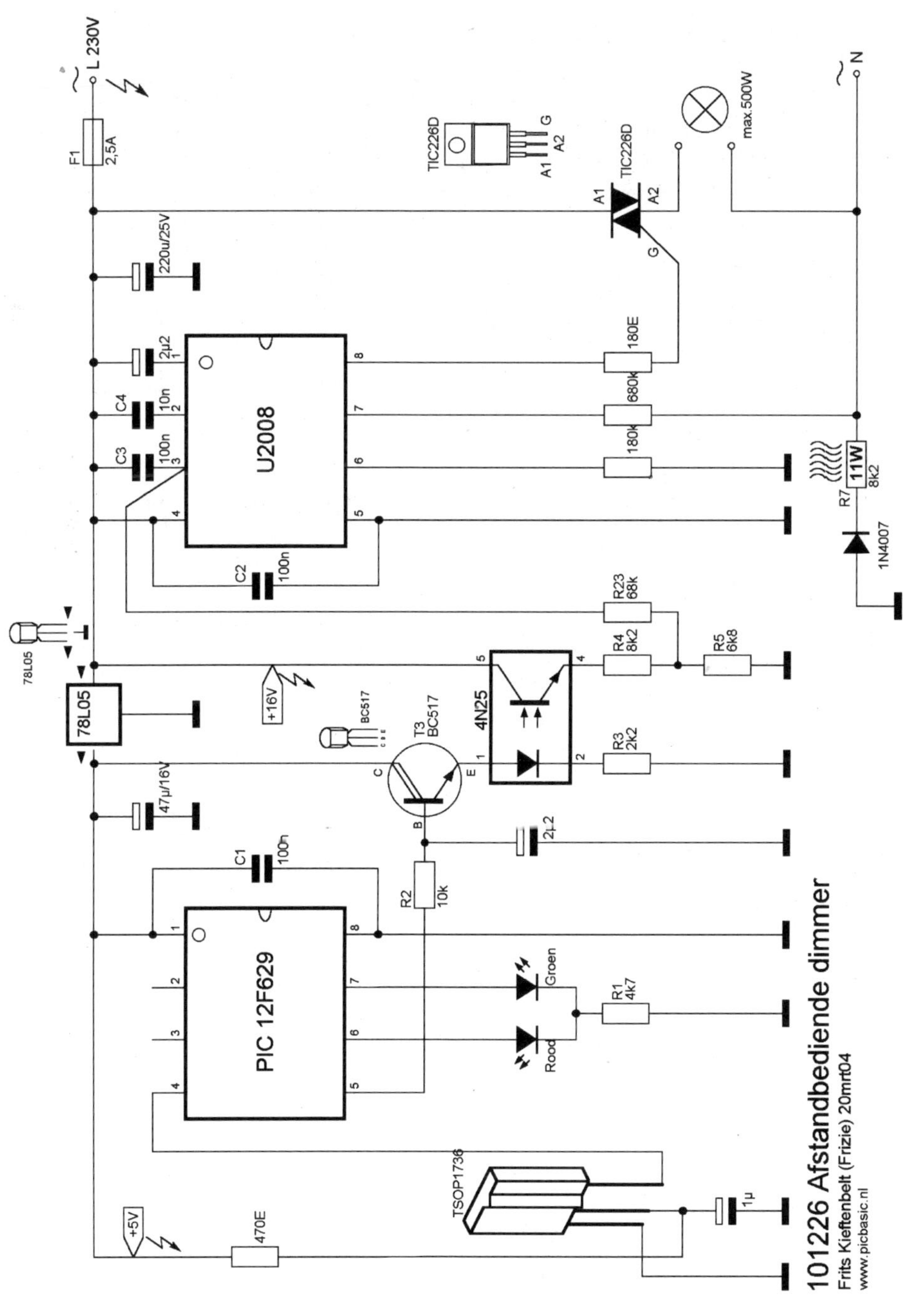

Abb. 8.6: Quelle: Frits Kieftenbelt, Wireless controlled lightdimmer, www.picbasic.nl

8.7 Universeller RC5/RC6-Sender/Empfänger

Die Schaltung nach *Abb. 8.7* kann Infrarot-Fernsteuersignale, die nach R5, R5x oder R6 codiert sind, sowohl empfangen und auf einem LC-Display darstellen als auch senden. Der Baustein TSOP1736 ist ein IR-Empfänger. Die LEDs 1, 2 und 3 informieren über den eingestellten Betriebszustand. Die LEDs 4 und 5 sind IR-Sendedioden.
Ein Bausatz ist erhältlich.

8.8 Fernbedienungs-Code-Tester

Die Schaltung nach *Abb. 8.8* ist eine Vereinfachung der eben besprochenen Schaltung. Sie testet das Fernbedienungssignal und stellt es auf dem HD44780-kompatiblen LC-Display dar.

Der TSOP1736 ist ein 36-kHz-IR-Empfänger. Module für andere Frequenzen sind möglich.

Ein Bausatz ist verfügbar.

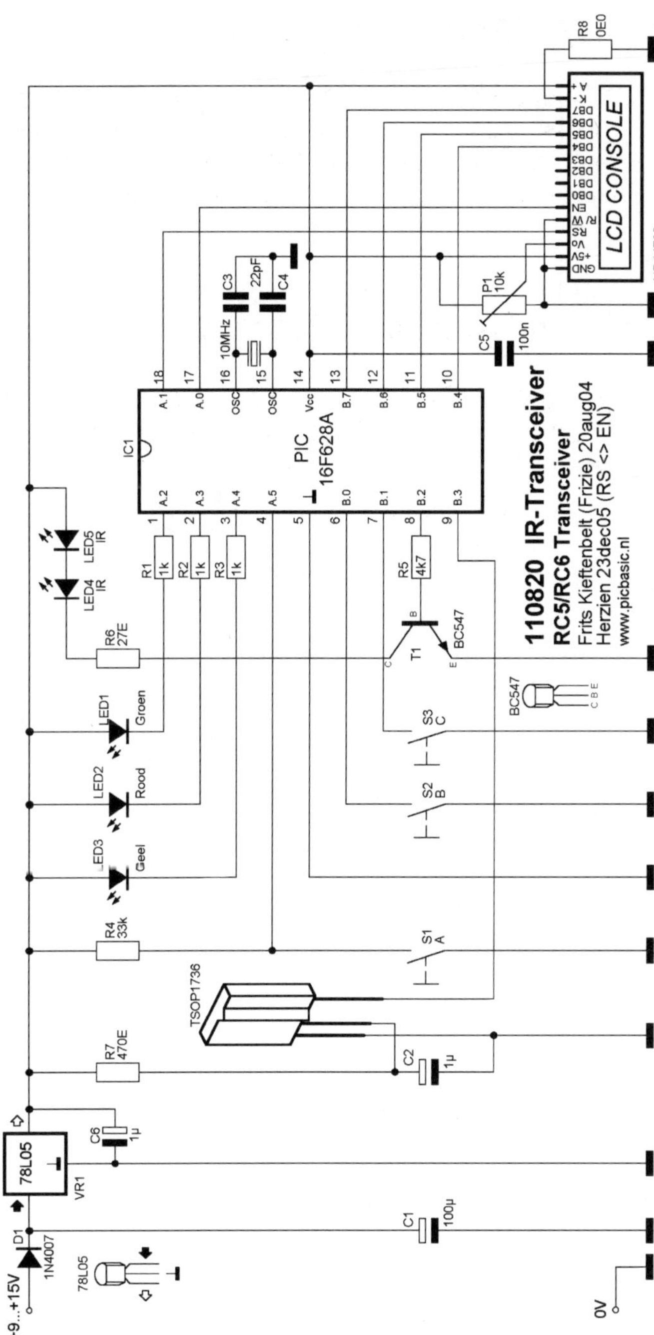

Abb. 8.7: Quelle: Frits Kieftenbelt, Universal RC5/RC6 transceiver, www.picbasic.nl

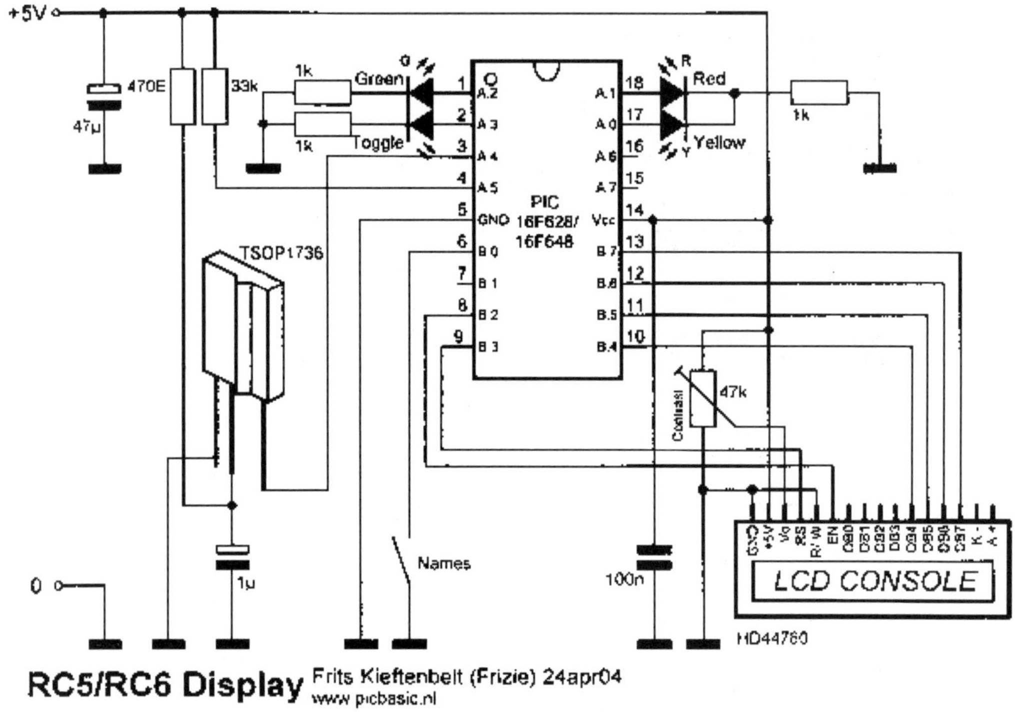

Abb. 8.8: Quelle: Frits Kieftenbelt, The TV-remote RC5/RC6 codes on a LCD, www.picbasic.nl

8.9 Eigenbau-IR-Fernsteuerung

Die obigen Schaltungen basieren auf Fernsteuerungen mit RC5- oder RC6-Code. Hat man eine solche Fernsteuerung nicht oder sind alle Befehle (Tasten) belegt, dann kann man sich eine eigene Fernsteuerung mit einem Mikrocontroller gemäß Schaltung in *Abb. 8.9* bauen.

Es ist dabei möglich, eine praktisch unbegrenzte Anzahl von Tasten vorzusehen. Auch hierfür wird ein Bausatz angeboten.

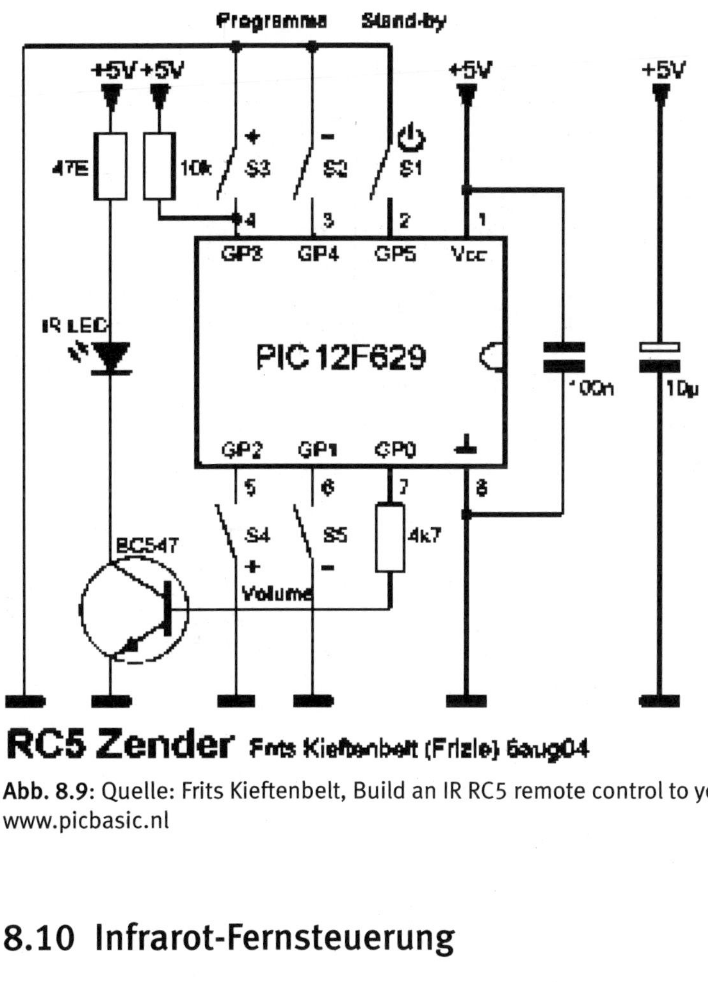

Abb. 8.9: Quelle: Frits Kieftenbelt, Build an IR RC5 remote control to your own wishes, www.picbasic.nl

8.10 Infrarot-Fernsteuerung

Die in *Abb. 8.10* gezeigte Schaltung arbeitet mit dem 8085-Mikroprozessor (8 Bit). Sie soll einen elektrischen Verbraucher ein- und ausschalten. Der Mikroprozessor überwacht kontinuierlich den Infrarot-Sensor, und wenn ein Signal empfangen wird, führt die Software den aktuell im RAM liegenden Befehl aus.

8.11 300-MHz-Funkübertragung

In den Schaltungen nach *Abb. 8.11* und 8.12 werden HF-Module genutzt. Die Antenne ist jeweils etwa 25 cm lang. Das ist ein Viertel der Wellenlänge. Die Reichweite liegt bei 80 m.

Es werden 4 Bit plus eine 8-Bit-Adresse übertragen. Die Baudrate beträgt 1200 bps. Die Mikrocontroller ermöglichen es hier also, mit einem Sender bis zu 256 Empfänger einzeln anzusprechen.

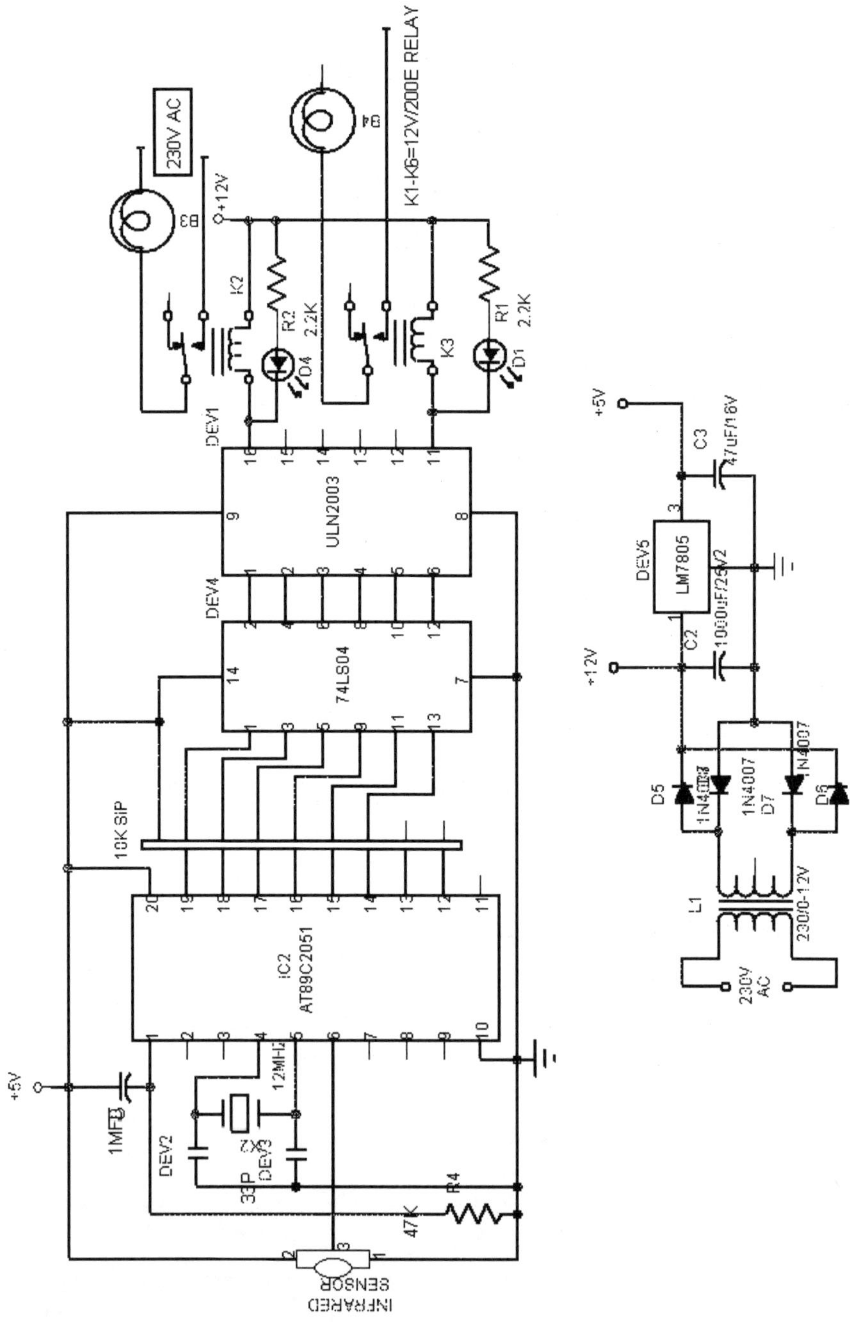

Abb. 8.10: Quelle: J. Binu, Infrared Remote Switch, www.8051projects.info

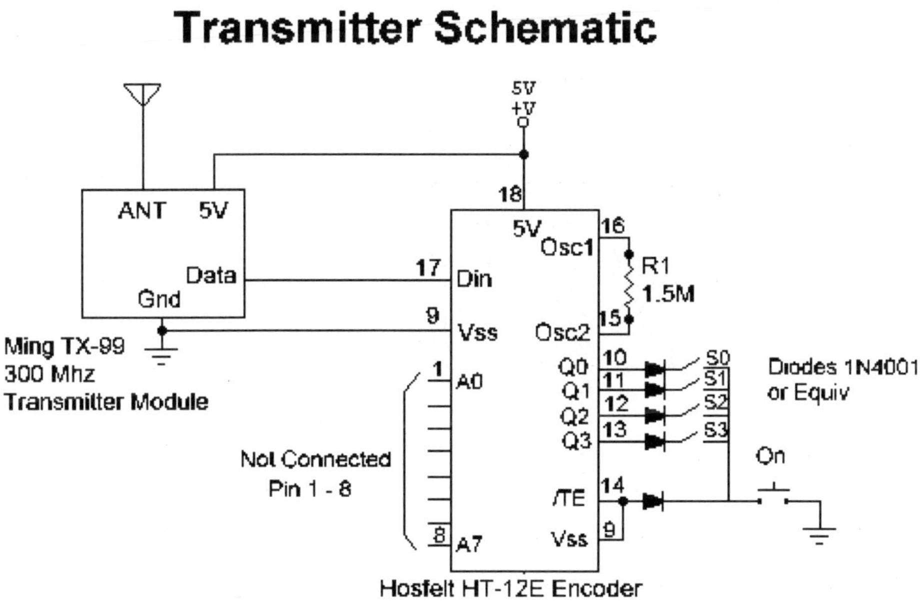

Abb. 8.11: Quelle: Wilson Shaun, RF Remote Control, http://geocities.com/SiliconValley/Orchard/6633/hstamp.html

8.12 Mikrocontroller steuert Lüfter bei Netzversorgung

In der Schaltung nach *Abb. 8.13* wird die niedrige Betriebsspannung für den Mikrocontroller durch den Kondensator C1, der als kapazitiver Vorwiderstand wirkt, erreicht. Es entsteht dadurch im Gegensatz zu einem ohmschen Vorwiderstand fast keine Verlustwärme. Nach der Gleichrichterbrücke erfolgt der Anschluss des DC-Lüftermotors. Die Betriebsspannung für den Mikrocontroller wird mit R2 und D2 aufbereitet. Ein Thermoelement (Thermistor) als Teils eines Spannungsteilers entscheidet über die Spannung am Pin 2. Je nach Temperatur wird der Lüfter gesteuert.

Der Stromverbrauch aus dem Netz liegt unter 100 mA.

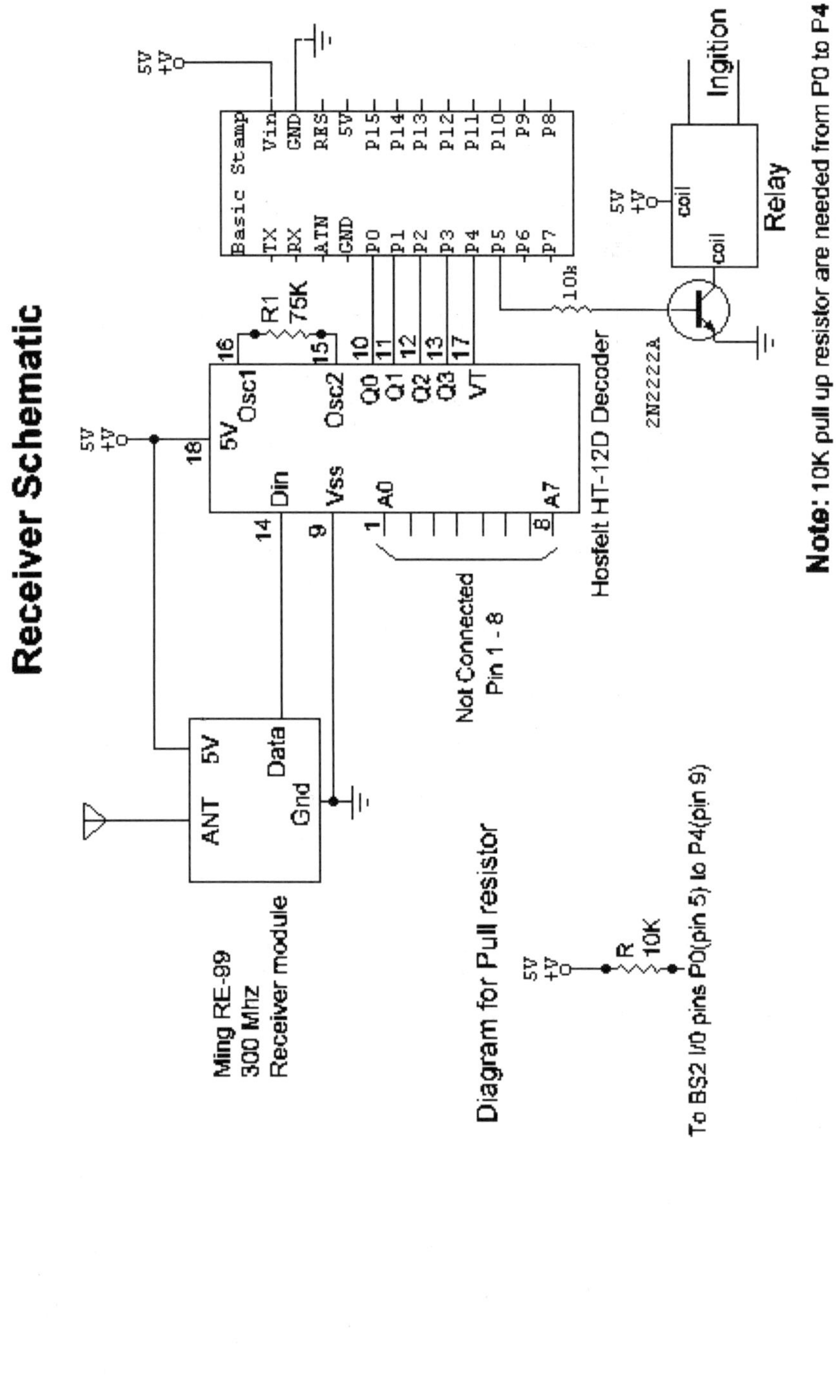

Abb. 8.12: Quelle: Wilson Shaun, RF Remote Control, http://geocities.com/SiliconValley/Orchard/6633/hstamp.html

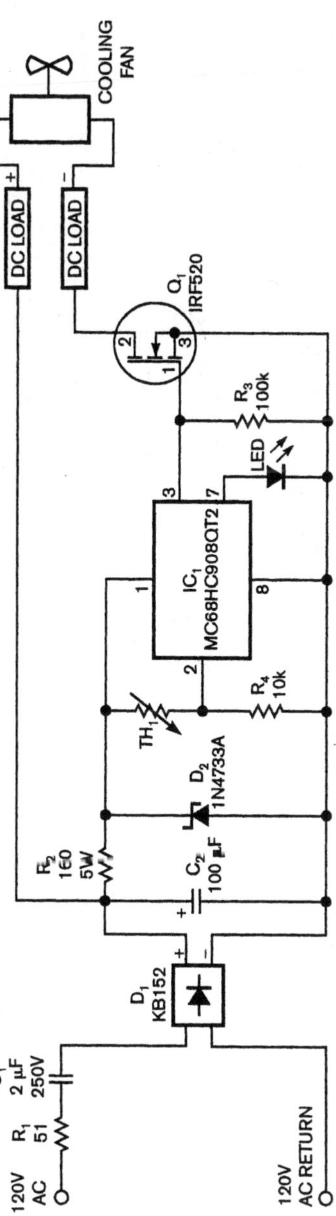

Abb. 8.13: Quelle: Abel Raynus, AC line powers microcontroller-based fan-speed regulator, EDN November 9, 2006

8.13 Mikrocontroller steuert DC/DC-Spannungsquelle

Um einen effizienten Gleichspannungswandler aufzubauen, kann man einen Schaltregler-IC zusammen mit einem Mikrocontroller einsetzen. Wie aus *Abb. 8.14* hervorgeht, ist es dabei möglich, den DC/DC-Teil recht simpel auszuführen. Der Buck-Konverter besteht aus Q1, D1, L1 und C1. Q2 dient als Pegelwandler für den PIC. Eine Optimierung für einen bestimmten Zweck wurde nicht vorgenommen.

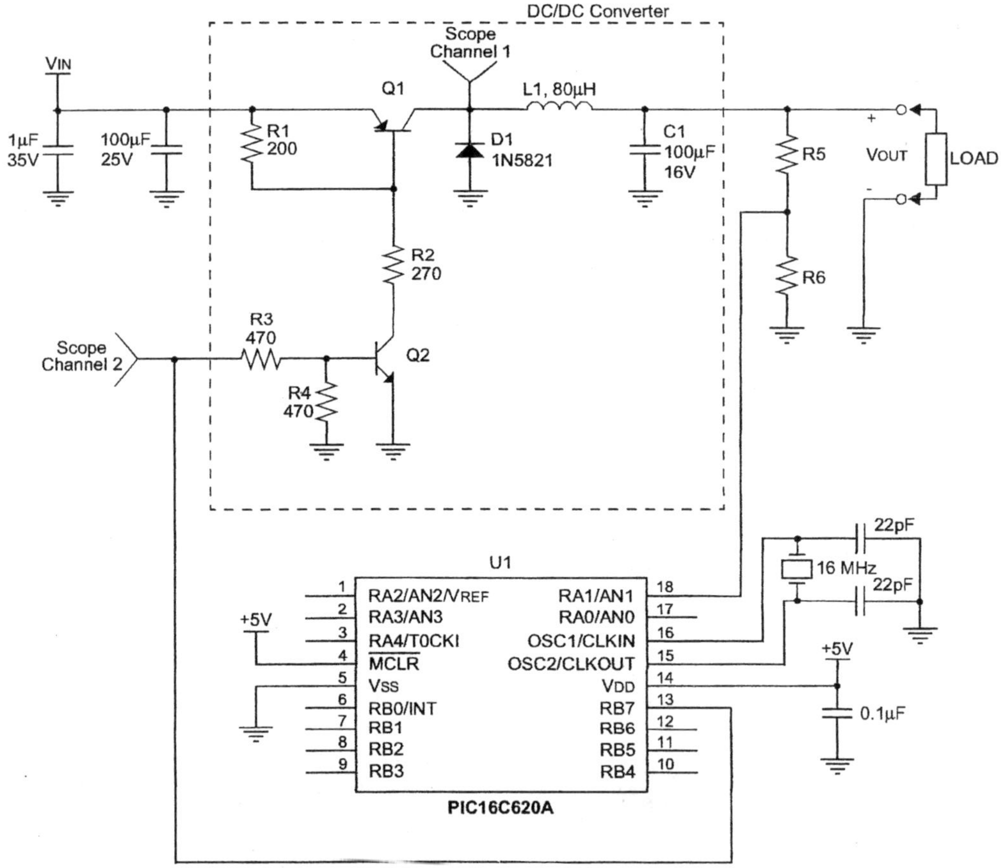

Abb. 8.14: Quelle: Hartono Damawaskita, DC/DC Converter Controller Using a PIC Microcontroller, Microchip Application Note 216

8.14 Mikrocontroller steuert DC/DC-Stromquelle

Vergleicht man die Schaltung nach *Abb. 8.15* mit der eben gezeigten Schaltung, so erkennt man kaum einen Unterschied. Pin 18 fühlt jetzt nicht einen Teil der Ausgangsspannung, sondern eine dem Ausgangsstrom proportionale Teilspannung, die über R6 gewonnen wird. Somit sorgt der PIC nun für einen konstanten Ausgangsstrom.

Der Vergleich der beiden Schaltungen kann helfen, die in Akademikerkreisen vorhandene Vorstellung, Spannungs- und Stromquelle würden sich grundsätzlich unterscheiden, richtig zu interpretieren.

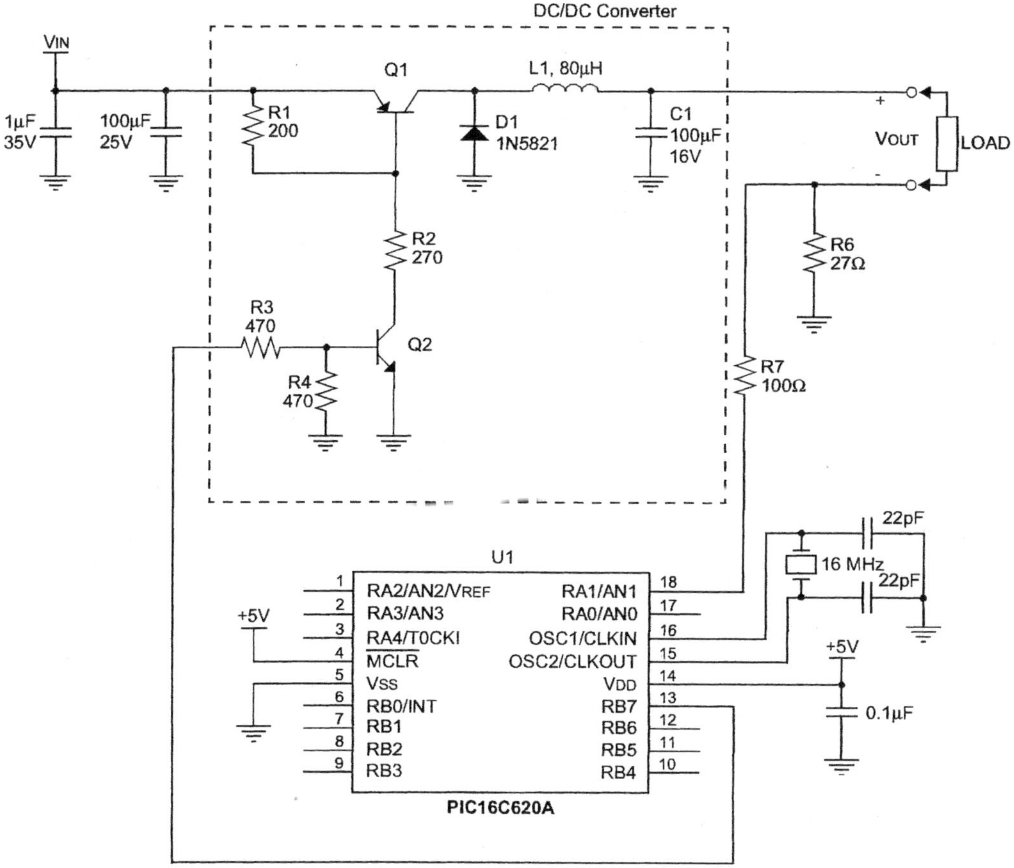

Abb. 8.15: Quelle: Hartono Damawaskita, DC/DC Converter Controller Using a PIC Microcontroller, Microchip Application Note 216

8.15 Infrarot-Fernsteuerempfänger mit PIC

In *Abb. 8.16* ist die Schaltung eines Sony-Infrarot-Fernsteuerempfängers gezeigt. Der Infrarotdetektor wird an die Betriebsspannung und an Pin 1 des Mikrocontrollers geschaltet. Zum Einsatz kommt der PIC16F84, der mit 4 MHz extern getaktet wird. Zwei LEDs zeigen den Betriebszustand an.

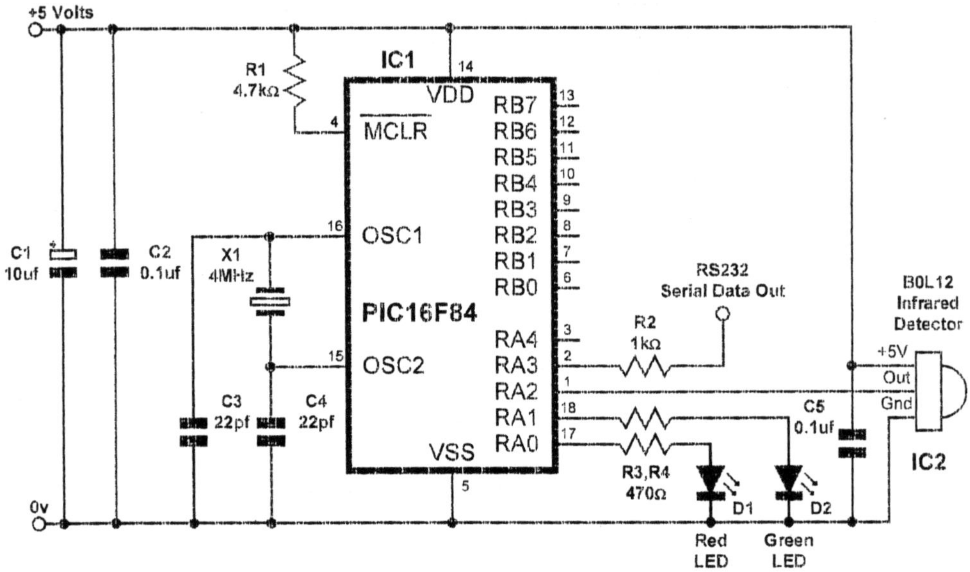

Abb. 8.16: Quelle: Crownhill Associates Limited

8.16 Konstantstrom-LED-Treiber

In der *Abb. 8.17* wird eine Treiberlösung für eine Power-LED mit dem Mikrocontroller PIC12HV615 gezeigt. Dieser besitzt acht Pins und einige analoge Funktionsblöcke. Der LED-Treiber stellt einen Buck-Konverter (Spannungsherabsetzung, Step Down) dar. Hierbei erfolgt eine Stromrückkopplung (Current Feedback). Somit wird der Strom durch die LED konstantgehalten. Eine Spannungsrückkopplung (Voltage Feedback) ist möglich. Der Operationsverstärker verstärkt Spannungen mit Faktor 11, der FET IRRL024Z stellt den hohen Ausgangsstrom bereit. Man kann eine 1-W-Power-LED anschließen. Diese nimmt bei 3,5 V Flussspannung maximal 350 mA auf. Die Elektronik wird mit 12 V versorgt.

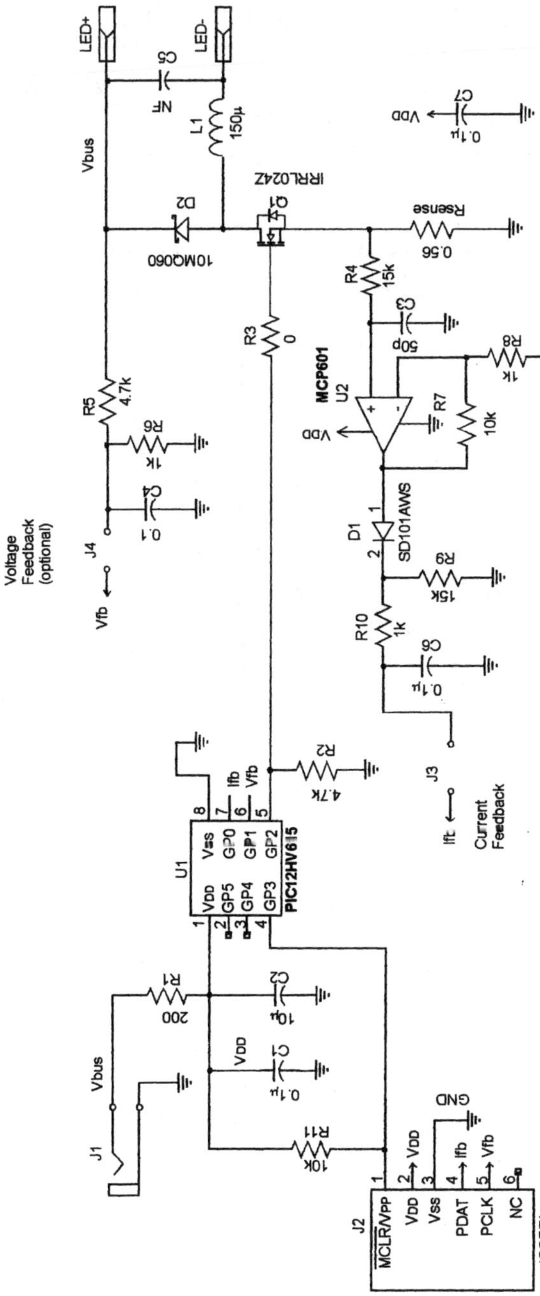

Abb. 8.17: Quelle: Stephen Bowling, A Digital Constant Current Power LED Driver, Microchip Application Note 1138

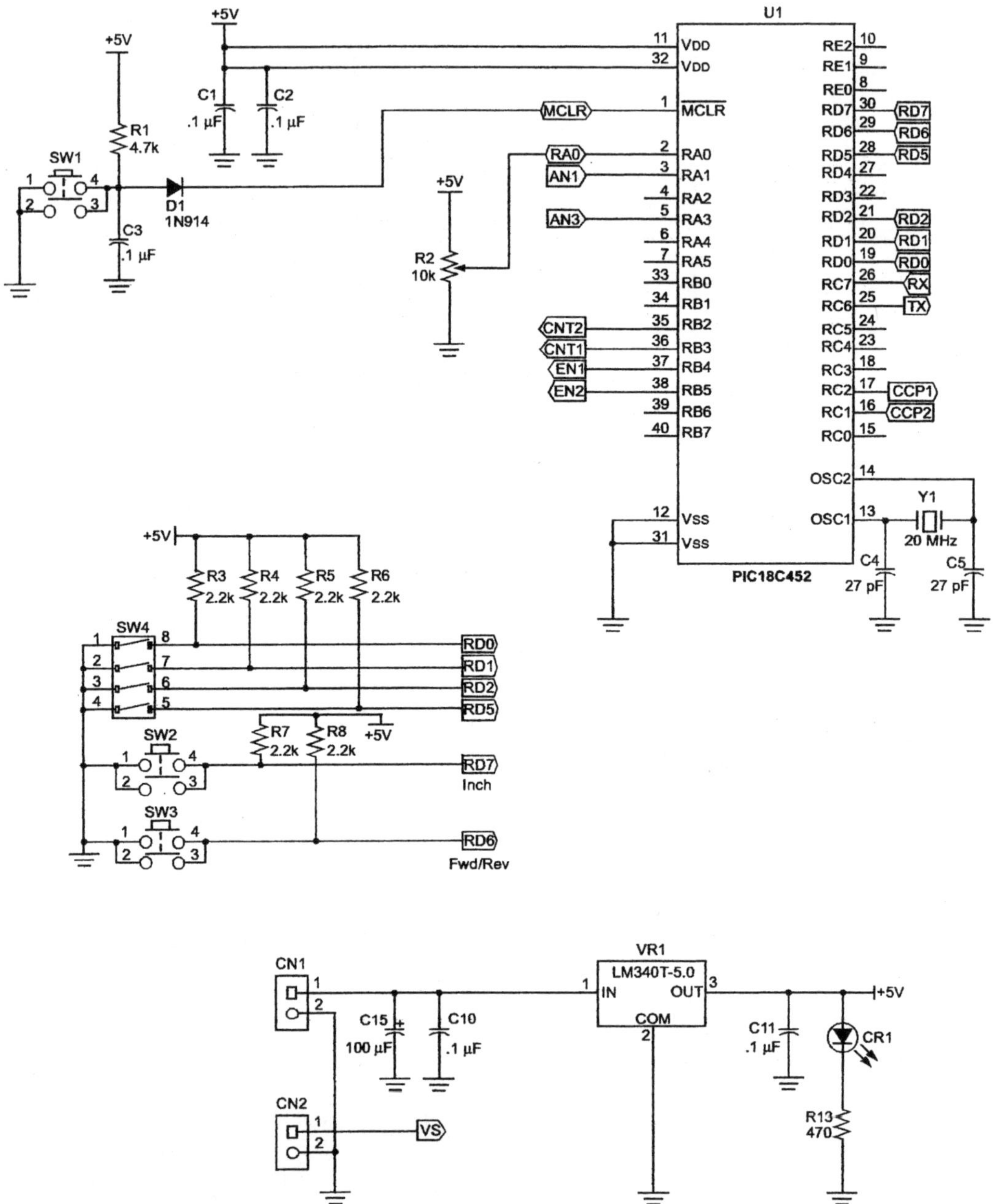

Abb. 8.18: Quelle: Padmaraja Yedamale, Stepper Motor Microstepping with PIC18C482, Microchip Application Note 822

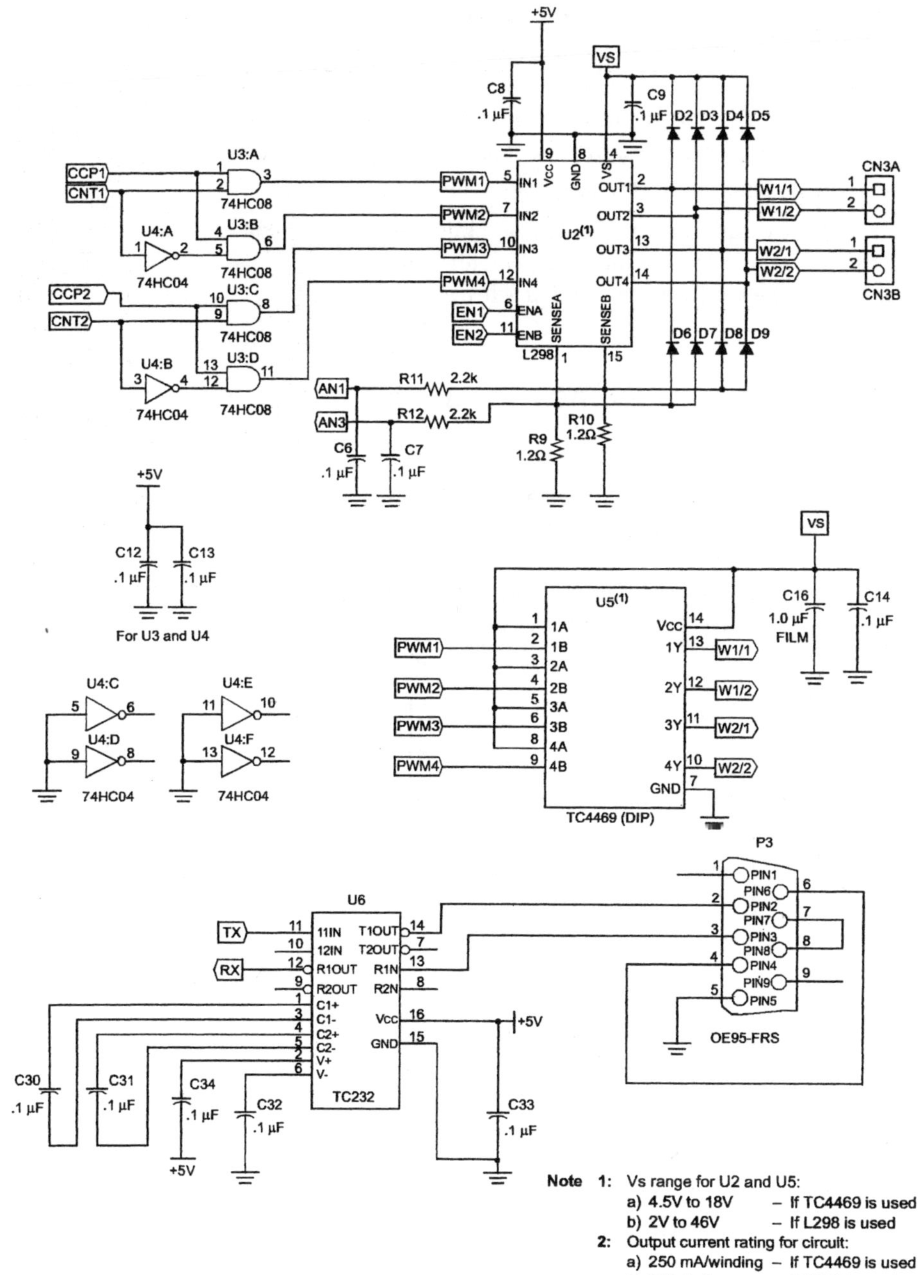

Abb. 8.19: Quelle: Padmaraja Yedamale, Stepper Motor Microstepping with PIC18C482, Microchip Application Note 822

8.17 Schrittmotor-Feinsteuerung

Schrittmotoren werden üblicherweise in sogenannten offenen Systemen betrieben – es gibt keine Kontrolle, ob die beabsichtigte Position wirklich angefahren wurde. Daher müssen diese Systeme sehr zuverlässig arbeiten. Einzig die Anzahl der Weiterschalt- und Stopp-Impulse informiert über die aktuelle Position.

In *Abb. 8.18* wird eine zuverlässig funktionierende Ansteuerelektronik mit dem PIC18C452 gezeigt. Diese stellt hohe Flexibilität zur Verfügung. *Abb. 8.19* zeigt die Schaltung des komplexen Interfaces für den Schrittmotor. Dieser hat vier Hauptanschlüsse.

8.18 Ansteuerung eines Kommutatormotors

Ein Mikrocontroller kann dabei helfen, einen DC-Bürstenmotor problemlos anzusteuern. Solche Motoren werden oft als Servos eingesetzt. In *Abb. 8.20* ist das prinzipielle Vorgehen anhand eines PIC17C756A gezeigt. Dieser ist über seinen Pulsbreitenmodulations-Ausgang (PWM) mit dem Leistungs-Brückenverstärker verbunden. Die Pins T0CKi und TCLK3 führen zu einem Encoder-Interface für die Positionsüberwachung. Das vereinfachte Schaltbild des Encoders ist in *Abb. 8.21* zu sehen.

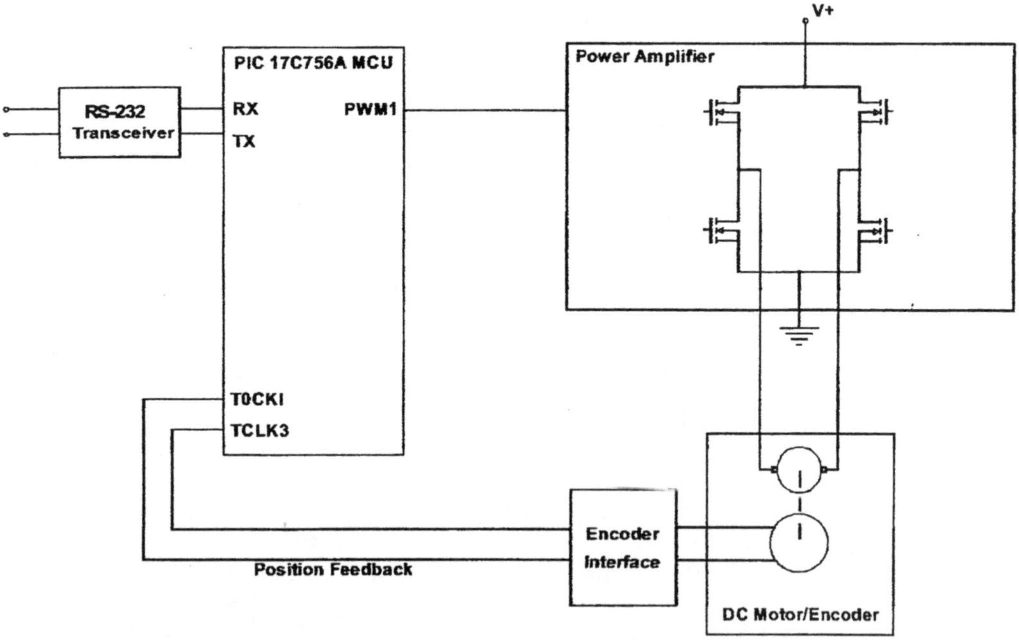

Abb. 8.20: Quelle: Stephen Bowling, Brush-DC Servomotor Implementation using PIC17C756A, Microchip Application Note 718

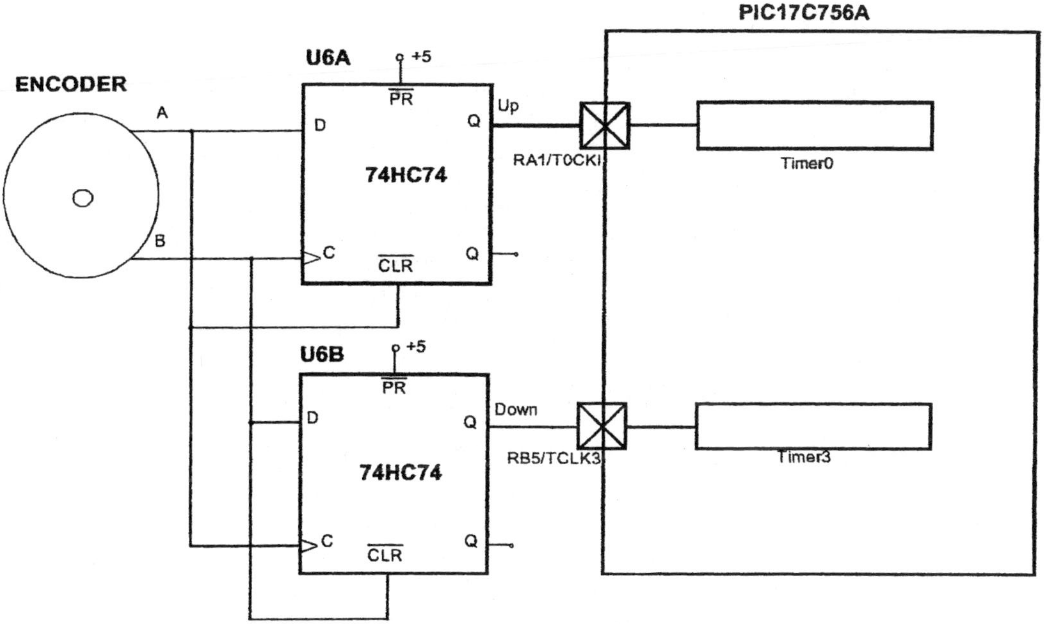

Abb. 8.21: Quelle: Stephen Bowling, Brush-DC Servomotor Implementation using PIC17C756A, Microchip Application Note 718

8.19 Servermotor-Applikation mit PIC

Die PIC-Mikrocontroller bilden eine ausgezeichnete Basis für die Einbindung eines DC-Servomotors. Hierbei ist auch eine Austauschbarkeit von verschiedenen Typen möglich. In der Schaltung nach *Abb. 8.22* beispielsweise kann ebenso der PIC16F877 eingesetzt werden. Der verwendete Motor ist für 24 V Busspannung ausgelegt. Die Leerlaufdrehzahl beträgt 6000 U/min. Die Auflösung beträgt 500 Schritte pro Umdrehung. Der Motor wird durch eine H-Brücke mit DMOS-Transistoren angesteuert. Hier sind 3 A bzw. 52 V möglich. Eine interne Ladungspumpe ist vorhanden.

Das in *Abb. 8.23* gezeigte Impulsdiagramm macht die grundsätzliche Arbeitsweise transparent.

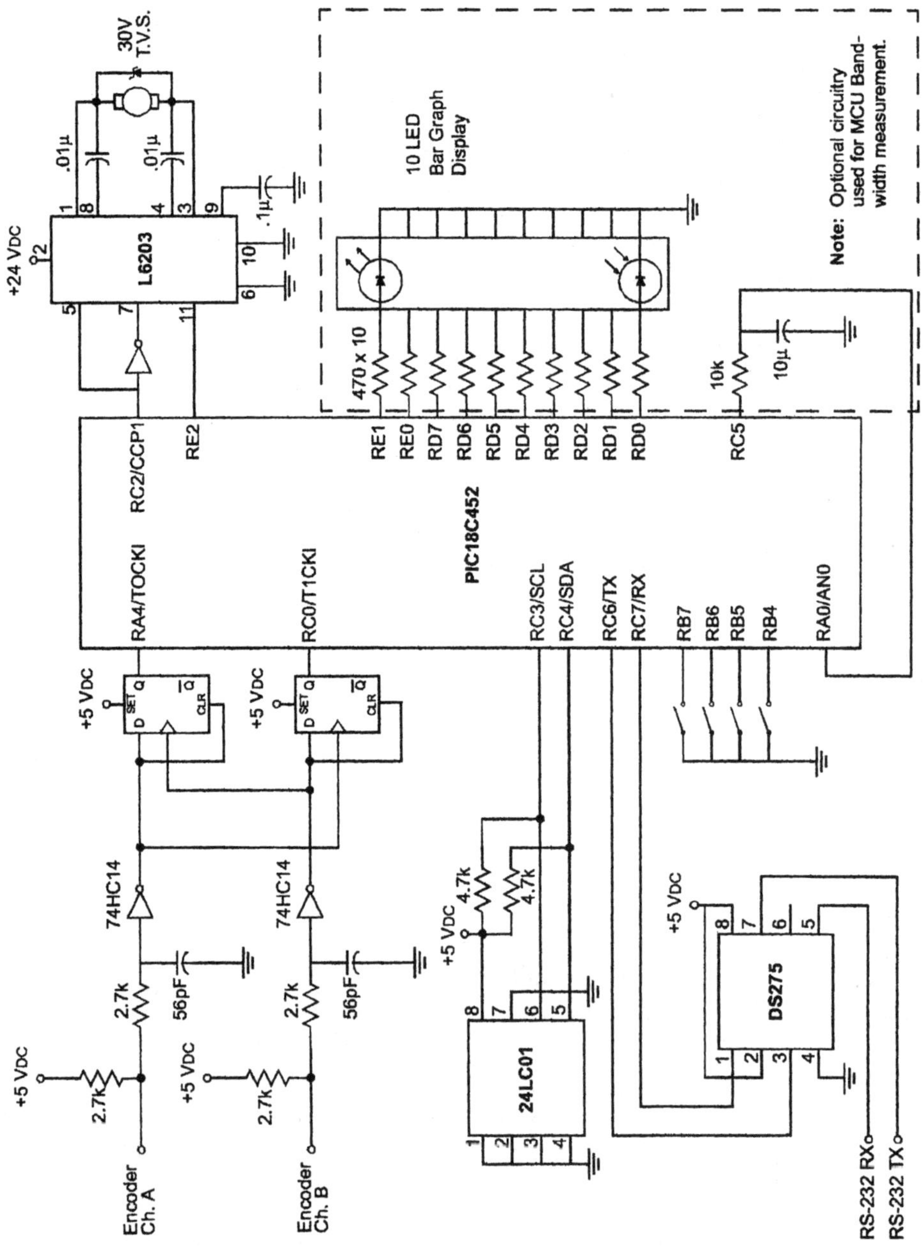

Abb. 8.22: Quelle: Stephen Bowling, PIC18CXXX/PIC16CXXX DC Servomotor Application, Microchip Application Note 696

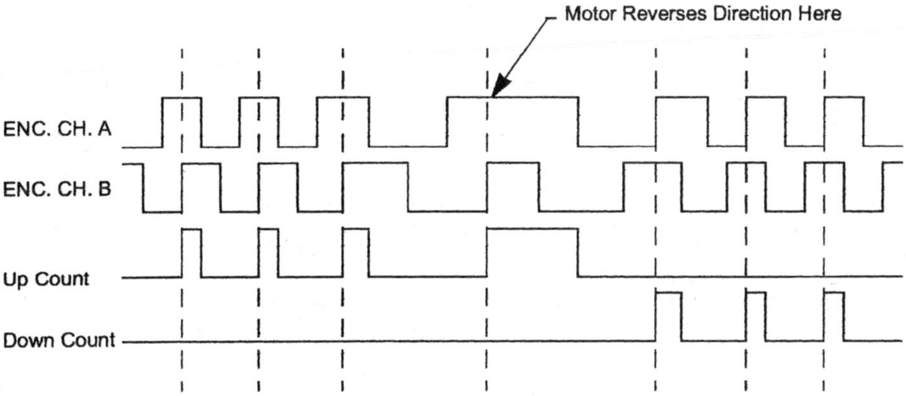

Abb. 8.23: Quelle: Stephen Bowling, PIC18CXXX/PIC16CXXX DC Servomotor Application, Microchip Application Note 696

8.20 Infrarot-Fernsteuerung steuert Roboter

Wie man einen Roboter mit der Fernbedienung des TV-Geräts bedienen kann, wird in der Quelle gezeigt. In *Abb. 8.24* ist die Hardware dargestellt. Zum Einsatz kann ein PIC12F675 (vier 10-Bit-Analog/Digital-Wandler-Kanäle) ebenso kommen wie ein PIC12F629. Es werden nur wenige Verbindungsleitungen benötigt.

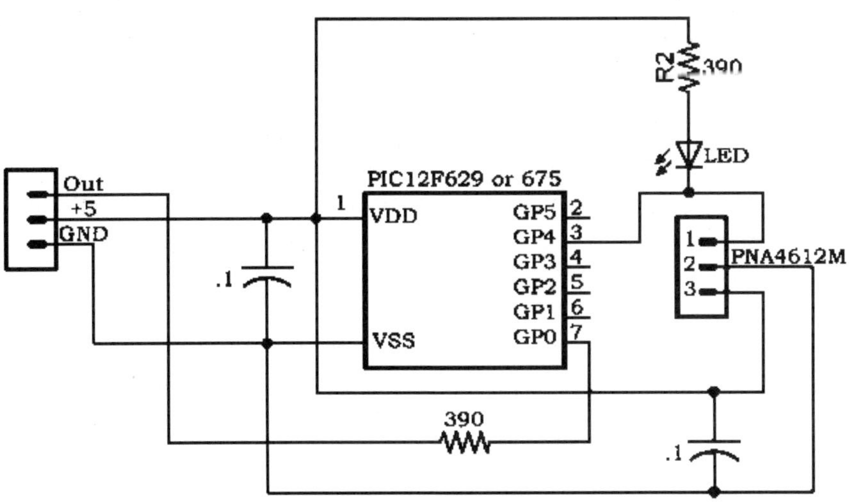

Abb. 8.24: Quelle: Craig Gardner/William Cox, Building an Infrared Remote Decoder, www.gorobotics.net/articles/sensors/building-an-infrared-remote-decoder/#more-410

8.21 Raumtemperaturregelung

Die in *Abb. 8.25* gezeigte Schaltung einer Temperaturregelung mit PIC besitzt zwei Temperatursensoren, treibt externe Baugruppen und hält die Temperatur in einem Raum konstant. Ihre eigentliche Bestimmung ist das Gegenwirken zur Temperaturerhöhung durch die Abwärme von Computern. Dazu werden einige Ventilatoren gesteuert, die Außenluft zuführen.

Ein Temperatursensor wird im Raum positioniert, der andere außen an der freien Luft. Die Ventilation wird unterbunden, wenn die Außentemperatur über der Innentemperatur liegt.

8.22 Fernsteuerungs-Display

In *Abb. 8.26* ist das Blockschaltbild eines Fernsteuerungs-Displays mit einem PIC16F873 gezeigt. Dabei wird die asynchrone Kommunikationsfunktion (USART) des PICs genutzt. Die entsprechende Information wird mit der Control Unit in dem großformatigen Display angezeigt. Zur Übermittlung der Befehle dient ein 10 m langes Kabel. Die Display-Einheit misst 25 cm in der Höhe und 40 cm in der Breite.

Das ganze System wurde zur Anzeige der Nummern der Lieder im Gesangsbuch benutzt.

Rote LEDs mit 5 mm Durchmesser erzeugen Buchstaben und großformatige Siebensegment-LED-Anzeigen Ziffern.

8.23 Real-Time Controller

In *Abb. 8.27* ist die einfache Schaltung für einen F84-Miniatur-Real-Time Controller gezeigt. Zum Einsatz kommt der PIC16F84, beschaltet mit einem Quarz 32,768 Hz. Das „Tagesprogramm" für den sechskanaligen Ausgang ist dauerhaft in einem 64-Byte-EEPROM gespeichert. Die Programmierung kann bequem mit Nigel PicProg erfolgen. RTC2.C führt einen benutzerdefinierten Referenzstrom.

Jeder Ausgang kann mit maximal 30 mA belastet werden (Open Collector).

D1 and D2 bilden einen einfachen elektronischen Umschalter zwischen Hauptversorgung und 3-V-Batterie. Die LED an RB0 blinkt nach einem Reset mit 1 Hz und nach Druck auf S1 (Zeitvorbestimmung auf 19:00 Uhr) mit 1/3 Hz.

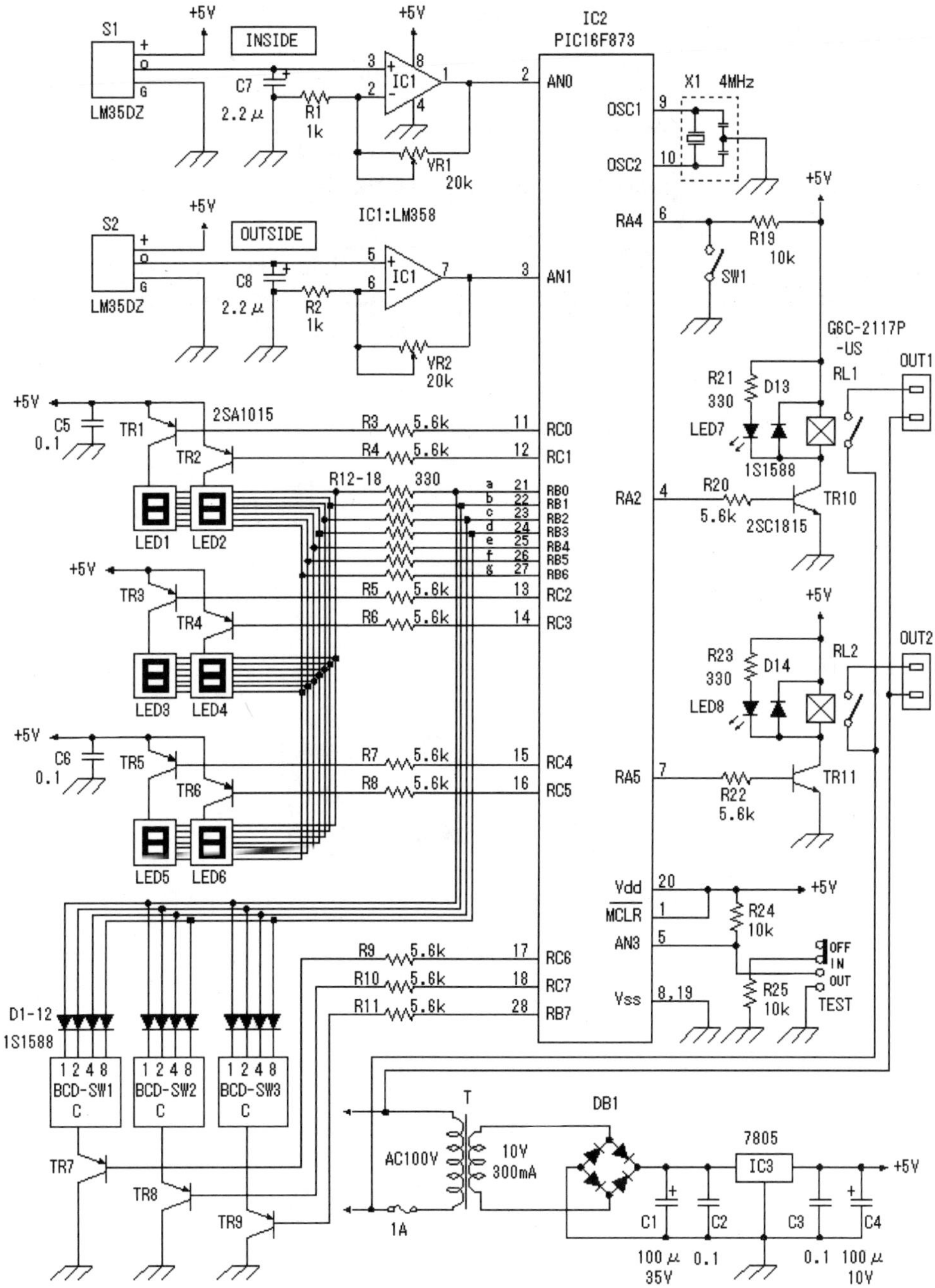

Abb. 8.25: Quelle: PIC Circuits Gallery, Room temperature controller, www.massmind.org/images/www/hobby_elec/e_pic6_g.htm

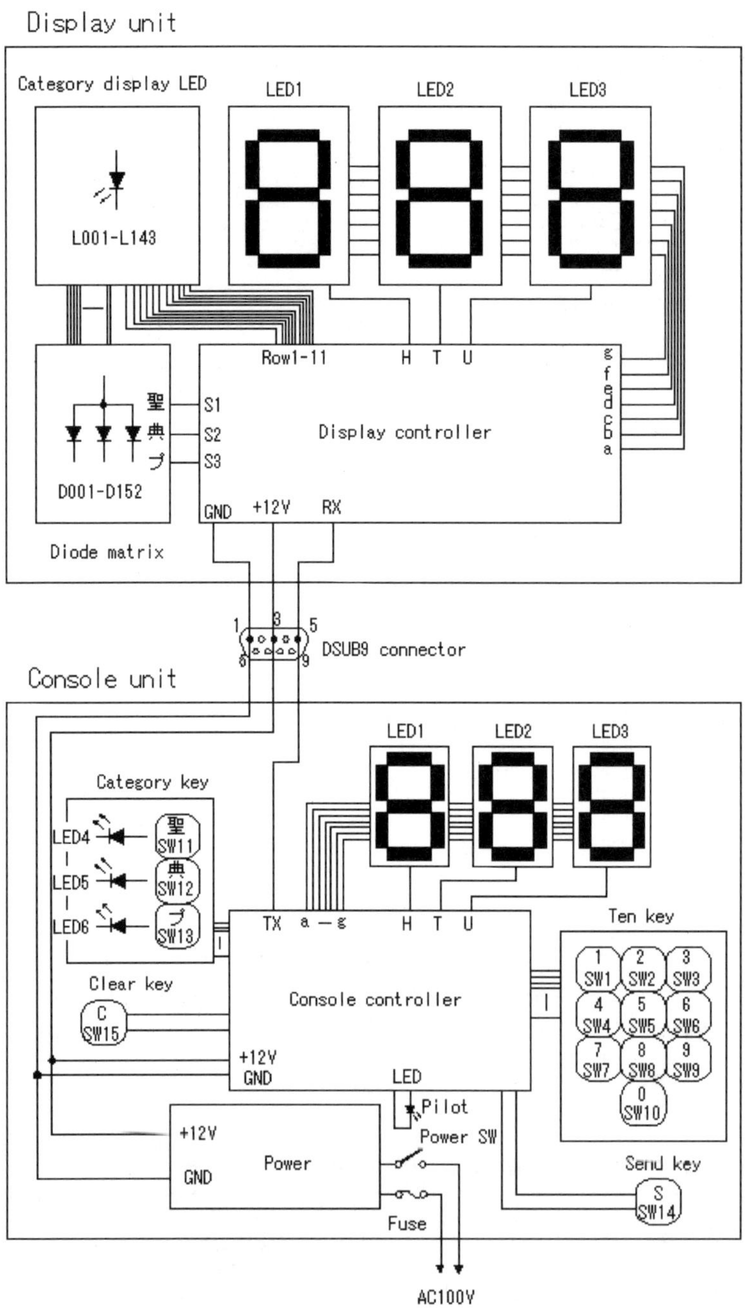

Abb. 8.26: Quelle: PIC Circuits Gallery, Remote Display, www.massmind.org/images/www/hobby_elec/e_pic6_a.htm

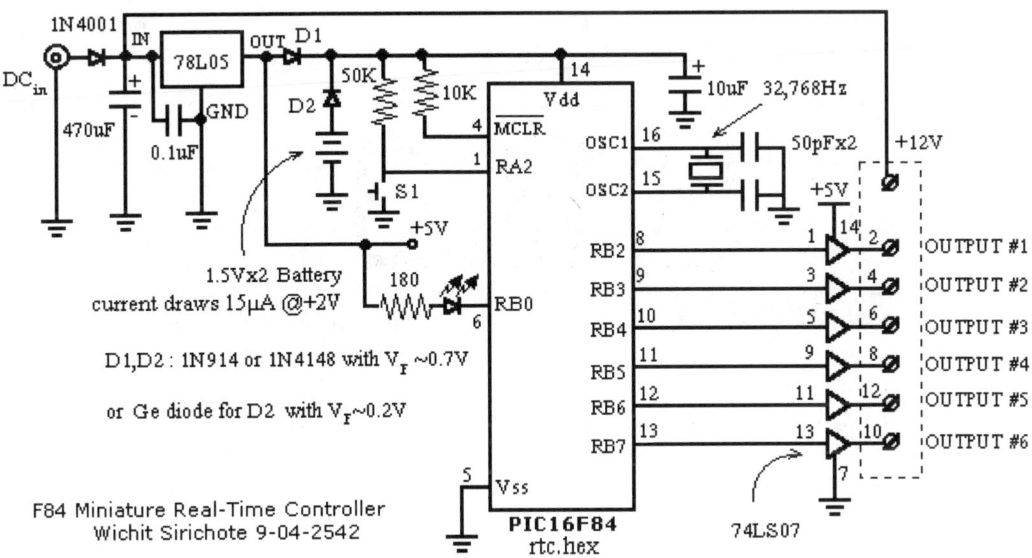

Abb. 8.27: Quelle: Wichit Sirichote, F84 Miniature Real-Time Controller, www.kmitl.ac.th/~kswichit/

8.24 Schrittmotor-Treiber

In *Abb. 8.28* ist M1 ein Schrittmotor (Stepper) von einem alten Diskettenlaufwerk. Es gibt fünf Pins, Common, Spule 1, 2, 3 und 4. Zwischen Common und jedem anderen Pin wurde ein Widerstand von 75 Ohm gemessen. Der Strom beträgt also etwa 60 mA bei 5 V.

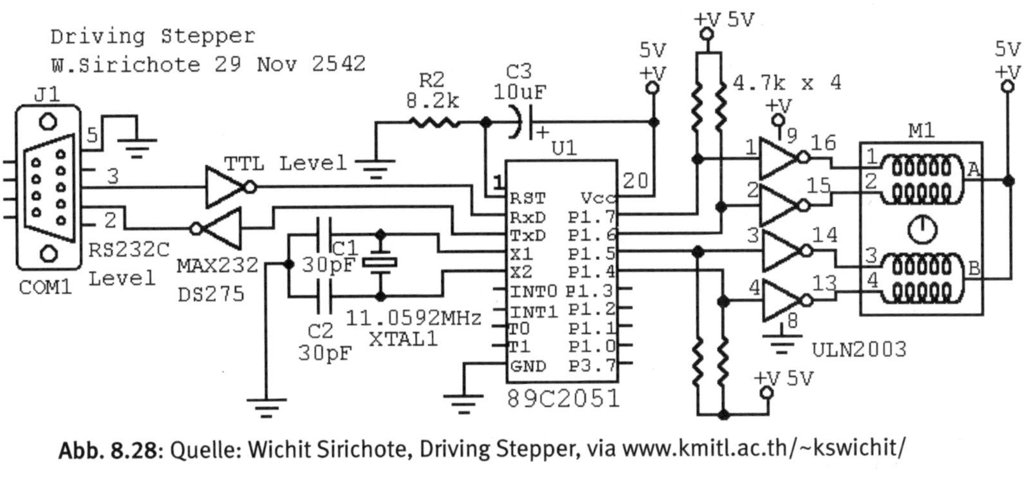

Abb. 8.28: Quelle: Wichit Sirichote, Driving Stepper, via www.kmitl.ac.th/~kswichit/

Ein Darlington-Transistor-Array ULN2003 vergrößert die Treiberleistung mit dem 2051-Chip. Jeder Ausgang liefert 500 mA bis 50 V.

8.25 Infrarot-Fernsteuerempfänger für Media Centers

Heute spricht man vom Home Media Center und meint damit die Konzentration und Vernetzung diverser Audio- und Videogeräte und eventuell Spielkonsolen. Die Schaltung nach *Abb. 8.29* kann als gemeinsamer Empfänger dienen und basiert auf einem ATtiny13-Mikrocontroller, weil dieser recht klein ist und einen RAM besitzt. Die Programmierung erfolgte in C. Es wird beispielsweise das System von Sony unterstützt. IC1 ist ein Infrarot-Empfänger für 30 kHz. T2 dient als Ein-/Ausschalter in Abhängigkeit vom Pegel von IC2. K2 ist als „Power Switch" für das PC Mainboard (Motherboard) vorgesehen. Dabei unterstützen die beiden Dioden. K1 ist mit dem Power-Schalter des PCs verbunden. K3 ist mit dem RS-232-Port des Media Centers verbunden; ein USB-to-RS232-Konverter ist möglich.

Diese Schaltung kann nur mit RC5-Fernsteuerungen zusammenarbeiten.

8.26 RF-Zweikanal-Fernsteuerung: Sender

Neben der Infrarotstrahlung wird elektromagnetische Strahlung mit größerer Wellenlänge (RF, Radio Frequency) zum drahtlosen Fernsteuern benutzt. Diese Strahlung kann auch Wände durchdringen. Wo dies erforderlich ist, muss man also zur RF Remote Control greifen.

Die Schaltung lt. *Abb. 8.30* macht es sich einfach, indem sie auf ein fertiges 418-MHz-Modul setzt. Der Mikrocontroller sorgt dabei für die Verschlüsselung der gesendeten Daten, da in diesem Frequenzbereich noch viele andere RF-Anwendungen arbeiten. Außerdem wurde auf eine wirkungsvolle Arbeitsweise geachtet, um die Batterie möglichst lange nutzen zu können. Der Standby-Strom liegt unter 1 μA.

Die Reichweite beträgt 10...15 m. Es erfolgt eine 2400-bps-Kommunikation mit zwei Initialisierungs-Bytes und vier Bytes (32 Bit) für die Daten.

Die Antenne ist ein 7 cm langer Draht.

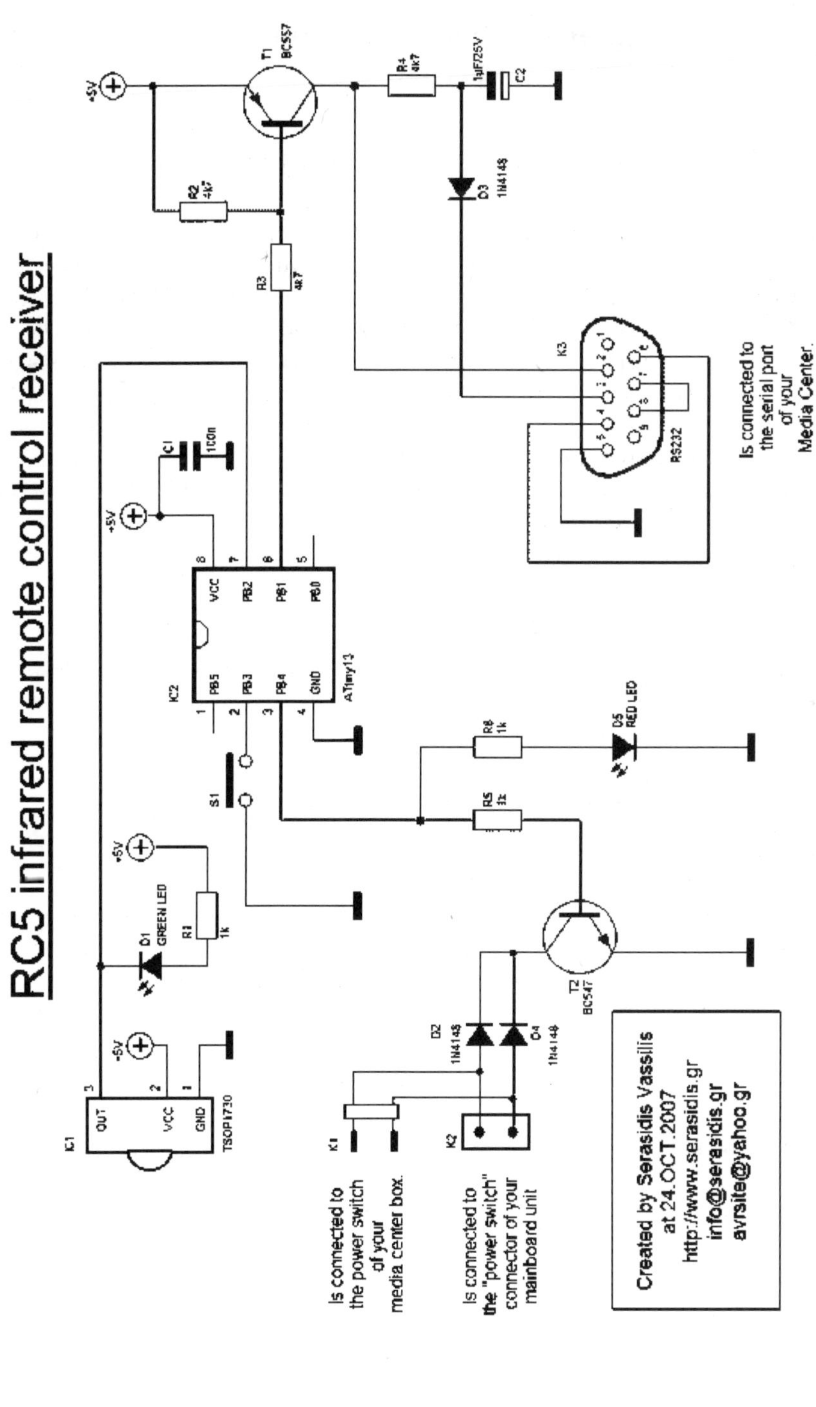

Abb. 8.29: Quelle: Vassilis Serasidis, Infrared remote control receiver for Media Centers, www.serasidis.gr

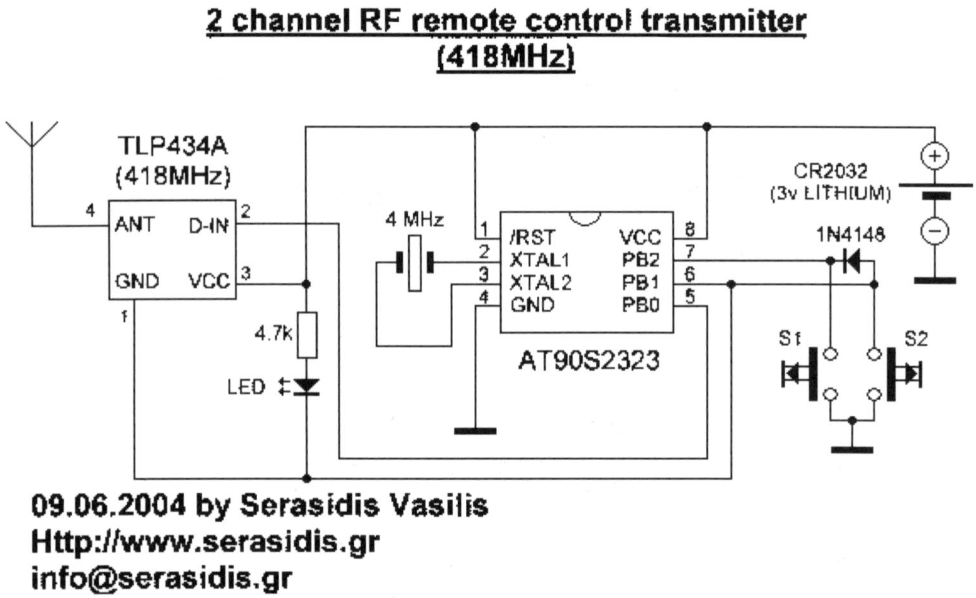

Abb. 8.30: Quelle: Vasilis Serasidis, 2 channel RF remote control, www.serasidis.gr

8.27 RF-Zweikanal-Fernsteuerung: Empfänger

Abb. 8.31 zeigt den Schaltplan des Receivers. Er besteht im Wesentlichen aus dem RF-Empfangsmodul RLP434A für 418 MHz, dem Mikrocontroller AT90S2313 und zwei Relaisschaltstufen. Diese können Verbraucher für bis zu 10 A an 230 V schalten.

Der Baustein RLP434A ist für die Modulationsart ASK (Amplitude Shift Keying) ausgelegt und passt zum Sender. Der Analogausgang wird nicht genutzt.
Der AT90S2313 mit seinen 20 Pins wurde dem AT90S2343 mit nur acht Pins vorgezogen, weil er eine Hardware-UART für 2400 bps besitzt, die hohe Stabilität verspricht und weil man damit weitere Relais ansteuern könnte.

Die Antenne sollte 30...35 cm lang sein.

Die Versorgungsspannung liefern die ICs LM7812 und LM7805.

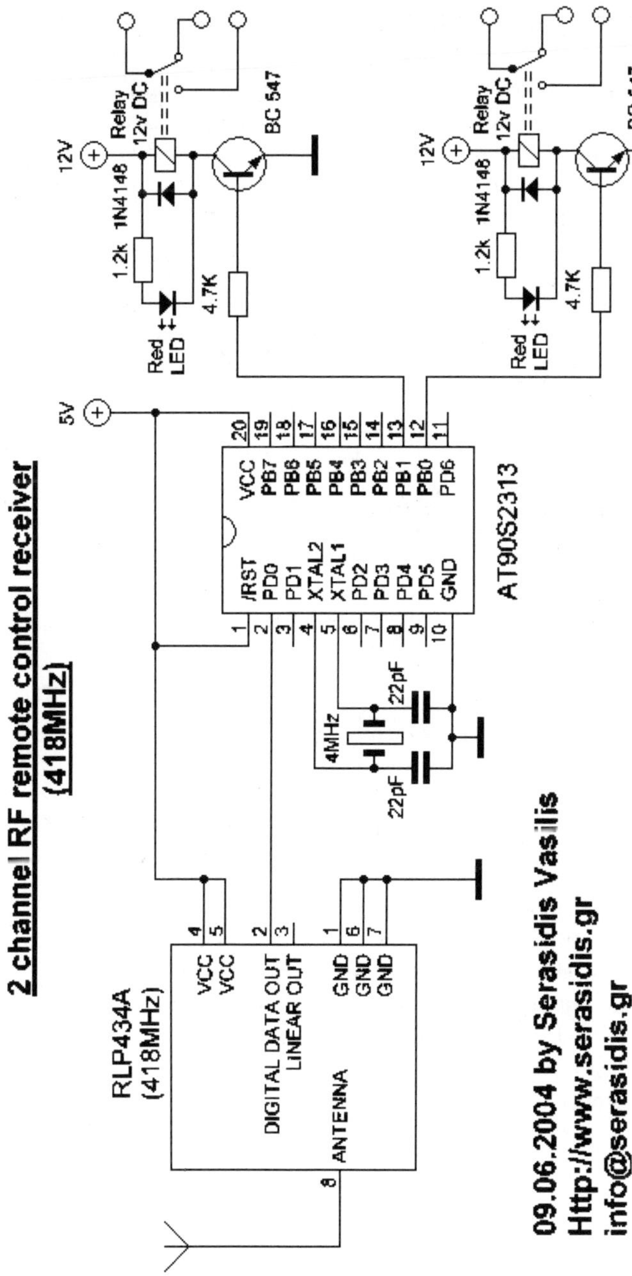

Abb. 8.31: Quelle: Vasilis Serasidis, 2 channel RF remote control, www.serasidis.gr

8.28 Unidirektionale Motorsteuerung

Gemäß *Abb. 8.32* lässt sich ein unidirektional arbeitender (eine Drehrichtung) Kommutator-DC-Motor vom Pin CCP eines PICs steuern. Die Umdrehungszahl ist proportional zum Tastverhältnis des Pulsbreitenmodulations-Signals (PWM, Pulse-Width Modulation) am Pin CCP. In der Quelle wird gezeigt, wie man ein 20-kHz-PWM-Signal mit einem Tastverhältnis von 0,5 (Einschaltzeit gleich Ausschaltzeit) generieren kann.

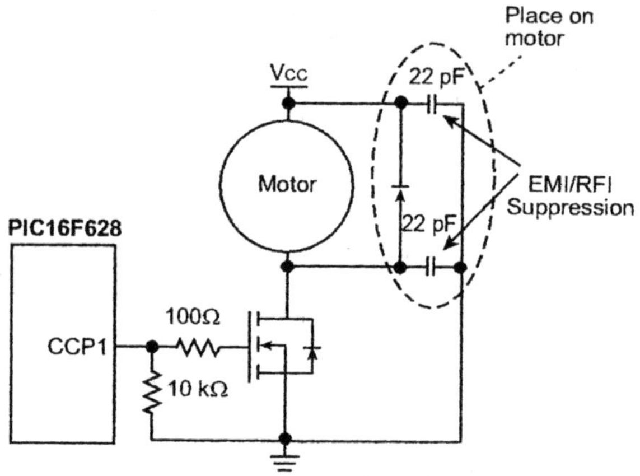

Abb. 8.32: Quelle: Compiled Tips 'n Tricks Guide, Microchip 2009

8.29 Bidirektionale Motorsteuerung

Will man die Drehrichtung eines Kommutatormotors für DC-Betrieb ändern können, darf man ihn nicht gegen Masse betreiben, sondern muss ihn in eine Brücke einbeziehen – siehe *Abb. 8.33*. Die Ansteuerung erfolgt von vier Tristate-Ausgängen des Mikrocontrollers aus. Den Ansteuerblock bezeichnet man auch als ECCP-Modul. Die Drehrichtung und die Drehzahl werden von der Polarität und vom Tastverhältnis des dabei gebildeten Signals bestimmt. Vorgesehen sind die Betriebsweisen Vorwärts, Rückwärts, kleine Geschwindigkeit, Abbremsen.

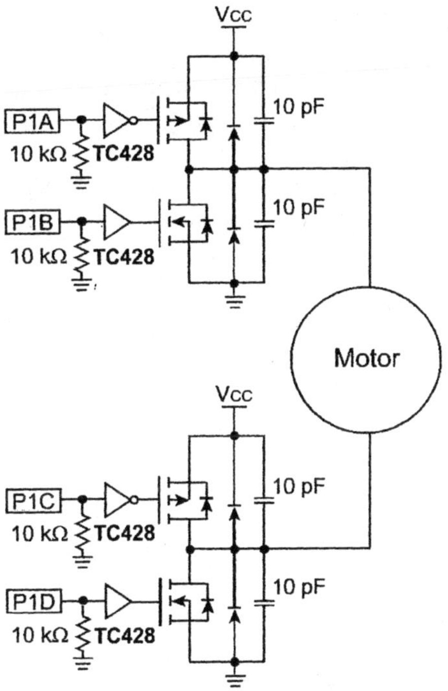

Abb. 8.33: Quelle: Compiled Tips 'n Tricks Guide, Microchip 2009

8.30 Steuerung eines Modellmotors

Moderne MOSFETs besitzen einen geringen On-Widerstand und können benutzt werden, um Modellmotoren zu steuern. Zieht man einen Mikrocontroller hinzu, kann eine sehr präzise arbeitende Geschwindigkeitssteuerung aufgebaut werden, wie sie vor allem bei Flugzeugen und Hubschraubern erforderlich ist. Hier werden zudem geringes Gewicht, sicherer Start und Gearbox Protection gefordert.

Mit der Schaltung nach *Abb. 8.34* kommt man diesen Anforderungen mit geringem Aufwand weitgehend nach. Hier werden ein Spannungsregler, ein PIC12C508A und zwei parallel arbeitende MOSFETs eingesetzt.

In der Schaltung nach *Abb. 8.35* kommt der PIC16F62X zur Anwendung. Er steuert MOSFETs in Gegentaktschaltung an. Vorgesehen ist hier eine sogenannte Throttle Response, sodass die Funkfernsteuerung einfacher wird.

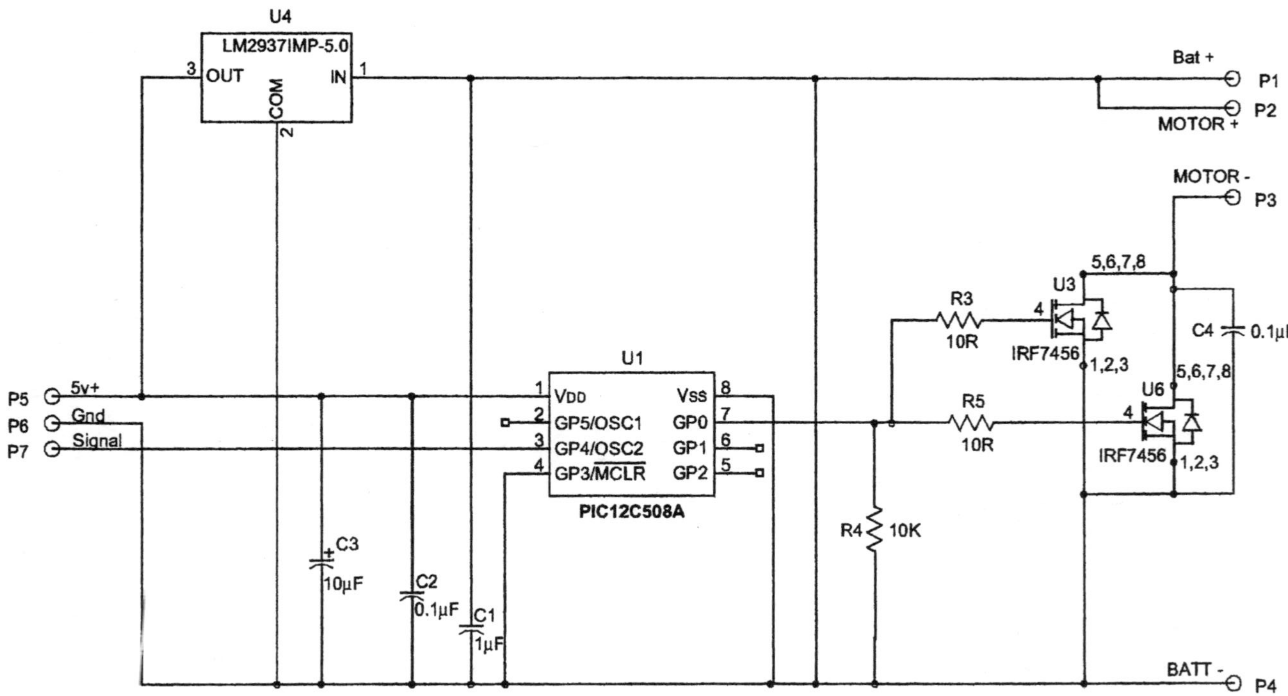

Abb. 8.34: Quelle: Joseph Julicher, RC Model Aircraft Motor Control, Microchip Application Note 847

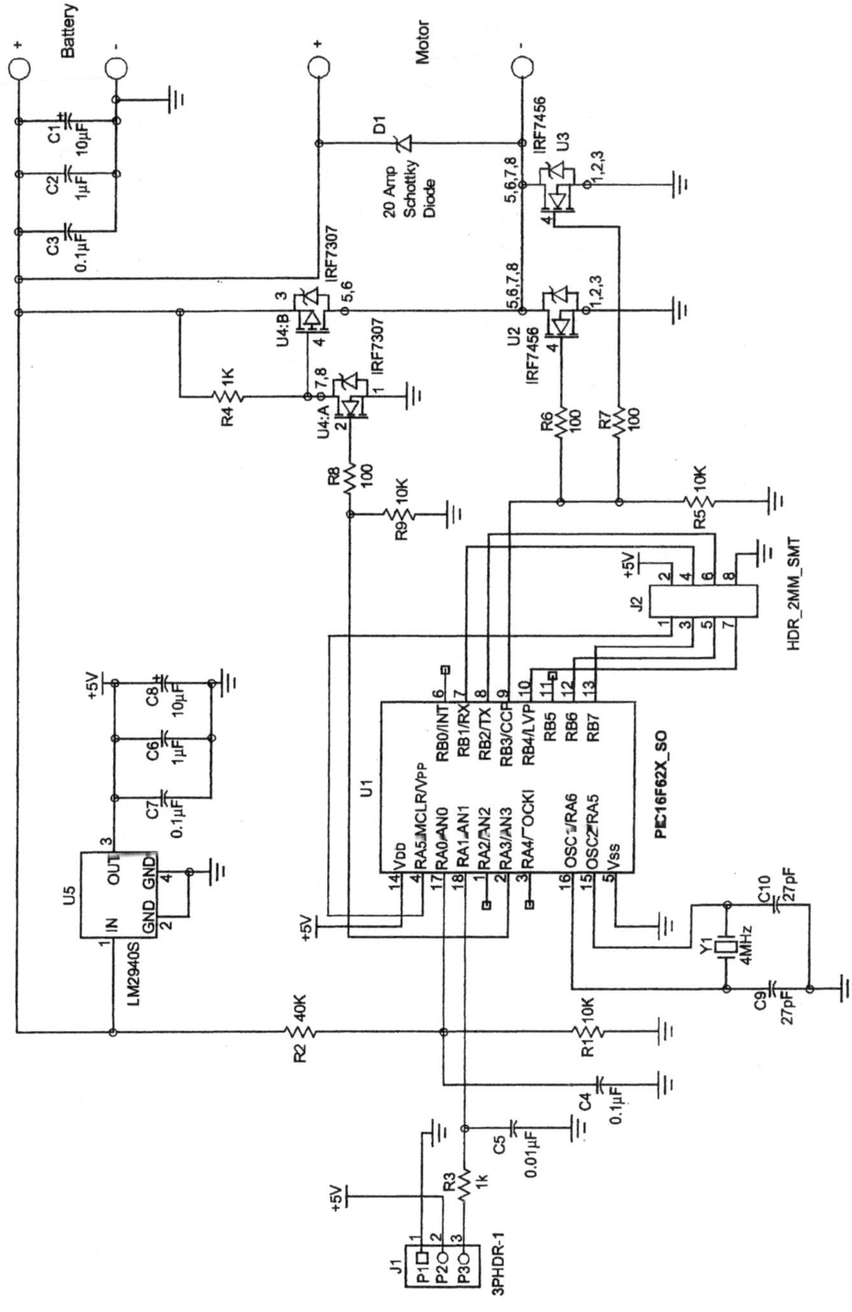

Abb. 8.35: Quelle: Joseph Julicher, RC Model Aircraft Motor Control, Microchip Application Note 847

8.31 Preiswerte Thermostatregelung

Die Schaltung nach *Abb. 8.36* ersetzt einen mechanischen Thermostaten. Dabei werden einige Nachteile dieses Thermostaten vermieden. Der PIC10F204 hat nur sechs Anschlüsse, genügt aber vollauf. Der mittlere Strom durch das Heizelement wird geregelt und über einen Triac geschaltet. Hierbei erfolgt eine störungsarme Phasenanschnittsteuerung im Nullpunkt. Die gesamte Elektronik wird vom Netz mitversorgt. Das Potenziometer dient zum Vorwählen der gewünschten Temperatur.

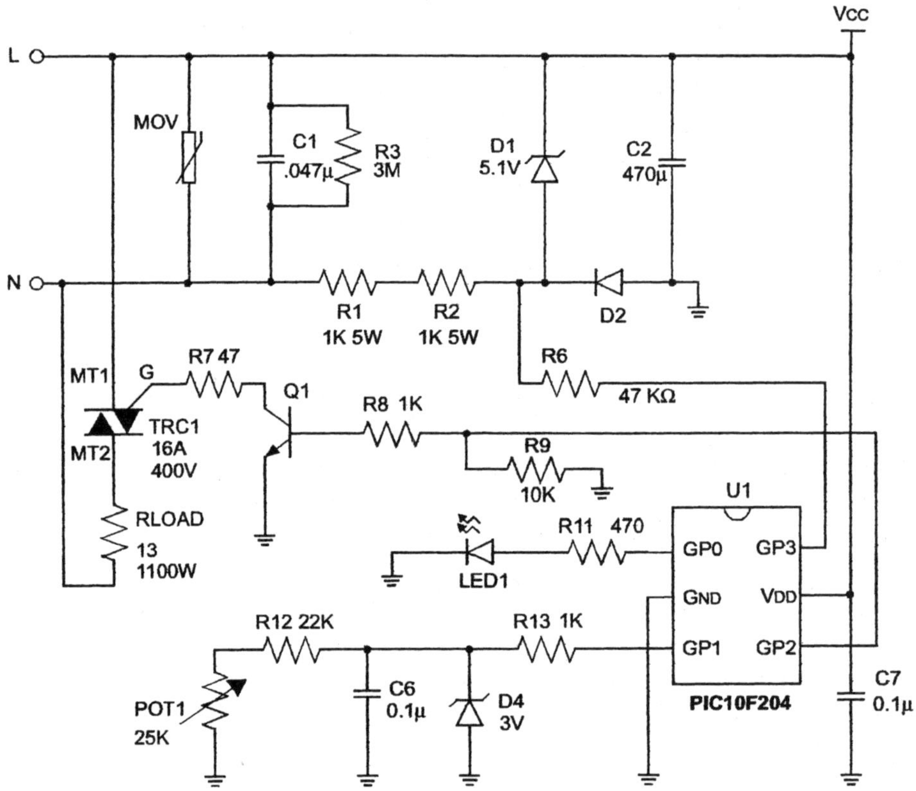

Abb. 8.36: Quelle: Reston Condit, Low-Cost Electric Range Control Using a Triac, Microchip Application Note 958

8.32 Beleuchtungsregelung mit LED als Sensor

Eine Leuchtdiode kann auch als photoelektrischer Sensor benutzt werden. Zusammen mit einem einfachen Mikrocontroller kann man eine preiswerte Lichtregelung aufbauen. In *Abb. 8.37* wird eine mögliche Schaltung gezeigt. Die grüne LED liegt am Eingang des internen A/D-Wandlers. Am Pin RST wird ein PWM-Signal ausgegeben, mit dem man beispielsweise eine Hintergrundbeleuchtung steuern kann.

Der Quellcode ist über www.ti.com erhältlich (eZ430 Demonstration Board).

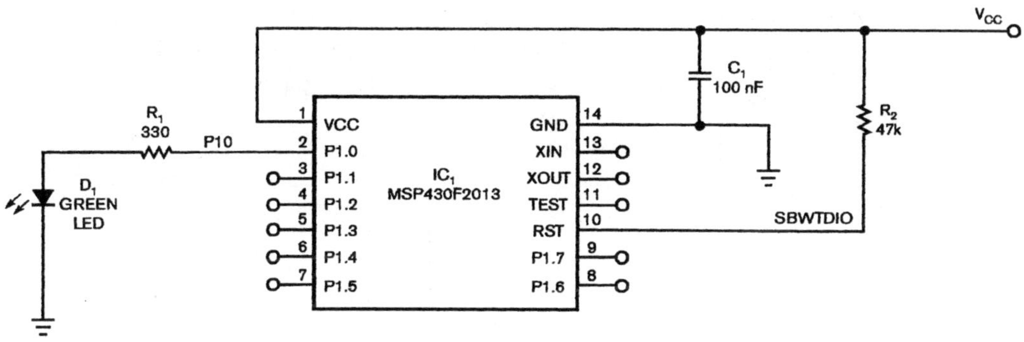

Abb. 8.37: Quelle: Loren Passmore, Single microcontroller pin senses ambient light, controls illumination, EDN October 26, 2006

8.33 Stromschleife mit Überwachung

Die Stromschleife 4...20 mA ist ein Standard in der Steuerungstechnik. Es kann jedoch problematisch sein, einen Mikrocontroller mit einer solchen Stromschleife in Verbindung zu bringen. Oft ist dabei ein interner A/D-Konverter erforderlich, mit dem der Strom „gefühlt" wird.

Nicht so bei der in *Abb. 8.38* gezeigten Schaltung. Sie liefert nicht nur das 4...20-mA-Ausgangssignal, sondern auch ein digitales Überwachungssignal, das über eine Unterbrechung der Schleife informiert. Ein Ausgangsport-Pin bestimmt den Strom, und ein Eingangsport-Pin detektiert den Schleifenzustand. Das Tastverhältnis des Timersignals bestimmt den Schleifenstrom. Die systemeigene Überwachungsfunktion ist nicht erforderlich.

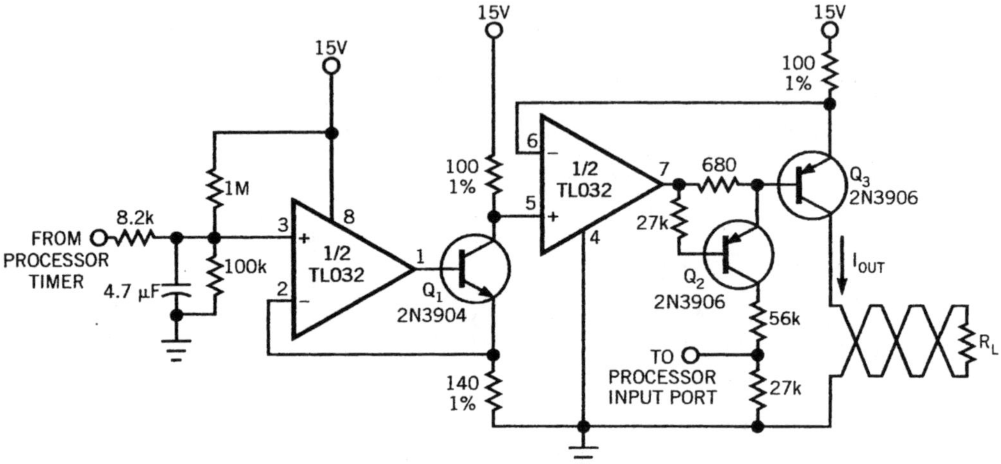

Abb. 8.38: Robert Most, Circuit provides 4- to 20-mA loop for microcontrollers, EDN May 27, 2004)

8.34 Quasi-Analogausgang für Mikrocontroller

Beispielsweise für Motorsteuerzwecke kann ein Analogausgang erforderlich sein. Ist hier eine kontinuierliche Signaländerung verzichtbar, genügt also ein stufenweiser Pegelwechsel, so lässt sich ein Mikrocontroller einsetzen, obwohl dieser nur digitale Ausgänge besitzt. In *Abb. 8.39* ist gezeigt, wie man auch damit verschiedene Pegel bilden kann, die allerdings hochohmig vorliegen, sodass ein Puffer folgen muss. Je nach Bitmuster bilden die vier Ausgänge fünf verschiedene Pegel einschließlich null. Die Außenbeschaltung ist minimal.

Die Software kann von der Web-Version des Originalartikels auf www.ednmag.com geladen werden.

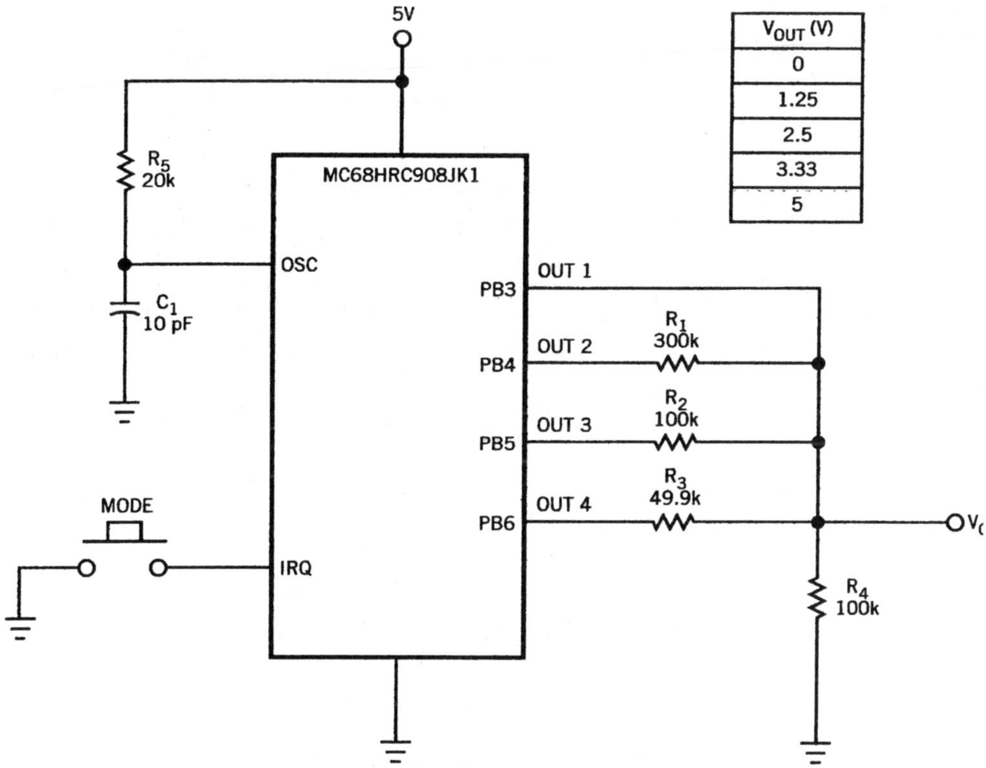

Abb. 8.39: Quelle: Abel Raynus, Microcontroller produces analog output, EDN October 16, 2003

8.35 Mikrocontroller als digitaler Thermostat

Einfache Temperaturregelungen sind Zweipunktregler. Das genügt in vielen Fällen, da sich Wärme recht langsam ausbreitet bzw. sich Temperaturen langsam ändern. Wichtig ist dabei die Flexibilität der Umschaltpunkte, damit eine optimale Anpassung des Systems an die konkrete Regelaufgabe erfolgen kann. Setzt man einen Mikrocontroller ein, ist diese Flexibilität über die Programmierung in hohem Maße gegeben.

In der Schaltung nach *Abb. 8.40* kommt der RISC-Mikrocontroller MAXQ3212 zum Einsatz. Implementiert ist auch eine digitale Temperaturanzeige bei Nutzung eines speziell für solche Zwecke entwickelten ICs. Ein vierstelliges LED-Display kommt zur Anwendung.

Die Heizung, früher beispielsweise eine leistungsstarke herkömmliche Glühlampe, wird über ein Relais ein- und ausgeschaltet. Das Relais wird mit zwei FETs angesteuert.

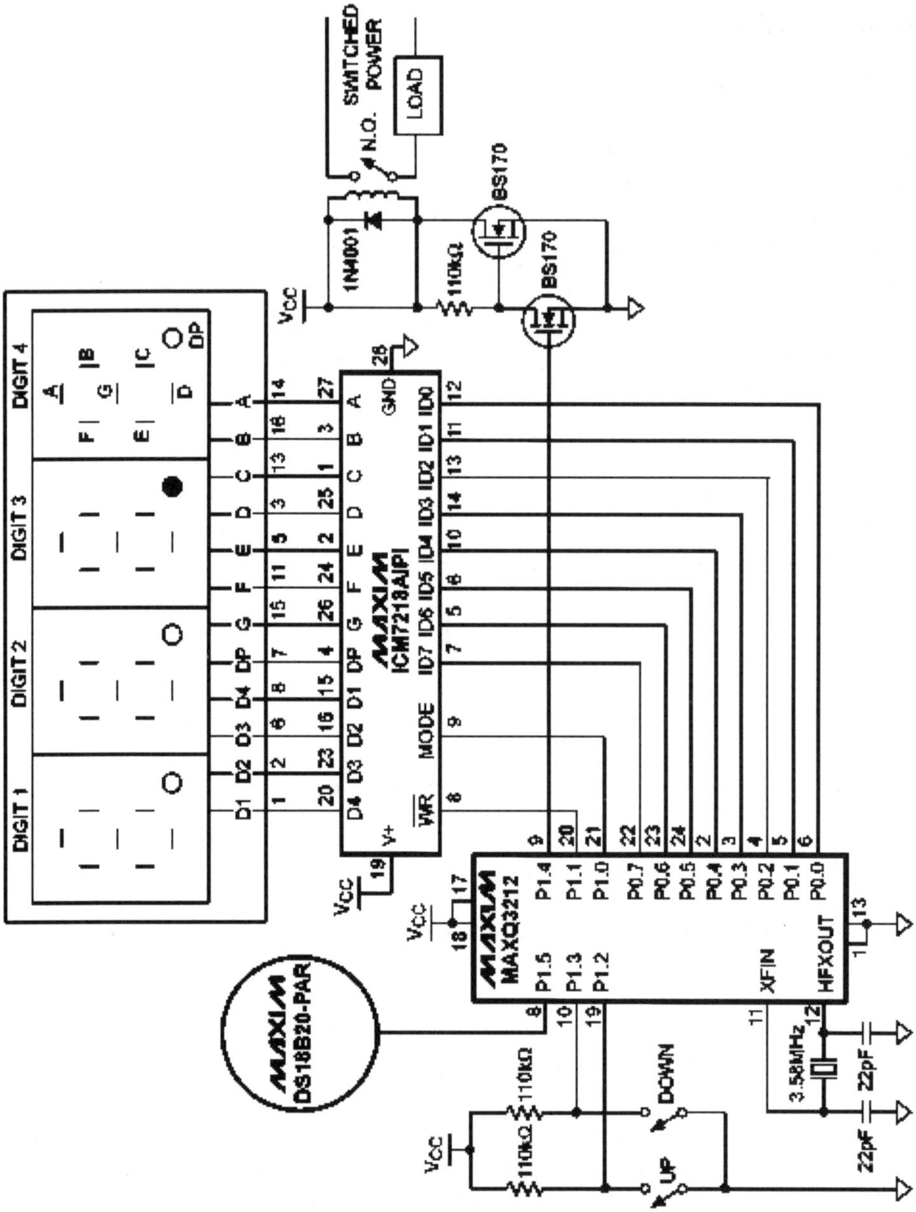

Abb. 8.40: Quelle: How to Use the MAXQ3212 Microcontroller as a Digital Thermostat, Maxim Dec. 20, 2006

8.36 Zentralheizungs-Steuerung

In *Abb. 8.41* ist ein weiteres praktisches PIC-Projekt dargestellt, die flexible Steuerung einer Zentralheizung mithilfe eines PIC 16F628A. Dabei ist ein serielles Computer-Interface vorhanden. Heizung und Warmwasser lassen sich getrennt programmieren. Zehn vorwählbare Programme sind vorhanden. Diese können von Montag bis Freitag und Samstag und Sonntag oder durchgehend von Montag bis Sonntag zum Einsatz kommen. Ein Frontpanel ermöglicht die Einstellungen ebenso wie der PC. Der Steuercomputer ist jedoch voll verzichtbar.

Das Frontpanel besitzt ein 2x16-Zeichen-LCD. Ein Dallas DS1307 Real-Time Clock (RTC) wird genutzt. Eine 3-V-Lithium-Zelle sichert den Datenerhalt. Das serielle Interface ermöglicht der MAX202CPE.

8.37 Sender für IR-Fernsteuerung

Der von Philips entwickelte Fernsteuerungscode RC5 ist ein auf 14-Bit-Wörtern basierender Bi-Phase-Code. Zur Infrarot-Übertragung erfolgt eine einfache Amplitudenmodulation. Ein Mikrocontroller ATtiny28 bietet eine sehr gute Basis zur Realisierung des Konzepts. Der 8-Bit-Mikrocontroller ist preiswert bei hoher Leistungsfähigkeit und Vorhandensein der benötigten Features. Dazu gehört ein interner Hardware-Modulator. Somit ist eine Senderschaltung, die prinzipiell arbeitsfähig ist, an Einfachheit nicht mehr zu unterbieten, wie aus *Abb. 8.42* ersichtlich. Die Qualität der IR-Diode entscheidet natürlich erheblich über die mögliche Reichweite. Den Takt liefert der interne RC-Oszillator.

Eine verbesserte Senderschaltung wird in *Abb. 8.43* gezeigt. Hier wird ein Resonator 455 kHz bemüht und ein pnp-Verstärkertransistor eingesetzt. D1 und D2 sind kleine Siliziumdioden. R1 und R2 sind 3,3 kOhm groß, R3 wählt man mit etwa 10 Ohm. C1 und C2 haben je 100 pF.

8.38 Mikrocontroller steuert Discolicht

Der Mikrocontroller hat schnell die Unterhaltungsbranche erobert und steuert unter anderem Lichteffektanlagen.

Die Originalquelle hält alle Unterlagen für ein solches Projekt bereit, wie detaillierte Schaltung, Platinenlayouts, Programm und Beschreibung. Die *Abb. 8.44* zeigt nur das Blockschaltbild.

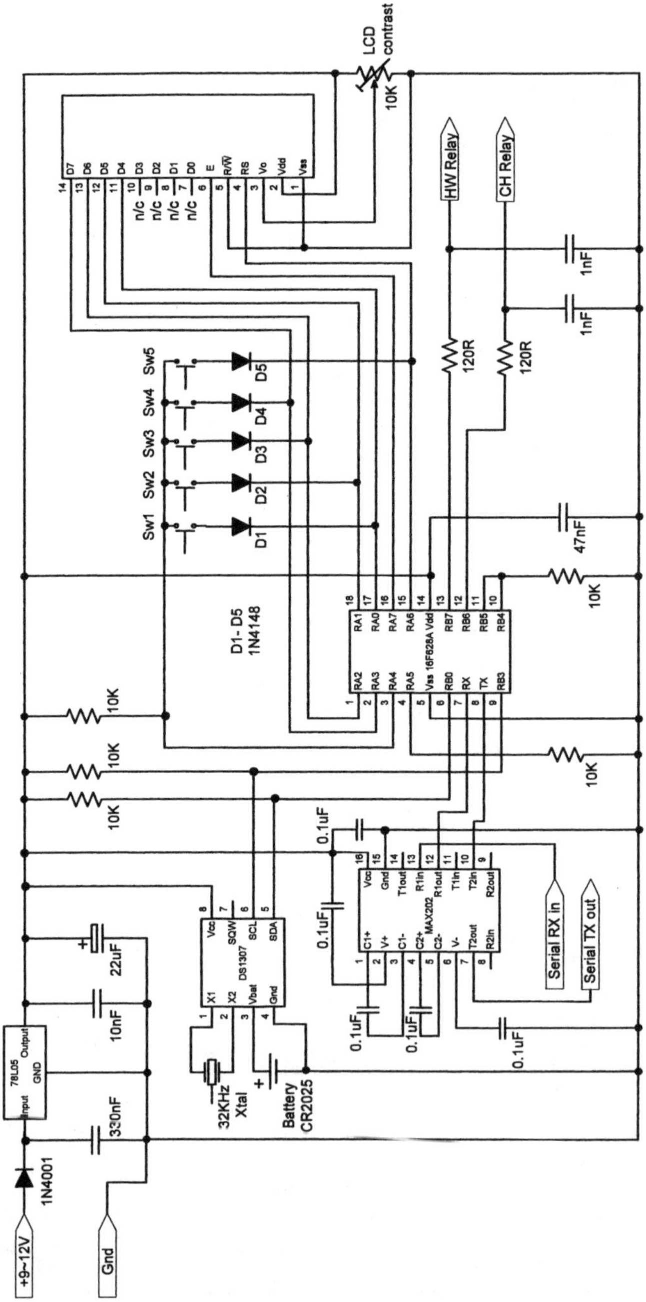

Abb. 8.41: Quelle: Microchip PIC based central heating programmer with serial CLI interface, http://picprojects.org.uk/projects/chc/chprgrammer.htm#schematic

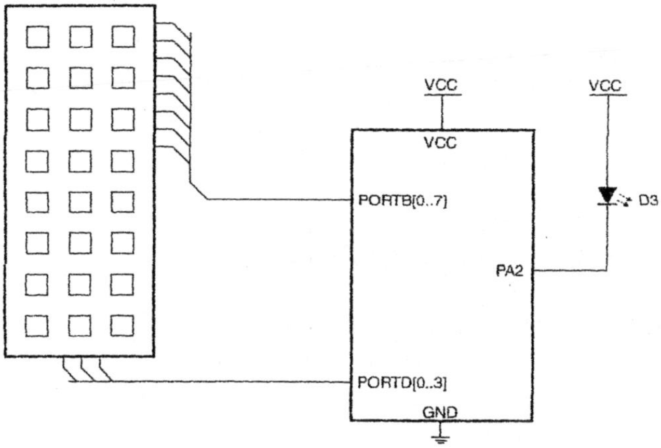

Abb. 8.42: Quelle: AVR415: RC5 IR Remote Control Transmitter, Atmel Application Note

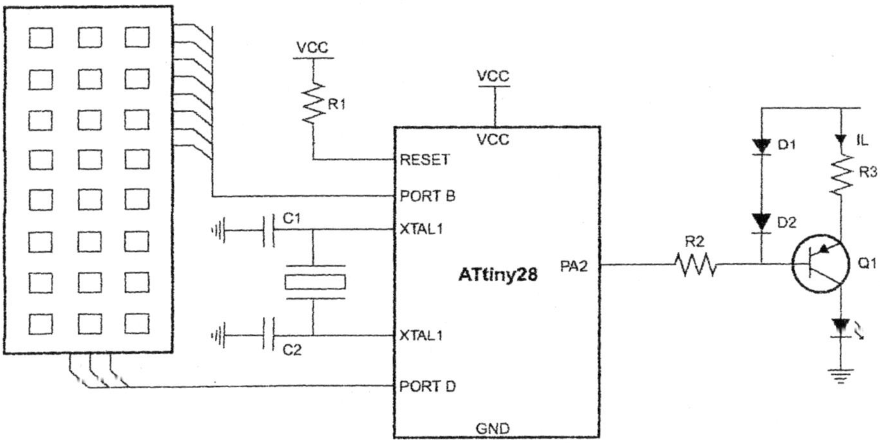

Abb. 8.43: Quelle: AVR415: RC5 IR Remote Control Transmitter, Atmel Application Note

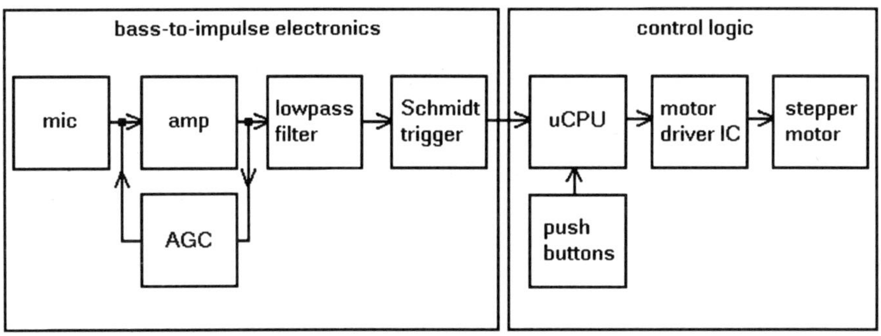

Abb. 8.44: Quelle: Zsolt Bitter, PIC16F84A discologht effect with bass beat control, www.electronics-lab.com/projects/games/006/index.html

9 Dies und das

9.1 Power-down-Betrieb ohne Datenverlust

Bei 5 V Betriebsspannung und 12 MHz benötigt ein AT89C2051 etwa 9 mA im aktiven Modus, 1,8 mA im Idle-Modus und nur 12 µA im Power-down Mode. Die einzige Möglichkeit der Wiederherstellung des äußerst sparsamen Power-down-Zustands ist ein Reset mit allen Folgen für den Datenzustand. Dieser Nachteil lastet auf vielen 8051-Vertretern. Doch existiert eine einfache Methode, ohne Datenverlust in den Power-down Mode zu gelangen (Erhaltung der Interrupt-Funktion). Dazu wird einfach die Schaltung nach *Abb. 9.1* angefügt. Sie setzt voraus, dass eine externe Baugruppe den Interrupt Request generiert. Erscheint dieses Signal am Gattereingang und 8051-Interrupt-Pin, ändert sich der Pegel invers am RST-Pin und verzögert geht der PIN-Anschluss auf H.

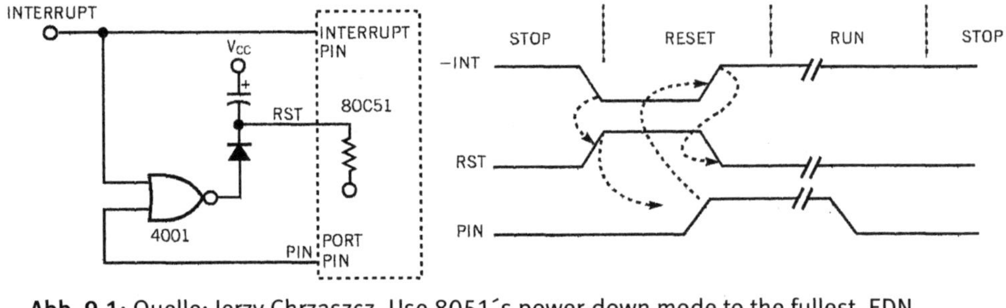

Abb. 9.1: Quelle: Jerzy Chrzaszcz, Use 8051´s power-down mode to the fullest, EDN

9.2 Mikrocontroller generiert Burst-Signal

Gepulste Anwendungen benötigen in Frequenz, Dauer und Wiederholrate definierte Burst-Signale. Die einfachste und preiswerteste Art, diese zu erzeugen, ist heute ein 8-Bit-Mikrocontroller. Dabei steht noch ein invertierender Ausgang zur Verfügung (*Abb. 9.2*). Es werden nur wenige Pins des Mikrocontrollers beansprucht, die anderen stehen für weitere Aufgaben zur Verfügung.

Die höchste Frequenz, welche der Burst erreichen kann, hängt von der maximal möglichen (internen) Taktfrequenz des Bausteins ab. Bei 4 MHz bringt es der angegebene Mikrocontroller auf 58,5 kHz. Ultraschall-Anwendungen arbeiten meist mit 40 kHz.

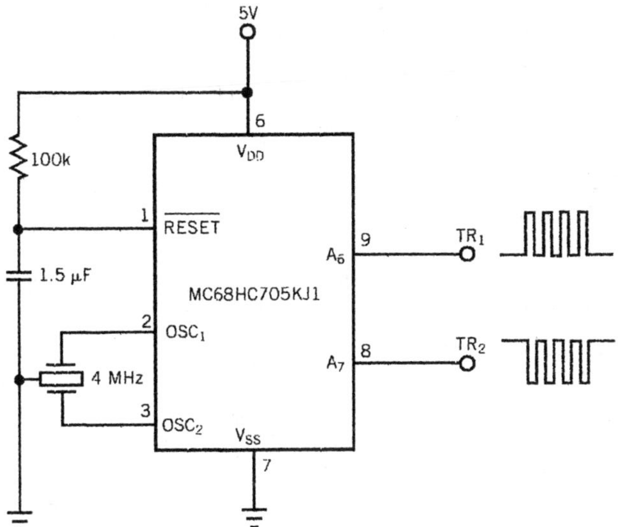

Abb. 9.2: Quelle: Abel Raynus, µC generates a frequency burst, EDN February 3, 2000

Die Konstante im Zähler „Number" bestimmt die Burst-Dauer. Mit einem 8-Bit-Zähler sind 0,1...3,2 ms möglich.

Die Programmierung der Wiederholrate hängt vom genauen Aufbau des Timers ab.

9.3 Nicht benötigte Pins sinnvoll nutzen

Manche PIC-Mikrocontroller besitzen weit mehr als einen analogen Kanal. Diese Pins bleiben meist frei. Sie können aber als Ein- oder Ausgänge für allgemeine Anwendungen genutzt werden. Beispielsweise kann der Power-on-Zustand festgestellt werden.

In der Schaltung nach *Abb. 9.3* legt der Jumper einen Modus fest, beispielsweise den Batterielade-Modus. Die Software definiert dazu den RAX-Eingang als analogen Eingang. Als Ausgang konfiguriert, kann das RAX-Pin den Transistor durchschalten oder nicht.

Die Methode lässt sich leicht erweitern oder auf andere Pins übertragen.

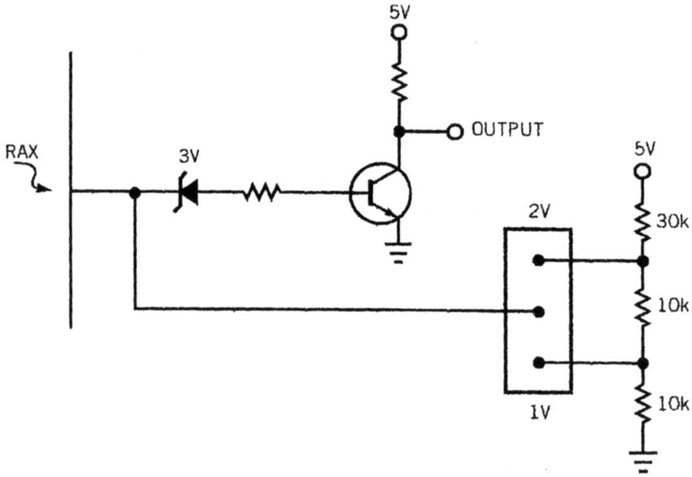

Abb. 9.3: Quelle: Kannan Natarajan, Unused µC ADC pins find second life, EDN February 3, 2000

9.4 Mikrocontroller wird multifunktional

Obwohl Mikrocontroller innerhalb einer bestimmten Zeit nur ein Programm ausführen können, muss man bei Anwendungen, wo in einer bestimmten Zeit zwei Operationen ausgeführt werden sollen, nicht auch zwei Mikrocontroller vorsehen. Die Mehrfachnutzung kann gelingen, weil die Wiederholzeit an Pulse-Ausgang bzw. die L-Zeit N_t deutlich größer ist als die H-Zeit von z. B. 25 ms (*Abb. 9.4*). Es ist daher möglich, innerhalb dieser Zeit mit den anderen I/O-Pins andere Aufgaben zu bewältigen. Der Mikrocontroller ist nämlich nicht gezwungen, bis zum Erscheinen des nächsten Impulses zu warten. Man muss nur das Impulserzeugungsprogramm als Interrupt-Service Routine und den anderen Teil des Programms als Hauptprogramm organisieren. Die Ausführung der Interrupt-Service Routine muss natürlich in kürzerer Zeit als N_t erfolgen. In der Quelle ist ein entsprechendes Listing zu finden.

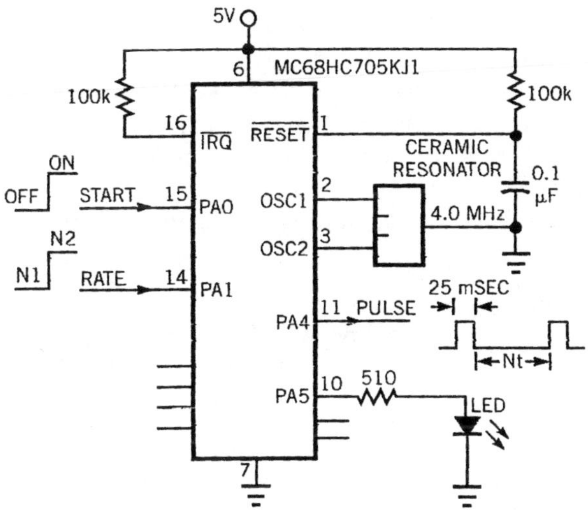

Abb. 9.4: Quelle: Abel Raynus, Microcontroller becomes multifunctional, EDN October 25, 2001

9.5 Rauscherzeugung mit einem PIC

Die *Abb. 9.5* zeigt den Aufbau eines Generators, welcher Rauschen im Audiobereich mit Verteilung gemäß der Gaußschen Glockenkurve liefert. Bereits ein einziger 8-Pin-PIC kann leicht so programmiert werden, dass er ein zufälliges Signal an seinem Pin GP0 liefert. Hier werden die Ausgangssignale mehrerer PICs überlagert. Je mehr Mikrocontroller man verwendet, umso weiter kann man sich der Gausschen Verteilungskurve annähern. In den meisten Fällen werden zehn bis 16 Stück genügen. Alle nutzen das selbe Programm. Man findet es auf www.edn.com.

Der Doppel-Operationsverstärker bildet einen Addierer und einen Puffer. Dazwischen liegt ein Filter.,

9.6 Datenerhalt bei Power-down-Schaltung

In manchen Anwendungsfällen wird nach einem Power-up-Vorgang ein Wiedererhalt der Daten gewünscht, wie sie vor dem Einsetzen des Power-down-Zustands vorlagen. Das grundsätzliche Speichern in einem EEPROM oder Flash-Speicher ist dann kritisch, wenn die garantierte Speicherzyklen-Anzahl innerhalb der möglichen Betriebszeit erreicht werden kann. Eine andere Möglichkeit besteht im Einsatz eines Akkus oder einer Batterie, durch die der RAM-Inhalt des Mikrocontrollers erhalten bleibt.

Die Schaltung in *Abb. 9.6* zeigt einen alternativen Weg: Detektierung eines Power-down-Vorgangs und Triggern einer Interrupt-Routine, welche alle Daten und Parameter in EEPROM und Flash Memory sichert, bevor der Stromverbrauch des Mikrocontrollers zurückgeht.

PIC-Mikrocontroller ermöglichen es besonders einfach, diese Idee umzusetzen, da sie über einen Low-Voltage-Detection-Eingang verfügen (LVDIN). Die Schwelle lässt sich zwischen 2,06 und 4,64 V einstellen. Die PIC18 funktionieren über 4,2 V noch einwandfrei. Die Dimensionierung von R1 und R2 ist in der Quelle ausführlich beschrieben.

9.7 Erzeugung eines Sinussignals

Die Schaltung in *Abb. 9.7* produziert ein klirrarmes und stabiles Sinussignal mit einstellbarer Frequenz. Es kann in allgemeinen Anwendungen als Referenz dienen. IC3 ist ein elliptisches Switched-Capacitor-Tiefpassfilter achter Ordnung. Es nutzt ein 100-kHz-Rechtecksignal, welches der Mikrocontroller IC2 generiert. Der einfache Mikrocontroller erhält sein Taktsignal von einem 10-MHz-Modul. IC1 ist ein Spannungsüberwacher.

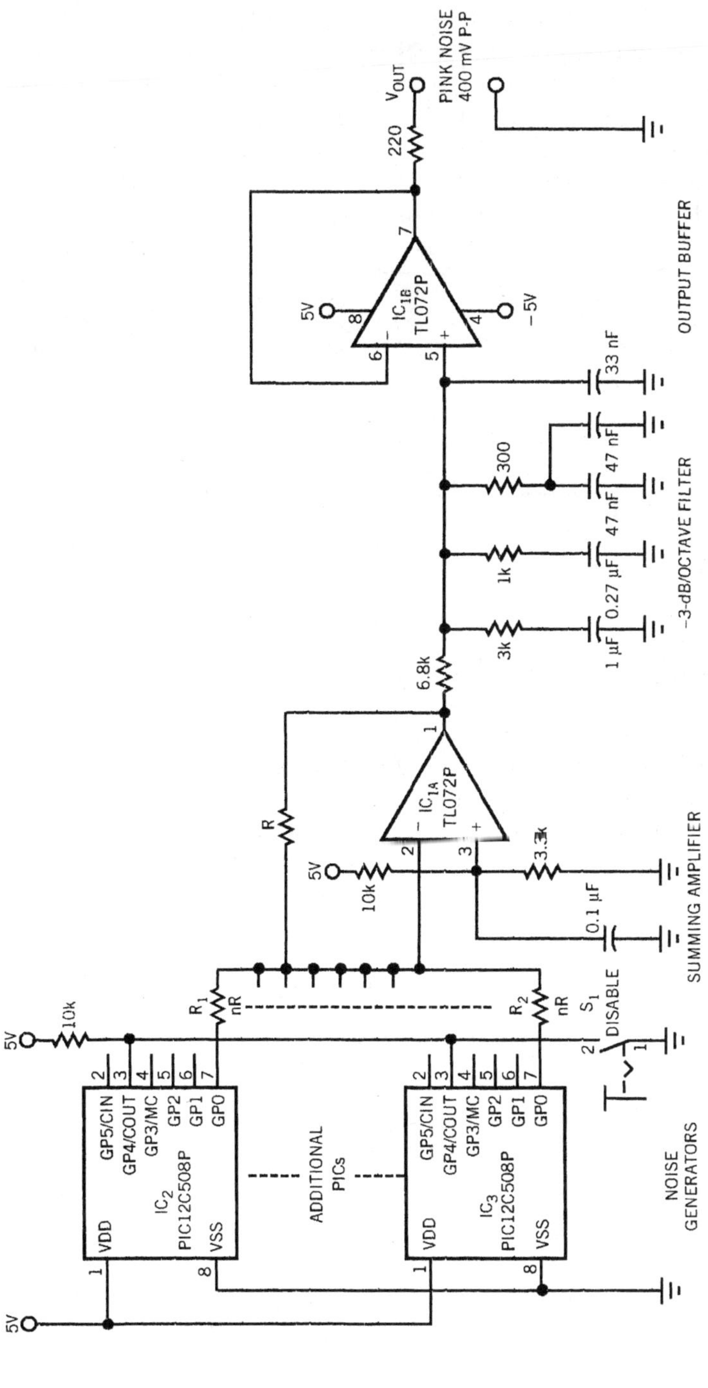

Abb. 9.5: Quelle: Peter Güttler, Make noise with a PIC, EDN August 7, 2003

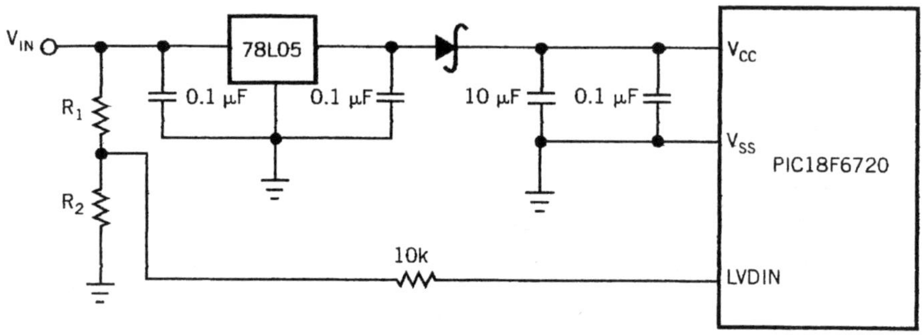

Abb. 9.6: Quelle: Stephan Roche, Power up a microcontroller with pre-power-down data, EDN March 17, 2005

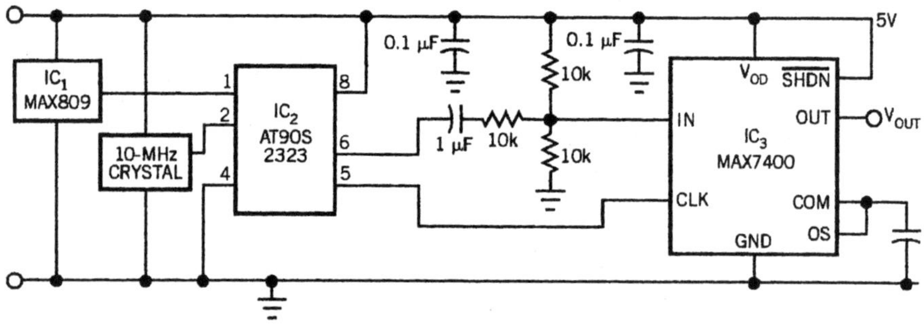

Abb. 9.7: Quelle: Simon Bramble, Digital signal controls sine generator, EDN May 15, 2003

Je geringer die Eckfrequenz des Filters eingestellt wird, umso klirrarmer ist das Sinussignal am Pin OUT.

9.8 Stabiler VCO mit 8-Pin-Mikrocontroller

Die einfache Schaltung nach *Abb. 9.8* nutzt einen PIC 12C671 als VCO (Voltage-Controlled Oscillator). Weil der PIC einen internen 4-MHz-Oszillator, einen Vierkanal-8-Bit-ADC und eine Power-reset-Schaltung besitzt, werden außer den unten gezeichneten Bauelementen keine externen Komponenten benötigt!

Der Mikrocontroller liest zwei analoge Kanäle AN0 und AN1 (Pin 7 und 6). Als Referenzspannung für die A/D-Wandlung dient die Betriebsspannung von 5 V. Die konvertierten Daten bestimmen L- und H-Zeit. Der mögliche Frequenzbereich ist 8 Hz bis 8 kHz. Die Programmierung erfolgt in Assembler und kann der Quelle entnommen oder als Listing von www.ednmag.com als Design Idea 2259 aus dem Software Center geladen werden.

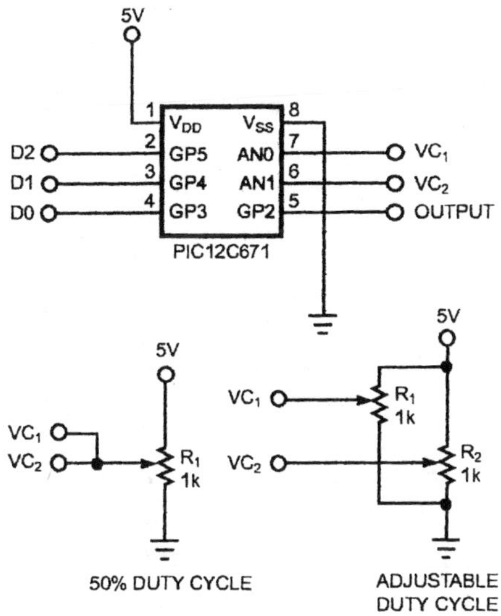

Abb. 9.8: Quelle: Yongping Xia, 8-pin µC forms one-chip programmable VCO, EDN September 24, 1998

9.9 Kabeltester – schnell und einfach

Die in *Abb. 9.9* gezeigte Kabeltester-Schaltung nutzt einen Low-End-8-Bit-Mikrocontroller. Man kann ein Kabel mit maximal acht Leitungen testen. Das Programm fragt zunächst den Schalter (Cable Switch) ab, um den Kabeltyp zu ermitteln (hier: geschlossen – drei Leitungen, offen – sieben Leitungen). Dann wird eine Leitung nach der anderen überprüft. Zeigen alle Durchgang und liegt kein Kurzschluss vor, leuchtet die grüne LED. Bei Unterbrechung/Kurzschluss leuchtet hingegen die rote LED.

Das entsprechende Programm ist unter www.ednmag.com im Software Center unter Design Idea 2225 erreichbar.

9.10 Preiswerter Sinusgenerator

Die meisten Mikrocontroller kann man benutzen, um ein Sinussignal zu erzeugen. Die Schaltung nach *Abb. 9.10* nutzt einen 68HC705J1A, um eine Sinusspannung mit 9...20 kHz zu generieren. Der Mikrocontroller liefert an Pin 4 ein Rechtecksignal mit Tastverhältnis 0,5. Über die Pins 1, 2 und 3 lassen sich die Kondensatoren C1, C2 und C3 an L-Pegel legen, also für das nachfolgende Filter zur Wirkung bringen. Man wählt das Bitmuster je nach gewünschter Frequenz bzw. möglicher minimaler Ausgangsspannung.

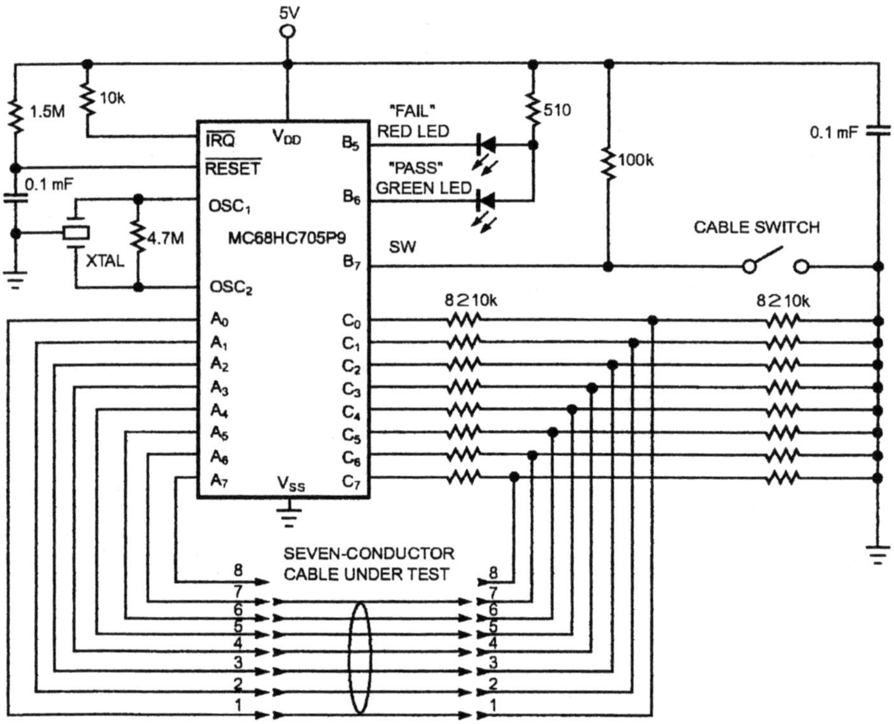

Abb. 9.9: Quelle: Abel Raynus, Cable tester is fast and cheap, EDN September 24, 1998

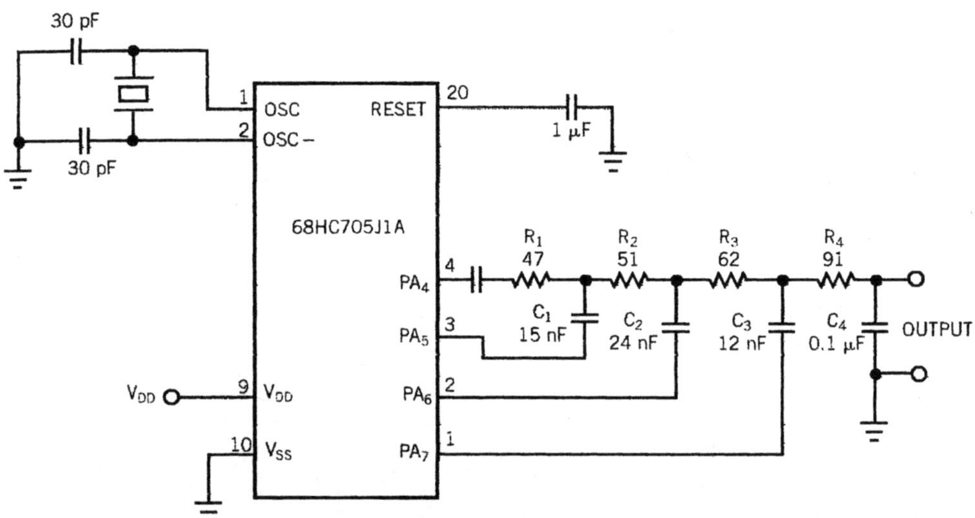

Abb. 9.10: Quelle: Jorge Luis B. Romeu, µC makes inexpensive sine-wave generator, EDN December 17, 1998

Das einfache Programm ist unter www.ednmag.com im Software Center (Bereich für registrierte Nutzer) als Design Idea 2278 zu finden.

9.11 Mikrocontroller generiert musikalische Töne

Heute verlangt man auch bei bestimmten akustischen Meldungen eine gewisse Qualität. Daher kommen oft Soundgenerator-ICs zum Einsatz. Es ist aber auch möglich, ansprechende musikalische Töne mit einen Mikrocontroller zu erzeugen.

In der Schaltung nach *Abb. 9.11* ist das ein kostengünstiger MC68H705J1A. Die externe Beschaltung ist gering, denn auch hier übernimmt das Programm die Hauptarbeit. Es erzeugt Töne nach *Abb. 9.12* mit dazu optimal passenden Ein- und Ausschwingzeiten (Fachbegriff: Anschlag). Es kann der Quelle entnommen werden.

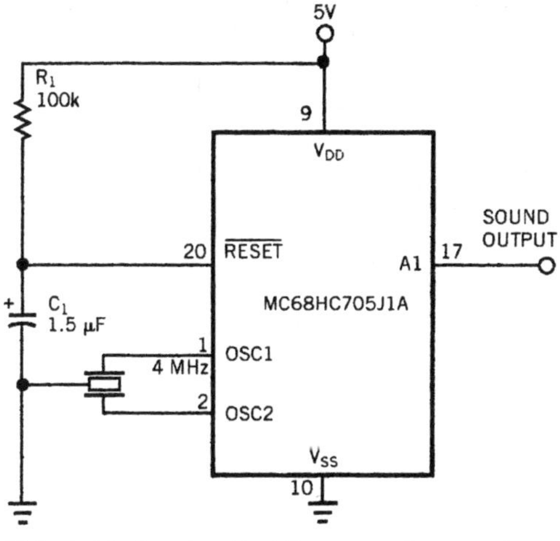

Abb. 9.11: Quelle: Abel Raynus, µC generates musical sounds, EDN April 15, 1999, S. 132/133

9.12 Frequenzmultiplizierer x 2...7

Eine einfache Mikrocontroller-Schaltung kann Frequenzen mit 2 bis 7 multiplizieren. Der AT90S1200 ist ein Low-Cost/High-Speed-Mikrocontroller. Die meisten Instruktionen benötigen nur einen Taktzyklus. Mit einem 12-MHz-Takt gemäß *Abb. 9.13* dauert dieser 83,3 ns. Hierdurch wird die maximale Eingangsfrequenz begrenzt. Der mögliche Ausgangsfrequenzbereich beträgt 31 Hz bis 30 kHz.

Das Programm bildet eine Endlosschleife zur Erzeugung des kontinuierlichen Rechteck-Ausgangssignals mit konstantem Tastverhältnis von 0,5 unabhängig vom Eingangssignal. Der Mikrocontroller besitzt einen 8-Bit-Zähler, der dieses Signal verarbeitet. Beim Datenwort 010 an D2...0 wird mit 2 und beim Datenwort 111 mit 7 multipliziert.

Um das Programm zu erhalten, geht man auf www.ednmag.com, Search Databases und ins Software Center (Design Idea 2362).

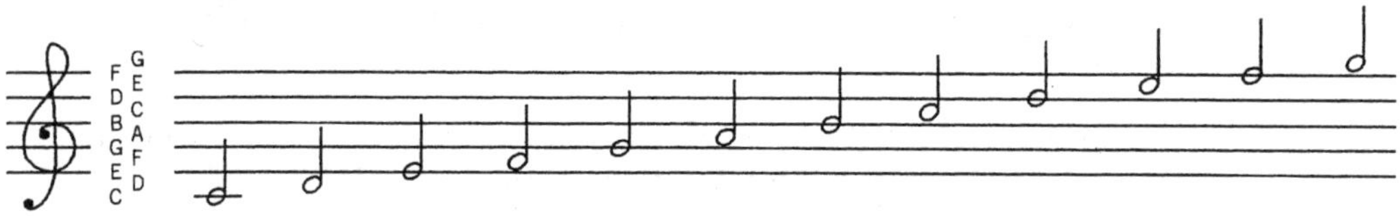

NOTE	C	D	E	F	G	A	B	C	D	E	F	G
	DO	RE	MI	FA	SOL	LA	TI	DO1	RE1	MI1	FA1	SOL1
f, Hz	264	297	330	352	396	440	495	528	594	660	704	792
T, mSEC	3.78	3.36	3.04	2.84	2.51	2.3	2.0	1.9	1.68	1.5	1.4	1.26
1/2T, mSEC	1.89	1.68	1.52	1.42	1.26	1.14	1.01	0.94	0.84	0.76	0.71	0.63
NUMBER TO PUT INTO NR	189	168	152	142	126	114	101	94	84	76	71	63

Abb. 9.12: Quelle: Abel Raynus, µC generates musical sounds, EDN April 15, 1999, S. 132/133

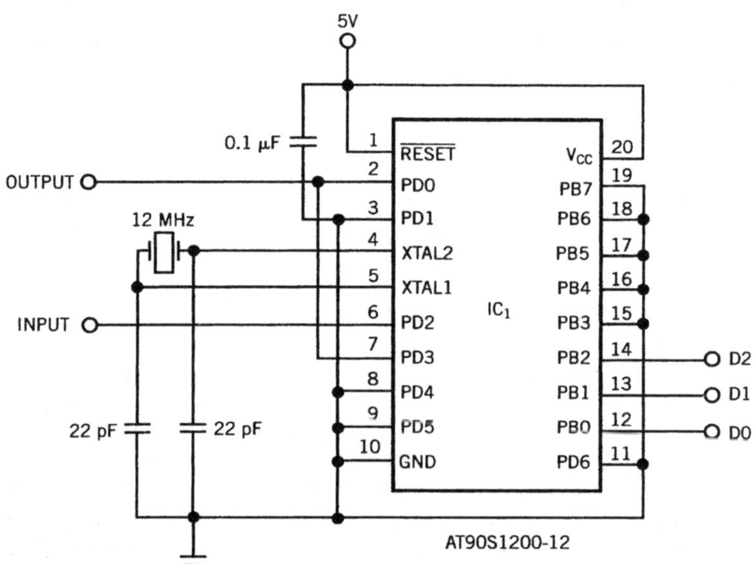

Abb. 9.13: Quelle: Yongping Xia, µC-based circuit performs frequenzy multiplication, EDN May, 1999

9.13 Uhr mit geringem Aufwand

Die in *Abb. 9.14* gezeigte Schaltung kann Lernzwecken dienen. Diese Uhr zeichnet sich durch 24:00-Betrieb (00:00 bis 23:59), Weck- und Timerfunktion (bis 99 min, 59 s) sowie geringen Strombedarf aus. Sie arbeitet an zwei AA-Zellen. Der PIC16C54A ist ideal für diese Aufgabe geeignet, da er hohe Stromergiebigkeit der Ausgänge mit geringem Eigenverbrauch kombiniert, wenig kostet und einen schnellen Durchlauf der Instruktionen erlaubt.

Es kommen hocheffiziente LED-Anzeigen mit gemeinsamer Kathode zum Einsatz. Nur der Buzzer wird über einen Transistor angesteuert.

9.14 Kleiner FM-Stereosender

Das kleine Projekt erfordert lediglich einen preiswerten Mikrocontroller und einige passive Bauteile. Es basiert auf einer in der Dezember-Ausgabe 2007 des Info Elektronika Magazine erschienenen Schaltung. Die geltenden gesetzlichen Bestimmungen sind zu beachten, Autor und Verlag übernehmen keine Haftung.

ATTiny12, ATTiny25, ATTiny2313, AT90S2313 und AT90S2323 wurden in dieser Schaltung getestet.

Abb. 9.15 gibt zunächst einen Überblick über den Aufbau eines klassischen FM-Stereo-Encoders. Man erkennt unschwer den relativ großen Aufwand. Dabei sind Filter noch nicht einmal eingezeichnet. Das gebildete Composite-Stereo-Signal, mit dem der FM-Sender moduliert wird, besteht aus drei Teilen: Basisband-Monosignal, Zweiseitenband-Kanaldifferenzsignal und Pilotsignal. Das Basisbandsignal (L+R) liegt zwischen 30 Hz und 15 kHz. Ein Mono-Empfänger gibt es wieder. Das Differenzsignal L-R wird einem 38-kHz-Träger in einem Balanced Modulator aufmoduliert. Hier handelt es sich um Amplitudenmodulation. Der Pilotträger hat mit 19 kHz genau die halbe Frequenz des 38-kHz-Trägers. Es wird im Empfänger mit 2 multipliziert, sodass dort ein 38-kHz-Hilfsträger für die Amplitudendemodulation zur Verfügung steht.

Der hier gewählte Encoder geht auf Harry Lythall zurück (http://web.telia.com). Der AVR-Mikrocontroller ersetzt jedoch Oszillator/Zähler und die analogen Übertragungsglieder. Dies ist sehr zielführend: Ein preiswerter Mikrocontroller bewältigt zusammen mit einem npn-Transistor und einigen passiven Bauteilen das Encoding, die Modulation und die HF-Erzeugung.

In *Abb. 9.16* ist die simple Methode zur Bildung des Composite-Signals gezeigt. Der Schalter sorgt dafür, dass L- und R-Signal zu 50 % abwechselnd auf eine Leitung gelangen. *Abb. 9.17* zeigt die praktische Ausführung mit einem an Masse liegenden elektronischen Umschalter. Es erfolgt ein Wegschalten auch des DC-Anteils, was notwenig ist.

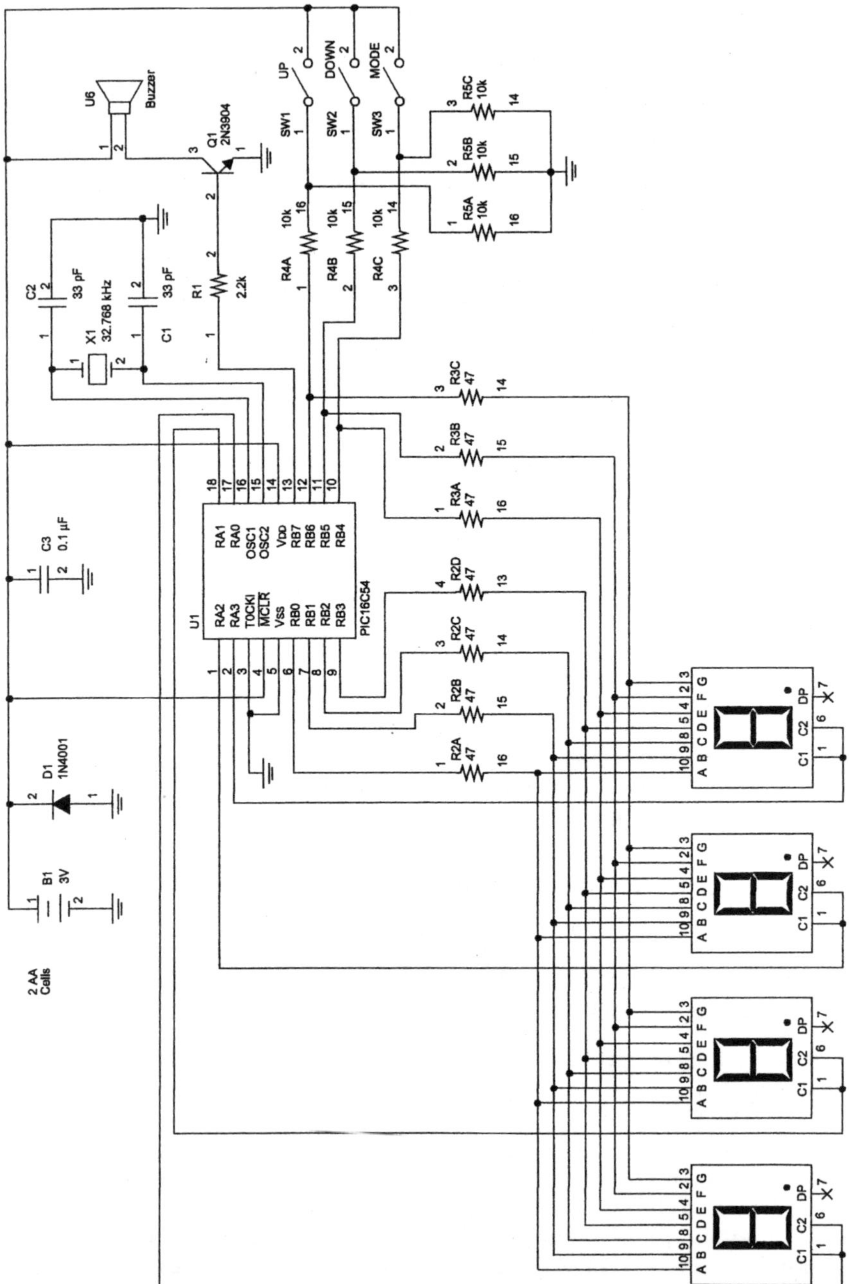

Abb. 9.14: Quelle: John Day, Clock Design Using Low Power/Cost Techniques, Microchip Application Note 615

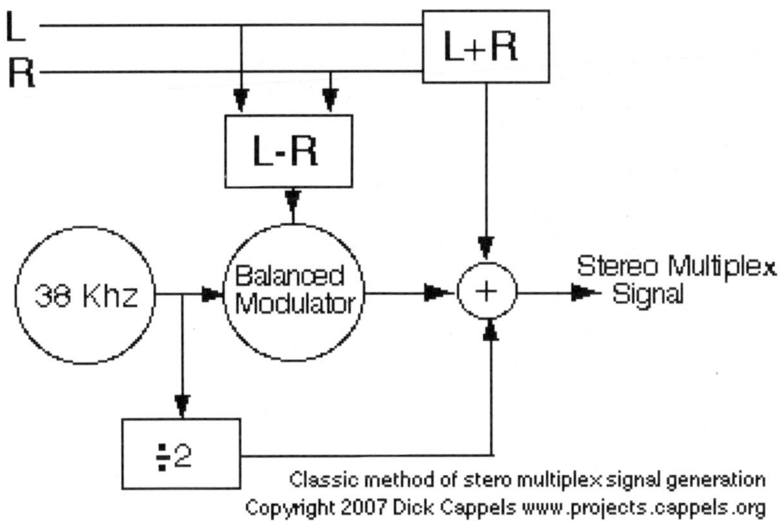

Abb. 9.15: Quelle: A Simple FM Stereo Transmitter, www.projects.cappels.org

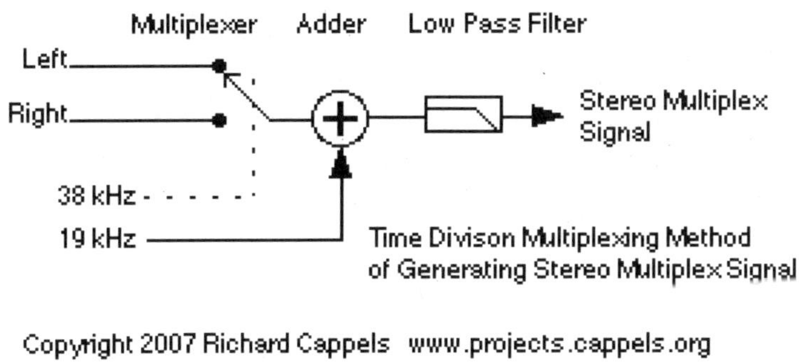

Abb. 9.16: Quelle: A Simple FM Stereo Transmitter, www.projects.cappels.org

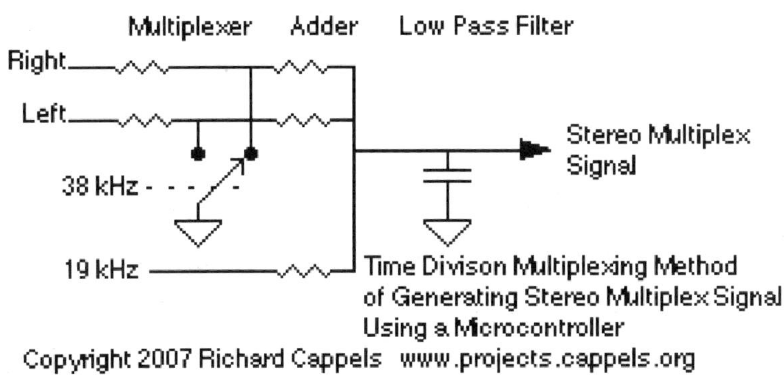

Abb. 9.17: Quelle: A Simple FM Stereo Transmitter, www.projects.cappels.org

Die fehlenden Abschnitte werden bei genügend hoher Schaltgeschwindigkeit durch den Kondensator rekonstruiert. Einfacher geht es nicht! Die Rundfunksender verzichten auf diese Methode wegen der geringen Unterdrückung des Trägers.

Die analoge 2:1-Multiplexfunktion lässt sich gut mit einem CMOS-Mikrocontroller ausführen. In *Abb. 9.18* schalten die Ausgänge 5 und 7 abwechselnd im 38-kHz-Takt auf L-Pegel und in den hochohmigen Zustand.

Einige zehn Millivolts genügen zur Modulation, daher wird kein Verstärker benötigt.

Ein 19-kHz-Rechtecksignal wird von Pin 6 geliefert.

Beim Wert von C4 musste ein Kompromiss eingegangen werden.

Der „Sender" selbst ist sehr simpel aufgebaut. L1 hat sieben Windungen.

Der Quellcode ist sehr einfach und wird für verschiedene Mikrocontroller-Typen bereitgestellt.

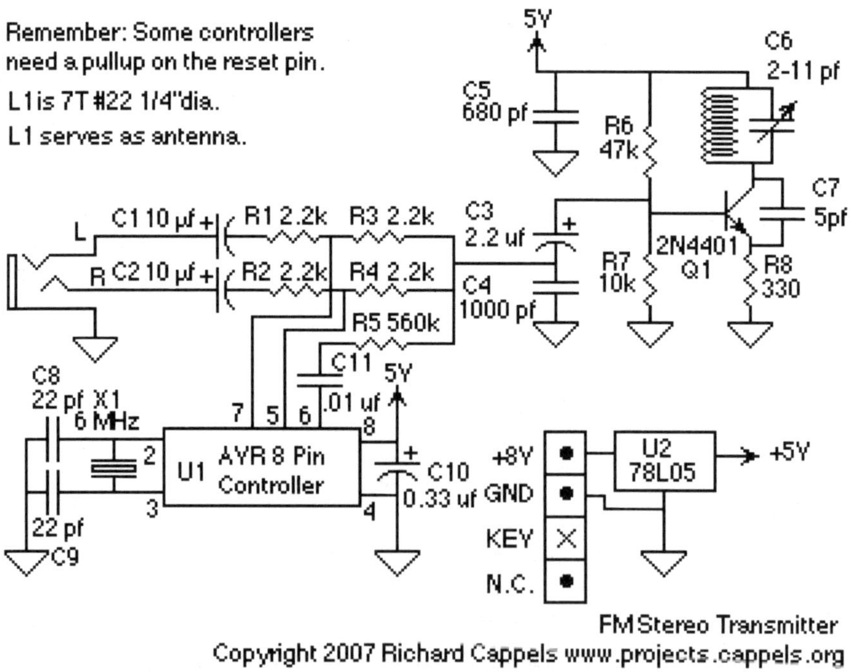

Abb. 9.18: Quelle: A Simple FM Stereo Transmitter, www.projects.cappels.org

9.15 Elektronischer Würfel

Der PIC16F84 kann 25 mA mit jedem seiner Ausgänge aufnehmen – genug, um eine ganz normale LED kräftig zum Leuchten zu bringen.

Die sieben „Augen"-LEDs des elektronischen Würfels gemäß *Abb. 9.19* sind daher auch direkt angeschlossen. In der Zeichnung findet man auch die Formel zur Berechnung der Vorwiderstände.

Das zufällige Aufleuchten von einer LED bis aller sechs äußeren LEDs bewirkt das Programm. Natürlich ist die Wahrscheinlichkeit für jede Möglichkeit gleich 1/6.

Der 8-Pin-PIC12F675 ist noch besser geeignet, um einen recht kleinen elektronischen Würfel zu bauen. Auch für diese Variante wird der Source Code bereitgestellt.

Die Schaltung zeigt übrigens einen fünf Sekunden langen Ausrolleffekt.

9.16 Automatische Pflanzenbewässerung

Die Schaltung nach *Abb. 9.20* besitzt vier Sensoren, die an den im LM324 vorhandenen Operationsverstärkern liegen. Jeder Sensor besteht aus zwei steifen Kupferdrähten, die in der Erde stecken. Ein Mikroprozessor überwacht und steuert das ganze System. Die Ausgänge der Operationsverstärker sind mit ihm über das Programmable Peripheral Interface (PPI) 8255 verbunden. Wenn mehr als zwei Sensoren den Zustand „trocken" melden, schaltet der Mikroprozessor den Motor an. Dieser läuft solange, bis alle Sensoren bewässert sind und „nass" melden.

Zum Einsatz kommt der 8-Bit-Mikroprozessor 8055.

9.17 Elektronische Quiz-Anzeigeschaltung

Am Quiz können mithilfe der Schaltung nach *Abb. 9.21* bis zu fünf Mitspieler teilnehmen. Jeder Taster wird einem Mitspieler zugeordnet. Es leuchtet die LED auf, deren zugeordneter Taster zuerst gedrückt wurde. Zusätzlich zeigt eine Siebenssegment-Anzeige die Ziffer an. Außerdem gibt es noch ein akustisches Signal.

Über den Reset-Schalter gelangt der Quiz Master wieder in den Wartezustand (alle LEDs aus).

Der eingesetzte 8-Bit-Mikroprozessor 8085A nutzt die Ports eines ICs 8255.

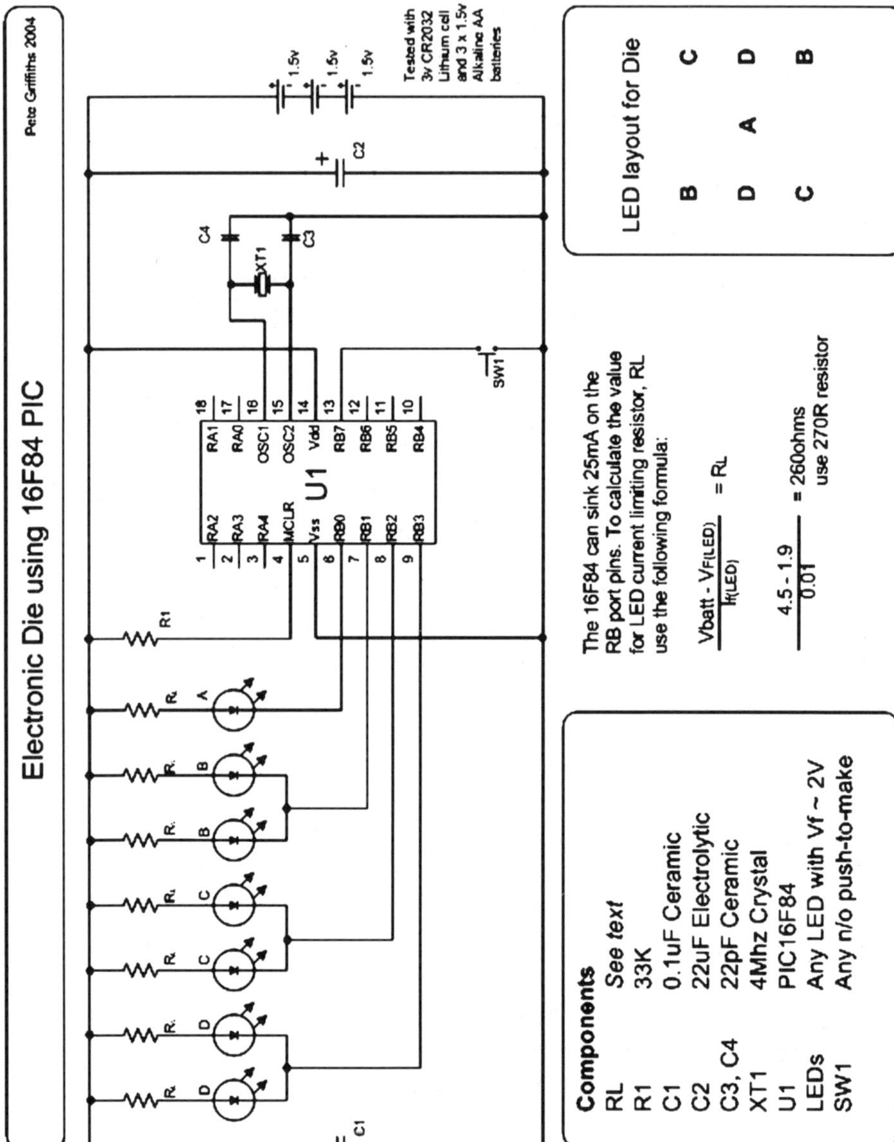

Abb. 9.19: Quelle: http://picprojects.org.uk

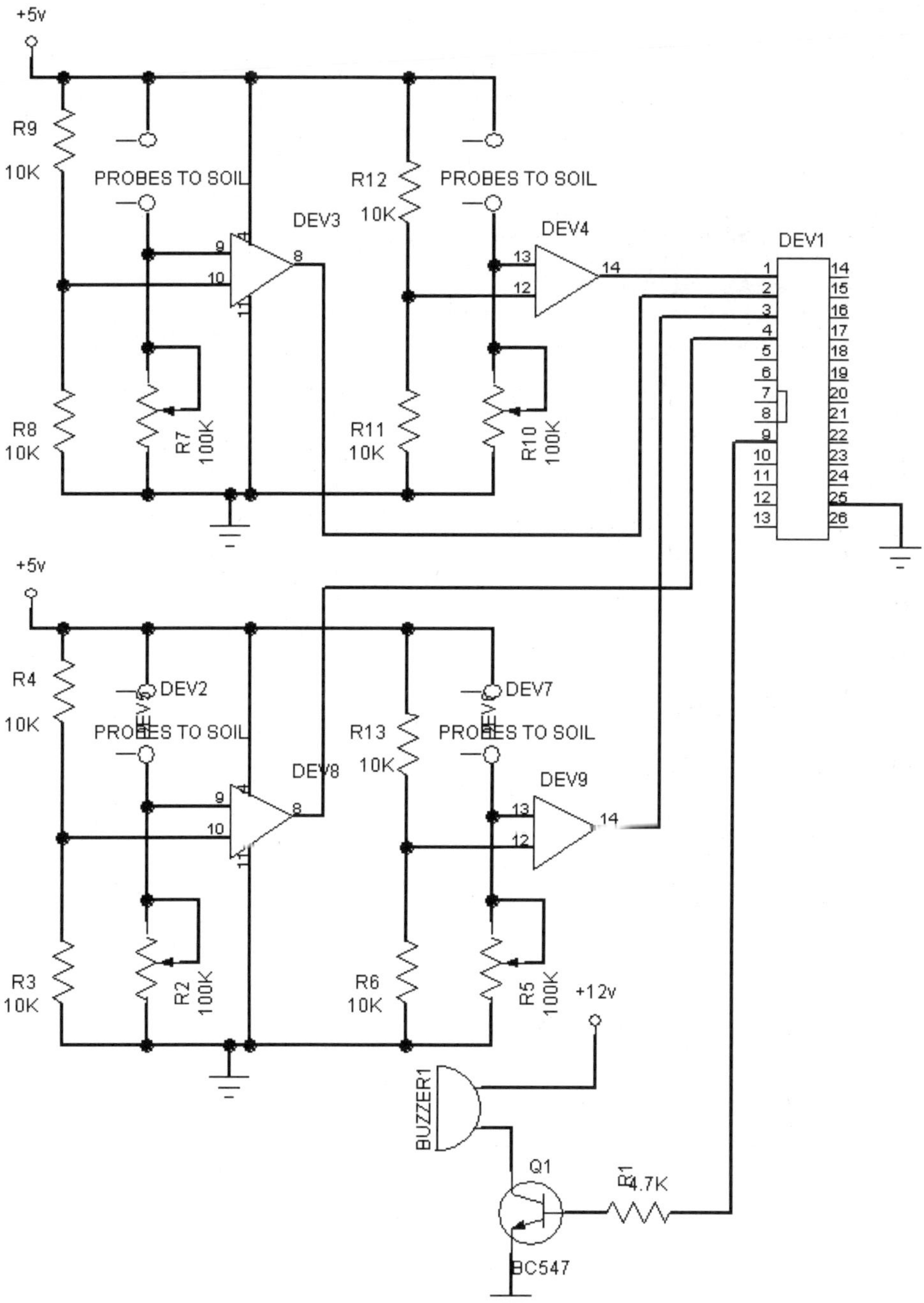

Abb. 9.20: Quelle: J. Binu, Automatic Plant Irrigator, www.8085projects.info

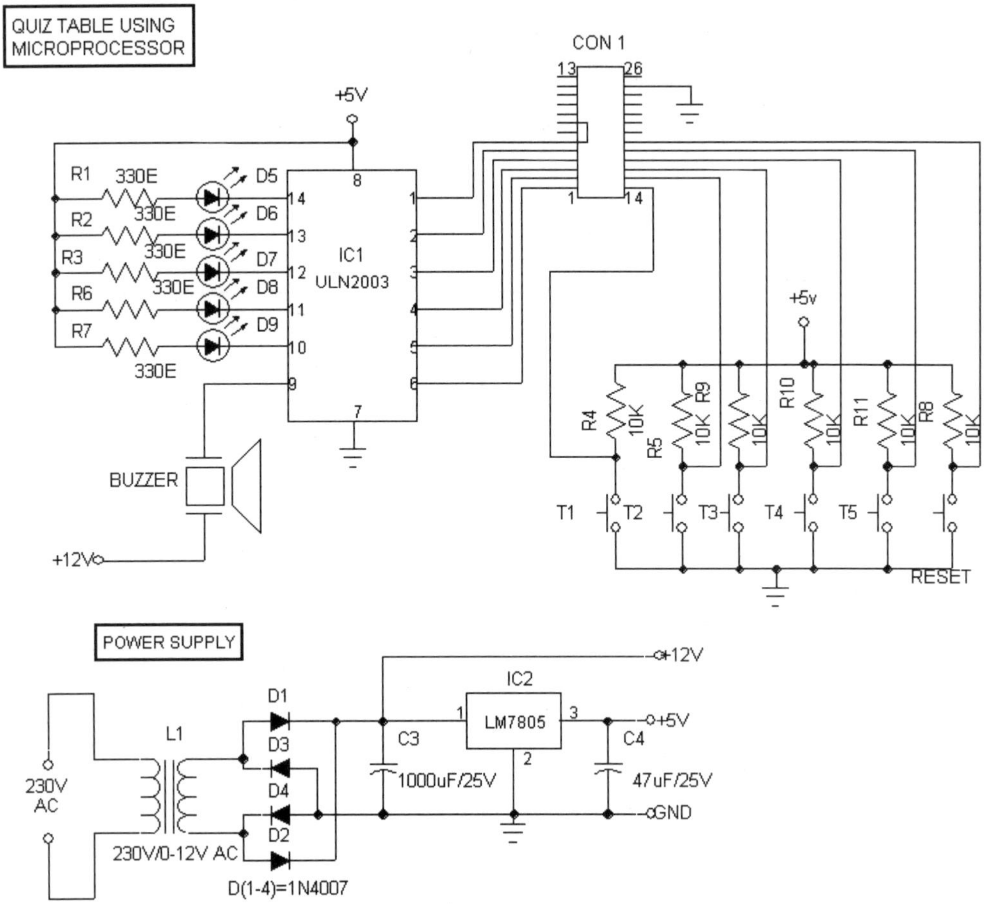

Abb. 9.21: Quelle: J. Binu, Electronic Quiz Table, www.8085projects.info

9.18 Ziffernblock mit Musik

Elektronische Ziffernanzeigen kennt man von Behörden: Man zieht eine Marke und wartet, bis die darauf gedruckte Zahl angezeigt wird. Dann ist man an der Reihe. Darüber hinaus findet das System vielseitige Anwendungen beispielsweise in Kliniken.

In vielen Applikationen werden zwei Displays eingesetzt, ein kleines bei der Person, welche die Besucher empfängt, und ein großes im Warteraum.

In *Abb. 9.22* ist die Mikrocontroller-Hardware über die Ports eines Programmable Peripheral Interfaces (PPI) 8255 in das System eingebunden. Die Displays mit gemeinsamer Anode werden über BCD-zu-Siebensegment-Decoder 74LS47 betrieben.

Musik erklingt durch den Music Buzzer, wenn eine zweistellige Zahl in die Tastatur des Keypads des Mikroprozessors eingegeben wird.

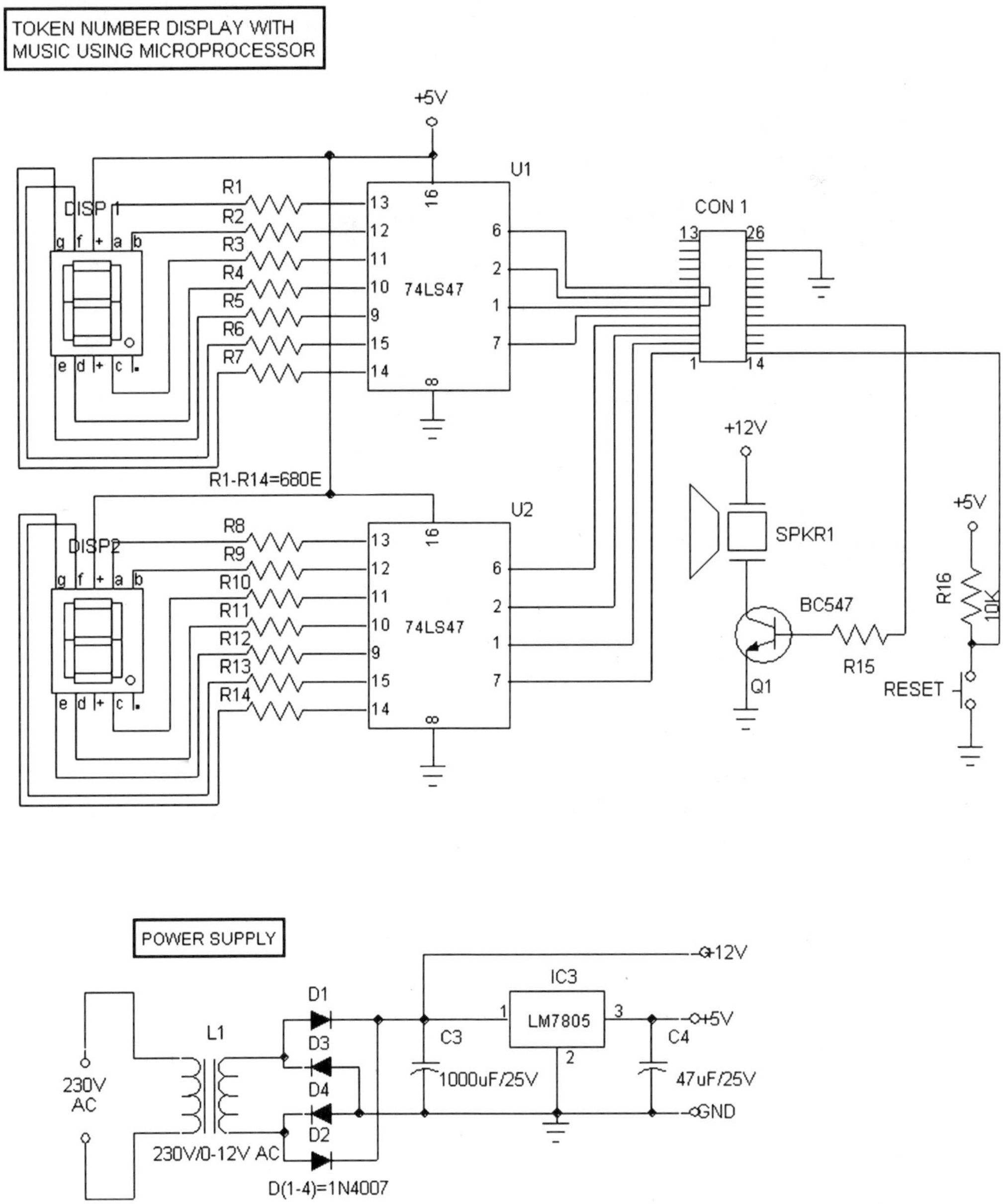

Abb. 9.22: Quelle: J. Binu, Electronic token number display with music, www.8085projects.info

9.19 Zahlenraten

Die in *Abb. 9.23* gezeigte Schaltung ist wie auch das Spiel recht einfach. Der Spieler denkt sich eine Zahl zwischen 1 und 99 aus. Dann versucht der Gegenspieler, diese binär mit den acht Schaltern einzustellen. Das Ergebnis wird im Zehnersystem auf zwei Siebensegment-Anzeigen dargestellt, nachdem der Druckknopf S9 gedrückt wurde.

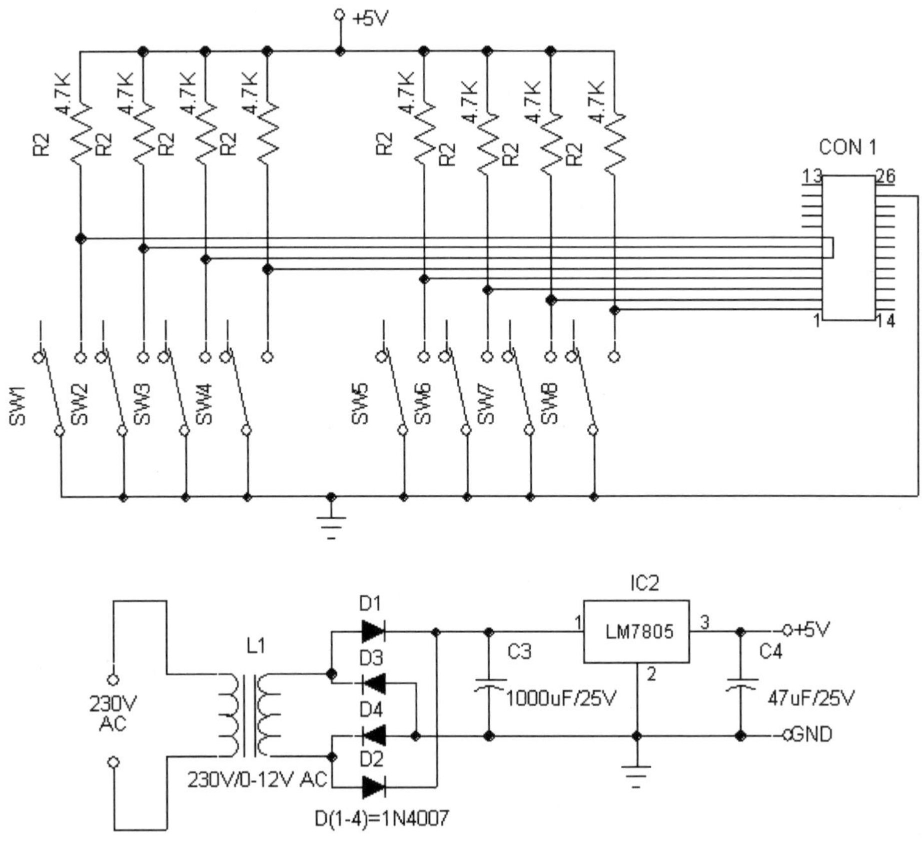

Abb. 9.23: Quelle: J. Binu, Number guessing game, www.8085projects.info

9.20 Mehrmuster-Lauflicht

Das Konzept für ein „Multi-Pattern Running Light" ist in *Abb. 9.24* zu sehen, die angegebene Quelle hält Flow Chat und Source Code bereit.

Wenn man ein solches Lauflicht fertig kauft, ist es unabänderlich programmiert. Wenn man sein eigenes Konzept verwirklicht, kann man – wie hier geschehen – volle Flexibilität in der Programmierbarkeit erhalten.

Die Schaltung enthält einen populären 8-Bit-Mikroprozessor 8085 als Kern, welcher über die Ports eines ICs 8255 ariert (Port A, B und C). Die LEDs lassen sich ein- und ausschalten und werden über ein Treiber-IC 2003 angeschlossen, welches sieben einzelne Treiber bereitstellt.

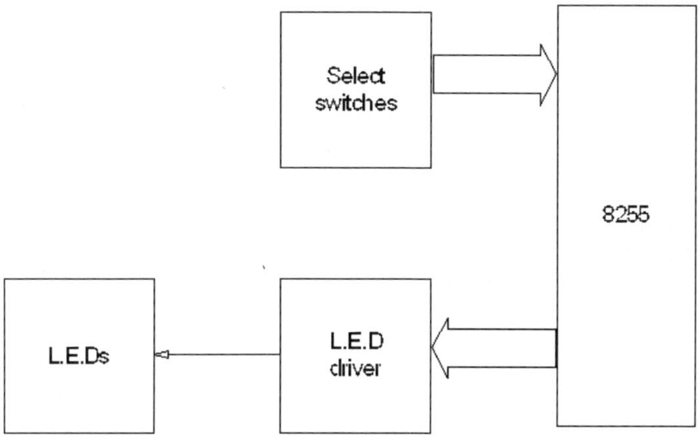

Abb. 9.24: Quelle: J. Binu, Multi-Pattern Running Light, www.8085projects.info

9.21 Drei Farben mit Bicolor-LEDs

Der 8085A-Mikroprozessor hilft hier beim Generieren von verschiedenen Lauflicht-Konzepten. In *Abb. 9.25* vorgeschlagen werden acht Bicolor-LED. Der 8-Bit-Mikroprozessor steuert alle Funktionen. Die LEDs werden über das PPI (Programmable Peripheral Interface) 8255 betrieben.

Die Betriebsspannung stellen ein Step-down-Regler und ein 5-V-Regler-IC 7805 zur Verfügung.

Eine Bicolor-LED kann drei Farben erzeugen, wie Rot, Grün und Orange. So kann man verschiedene Farbmuster entstehen lassen.

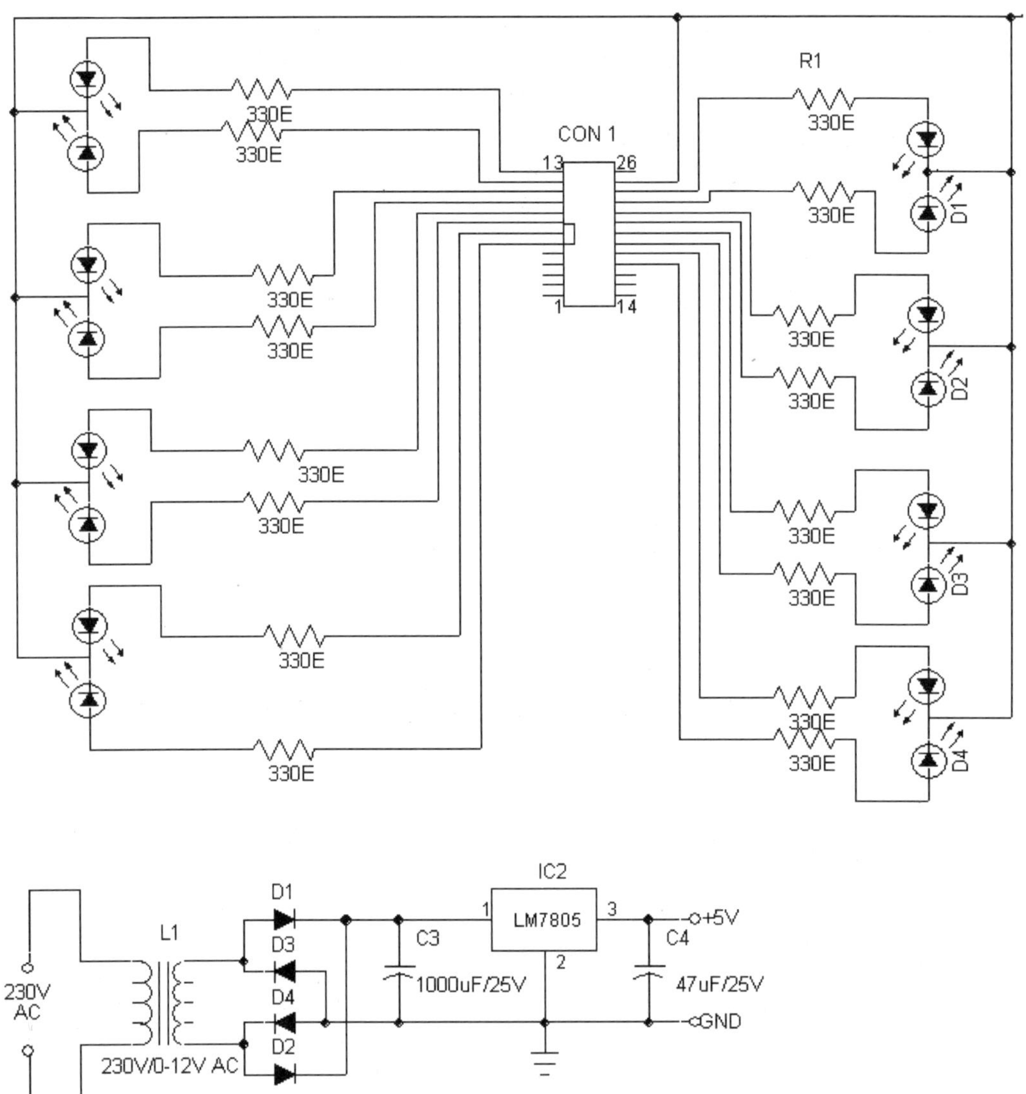

Abb. 9.25: Quelle: J. Binu, Three Colour Display Using Bicolor LED, www.8085projects.info

9.22 Schaltregler mit PIC16F785

Mikrocontroller sind eine wertvolle Grundlage für das Design von Schaltreglern. So kann der PIC16F785 die Anzahl der benötigten Bauteile bei erhöhter Flexibilität reduzieren. Dabei wird gemäß *Abb. 9.26* der interne Komparator ebenso genutzt wie der interne Pulsbreitenmodulator (PWM, Pulse Width Modulation). Das Konzept ist elektrisch durch folgende Werte gekennzeichnet:

- Eingangsspannung 9...12 V DC
- Ausgangsspannung 2...3,9 V DC bei 10 A
- Welligkeit der Ausgangsspannung max. 100 mV

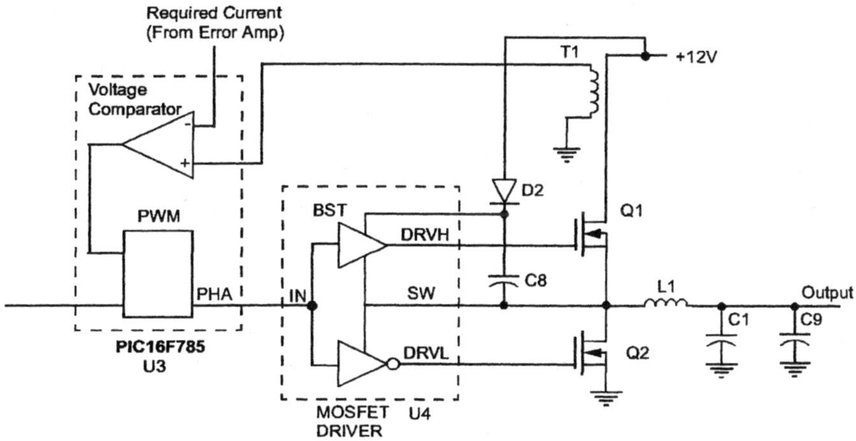

Abb. 9.26: Quelle: Keith Curtis, Switching Power Supply Design with the PIC16F785, Microchip Application Note 1086

9.23 High-Power-IR-LED-Treiber mit PIC16

Moderne Infrarotübertragungen basieren auf einem Träger von typisch 38 kHz. Die Schaltung gemäß *Abb. 9.27* zeigt, wie mit einem PIC16-Mikrocontroller ein solcher IR-Sender aufgebaut werden kann. Der Mikrocontroller wird extern mit 2,4576 MHz getaktet. Die Trägerfrequenz entsteht nach Teilung durch 64. Vier IR-LEDs können mit hohem Strom versorgt werden. Die erforderliche Firmware ist sehr einfach.

9.24 Uhr mit LED-Anzeige

Durch Multiplexbetrieb ist es möglich, im Uhren-Design nach *Abb. 9.27* den 18-Pin-Mikrocontroller PIC16C54 zu nutzen. Die Schaltung ist gut als Lernobjekt geeignet. Sie besitzt vier Taster zur Steuerung. Mit einem davon ist ein Reset auf 12:00 möglich. S1 dient der Sekunden- und S2 der Minuteneinstellung. S3 erlaubt die Stundeneinstellung.

Alle Segmente sind einseitig verbunden: AAAA, BBB usw. Die Transistoren wählen das einzelne Display aus.

9.25 Digitaluhr zeigt auch Temperatur

In dem Übersichts-Schaltplan nach *Abb. 9.29* ist ein Konzept gezeigt, mit dem eine normale Digitaluhr mit dem PIC16C924 um eine Temperaturanzeige erweitert werden kann.

Der Source Code ist in C geschrieben.

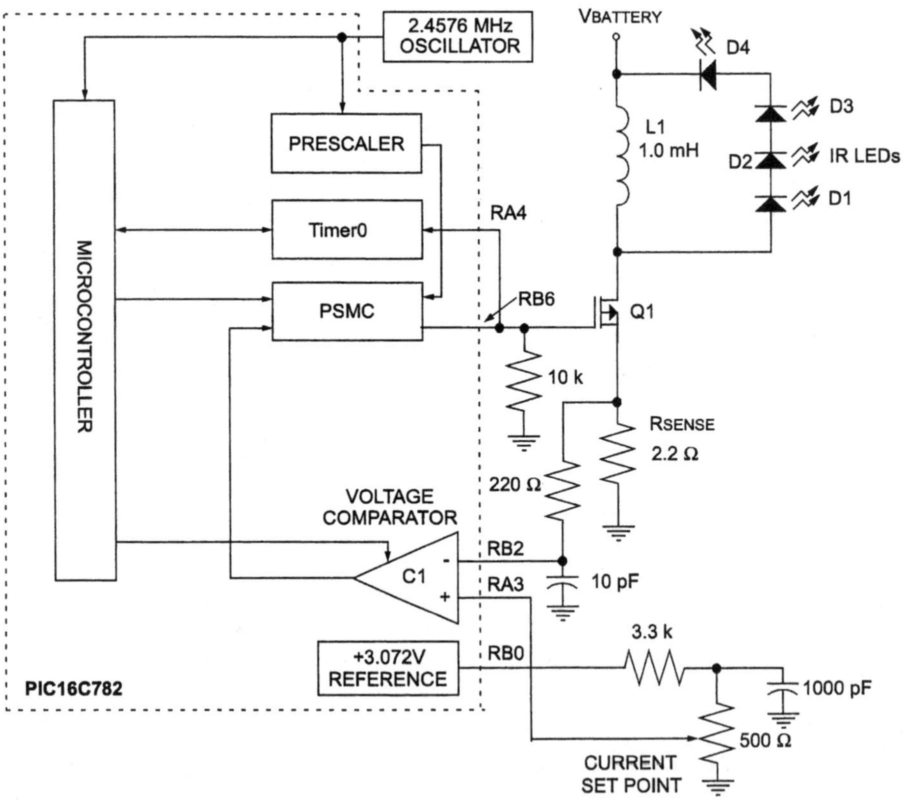

Abb. 9.27: Quelle: Keith Curtis, High Power IR LED Driver Using the PIC16C781/782, Microchip Application Note TB062

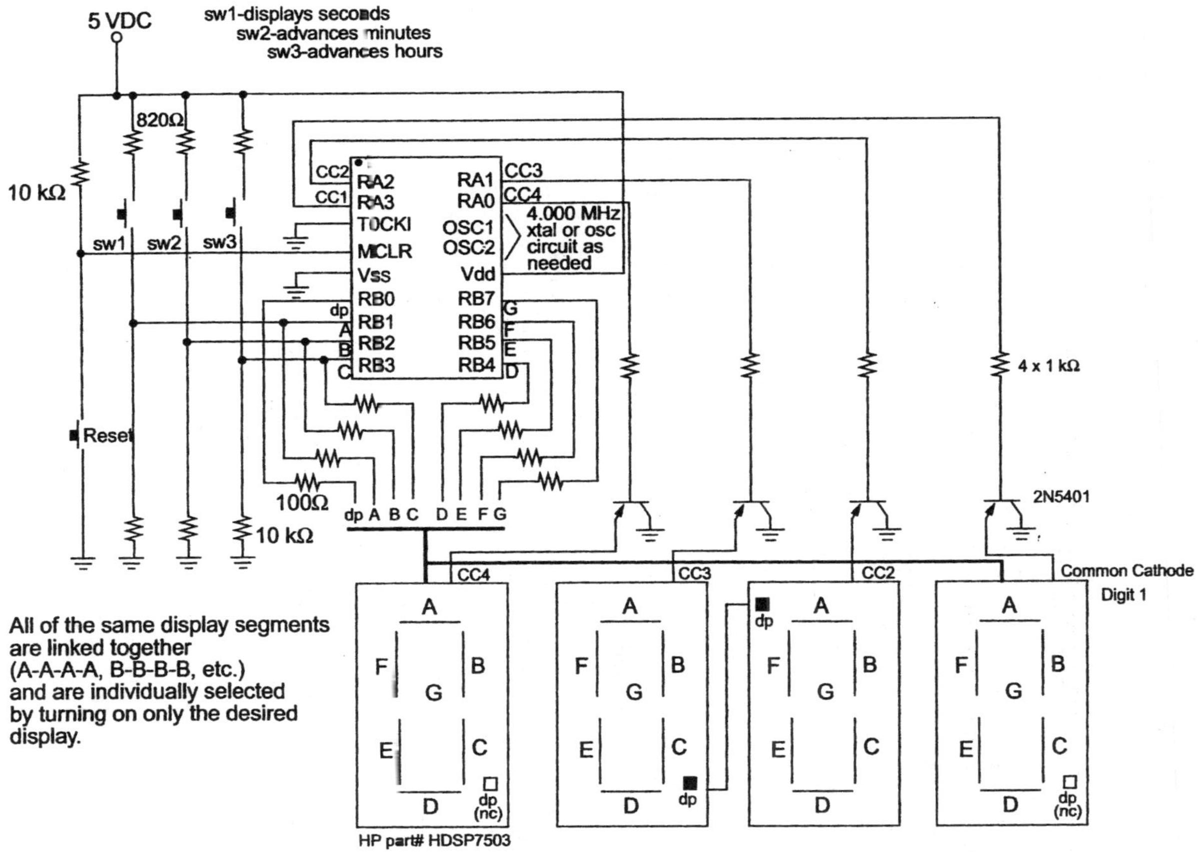

Abb. 9.28: Quelle: Dan Matthews, A Clock Design Using the PIC16C54 for LED Displays, Microchip Application Note 590

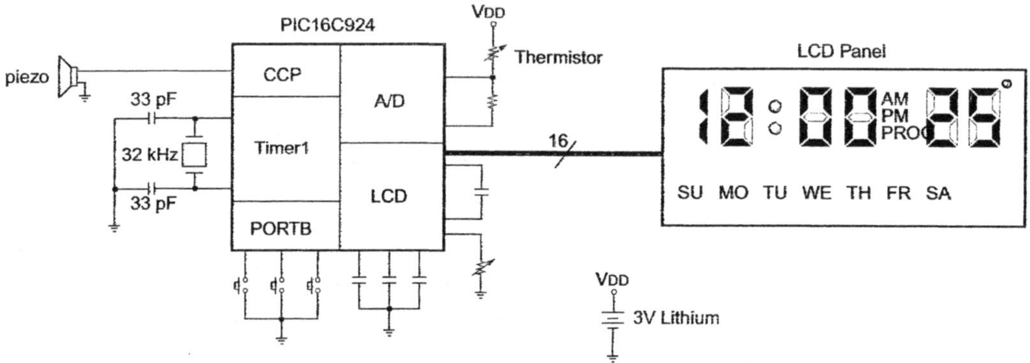

Abb. 9.29: Quelle: Rodger Richey, Yet Another Clock Featuring the PIC16C924, Microchip Application Note 649

9.26 Nutzung des kapazitiven Sensormoduls des PIC16F72X

Mikrocontroller vom Typ PIC16F72X besitzen ein Capacitive Sensing Module (CSM). Damit werden Applikationen mit kapazitiven Sensoren, wie Berührungssensoren, bezüglich Hard- und Software vereinfacht. Die in *Abb. 9.30* gezeigte Struktur wirkt zunächst unübersichtlich, bedeutet aber, dass lediglich die Berührungsflächen an den PIC durch entsprechendes Leiterplatten-Layout anzufügen sind. Denn das CSM besitzt seinen eigenen Oszillator und kann bis zu 16 Eingänge detektieren.

9.27 Kapazitiver Sensor mit PIC10F

In *Abb. 9.31* wird prinzipiell gezeigt, wie man einen kapazitiven Sensor in ein PIC10F204/6-System implementieren kann. Genutzt wird der interne Komparator dieser Mikrocontroller. Ein Eingang liegt an der internen Referenzspannung 600 mV, der andere an einem RC-Glied. Außerdem erfolgt eine Rückkopplung über eine Diode. Somit ist ein Oszillator entstanden, dessen Frequenz davon abhängt, ob am Touchpad eine externe Körperkapazität anliegt oder nicht. Der PIC wertet die Frequenzänderung aus.

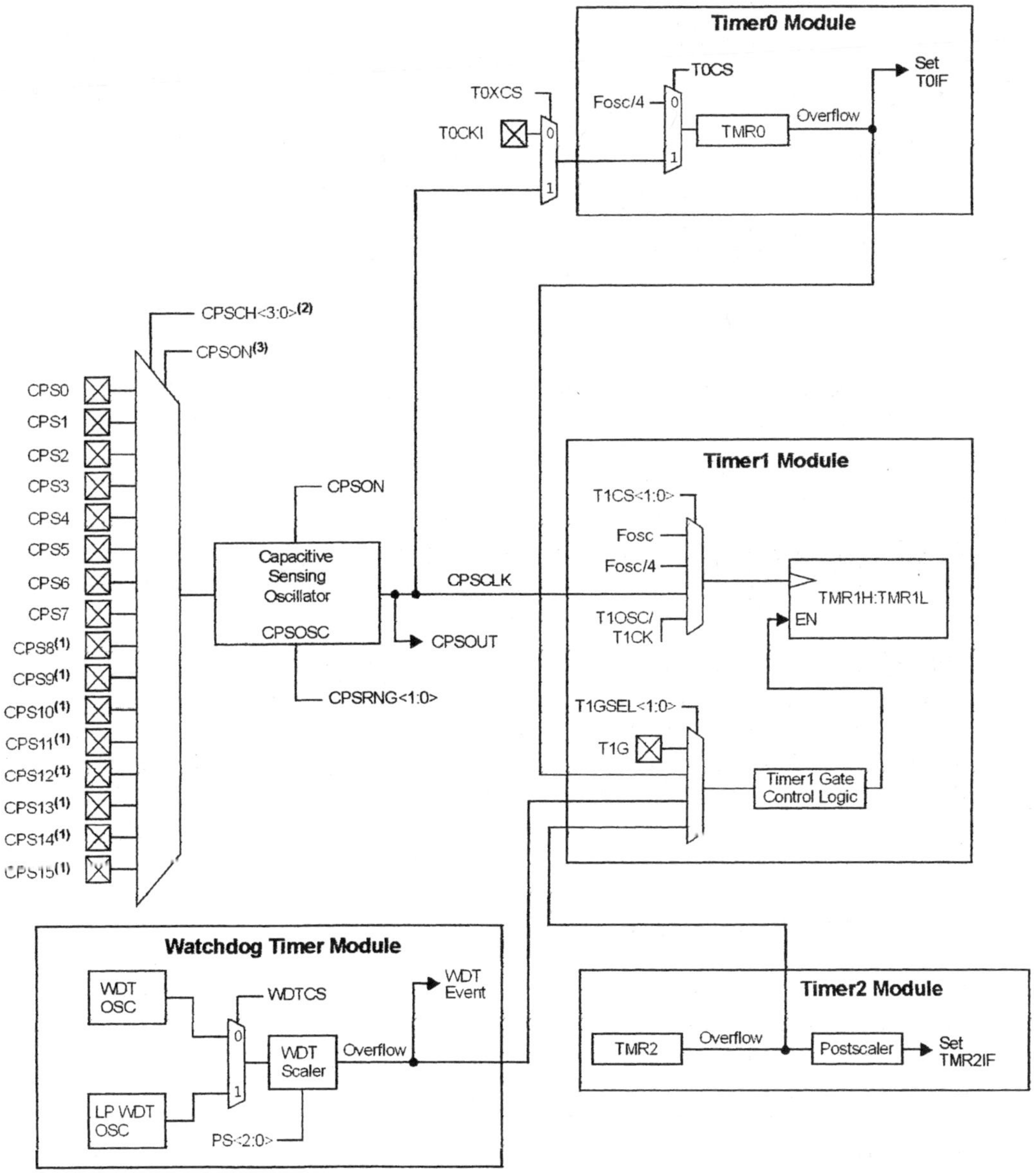

Note

1: Channels CPS<15:8> are implemented on PIC16F724/727/PIC16LF724/727 only.

2: CPSCH3 is not implemented on PIC16F722/723/726/PIC16LF722/723/726.

3: If CPSON = 0, disabling capacitive sensing, no channel is selected.

Abb. 9.30: Quelle: Enrique Aleman, Using the Capacitive Sensing Module on the PIC16F72X, Microchip Application Note 1171

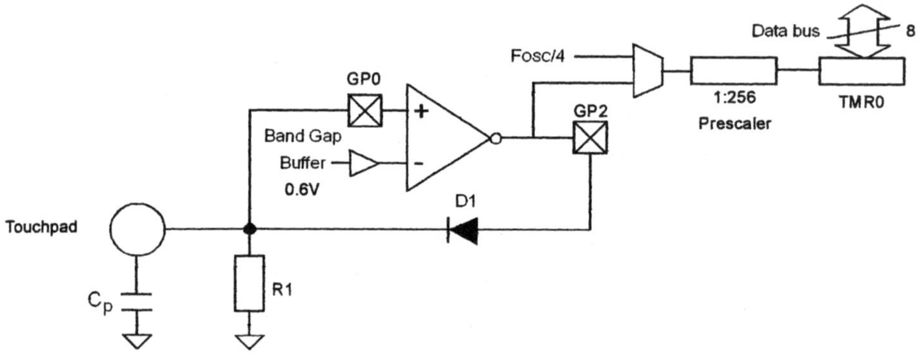

Abb. 9.31: Quelle: Marcel Flipse, Capacitive Sensing with PIC10F, Microchip Application Note 1202

9.28 LED-Dekoration

Die in *Abb. 9.32* gezeigte Schaltung ist für Anfänger und Hobbyisten geeignet. Sie arbeitet mit dem populären PIC16C84/16F84-Mikrocontroller, der allerdings nicht mehr das Modernste darstellt. Der PIC sorgt für Muster oder Zeichen in der 8x8-LED-Matrix. Das Ganze kann im Modellbau (Eisenbahnstation), in Schaufenstern oder als Party-Gag Anwendung finden.

Der PIC setzt eine der Leitungen RB4 bis RB7 auf L-Pegel und liefert dann die Daten über RB0 bis RB3. Dann wird die nächste Leitung auf L gesetzt usw.

Die Firmware erlaubt z. B. die Nachbildung eines Kometen, blinkende Sterne oder den Eindruck eines rotierenden Propellers.

Fünf I/O-Pins bleiben ungenutzt.

Die Versorgung erfolgt über zwei Lithium- oder AA-Zellen.

9.29 8048 Spy

Was kann man tun, um den Inhalt des internen ROMs eines 8048 oder 8049 zu lesen, wenn man keinen Programmer für diese Prozessoren hat? Die Schaltung nach *Abb. 9.33* hilft! Dieser 8049 Spy ist kein Stand-alone-Projekt, sondern wurde als I/O Expansion entwickelt. Diese kann an fast jeden Mikrocontroller, der etwa zwölf I/O-Pins frei hat, angeschlossen werden. Dann muss man aber das Programm neu schreiben.

Beim Auslesen wird das File ins Intel-Hex-Format übersetzt; die Kommunikation läuft mit 9600 Baud, acht Data Bits, no Parity und einem Stop Bit.

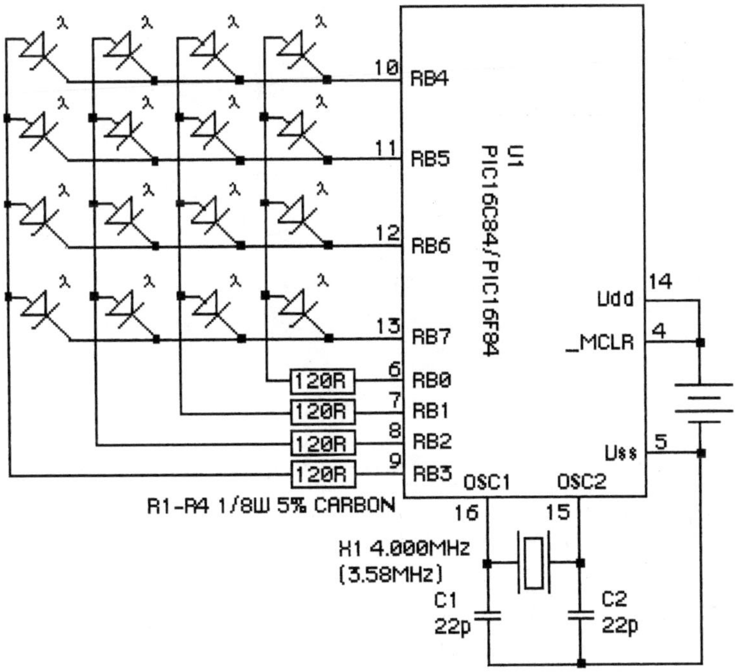

Abb. 9.32: Quelle: Lewin Edwards, Picxie, www.zws.com

9.30 Solar Recorder

In *Abb. 9.34* ist die Schaltung eines Datenrecorders für die Aufzeichnung der Sonnenaktivität gezeigt. Die Daten werden auf der Multimedia Memory Card (MMC) dauerhaft gespeichert. Diese hat 128 MByte Kapazität. Der Mikrocontroller ist ein PIC18F458. Die Sonnenstrahlung wird mit einer kleinen Solarzelle als Sensor erfasst. Der PIC-Chip ist mit der MMC über ein Interface im SPI Mode verbunden. Die Messintervalle wurden auf eine Minute festgelegt.

Die Firmware detektiert die Memory Card, weist einen File-Namen zu und beginnt automatisch mit der Aufzeichnung. Das LCD zeigt den File-Namen sowie die Real-Time-Daten an.

Der SPI-Port RC2 bis RC5 wird zur Verbindung mit der MMC genutzt. Da diese auf 3,3-V-Logik beruht, erzeugt ein CMOS-IC CD4050 diese Spannung aus 5 V.

Das Text-LCD ist über PORTB im 4-Bit Mode angeschlossen. U2, ein TLV2451, ist ein Strom/Spannungs-Konverter.

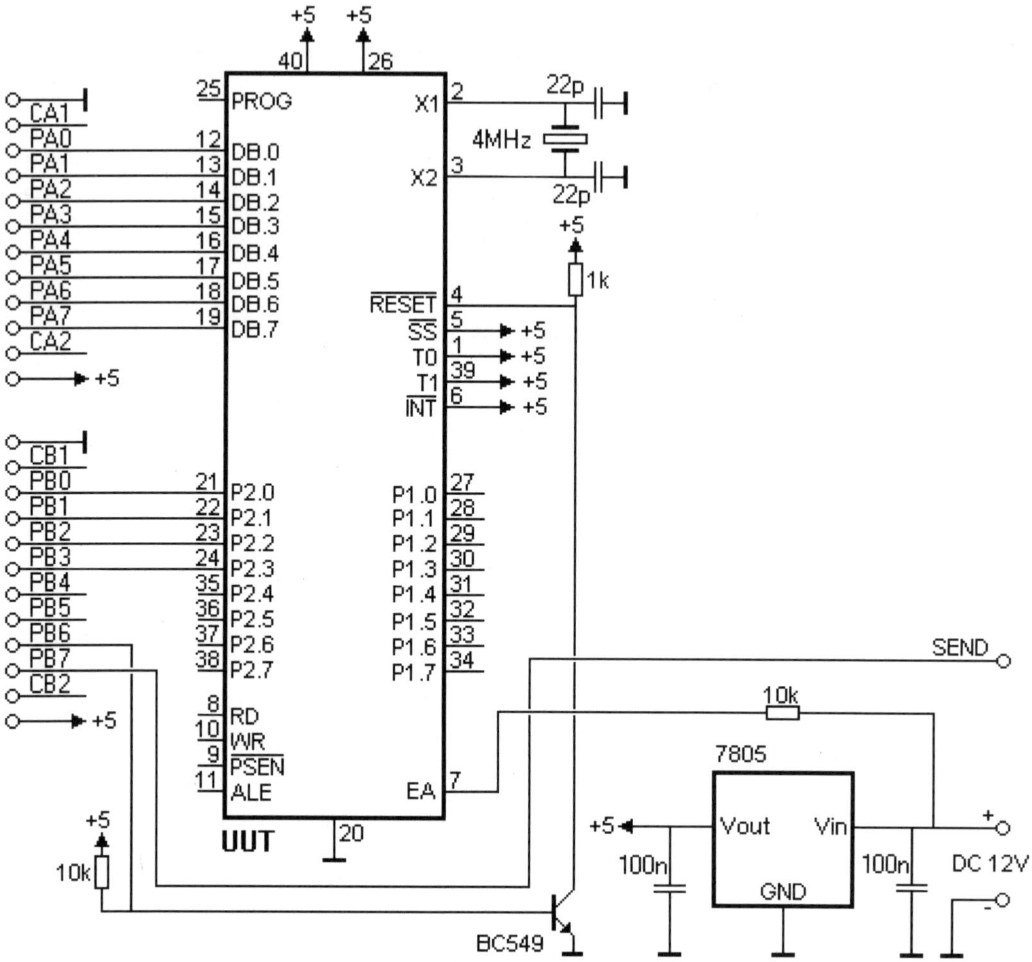

Abb. 9.33: Quelle: San Bergmans, 8049 Spy, www.sbprojects.com

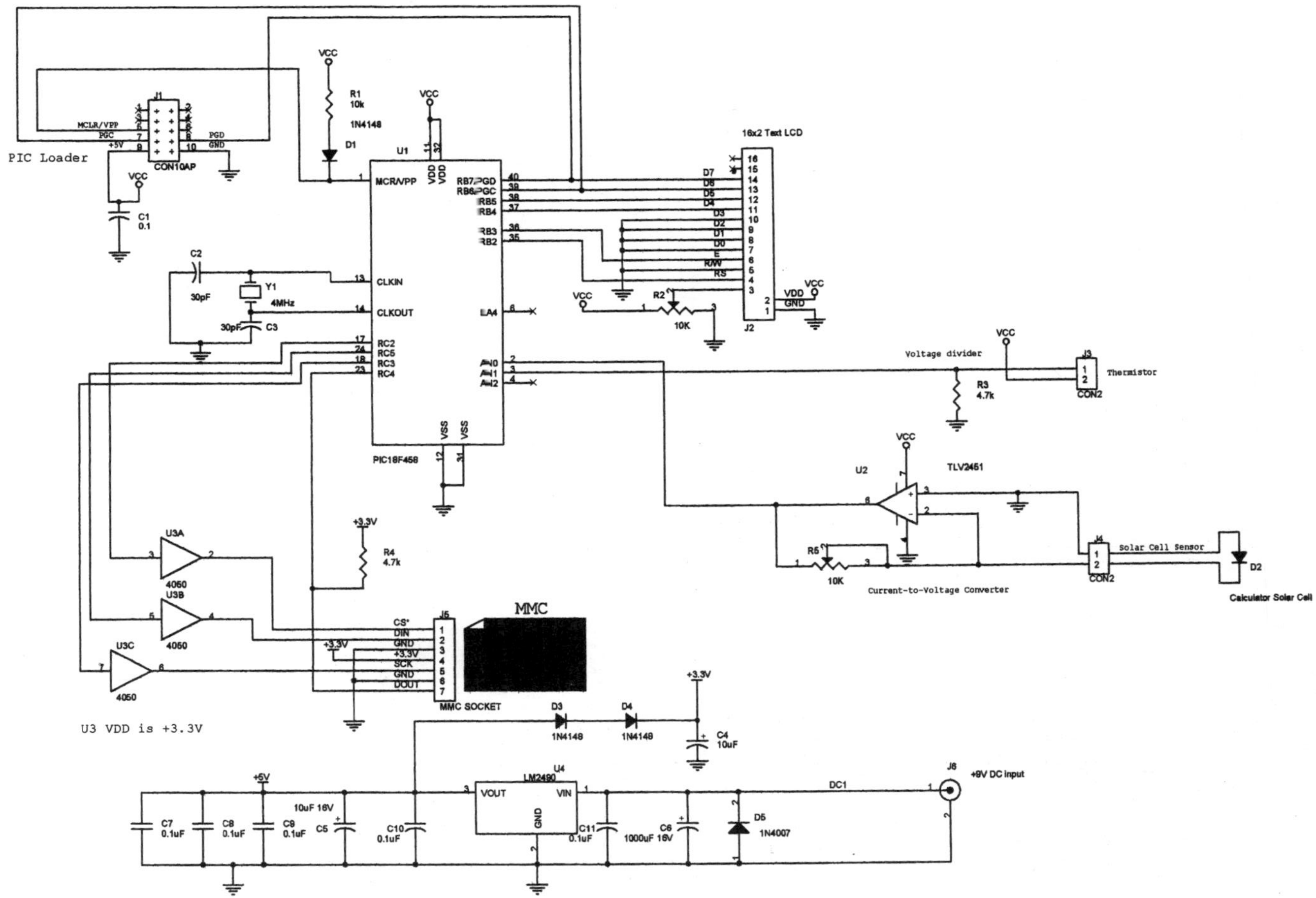

Abb. 9.34: Quelle: Wichit Sirichote, Solar Recorder, www.kmitl.ac.th/~kswichit/

9.31 Erzeugung einer hohen Spannung

Gemäß *Abb. 9.35* lässt sich beispielsweise das Pin, welches die Taktfrequenz liefert, oder ein Pin, welches eine kleinere Frequenz bereitstellt, wie ein PWM-Ausgang, mit einer Ladungspumpenschaltung versehen. Damit ist es möglich, eine Gleichspannung, die deutlich über der Betriebsspannung liegt, zu generieren. Ist V_{DD} die Betriebsspannung von z. B. 5 V und ist V_{DIODE} eine Flussspannung von 500 mV, so erhält man im Leerlauf der Ladungspumpe 9 V.

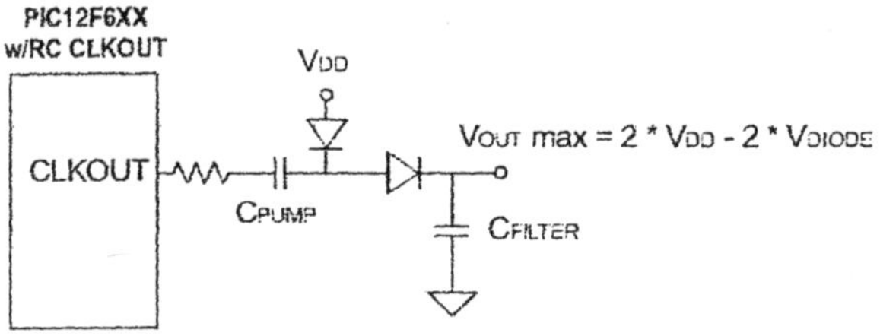

Abb. 9.35: Quelle: Compiled Tips 'n Tricks Guide, Microchip 2009

9.32 Abschaltung externer Baugruppen

Ein moderner Mikrocontroller besitzt zwar die Fähigkeit, Strom zu sparen wo nur möglich (Power-down, Standby, Sleep Mode etc.), das nützt aber nicht viel, wenn externe Baugruppen ihre Leistungsaufnahme nicht ähnlich reduzieren können. Es gibt jedoch oft die Möglichkeit, diese über den Mikrocontroller zu versorgen, der dann das entsprechende Energie-Management leisten kann.

In *Abb. 9.36* ist ein entsprechendes Beispiel gezeigt. Die I/O-Pins werden genutzt, um den EEPROM und den Sensor zu versorgen. Viele PIC-Typen können bis zu 20 mA pro Ausgang liefern. Daher sind jegliche weiteren Komponenten überflüssig. Für höhere Ströme lässt sich die Steuerung über einen MOSFET bewerkstelligen.

9.33 CPU-Core-Versorgung mit externer Quelle

Einige PICs, wie die J-Typen, nutzen eine separate Versorgung für den Kern des Mikrocontrollers. Daher ist ein interner Spannungsregler vorgesehen. Dieser lässt sich aber auch deaktivieren, und man kann den Kern dann direkt extern versorgen. Das ist in einigen Fällen effizienter. Der interne Regler liefert ja die Nominalspannung für höchste Geschwindigkeit.

Mit dem Deaktivieren des internen Reglers verlieren auch die Schaltungsblöcke BOR und LVD ihre Spannung. Dieses kann noch mehr Energie sparen.

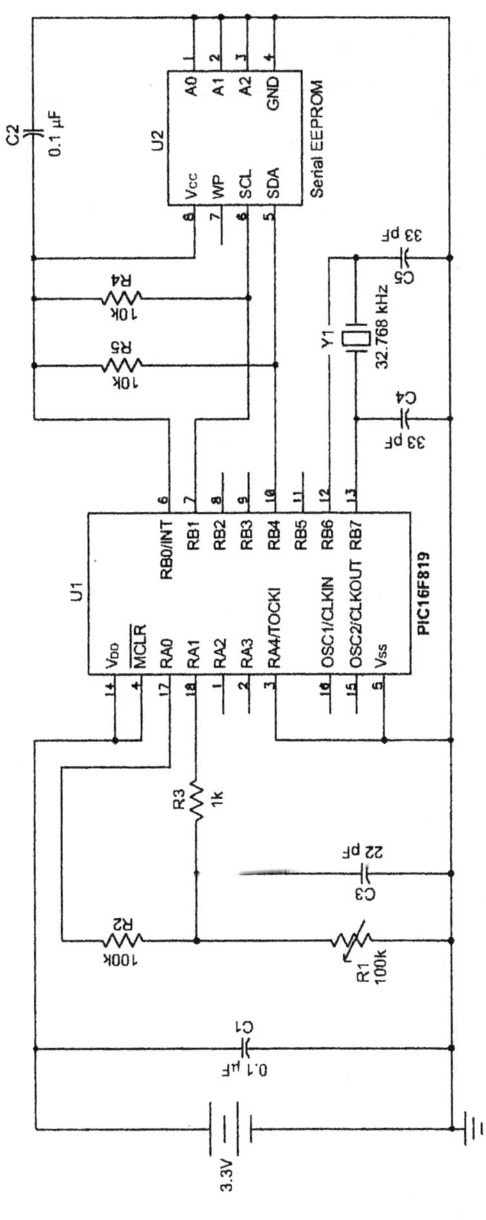

Abb. 9.36: Quelle: Abb. 4.23: Quelle: Compiled Tips ,n Tricks Guide, Microchip 2009

Abb. 9.37 zeigt eine entsprechende Applikation mit Batterieversorgung, bei welcher eine genaue und über die gesamte Einsatzdauer weitgehend konstante Spannung angeboten wird. Die Diode sorgt dabei für einen notwendigen Spannungsunterschied. Sie kann gemäß *Abb. 9.38* insbesondere bei weniger stabilen Batterien durch einen Low-Drop-Stromregler ersetzt werden. Beispielsweise der MCP1700 hat nur 1 µA Eigenverbrauch.

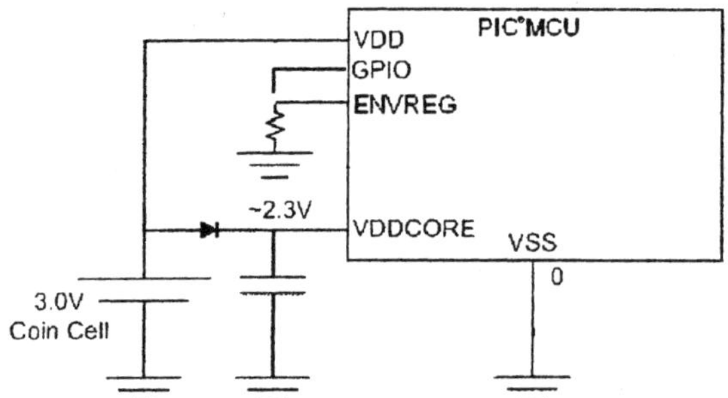

Abb. 9.37: Quelle: Abb. 4.23: Quelle: Compiled Tips 'n Tricks Guide, Microchip 2009

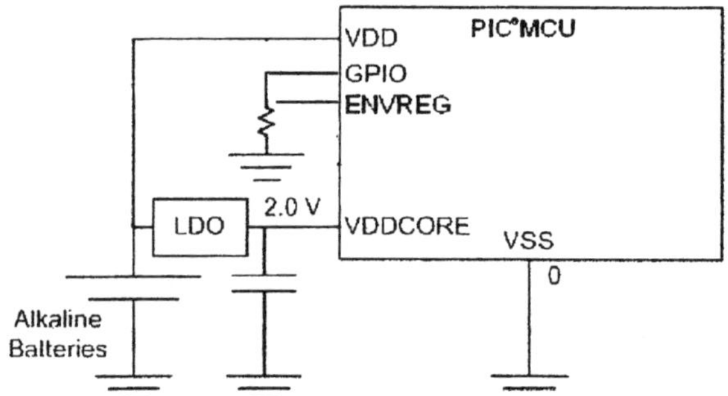

Abb. 9.38: Quelle: Abb. 4.23: Quelle: Compiled Tips 'n Tricks Guide, Microchip 2009

9.34 Spannungsteiler für geringen Stromverbrauch

Mikrocontroller für LCD-Betrieb benötigen mehrere Spannungen bzw. Spannungsniveaus, die man gemäß *Abb. 9.39* von der Betriebsspannung ableitet. Werden hier z. B. 10-kOhm-Widerstände eingesetzt, so ergibt sich an 5 V ein Querstrom von 167 µA. Das ist eine Menge für batteriebetriebene Applikationen. Bei der Optimierung hilft das Ersatzschaltbild eines LCD-Pixels am Spannungsteiler nach *Abb. 9.40* mit RTH (Thevenin Resistance, ist null für V_{LCD3} und V_{LCD0}), RSW (Switch Resistance des Segment-Multiplexers) und RCOM (gemeinsamer Multiplexer-Widerstand). V_{TH} beträgt 2/3 oder 1/3 von V_{DD} bzw. 5 V. RTH entspricht der Parallelschaltung der zum Pin gehörenden Widerstände gegen Masse bzw. Betriebsspannung. C_{PIXEL} ist die Pixel-Kapazität. Damit ist ein RC-Glied mit den typischen Werten gemäß *Abb. 9.41* entstanden.

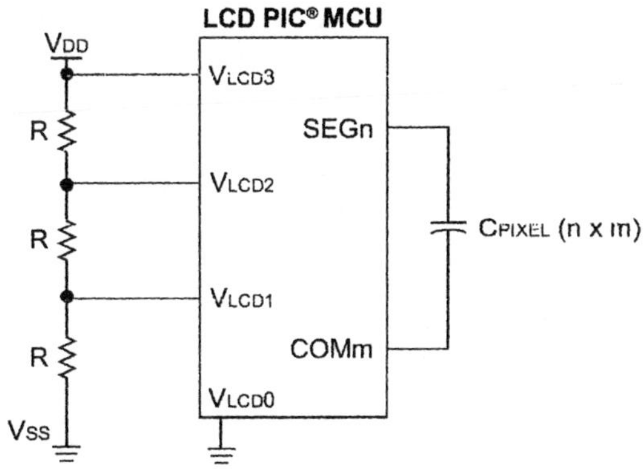

Abb. 9.39: Quelle: Abb. 4.23: Quelle: Compiled Tips 'n Tricks Guide, Microchip 2009

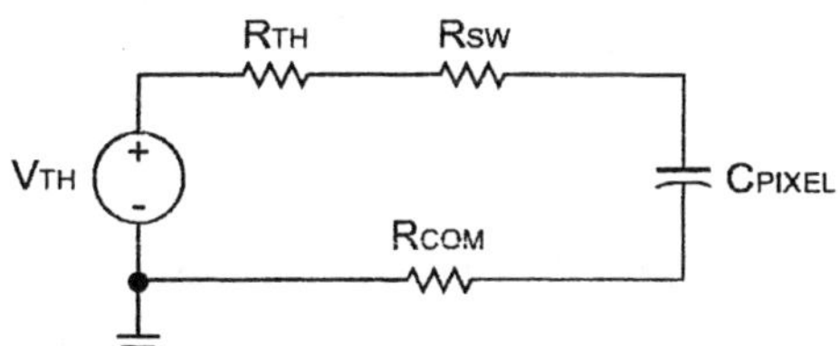

Abb. 9.40: Quelle: Abb. 4.23: Quelle: Compiled Tips 'n Tricks Guide, Microchip 2009

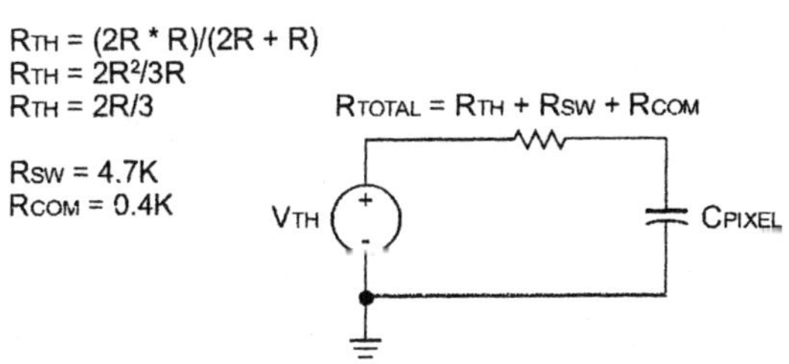

Abb. 9.41: Quelle: Abb. 4.23: Quelle: Compiled Tips 'n Tricks Guide, Microchip 2009

9.35 LCD-Kontrasteinstellung mit Buck-Regler

Die Kontrasteinstellung mit LCD-PICs erfolgt über die entsprechenden Pins am Mikrocontroller. Die einfachste Methode besteht im Beschalten dieser drei Anschlüsse mit einem Spannungsteiler (R1, 2 und 3 in *Abb. 9.42*). Diese einfache Methode funktioniert aber nicht zufriedenstellend, wenn sich die Betriebsspannung deutlich ändern kann. In diesem Fall muss man für eine Teilstabilisierung der Spannung sorgen. Steht der interne Komparator zur Verfügung, so kann dies mit einer einfachen Buck-Regler-Beschaltung erfolgen. Die Spannung wird dabei herabgesetzt. Dies ist besonders einfach mit den Typen PIC16F946/917/916/914/913, da hier ein spezieller Komparatormodus mit

600 mV Referenzspannung angeboten wird. Man benötigt dann nur noch drei weitere Widerstände und drei Kondensatoren, um V_{LCD1} und V_{LCD2} stabil zu halten.

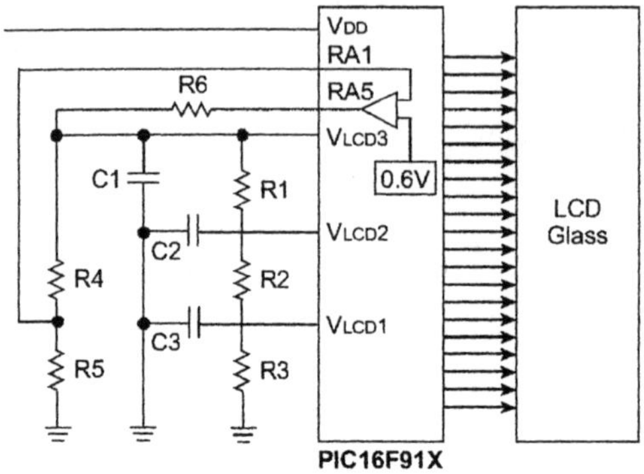

Abb. 9.42: Quelle: Compiled Tips 'n Tricks Guide, Microchip 2009

9.36 LCD-Kontrasteinstellung mit Boost-Regler

PIC-Mikrocontroller können mit Betriebsspannungen bis herab zu 2 V betrieben werden. Im Falle einer besonders niedrigen Betriebsspannung muss man für den LCD-Betrieb daraus eine höhere Spannung generieren. Hierfür bietet sich ein Boost-Regler an. Hierfür gibt es gemäß *Abb. 9.43* zwei Konzepte: mit Kondensator (Ladungspumpe, oben) oder Spule zur Energiezwischenspeicherung. Bei dem relativ geringen Verbrauch eines LCDs sollte man der ersten Lösung den Vorzug geben. In *Abb. 9.44* ist diese genauer ausgefährt. So wird es möglich, beispielsweise 3 V aus 2 V oder 4,5 V aus 3 V für das LCD zu erzeugen. Beide internen Komparatoren finden Anwendung.

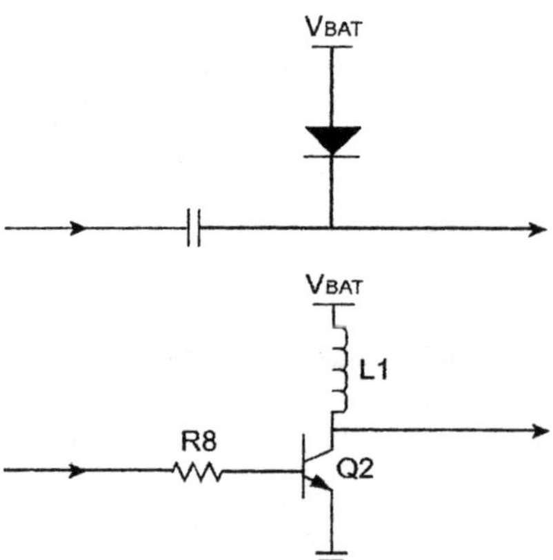

Abb. 9.43: Quelle: Compiled Tips 'n Tricks Guide, Microchip 2009

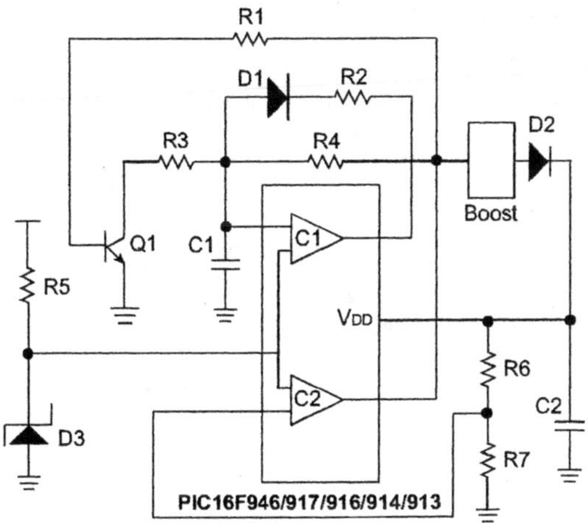

Abb. 9.44: Quelle: Compiled Tips 'n Tricks Guide, Microchip 2009

9.37 LCD-Kontrasteinstellung per Software/PWM

In manchen Fällen muss der Kontrast während des Betriebs geändert werden, um sich äußeren Bedingungen optimal anzupassen. Mit den LCD-PICs kann man dazu das CCP-Modul nutzen, welches eine Pulsbreitensteuerung (PWM, Pulse-Width Modulation) ermöglicht. In der Schaltung nach *Abb. 9.45* wurde dazu der eben besprochene Boost-Konverter modifiziert, indem der Eingang über R6 an das CCP-Pin gelegt wurde. Die weiteren Teilerwiderstände R4 und R5 sind nicht mehr erforderlich. Weiterhin wurde ein A/D-Konverter-Eingang genutzt, um eine Rückkopplung aufzubauen.

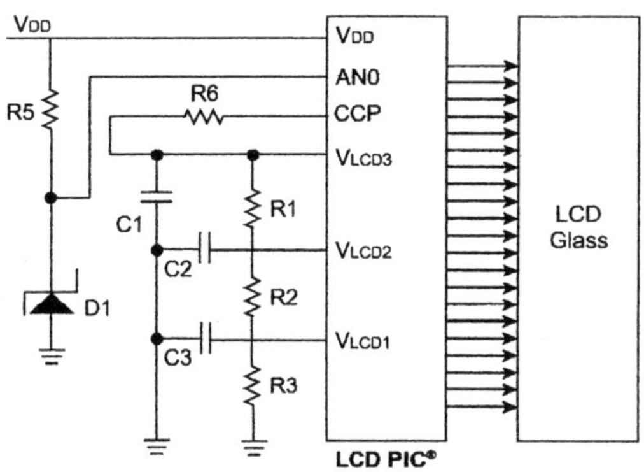

Abb. 9.45: Quelle: Compiled Tips 'n Tricks Guide, Microchip 2009

9.38 Kreditkartenleser mit einem PIC

Kreditkartenleser sind oft Bestandteil eines Point-of-Sale-Terminals. Auch in größeren Systemen ist es in der Regel sinnvoll, einen Mikrocontroller zum Auslesen der Daten einzusetzen. Dieser decodiert die Daten und sendet sie über eine serielle Verbindung zum Host-Prozessor. Der PIC12C509 ist ein gut geeigneter Mikrocontroller zur Erfüllung dieser Aufgabe. Er ist klein und benötigt nur wenige externe Bauelemente. In *Abb. 9.46* ist die Grundstruktur dieser Anwendung zu erkennen. Die Level Conversion kann beispielsweise von einem MAX232A übernommen werden.

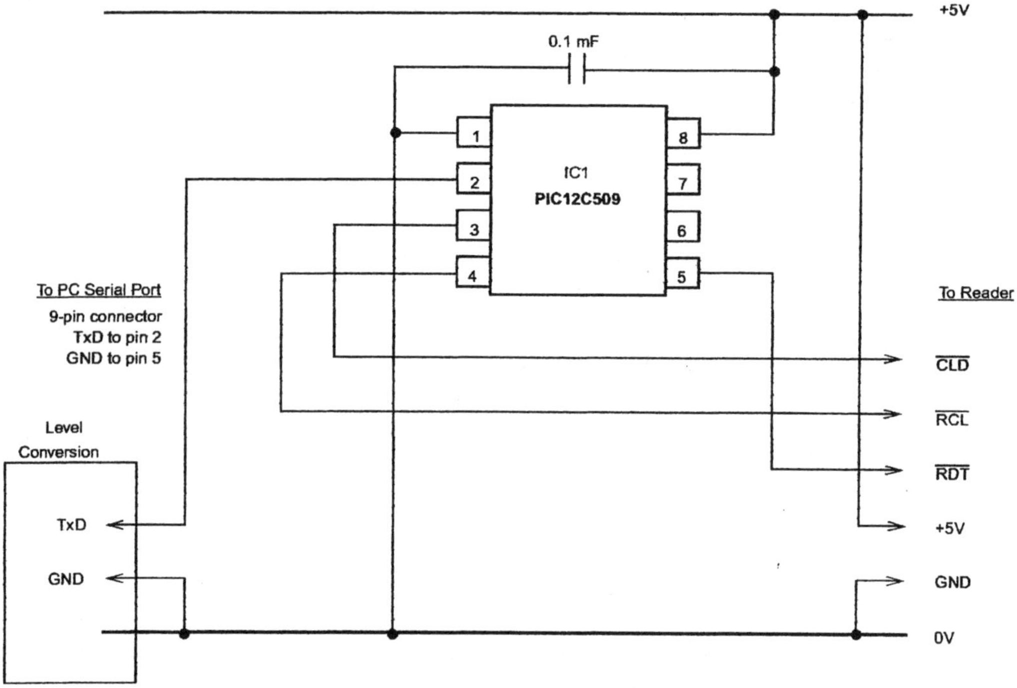

Abb. 9.46: Quelle: Andrew M. Errington, Credit Card Reader Using a PIC12C509, Microchip Application Note 727

9.39 Nutzung des Wake-up-Moduls

Das Wake-up-Modul erlaubt es, den Stromverbrauch eines Mikrocontrollers zu optimieren. Im PIC16F684 beispielsweise ist ein Ultra-Low-Power Wake-Up Module enthalten. Die Grundfunktion des Moduls ist die eines Timers, aber es sind Erweiterungen möglich. Beispielsweise kann eine niedrige Spannung detektiert werden.

Im Wake-up-Betrieb wird der Mikrocontroller regelmäßig aus einem stromarmen Zustand in den Normalzustand versetzt, um dann beispielsweise Messsignale abzufragen. Je nach dem Zustand der abgefragten Daten bleibt der Mikrocontroller dann im Normalzustand oder geht sofort wieder in den „Schlafzustand" zurück. Dieses Verhalten kann über einen Low-Power-Timer erreicht werden. Es sollte von einer möglichst geringen Taktfrequenz (32 kHz) flankiert sein.

In *Abb. 9.47* ist die Ultra-Low-Power-Anschlussschaltung dargestellt. Der RC-Timer kann über einen analogen Anschluss implementiert werden. Der Anschluss RA0 kann dabei nicht als digitaler Anschluss aufgefasst werden, wenn das Wake-up-Modul aktiv ist.

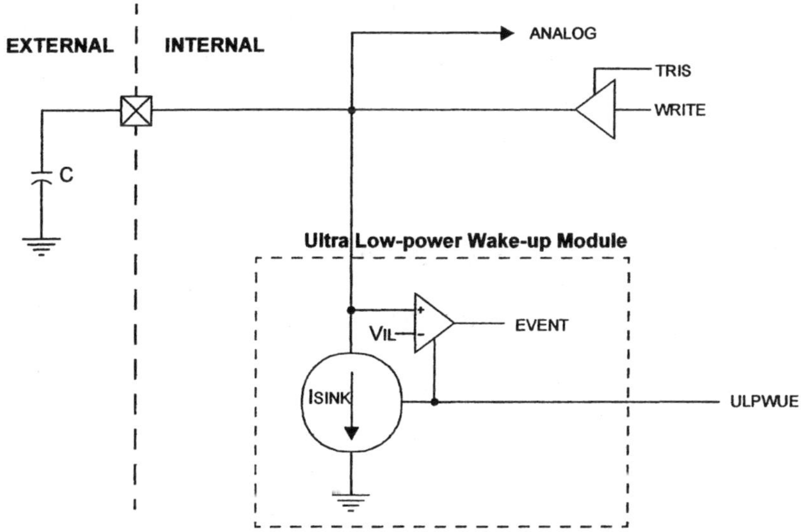

Abb. 9.47: Quelle: Ruan Lourens/Jose Benevides/Jonathan Dillon, Using the Microchip Ultra Low-Power Wake-Up Module, Microchip Application Note 879

9.40 PIC steuert Low-Power-Uhr

Die in *Abb. 9.48* gezeigte Schaltung nutzt das Timer-1-Modul eines Mikrocontrollers mittlerer Leistungsfähigkeit, wie es der PIC16CXXX ist, um eine Realzeituhr mit geringem Stromverbrauch zu steuern. Der Timer 1 wurde ausgewählt, da er seinen eigenen Taktoszillator besitzt, sodass die Funktion auch im Schlafzustand des Mikrocontrollers aufrechterhalten werden kann. Die beiden Ereignisse, die den Mikrocontroller aus seinem Schlaf erwecken, sind ein Druck auf einen der Taster sowie ein Überlauf des Timers 1.

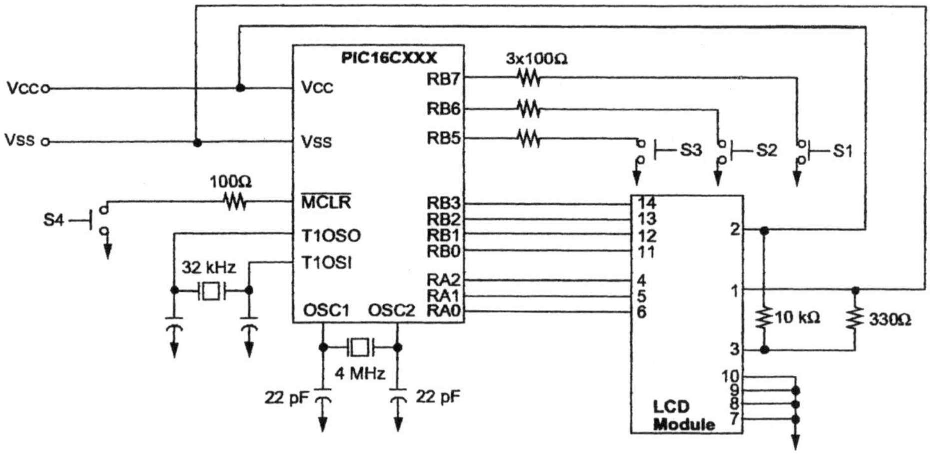

Abb. 9.48: Quelle: Mark Palmer, Low-Power Real-Time Clock, Microchip Application Note 582

9.41 Decodierung von IR-Fernsteuersignalen

Die PIC16C5X-Mikrocontroller sind gut geeignet, um die meisten von Infrarot-Fernsteuerungen benutzten Codes und Signale zu decodieren. Im Wesentlichen braucht man nur noch einen IR-Empfänger. Hier gibt es zwei Typen: einmal mit auf 40 kHz moduliertem Signal und dann mit unmodulierten Pulsen. Das Decodieren der Signale von beiden Typen ist mit der Schaltung nach *Abb. 9.49* möglich. Man schaltet dazu zwischen U3 (40 kHz) und U4 (Pulse) um.

Der Mikrocontroller kann rückgesetzt werden (Taster). Vier Jumpers bestimmen das Start-up-Verhalten der Schaltung. Drei Drehschalter mit acht Stellungen dienen dazu, das Optionsregister zu steuern und zu bestimmen, welches File angezeigt werden soll. Zur Stromversorgung dient ein 9-V-Block, der mit 200 mA belastet wird.

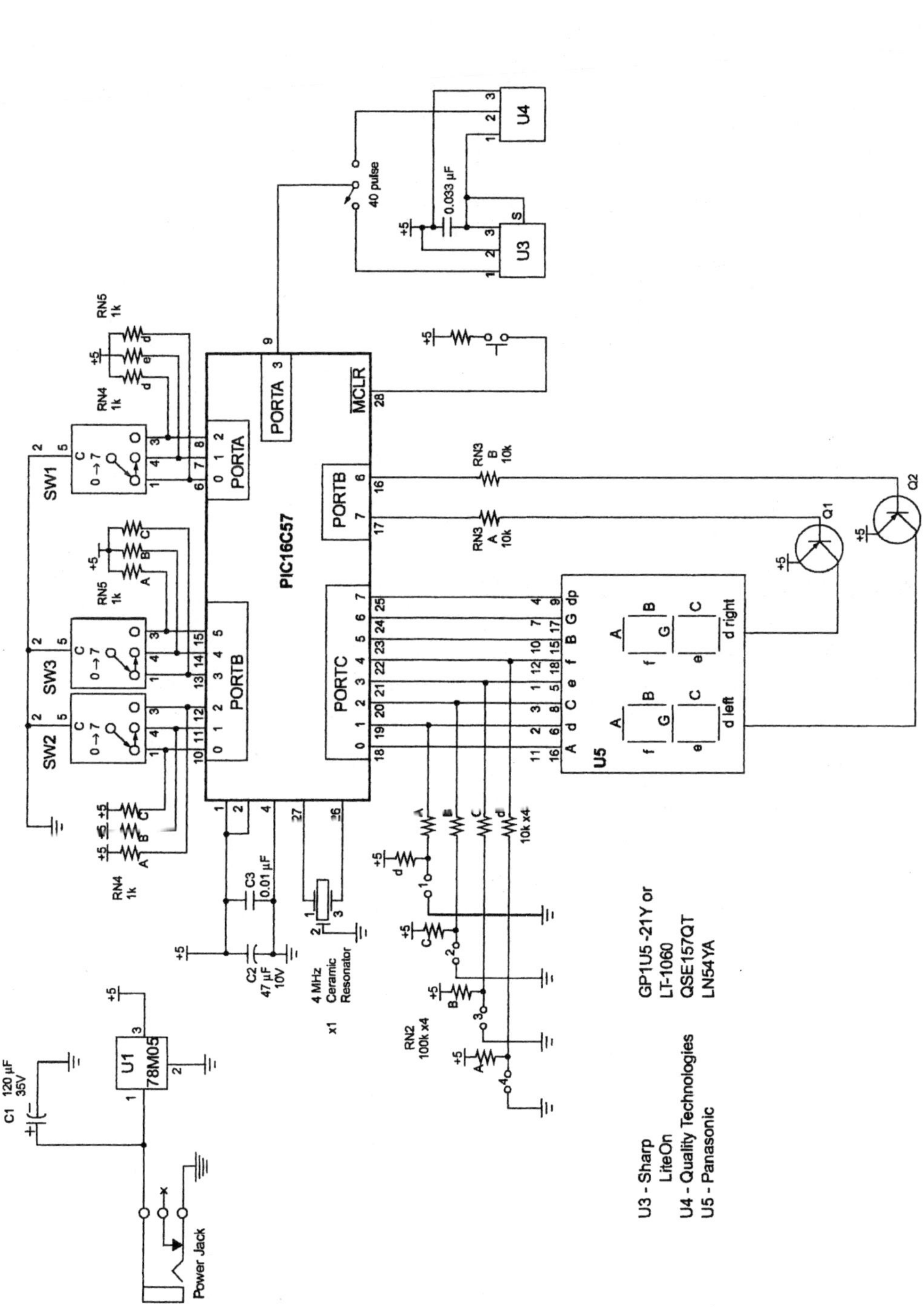

Abb. 9.49: Quelle: William G. Grimm, Decoding Infrared Remote Controls Using a PIC16C5X Microcontroller, Microchip Application Note 657

9.42 Power Management für PIC18

Besonders in USB-Systemen ist die Reduzierung des Leistungsverbrauchs oft wichtig. Bei den Vertretern mit nanoWatt-Technologie aus der PIC18-Familie ist das besonders gut möglich.

Ein USB-System besteht grundsätzlich aus USB Host und USB Device. Hierbei kann man gemäß *Abb. 9.50* zwischen Busversorgung und Selbstversorgung unterscheiden. In *Abb. 9.51* wird ein Beispiel gezeigt für die Implementierung einer dualen Versorgung, wobei die Busversorgung dominant ist.

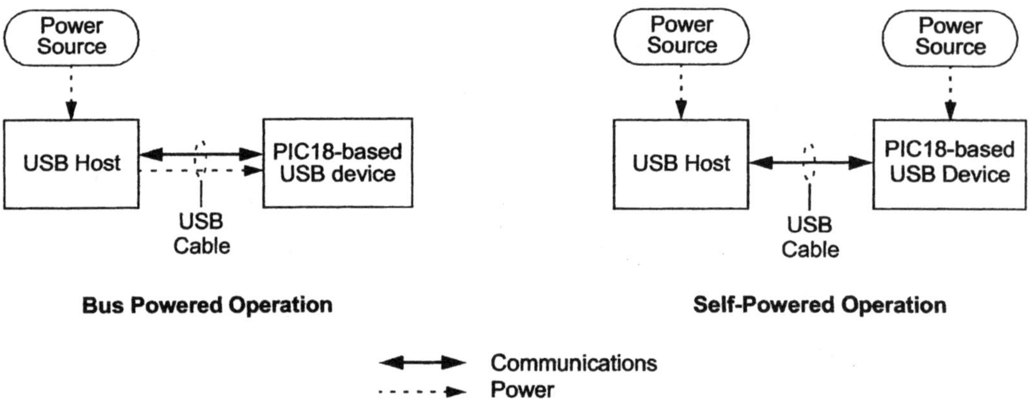

Abb. 9.50: Quelle: Rawin Rojvanit, Power Management for PIC18 USB Microcontrollers with nanoWatt Technology, Microchip Application Note 950

In der Quelle werden Hinweise gegeben, wie man in verschiedenen praktischen Situationen den Leistungsverbrauch des USB-Systems mit PIC18-Vertretern optimieren kann.

9.43 PIC an der analogen Telefonleitung

Mit der Schaltung nach *Abb. 9.52* kann eine analoge Telefonleitung für die Datenübertragung mitgenutzt werden. Es handelt sich um ein Modem, abgeleitet von Modulation und Demodulation. Der Anschluss erfolgt über einen Transformator. ZL ist die Impedanz der Leitung von 600 Ohm. Eine Echounterdrückung ist vorhanden. Die oberen beiden Operationsverstärker liefern die Daten vom PIC, die unteren beiden Operationsverstärker übertragen Daten an den PIC.

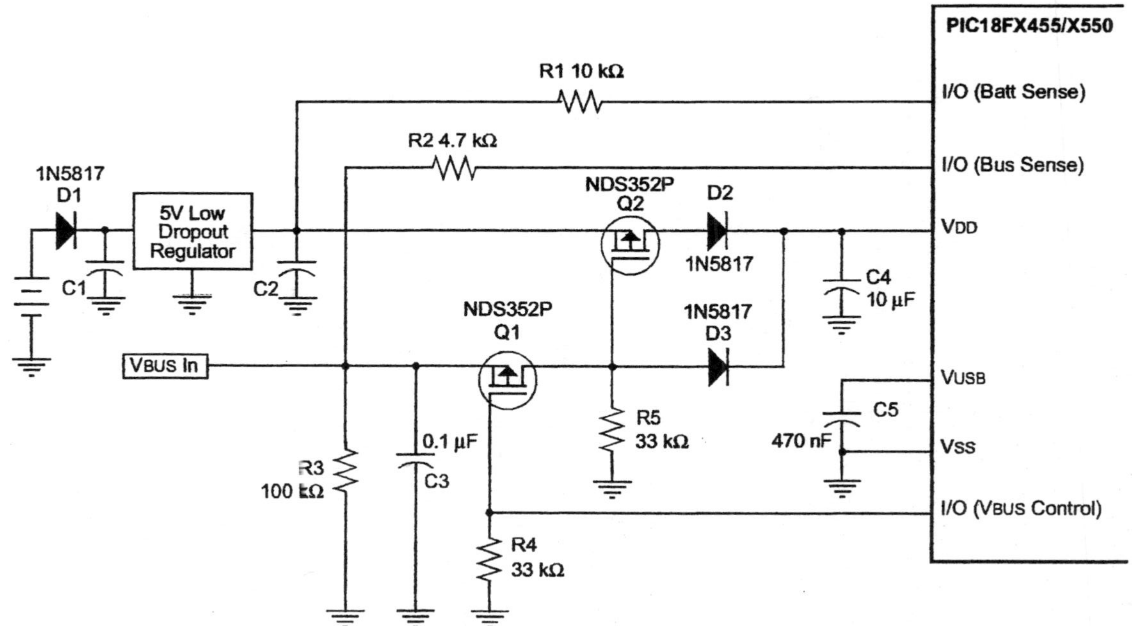

Abb. 9.51: Quelle: Rawin Rojvanit, Power Management for PIC18 USB Microcontrollers with nanoWatt Technology, Microchip Application Note 950

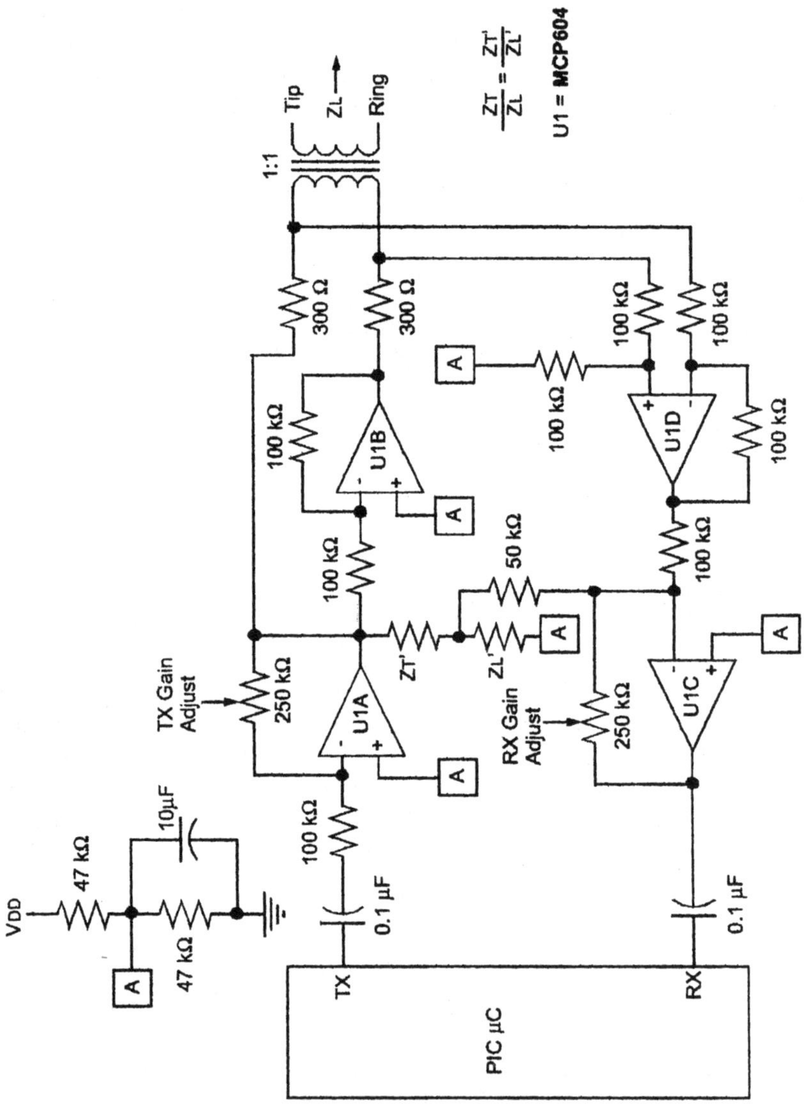

Abb. 9.52: Quelle: David Hedley, Connecting a PICmicro to a Standard Analog Telephone Line, Microchip Application Note 854

9.44 Einfacher externer Timer

Das Timing ist ein wichtiger Teil einer Mikrocontroller-Anwendung. Low-Cost-Mikrocontroller besitzen einen oder zwei interne Timer und einen Watchdog Timer. Falls noch mehr Timer benötigt werden, könnte die in *Abb. 9.53* gezeigte Schaltung helfen. Genutzt wird hierbei das I/O „Interrupt-on-Change"-Feature, das vielen Mikrocontrolleren gemeinsam ist und dazu dient, einen Timer mit langer möglicher Zeit, mittlerer Genauigkeit und geringen Kosten zu implementieren. Das RC-Glied bewirkt die Zeitverzögerung.

Die Software für einen ATMega64 ist unter www.edn.com/090122dia verfügbar.

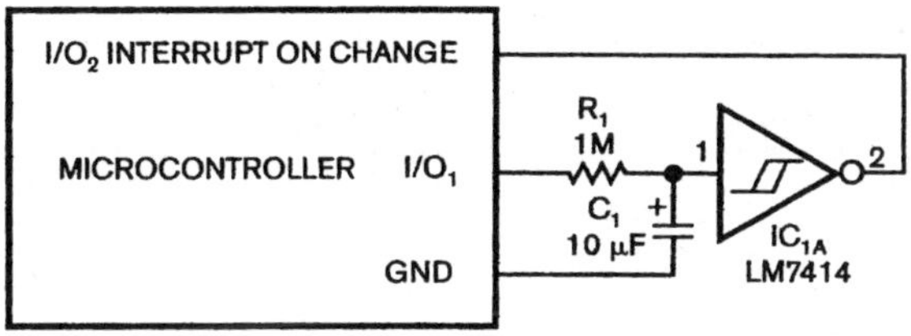

Abb. 9.53: Quelle: Ganeshkumar Krishnamoorthy, Perform timing for microcontrollers without using timers, EDN January 22, 2006

9.45 Mehr Interrupt-Signale verarbeiten

Low-End-Mikrocontroller besitzen meist nur einen externen Interrupt-Anschluss und nur einen Adressvektor im Speicher für die Service Routine, die externe IRQs (Interrupt Requests) erlaubt. Wenn das für eine bestimmte Anwendung zu wenig ist, kann man die Schaltung nach *Abb. 9.54* einsetzen. Das Interrupt-Signal wird dabei gewissermaßen durch ein AND-Glied aufgefächert. Im gezeigten Fall können nun vier externe Interrupt-Quellen berücksichtigt werden. Das auf www.edn.com/060302di1 verfügbare Programm sorgt dafür, dass im Interrupt-Fall die der Quelle entsprechende LED leuchtet.

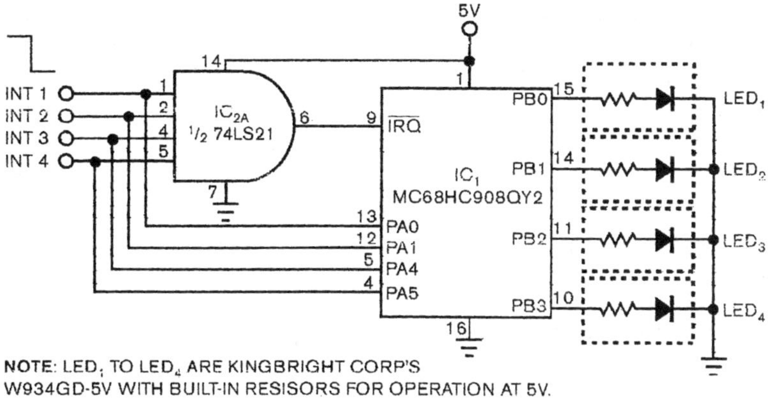

Abb. 9.54: Quelle: Abel Raynus, Microprocessor's single-interrupt input processes multiple external interrupts, EDN March 2, 2006

9.46 Programmierbare Tastverhältnisänderung

Mit der Beschaltung nach *Abb. 9.55* kann man programmierbare Taktsignale erzeugen, etwa so wie unten angedeutet. Solche einstellbaren PWM-Signale (Pulse-Width Modulation) werden etwa für Steuerungen oder Testschaltungen benötigt. Man benötigt nur einen sehr einfachen und preiswerten Mikrocontroller. Den Rest erledigt das Programm, das in diesem Fall in Assembler geschrieben und in der Quelle aufgeführt wurde.

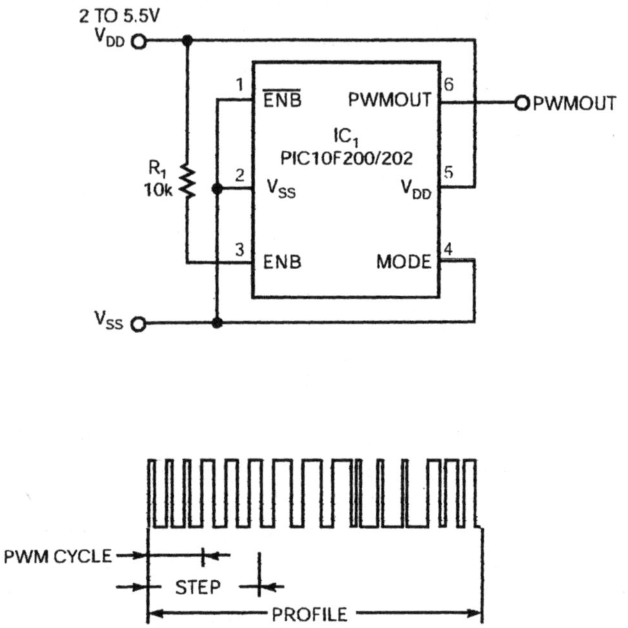

Abb. 9.55: Quelle: William Grill, Microprocessor generates programmable clock sequences, EDN July 20, 2006

9.47 Echo-Simulator

Bei der Entwicklung von Radarsystemen oder Ultraschall-Entfernungsmessern kann es hilfreich sein, einen Generator zu besitzen, mit dem man ein Echo simulieren kann. Dieser Generator ist mit einem modernen Low-End-Mikrocontroller und einem linearen Potentiometer sehr leicht aufzubauen, wie *Abb. 9.56* zeigt. Das externe Triggersignal wird auf Pin 7 gegeben. Gleichzeitig erscheint an Pin 6 der Normimpuls und nach einer mit dem Potentiometer vorwählbaren Zeit das Echo.

Die Firmware in Assembler ist unter www.edn.com verfügbar.

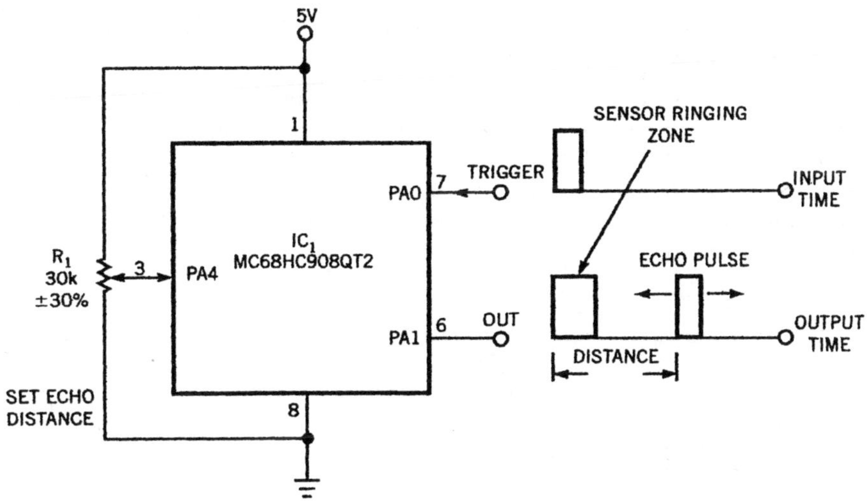

Abb. 9.56: Quelle: Abel Raynus, Microprocessor, linear potentiometer deliver echo pulses, EDN May 12, 2005

9.48 PIC-MCLR-Pin als Ausgang nutzen

Dass für eine bestimmte Entwicklungsaufgabe ein Mikrocontroller-Ausgang zu wenig existiert, ist nicht gerade selten. Der PIC10F222 etwa mit seinem SOT23-Gehäuse mit nur sechs Anschlüssen hat drei I/O-Pins. Zum Programmieren werden zwei davon gebraucht (Daten und Takt) sowie das Pin MCLR. Hier werden etwa 12 V im Programmiermodus angelegt. Im normalen Betrieb kann man dieses Pin nur als Eingangspin oder für einen externen Reset programmieren. Die Schaltung in *Abb. 9.57* nutzt ein Pin als Analogeingang und die anderen drei als Ausgänge. Der Einfachheit halber ist nur die Beschaltung des GP3/MCLR-Ausgangs gezeigt. Eine hochohmige Beschaltung sichert die gewünschte Funktion. Der FET muss die Programmierspannung auf seiner Gate-Source-Strecke vertragen.

9.49 Regenbogen-LED als Spannungsindikator

Rot, Blau, Grün – das sind Farben des Regenbogens. Heute sind Bauelemente erhältlich, welche entsprechende LEDs in einem Gehäuse so vereinen, dass auch eine Farbmischung möglich ist. So entsteht z. B. Braun durch Mischung von Grün und Rot. In der Schaltung nach *Abb. 9.58* wird dies für eine eigenwillige Spannungsanzeige ausgenutzt. Hierbei erfolgt eine PWM-Ansteuerung (Pulse-Width Modulation) jeder LED, sodass für das Auge ein gleitender Übergang zwischen den Farben möglich ist. Außerdem ist die Schaltung sehr leistungseffizient. Alle Grundfarben einschließlich Weiß können erzeugt werden.

Das Listing für den PicBasic Pro Compiler kann man über www.edn.com erhalten. Das Programm wandelt Spannungen im Bereich 0...5 V in einen digitalen 8-Bit-Wert, der einer bestimmten Farbe entspricht.

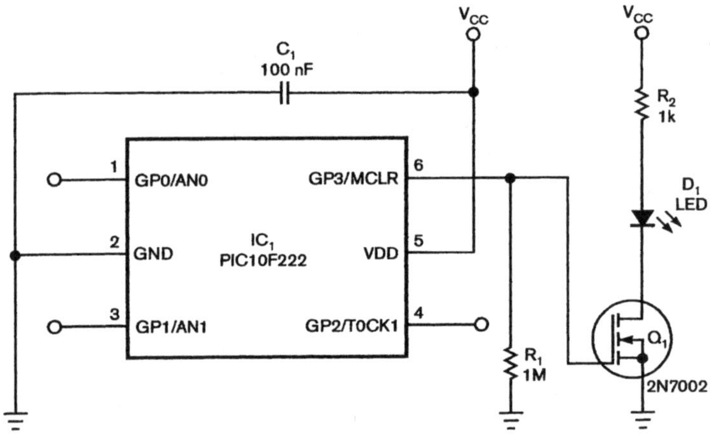

Abb. 9.57: Antonio Munoz, Use the MCLR pin as an output with PIC microcontrollers, EDN January 10, 2008)

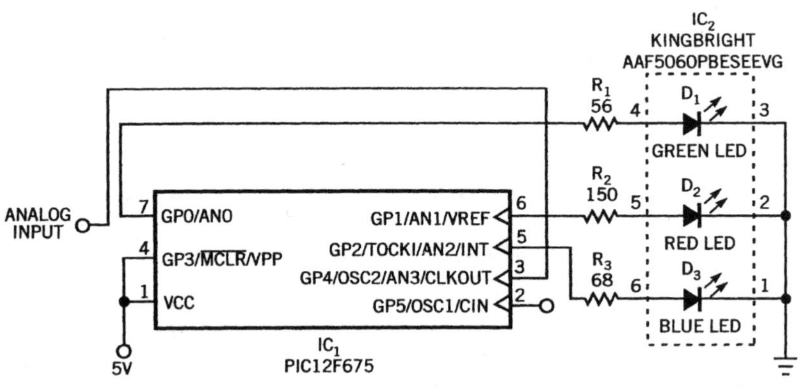

Abb. 9.58: David Prutchi, Rainbow LED indicates voltage with color, EDN December 7, 2004)

9.50 Wirkungsvolle Reset-Schaltungen

Nicht selten wird eine Reset-Schaltung für einen Mikrocontroller benötigt, die sich an einem analogen Signal orientieren muss. Dies bedeutet zwei Anforderungen: einstellbare Einschaltschwelle und gut gewählte Hysterese. Beides ist mit der Schaltung nach *Abb. 9.59* möglich. Der Kondensator unterdrückt Störspitzen. In *Abb. 9.60* ist das Funktionsdiagramm zusammen mit den Dimensionierungsgleichungen gezeigt.

Die Schaltung nach *Abb. 9.61* besitzt einen präziser reagierenden Ausgang. Sie kann mit einem Quad-Operationsverstärker realisiert werden, wobei ein Verstärker noch für andere Zwecke verfügbar ist. Das Funktionsdiagramm zeigt *Abb. 9.62*.

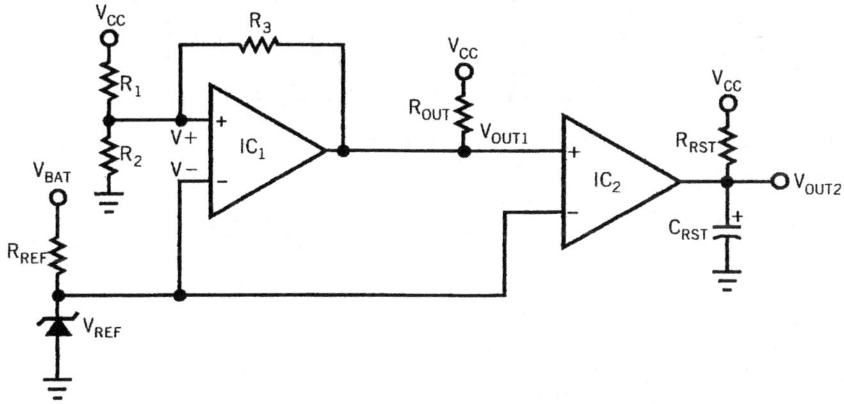

Abb. 9.59: Quelle: Guillermo Bosque, Design an efficient reset circuit, EDN May 1, 2003

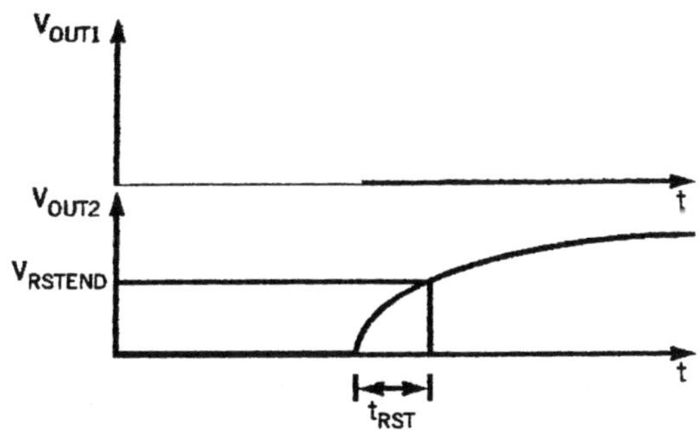

APPROXIMATE EQUATIONS	EXACT EQUATIONS
$R_1 = R_2\left(\frac{V_L}{V_{REF}} - 1\right).$	$\frac{R_2 + R_3}{R_2 R_3} = \frac{1}{R_1}\left(\frac{V_H}{V_{REF}} - 1\right).$
$R_3 = R_2\left(\frac{V_L - V_{REF}}{V_{HYST}}\right).$	$\frac{R_1(R_3 + R_{OUT})}{R_1 + R_3 + R_{OUT}} = R_2\left(\frac{V_L}{V_{REF}} - 1\right).$

Abb. 9.60: Quelle: Guillermo Bosque, Design an efficient reset circuit, EDN May 1, 2003

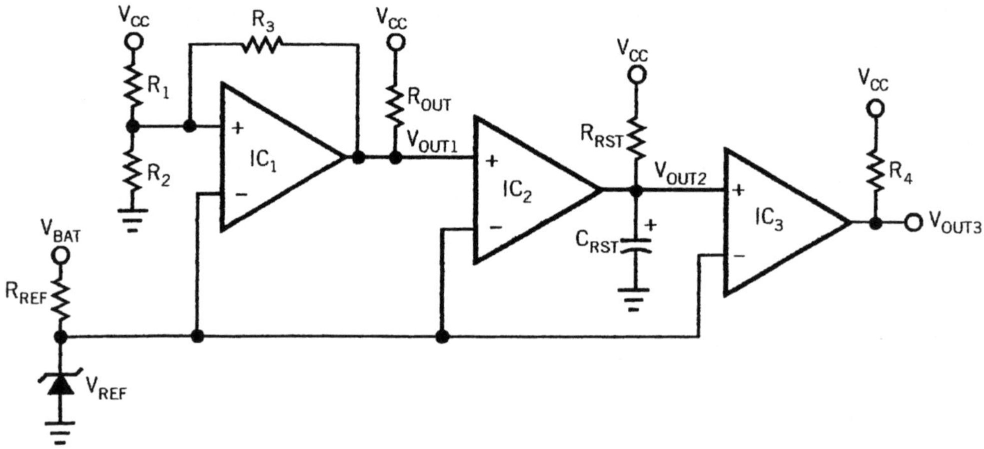

Abb. 9.61: Quelle: Guillermo Bosque, Design an efficient reset circuit, EDN May 1, 2003

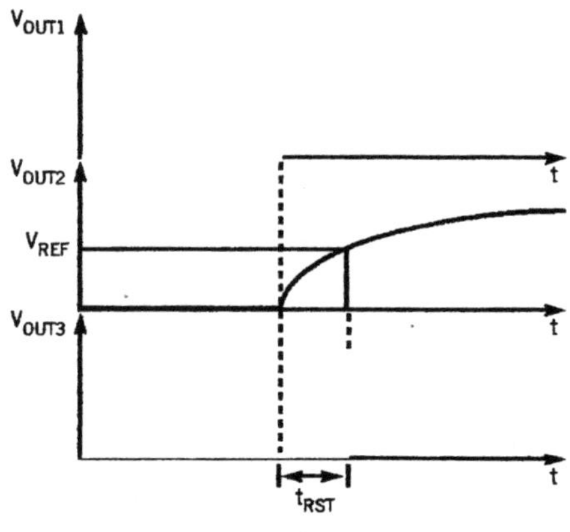

Abb. 9.62: Quelle: Guillermo Bosque, Design an efficient reset circuit, EDN May 1, 2003

9.51 Mikrocontroller-Versorgung mit kleiner Spannung

Zur Versorgung eines Mikrocontrollers aus einer Quelle mit kleiner Spannung, beispielsweise einer 1,5-V-Zelle, gibt es je nach unterer Betriebsspannung des Mikrocontrollers mehrere Möglichkeiten. Eine sehr einfache ist in *Abb. 9.63* gezeigt: ein Spannungsverdoppler. Dabei sollten Schottky-Dioden benutzt werden, da sie eine sehr geringe Schwellspannung besitzen. Das Gatter ist beispielsweise vom Typ 74LV132 (dualer Low-Voltage-NAND-Baustein mit Schmitt-Trigger-Eingängen).

Bei der durchdimensionierten Schaltung in *Abb. 9.64* wird eine noch höhere Spannung erzeugt. Der Eigenverbrauch der Versorgungsschaltung beträgt 20 µA. Damit kann z. B. der Philips-Mikrocontroller LPC900 betrieben werden, der an 2,4 bis 3,6 V arbeitet.

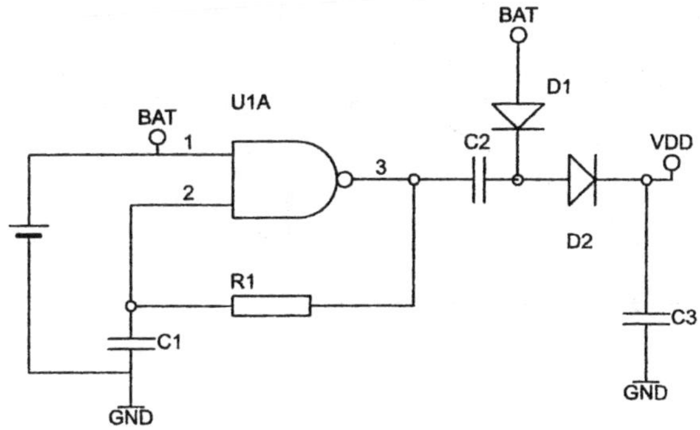

Abb. 9.63: Quelle: Torsten Eggers, Philips LPC900 microcontrollers single cell power supply, Philips Application Note 10218

9.52 Nutzung eines Mikrocontrollers für DMX512

Das DMX512-Protokoll für eine einfache asynchrone Übertragung wird meist in modernen Theater-Beleuchtungssteuerungen eingesetzt. Wenn ein Mikrocontroller einen UART (Universal Asynchronous Receiver Transmitter) enthält, können die hier gezeigten Schaltungen genutzt werden. Viele der PIC-Mikrocontroller, wie der PIC18F24J10, besitzen dieses Feature. Hier sind beispielsweise 1024 Bytes Datenspeicher vorhanden. Die DMX-Lösung besteht aus Sender und Empfänger.

Der Sender erzeugt und sendet die DMX512-Pakete. Ein Programm steuert dabei den Light Dimming Receiver. *Abb. 9.65* zeigt das entsprechende Übersichtsschaltbild. Die Steuersignale werden über eine geschirmte Zweidrahtleitung übertragen.

Jeder Empfänger wird gemäß *Abb. 9.66* mit einem 120-kOhm-Widerstand terminiert. Die Verbindung zum PIC-Mikrocontroller erfolgt über eine Leitung. Es sind mehrere Empfänger möglich.

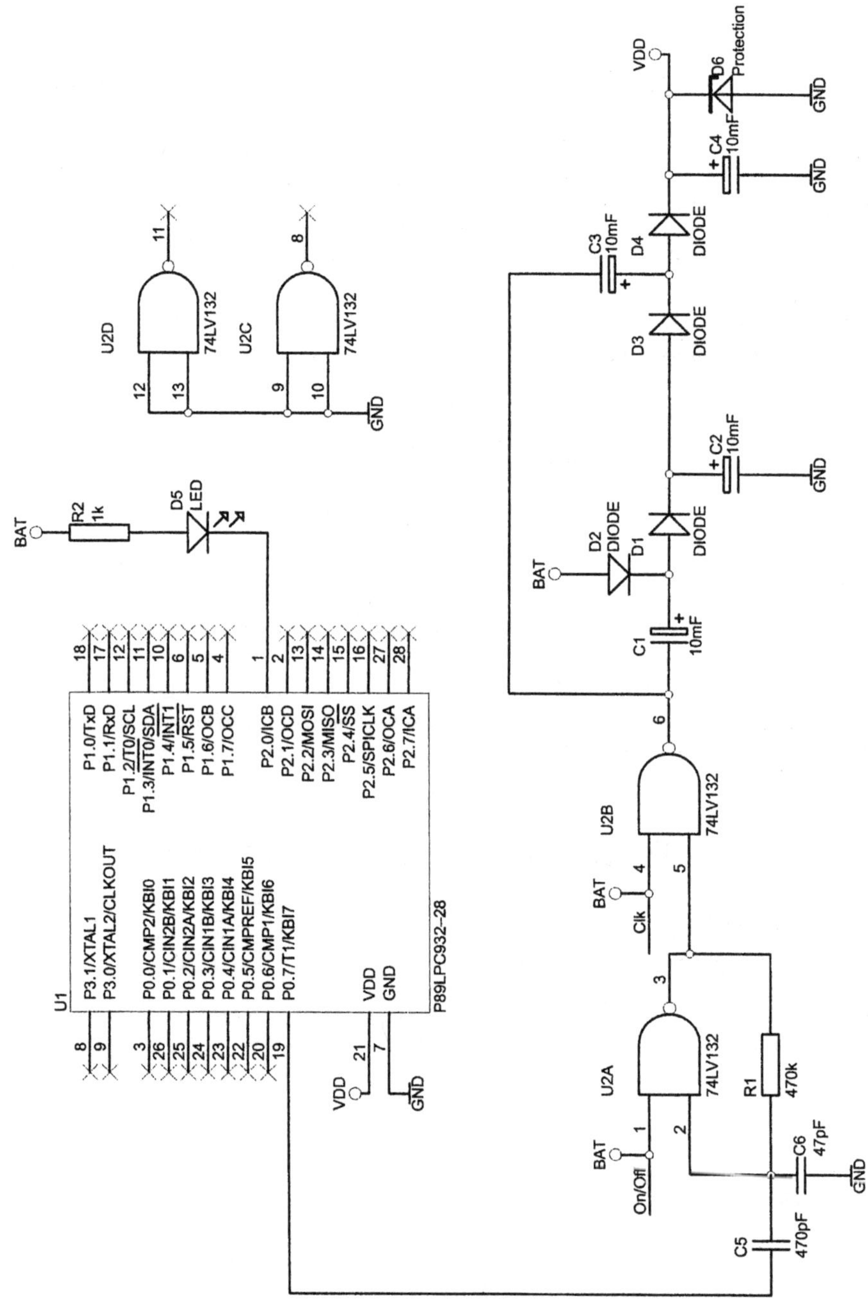

Abb. 9.64: Quelle: Torsten Eggers, Philips LPC900 microcontrollers single cell power supply, Philips Application Note 10218

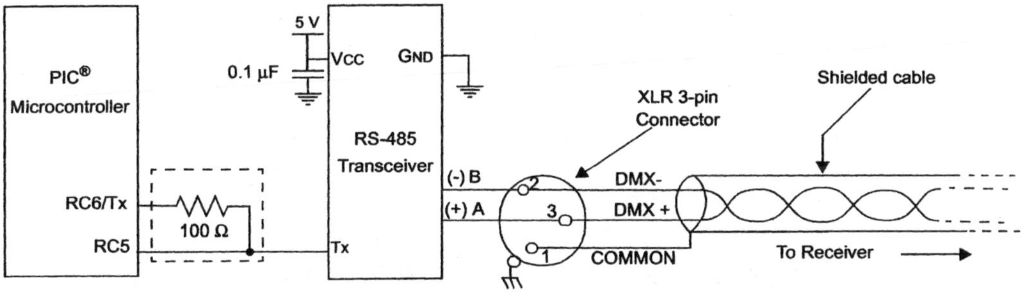

Abb. 9.65: Quelle: Parthiv Pandya, Using a PIC Microcontroller for DMX512 Communication, Microchip application Note 1076

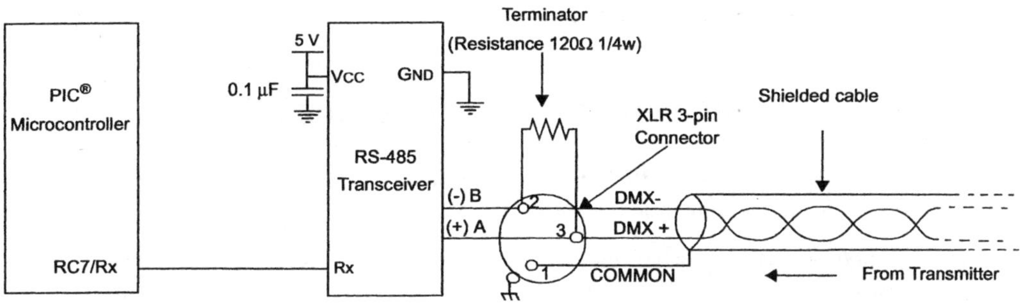

Abb. 9.66: Quelle: Parthiv Pandya, Using a PIC Microcontroller for DMX512 Communication, Microchip application Note 1076

9.53 Real Time Clock mit geringer Stromaufnahme

Mit der Grundbeschaltung gemäß *Abb. 9.67* wird ein Real-Time-Takt bei nur 4 µA Stromaufnahme ermöglicht, wenn der AVR-Mikrocontroller an 3,3 V arbeitet. Hierbei ist eine einstellbare Frequenzteilung möglich, sodass genaue Taktraten ermöglicht werden. Die Konfiguration ist bei allen AVR-Mikrocontrollern anwendbar, welche das RTC Module besitzen.

Die Firmware wurde in C erstellt.

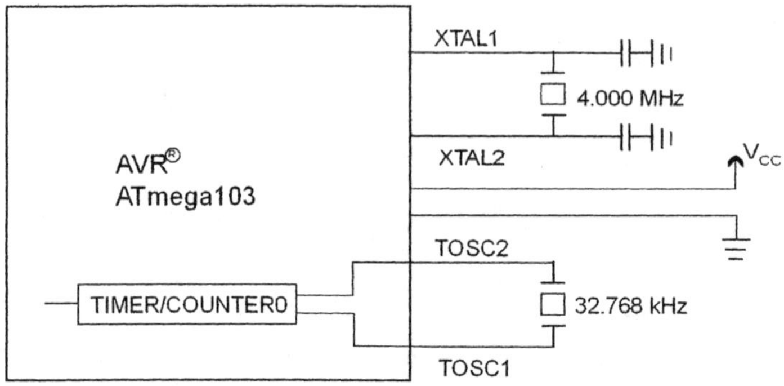

Abb. 9.67: Quelle: AVR134: Real Time Clock: RTC using the Asynchronous Timer, Atmel Application Note

9.54 Langwellenempfänger mit Datenanzeige

Die Station BBC Radio 4 auf 198 kHz sendet zusätzlich zum Audiosignal Daten ähnlich dem RDS (Radio Data System) auf UKW. So wird z. B. die exakte Zeit übertragen.

In *Abb. 9.68* ist das Blockschaltbild für einen geeigneten Empfänger dargestellt. Der Mikroprozessor wandelt die empfangenen Daten Wochentag, Wochennummer und Jahrestyp in die übliche Angabe für Tag im Monat und Monat. Der Decoder wird über ein Keyboard mit vier Tasten gesteuert, die Daten kommen auf einem LCD mit 16 Zeichen zur Anzeige.

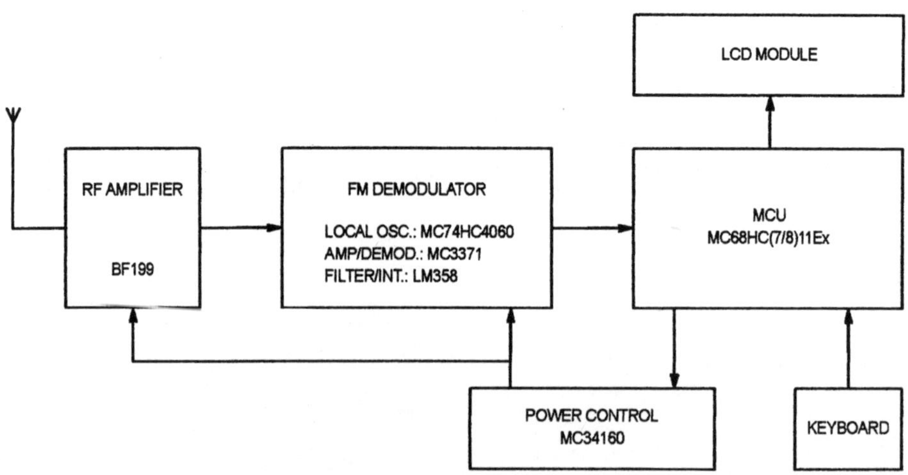

Abb. 9.68: Quelle: Longwave Radio Data Decoding using an HC11 and an MC3371, Freescale Semiconductor Application Note 1597

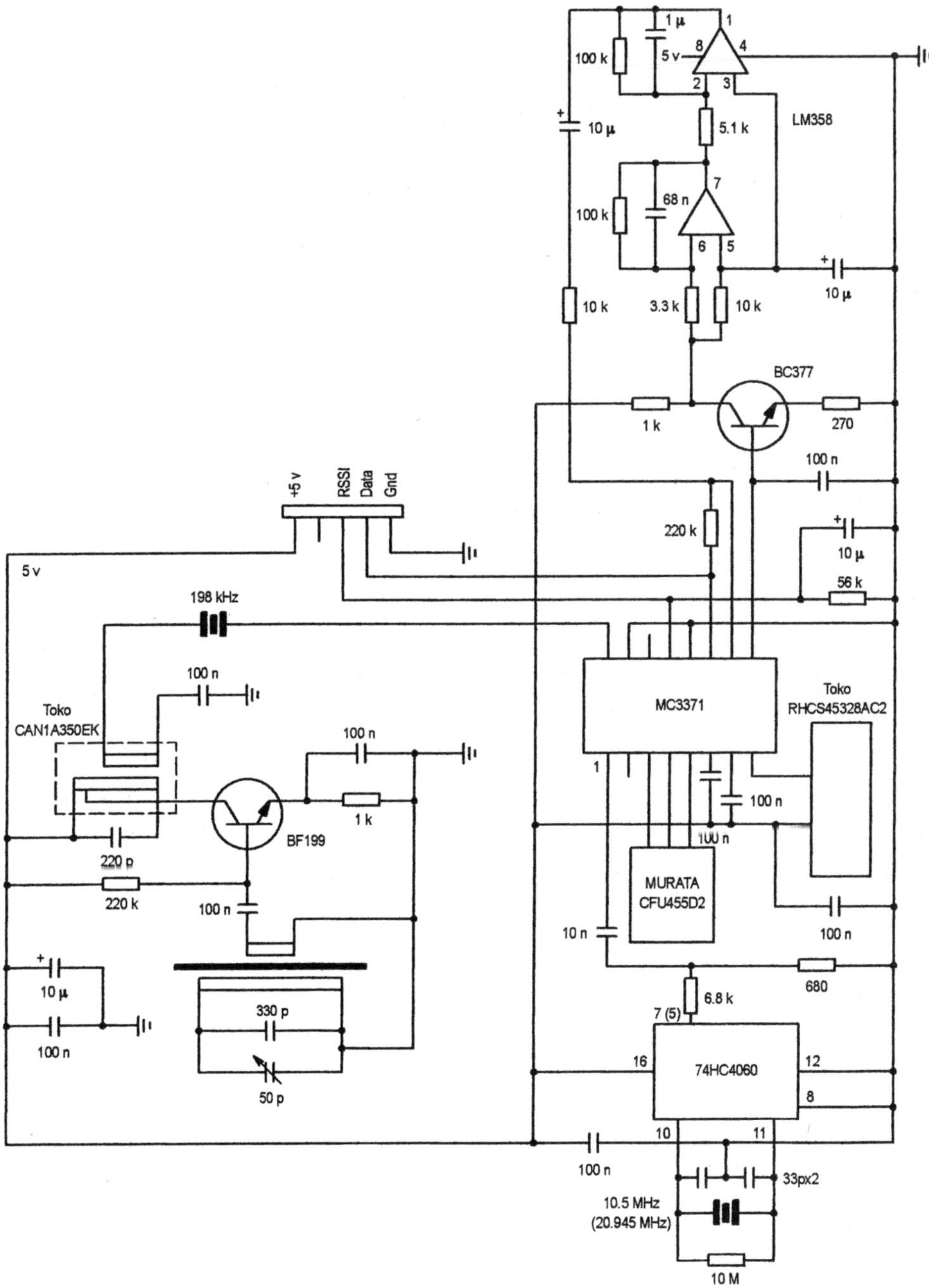

Abb. 9.69: Quelle: Longwave Radio Data Decoding using an HC11 and an MC3371, Freescale Semiconductor Application Note 1597

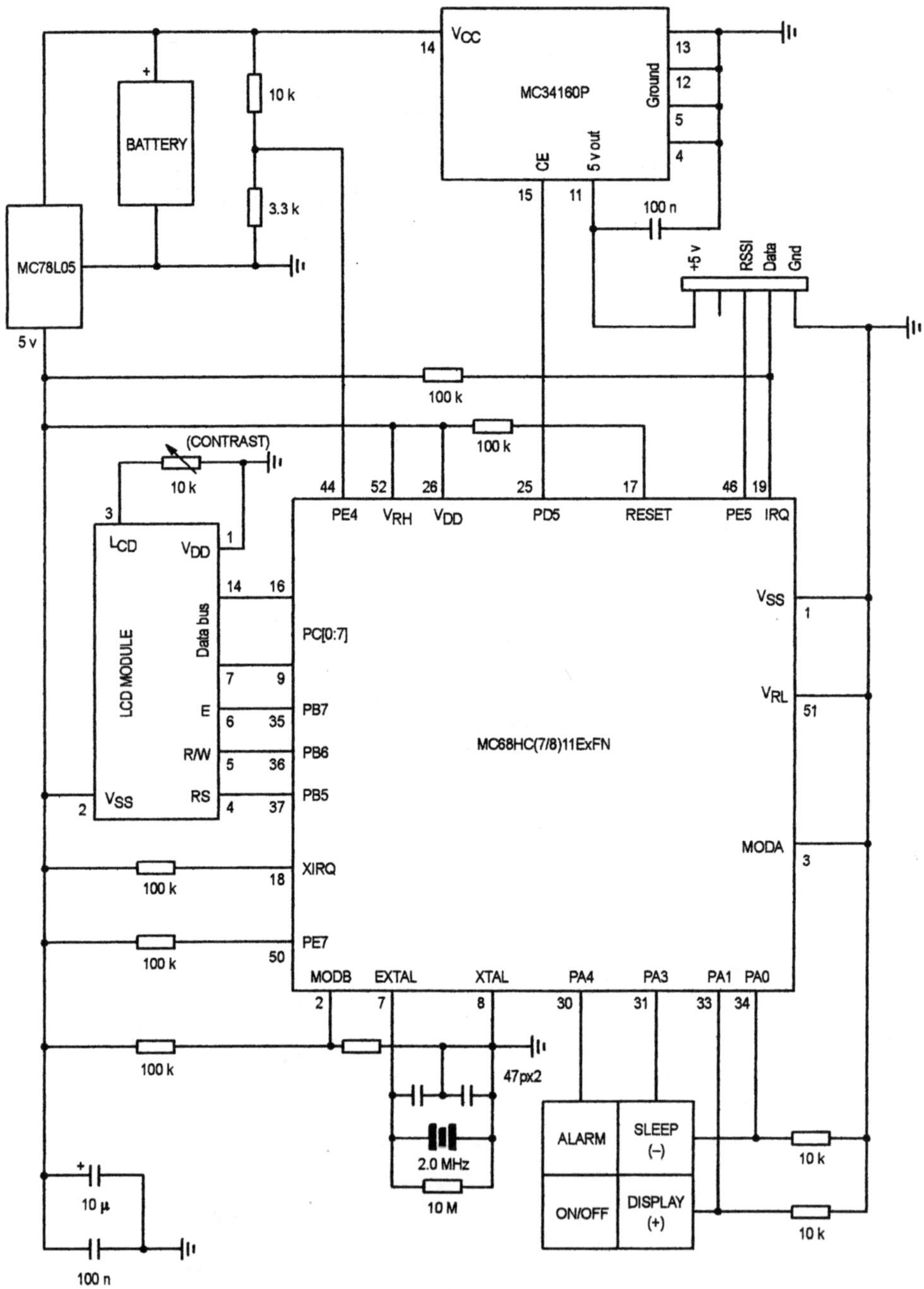

Abb. 9.70: Quelle: Longwave Radio Data Decoding using an HC11 and an MC3371, Freescale Semiconductor Application Note 1597

In *Abb. 9.69* ist der Analogteil des Empfängers gezeigt. Der HF-Verstärker arbeitet mit einem Transistor in Emitterschaltung. Der bekannte PLL-IC 4060 erzeugt die Oszillatorfrequenz. Mischung und Verstärkung sowie Demodulation erfolgen im Radio-IC MC3371. Ein dualer Operationsverstärker übernimmt die NF-Verstärkung.

In *Abb. 9.70* ist der Digitalteil dargestellt. Es kommt der komplexe Mikroprozessor MC68HC(7/8)11Ex zum Einsatz. Das LCD lässt sich direkt anschließen. Der rechte Schaltungsteil betrifft die Stromversorgung aller Baugruppen.

10 USB-Anwendungen

10.1 5-V-USB-Spannungsregler

Besonders Applikationen mit dem USB benötigen stabile 5 V Betriebsspannung. Eine allgemeine Lösung besteht darin, einen Boost-Konverter etwa nach *Abb. 10.1* einzusetzen. Aus den 6,25 V werden durch einen Stabi-IC mit entsprechend geringer Dropout-Spannung stabile 5 V gebildet. Hierbei ist der Wirkungsgrad nicht besonders hoch. Eine einfachere und effizientere Lösung zeigt *Abb. 10.2*. Es wird statt des Stabi-ICs ein p-Kanal-Feldeffekttransistor eingesetzt. In der Quelle werden die Lösungen anhand von Kennlinien verglichen.

10.2 USB liefert Ladestrom

Ein USB-Port kann bei 5 V Strom für verschiedene Anwendungen liefern. Damit kann man auch einen kleinen Akku oder „Superkondensator" (Goldcap) laden. Hieraus sind dann zeitweise höhere Ströme möglich als direkt vom USB-Port. *Abb. 10.3* zeigt das Übersichtsschaltbild. Ein Strombegrenzer (Current Limiting Device) sorgt dafür, dass der USB nicht überlastet wird.

Eine mögliche konkrete Ausführung auf Basis von Maxim-ICs ist in *Abb. 10.4* gezeigt. Die Feldeffekttransistoren dienen als Schalter zum Begrenzen der Ströme. 500 mA Gesamtstrom werden nie überschritten.

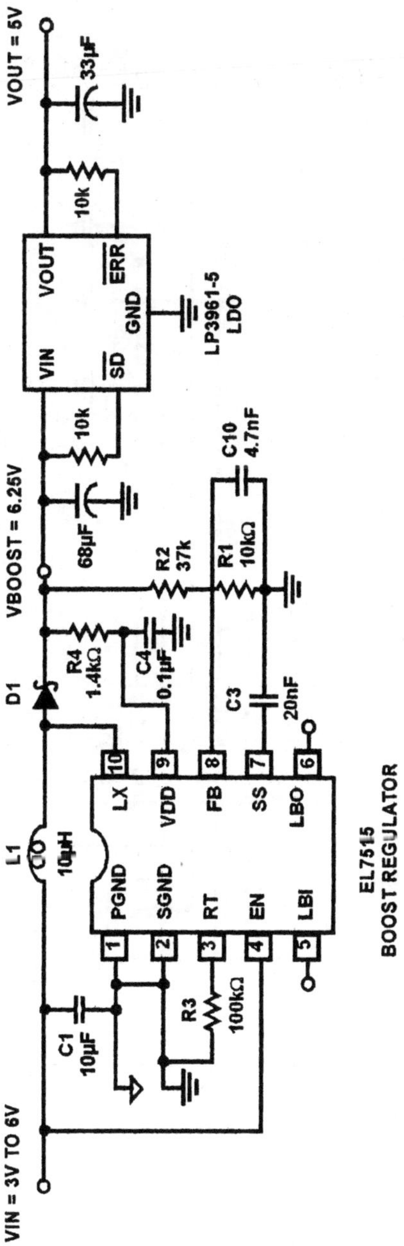

Abb. 10.1: Quelle: Tamara Papalias/Mike Wong, Single-Stage 5 V USB Voltage Regulator, Intersil Application Note 1317.0

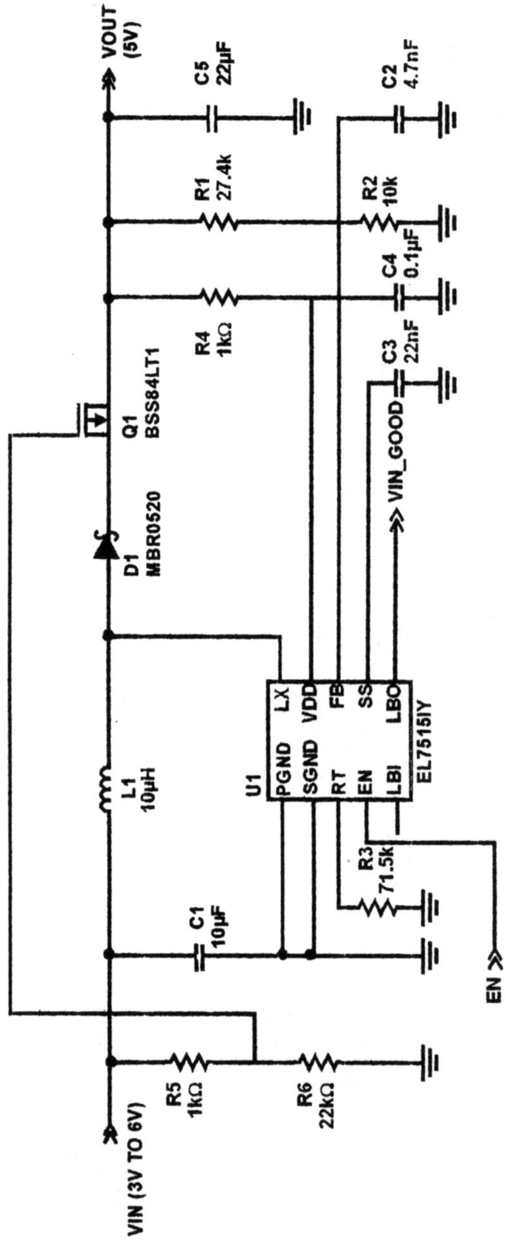

Abb. 10.2: Quelle: Tamara Papalias/Mike Wong, Single-Stage 5 V USB Voltage Regulator, ntersil Application Note 1317.0

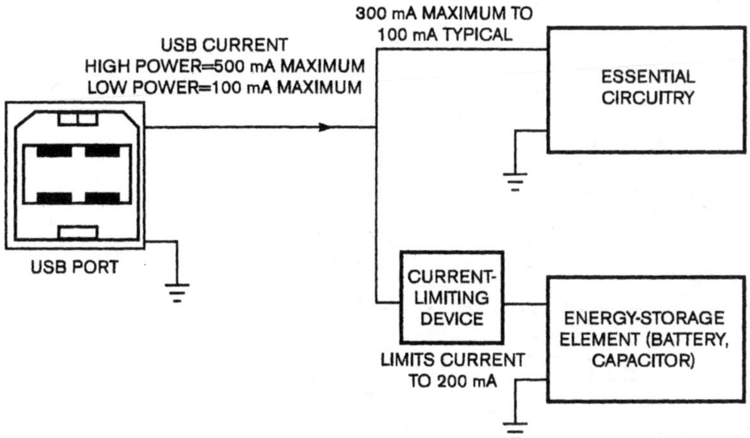

Abb. 10.3: Quelle: Donald Schelle, Dynamic siphon steals current from USB port, EDN December 15, 2006

10.3 Vereinfachte Akkuladung über den USB

Der USB kennt bezüglich der Mitversorgung externer Baugruppen oder Geräte drei Arbeitsweisen: Suspend Mode mit weniger als 500 µA, Low-Power Mode mit bis zu 100 mA und High-Power Mode mit maximal 500 mA.

Abb. 10.5 zeigt eine Lösung zur Akkuladung über den USB mit minimalem Aufwand. Nur fünf Bauelemente einschließlich des ICs LTC4053 sind erforderlich. Dieser ist ein eigenständiger, durch Timer definierter Konstantstrom/Konstantspannungs-Lader. Die Timer Termination ist ebenso möglich wie die Ladung besonders stark entladener Akkus und das Entladen des Akkus vor dem Laden zur Vermeidung des Memory-Effekts bei NiCd-Akkus. Nach Beenden der Ladung fließt ein Erhaltungsladestrom. Eine thermische Rückkopplung sichert die bestmögliche Ladung unter allen Bedingungen. Der Ladestrom wird durch den Widerstand 15,5 kOhm bestimmt.

In *Abb. 10.6* ist die Schaltung eines Laders mit dualem Eingang mit dem LTC4053 gezeigt. Man hat die Möglichkeit, mit 1 A über das Steckernetzteil schnell zu laden oder mit 100/500 mA über den USB. Es werden nur zwölf Bauteile benötigt.

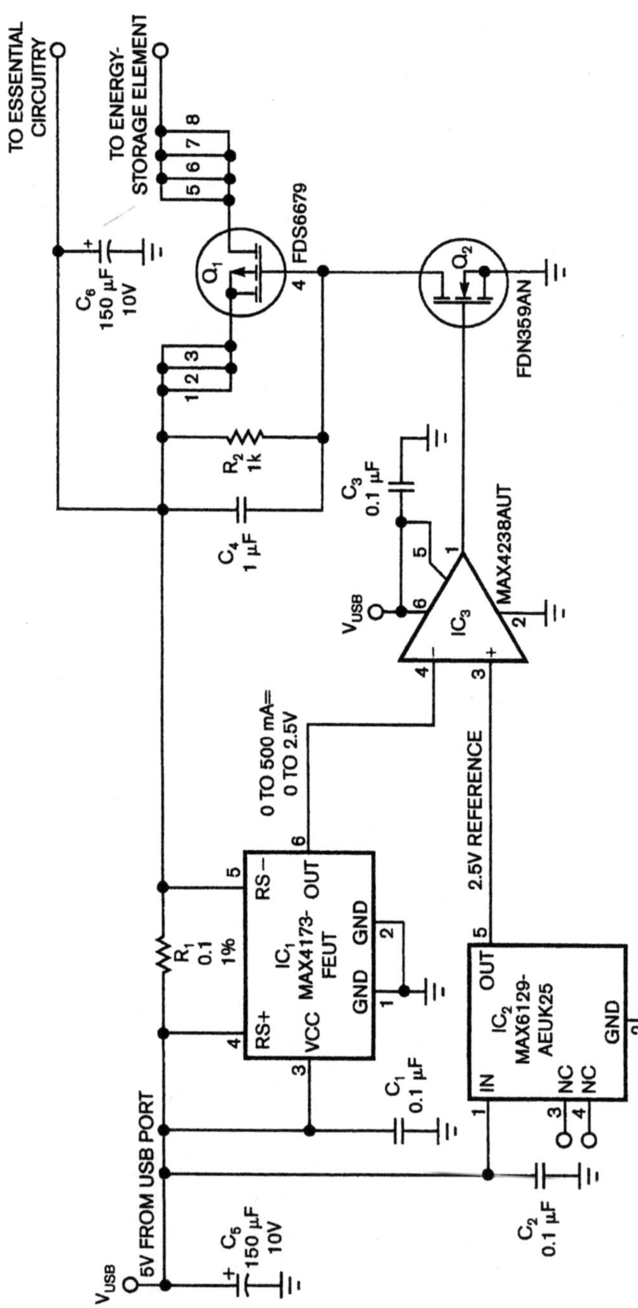

Abb. 10.4: Quelle: Donald Schelle, Dynamic siphon steals current from USB port, EDN December 15, 2006

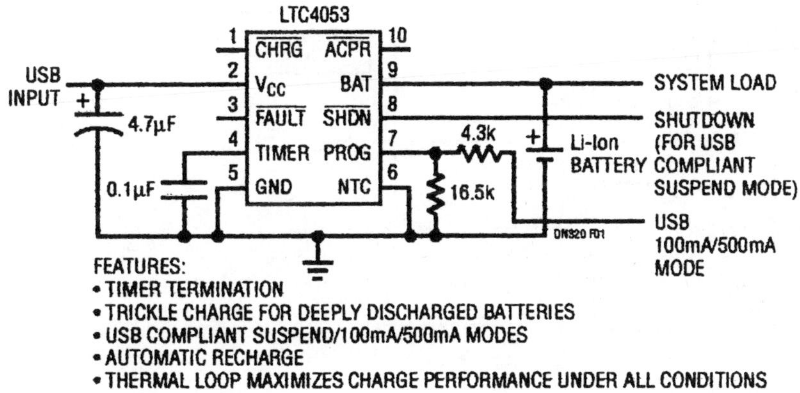

Abb. 10.5: Quelle: John Shannon, New ICs Simplify Battery Charging from the USB, Linear Technology Design Note 320

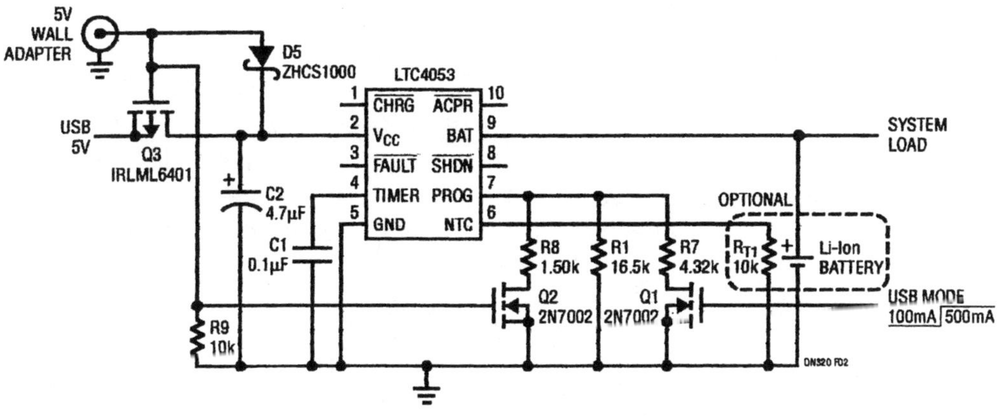

Abb. 10.6: Quelle: John Shannon, New ICs Simplify Battery Charging from the USB, Linear Technology Design Note 320

10.4 In-System-Ladung über den USB

Der High-Power-USB liefert 2,5 W (5 V x 500 mA). Üblicherweise haben Pufferbatterien im System, wie LiIo-Akkus, eine Nominalspannung von 3,6 V. Dies bedeutet beim USB-Maximalstrom von 500 mA 1,8 W. Man legt daher besser das System an die 5 V, misst den Systemstrom und lädt die Stützbatterie dementsprechend.

In *Abb. 10.7* ist eine Lösung mit nur sieben Bauteilen gezeigt. Der LTC4410 ist ein USB Power Manager. Wenn der USB vorhanden ist, wird das System darüber betrieben.

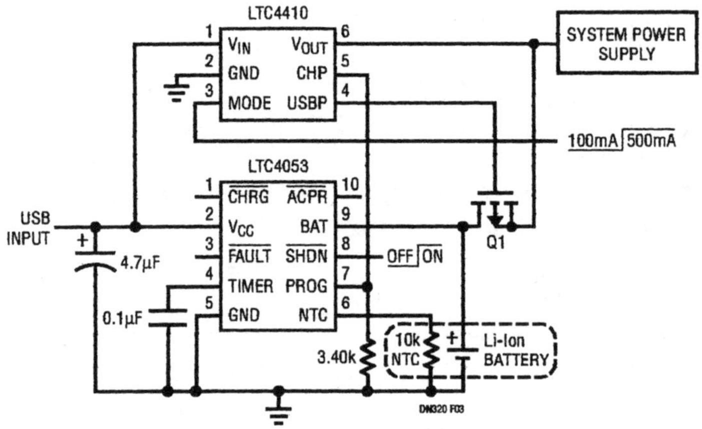

Abb. 10.7: Quelle: John Shannon, New ICs Simplify Battery Charging from the USB, Linear Technology Design Note 320

10.5 USB-Maus-Translator

In der Schaltung nach *Abb. 10.8* wird der PIC16C745/765 genutzt, um zwischen einer PS/2-Maus und dem USB zu vermitteln. Der PIC16C745/765 ist ein Low-Speed-USB-Mikrocontroller. Er hat je zwei Pins für VSS und VDD, daher die Sternchen. C1 und C2 sind gemäß Quarz-Bürde zu wählen. Von den sechs Anschlüssen des PS/2-Ports werden vier genutzt: Takt, Daten, Power und Masse.

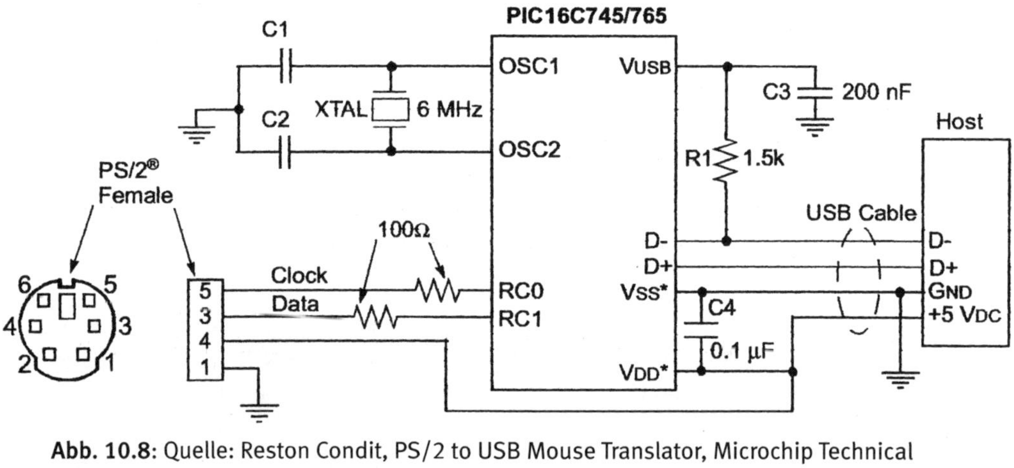

Abb. 10.8: Quelle: Reston Condit, PS/2 to USB Mouse Translator, Microchip Technical Brief 055

10.6 USB Game Pad Translator

Der Mikrocontroller PIC16C765 eignet sich auch besonders gut, um zwischen einem Game Pad und dem USB zu vermitteln. *Abb. 10.9* zeigt die hierbei typische Schaltung mit dem Dexxa Pad. Es passt zum Standard Game Port eines PCs. Es wird das PIC-DEM-USB-Board von Microchip zugrunde gelegt. C1 und C2 bemisst man gemäß der Bürdekapazität des Quarzes.

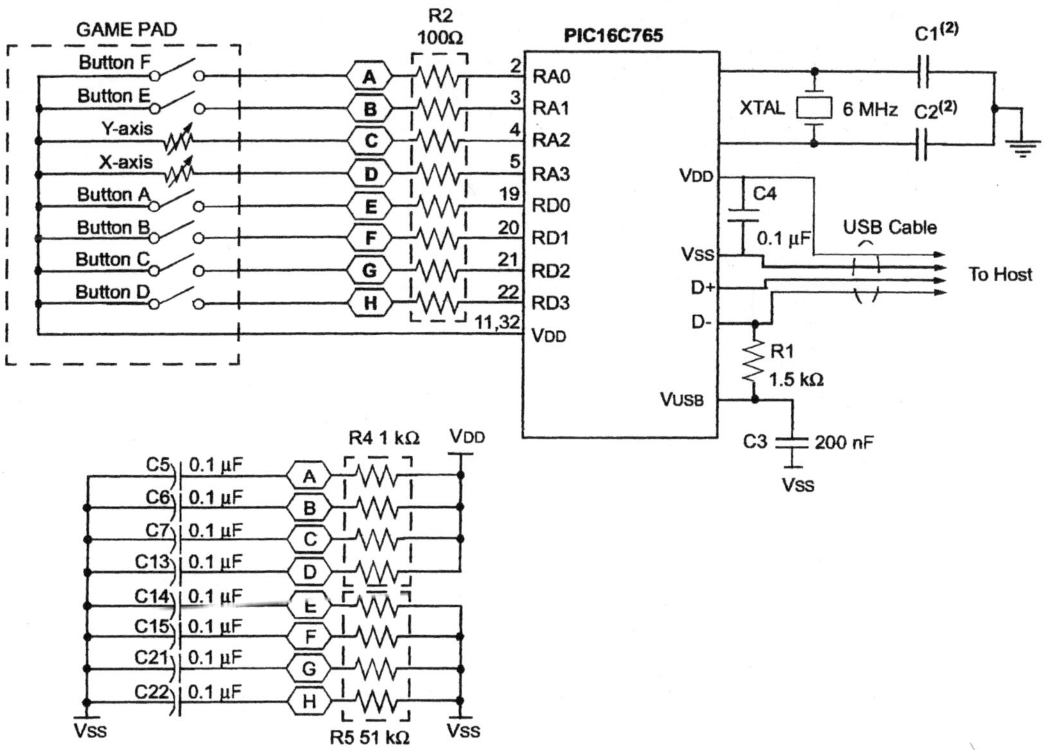

Abb. 10.9: Quelle: Reston Condit, An Introduction to USB Descriptors with a Game Port to USB Game Pad Translator Example, Microchip Technical Brief 054

10.7 Flexible Spannung und hoher Strom aus dem USB

Der Stromversorgungsbaustein ST7265 besitzt ein V_{DDF}-Pin, durch welches die Verbindung zwischen seiner eigenen Mikrocontroller-Versorgungsspannung und externen Baugruppen vereinfacht wird. Dieses V_{DDF}-Pin kann man als Stromversorgungsanschluss mit wählbaren 2,4 oder 3,6 V nutzen. Somit ist das direkte Zusammenwirken des ST7265 mit externen Baugruppen möglich. Wenn aber die vorgegebene Spannung nicht zu dieser Baugruppe passt oder ein nicht mehr direkt lieferbarer Strom erforderlich ist, muss man an eine Erweiterung denken.

In *Abb. 10.10* ist eine solche Lösung für 3,3 V und 500 mA gezeigt. Der Regler KF33 hat nur 50 μA Eigenverbrauch.

In *Abb. 10.11* wurde das gleiche Ziel mit einem Stromverstärker, aufgebaut mit zwei npn-Transistoren und einem pnp-Transistor, erreicht. Die Spannungsreferenz dieses Verstärkers ist der V_{DDF}-Ausgang. Die Ausgangsspannung folgt V_{DDF}. Bei 0 V Referenzspannung fließt kein Strom, eine gute Lösung für den Suspend-Modus des USBs.

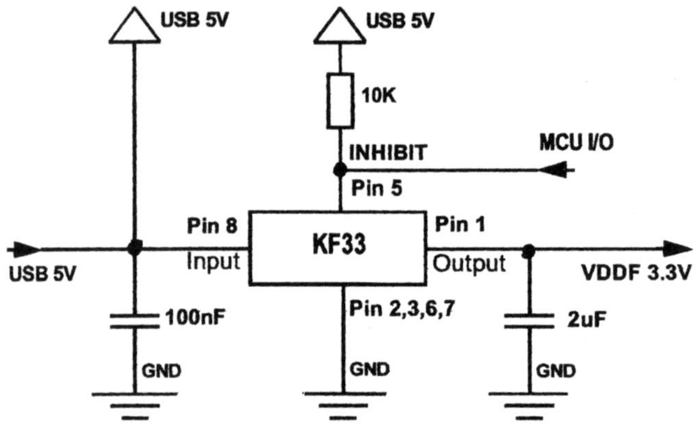

Abb. 10.10: Quelle: Extending the Current & Voltage Capability on the ST7265 VDDF Supply, ST Application Note 1529

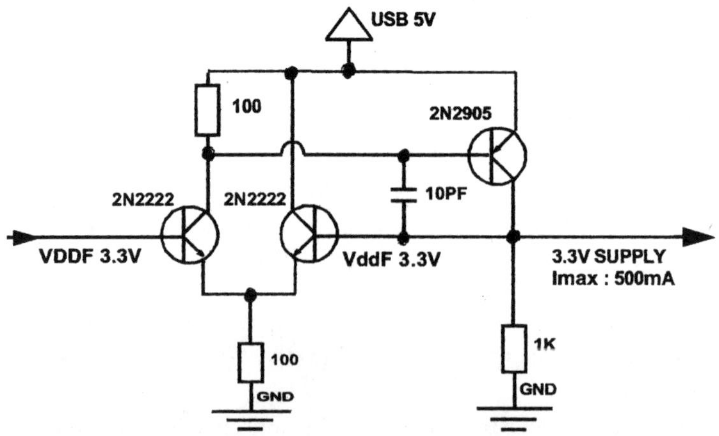

Abb. 10.11: Quelle: Extending the Current & Voltage Capability on the ST7265 VDDF Supply, ST Application Note 1529

10.8 Multiplexbetrieb auch bei niedriger Spannung

Das Multiplexing von über den USB gelieferten Signalen ist nicht selten erforderlich. Hierzu werden Schalter-ICs benutzt. Diese benötigen oft eine gewisse Betriebsspannung, um den erforderlichen On-Widerstand unter dem maximal zulässigen Wert zu halten. Mit dem neuen Baustein NLAS2066 wird dieses Problem entschärft. Der IC arbeitet zuverlässig an nominell 2,7 V. Eine Over Voltage Tolerance (OVT) sichert jedoch den Betrieb auch an Eingangsspannungen bis 5,5 V. Es ist die volle USB-2.0-Spezifikation möglich.

Das neue Konzept des Schalters (*Abb. 10.12*) nennt sich Dual Single Pole Single Throw (DSPST). Eine Seite des Schalters ist vor hoher Spannung geschützt. Es ist daher möglich, den USB-Eingang zu entfernen. Die Shared Pins können an eine Baustufe mit hoher Impedanz gelegt werden.

Der NLAS2066 hat acht Pins und benötigt nur 6 mm² Fläche.

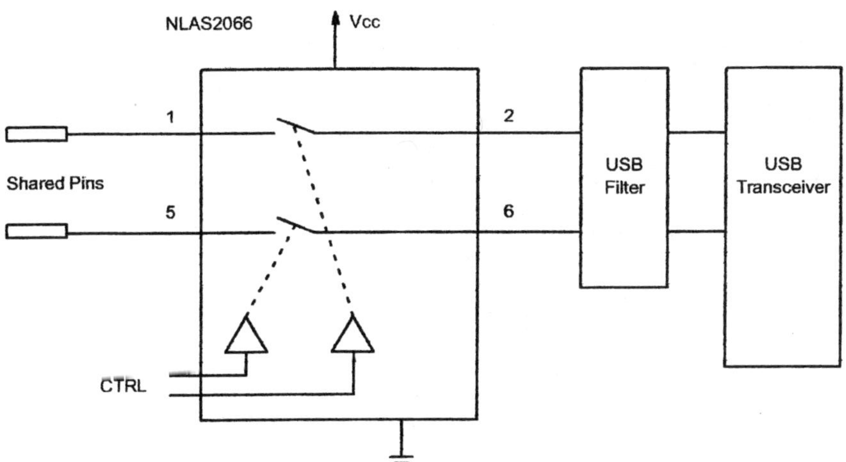

Abb. 10.12: Quelle: Fred Zlotnik, Analog Switch Allows USB Switching at Low Voltages, ON Semiconductor AND8130/D

10.9 Li-Ion/Li-Polymer-Batterieladung über den USB

Mit geeigneten oder speziellen ICs ist es möglich, Akkus mit geringem Aufwand qualifiziert über den USB-Port zu laden. Hierbei wird auch ein möglicher Spannungsabfall über das Kabel berücksichtigt. Die bei maximal 400 mA und maximaler Kabellänge (16 Feet) verfügbare Spannung von 4,47 V genügt, um Akkus mit Nominalspannungen von 3,6 V zu laden.

Abb. 10.13 zeigt eine Schaltung mit dem Baustein MCP73853 für Li-Ion/Li-Polymer-Zellen mit Zellentemperatur-Überwachung. Ladeströme im Bereich von 85 bis 400 mA sind möglich. Der Programmierwiderstand bestimmt den Ladestrom.

In *Abb. 10.14* wird das Ergebnis einer Minimierung gezeigt. Der MCP73855 hat nur zehn Pins. Pin 5 erhält einen Programmierstrom.

In der Schaltung nach *Abb. 10.15* kommt der MCP73861 zum Einsatz. Hier ist auch eine externe Speisung, etwa über ein Steckernetzteil, möglich. In dem Fall kann auch eine 1,4-Ah-Batterie mit über 1,2 A schnell geladen werden.

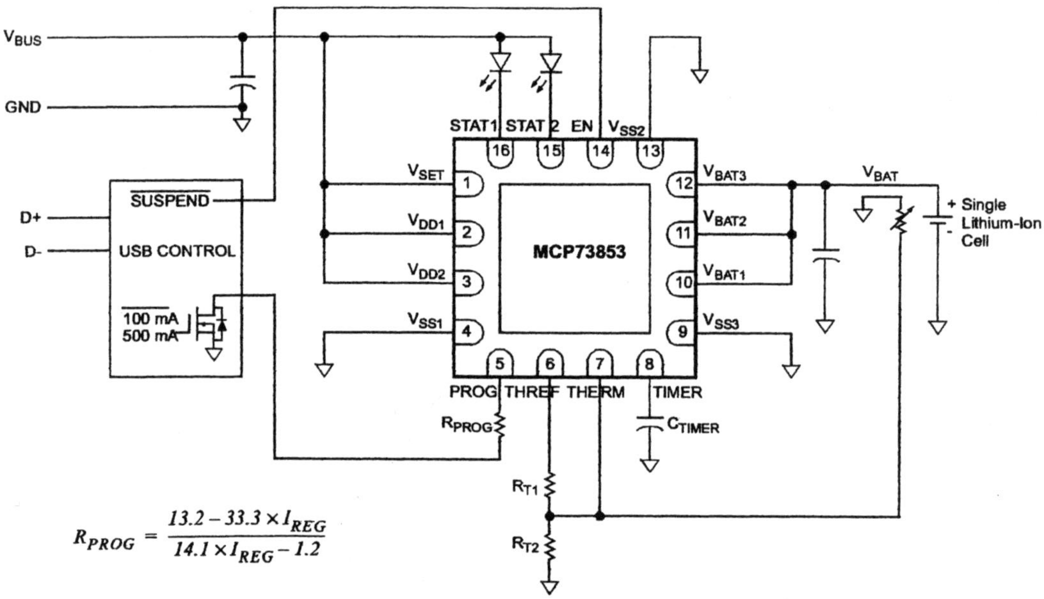

$$R_{PROG} = \frac{13.2 - 33.3 \times I_{REG}}{14.1 \times I_{REG} - 1.2}$$

Abb. 10.13: Quelle: Scott Dearborn, USB Port-Powered Li-Ion/Li-Polymer Battery Charging, Microchip Application Note 971

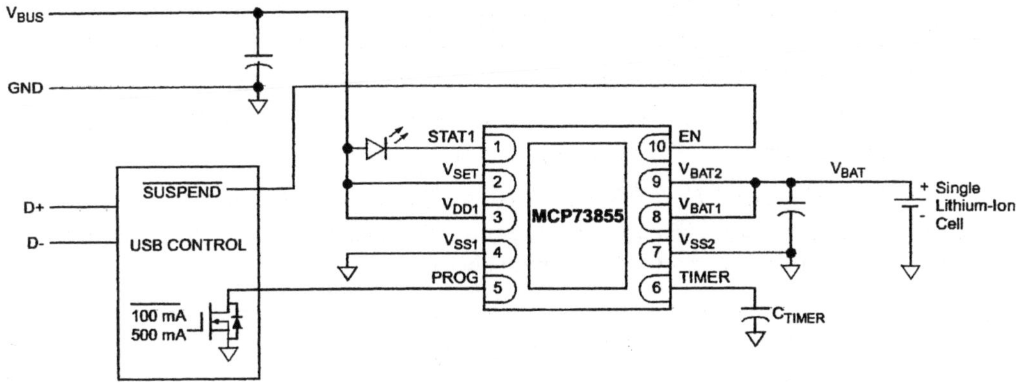

Abb. 10.14: Quelle: Scott Dearborn, USB Port-Powered Li-Ion/Li-Polymer Battery Charging, Microchip Application Note 971

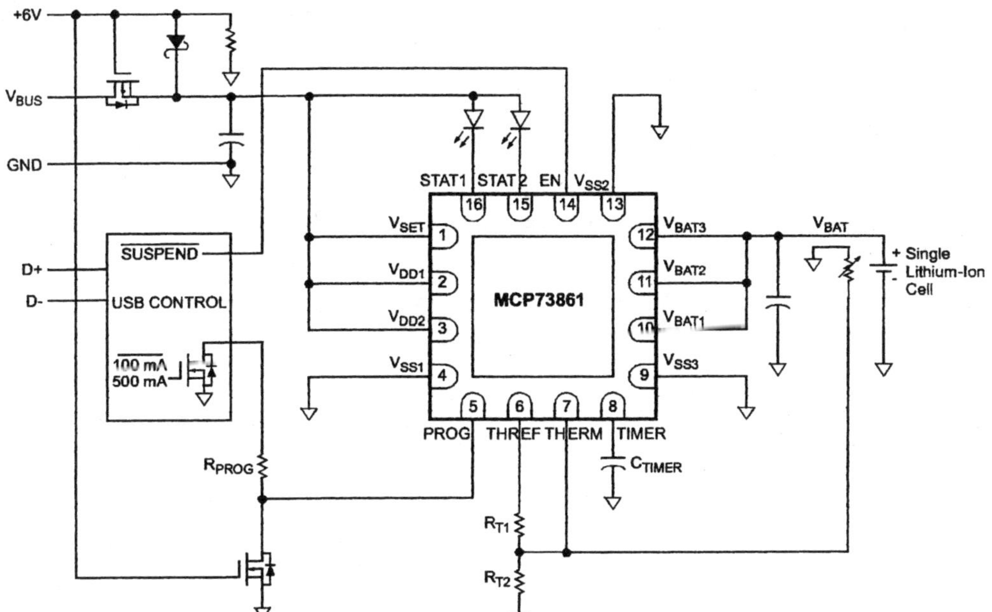

Abb. 10.15: Quelle: Scott Dearborn, USB Port-Powered Li-Ion/Li-Polymer Battery Charging, Microchip Application Note 971

10.10 USB-Drucker-Umschalter

Was tun, wenn man zwei Computer, aber nur einen Drucker hat? Die kleine Schaltung nach *Abb. 10.16* hilft. Zwei USB-Druckerkabel wurden „geopfert". Der elektronische Diodenumschalter besteht im Wesentlichen aus einem Stecker USB Type B am Drucker und zwei rechteckigen Steckern USB Type A an jedem PC.

Die Abschirmungen der Kabel werden zusammengeschaltet (1). Das Ganze entspricht zwar nicht dem USB-Standard, funktioniert aber sehr gut (2).

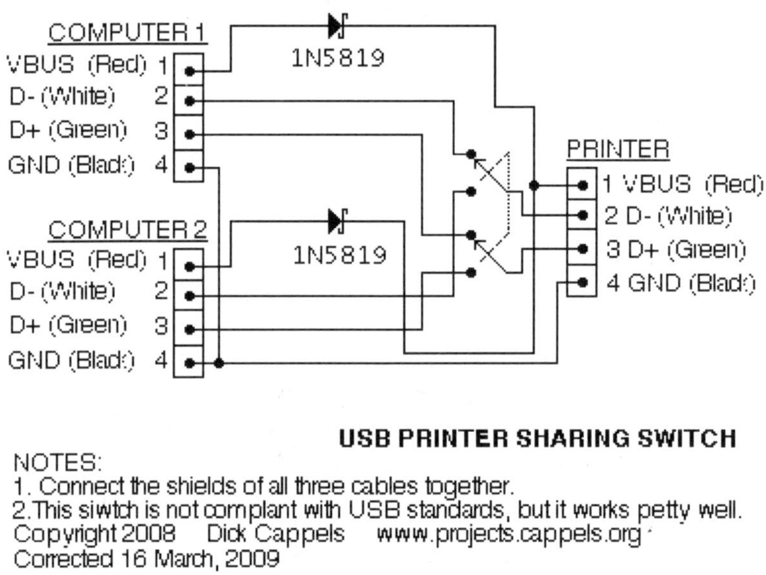

Abb. 10.16: Quelle: Dick Cappels, USB Printer Sharing Switch, www.projects.cappels.org

10.11 Adapter USB/CAT (CI-V)

CAT steht für Computer-Aided Transceiver Control und bezeichnet eine Schnittstelle zur Steuerung von Sendeempfängern über den PC.

Der in *Abb. 10.17* gezeigte USB/CAT-Adapter basiert auf dem USB/Serial-IC FT-232BM. Er wurde erfolgreich mit folgenden Transceivers getestet: FT-8900 (Software FTB-9800 von G4HFQ), VX-7R (Software VX-7 Commander von KC8UNJ), FT-817 (Software FT-817 Commander von HB9DRV) sowie IC-706MkIIG (Software Ham Radio Deluxe von HB9DRV), stets unter MS Windows XP.

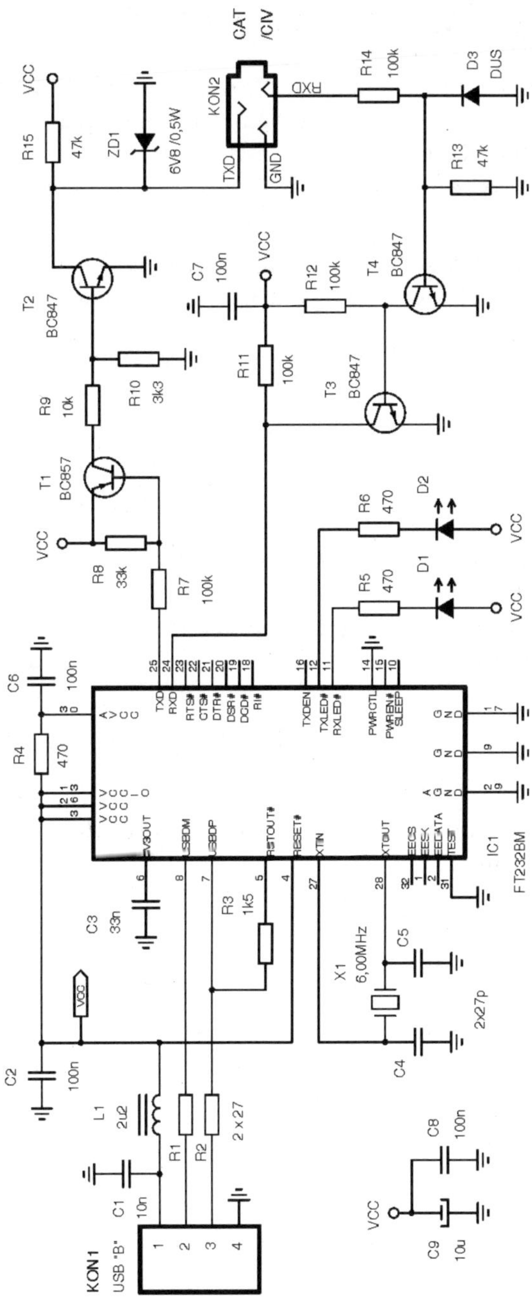

Abb. 10.17: Quelle: Aleksander Stare, USB/CAT: CI-V adapter, via http://lea.hamradio.si zu S56AL Homepage

10.12 Achtkanal-Messsystem mit 16 Bit Auflösung

Die Schaltung in *Abb. 10.18* kombiniert einen Low-Power/16-Bit-Analog/Digital-Wandler mit einem kleinen USB-Interface-Modul, um ein einfaches Achtkanal-Messsystem mit 16 Bit Auflösung zu bilden. Um einen hohen Eingangswiderstand zu erhalten, sind Puffer vorgeschaltet. Der MAX1168 bietet acht Kanäle, einen SPI-Port (Serial-Peripheral Interface), eine 4,096-V-Referenz und einen Taktoszillator.

Der U421 ist ein USB-Interface auf Basis eines Cypress-Controllers. Hier stehen 16 I/O-Leitungen, SPI und wählbare Taktfrequenzen zur Verfügung. Datenraten bis 800 Bytes/s sind möglich.

Die Versorgung erfolgt vom USB aus mit 5 V.

Die Software wurde in Visual Basic geschrieben. Man kann sie unter www.maxim-ic.com/MAX=1168DI downloaden.

10.13 Baugruppenversorgung über den USB

Die Stromergiebigkeit der 5-V-Leitung des Universal-Serial-Busses legt die Mitversorgung von digitalen oder auch analogen Baugruppen nahe. Wenn diese nicht nur 5 V benötigen, sondern (auch) 3,3 V sowie beispielsweise eine 1,8-V-Referenz, dann sollte man sich die hier gezeigten Schaltungen näher ansehen. Sie arbeiten mit einem dualen Mikropower-Operationsverstärker und wenigen diskreten Transistoren und sind auf minimalen Eigenverbrauch getrimmt.

Die Schaltung nach *Abb. 10.19* liefert einen relativ geringen Ausgangsstrom und nimmt maximal 70 µA selbst auf.

Die Schaltung nach *Abb. 10.20* liefert einen gesamten Ausgangsstrom bis etwa 200 mA und nimmt selbst weniger als 100 µA auf.

Die Schaltung nach *Abb. 10.21* zeichnet sich durch ein definiertes Einschaltverhalten (Einschaltstrombegrenzung) aus und kann auch einen 5-V-Verbraucher bei diesem Feature beliefern. Auch hier ist die Eigenstromaufnahme mit etwa 100 µA gering.

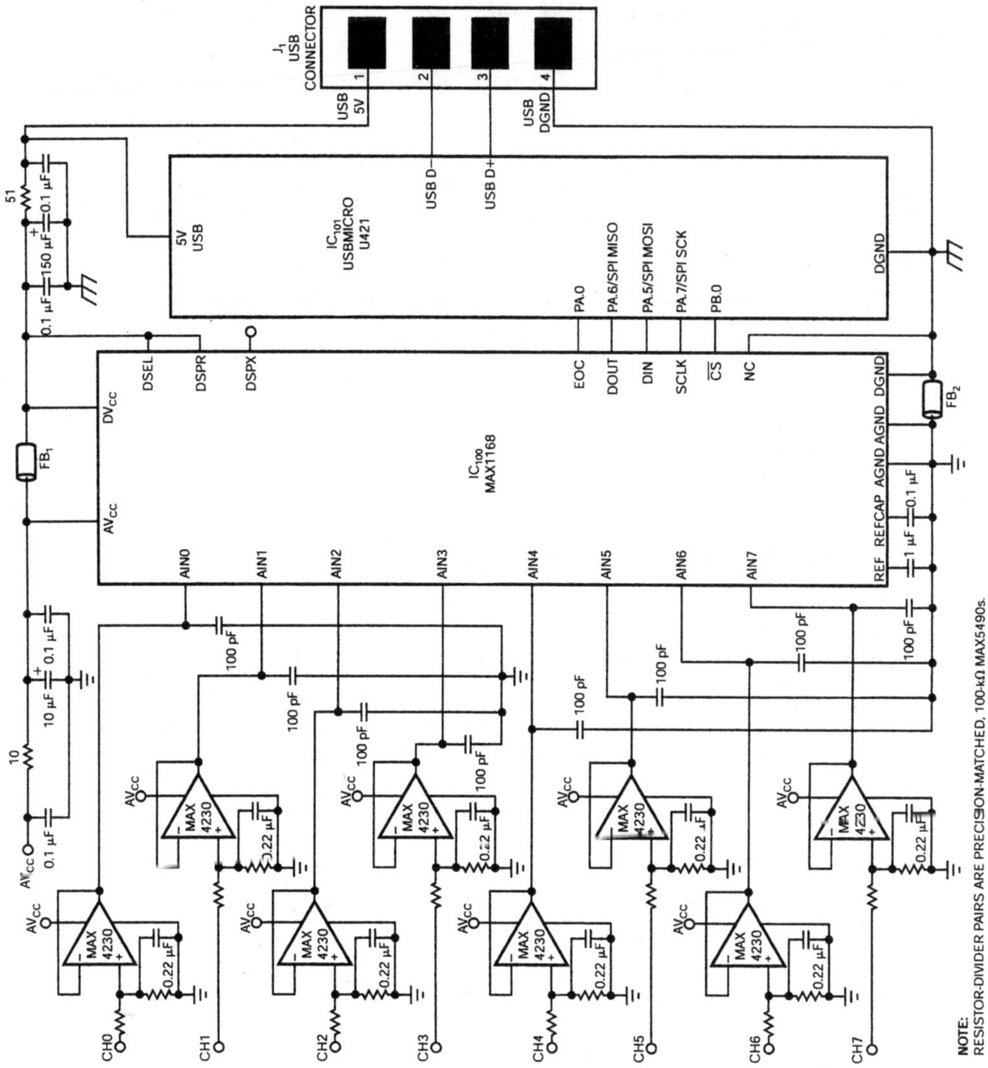

Abb. 10.18: Quelle: Terry Millward, Data-acquisition system captures 16-bit voltage measurements using the USB, EDN May 25, 2006

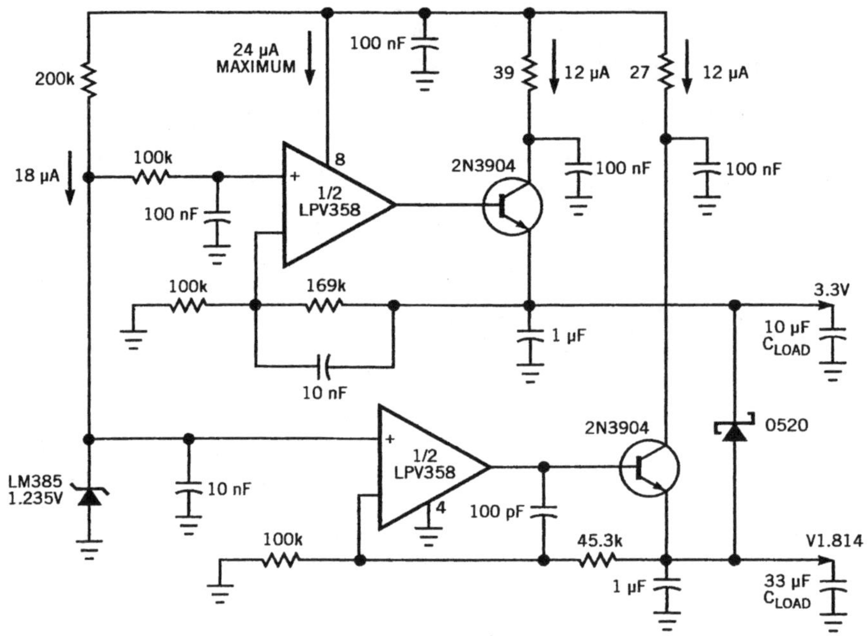

Abb. 10.19: Quelle: Wayne Rewinkel, Dual-voltage regulator meets USB-power needs, EDN August 19, 2004

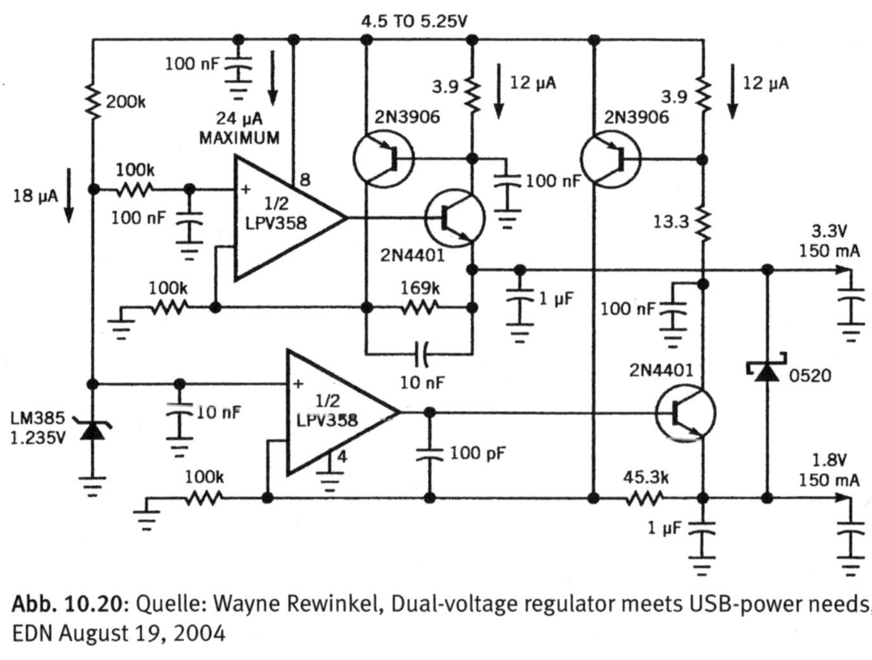

Abb. 10.20: Quelle: Wayne Rewinkel, Dual-voltage regulator meets USB-power needs, EDN August 19, 2004

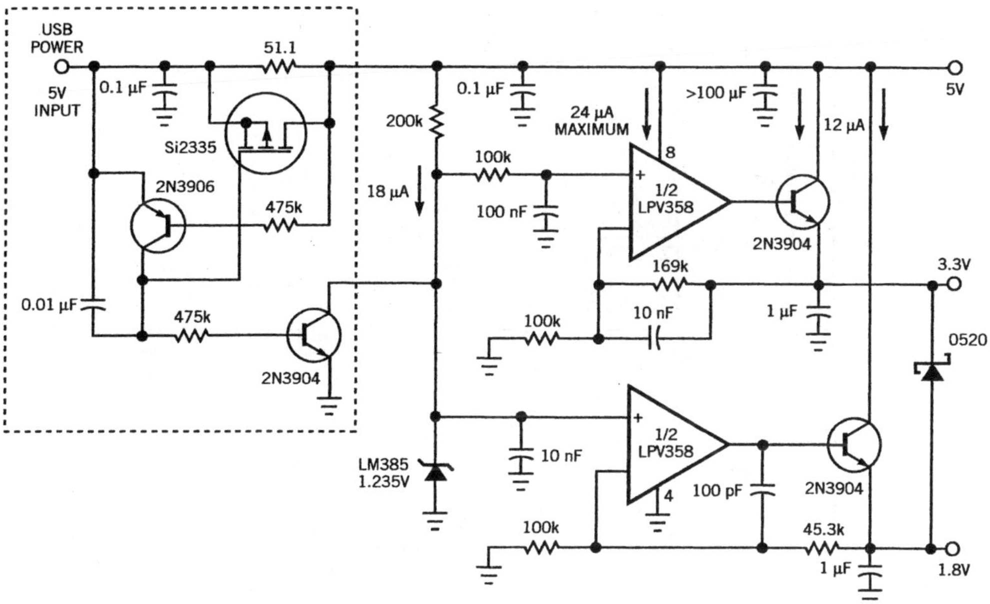

Abb. 10.21: Quelle: Wayne Rewinkel, Dual-voltage regulator meets USB-power needs, EDN August 19, 2004

10.14 USB-Peripherie mit I²C-Interface

Der Baustein PBIUSBD11 von Philips erlaubt einigen Mikrocontrollertypen einen USB-Anschluss. Der PBIUSBD11 besitzt dazu ein serielles Interface. Es handelt sich um einen Full-Speed-Baustein, der auch die Steuerung, Bulk und Interrupt erlaubt. Isochrone Arbeitsweisen werden nicht unterstützt. Aber das I²C-Interface kann für maximal 1 Mbit/s getaktet werden, was eine theoretische Übertragungsrate von 568 KB/s bedeutet. Praktisch sind dafür bestimmte Voraussetzungen, wie Betriebsspannung und Pull-up-Widerstandswerte, zu schaffen. Eine 12-Mbit/s-Übertragung (Maximum) auf USB-Ebene ist dann möglich.

Der PBIUSBD11 arbeitet an 3,3 V; seine I/O-Ports tolerieren aber 5 V. In der allgemeinen Anwendung nach *Abb. 10.22* wird er mit 12 MHz getaktet. Zum Mikrocontroller führen die Leitungen Suspend, INT, Data und Clock.

Die Quelle nennt auch einige Nachteile des PBIUSBD11.

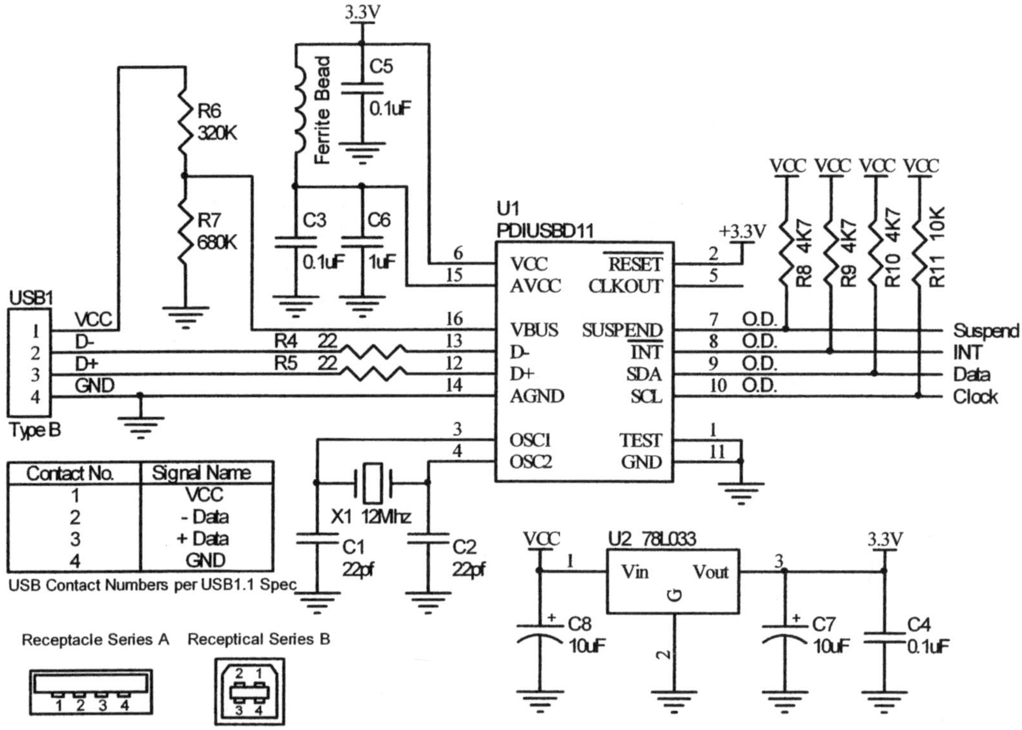

Abb. 10.22: Quelle: PBIUSBD11 – USB Peripheral with I²C Serial Interface, Philipps Semiconductor, www.beyondlogic.org

10.15 USB-Spannungserzeugung mit Schutzschaltung

Die in *Abb. 10.23* gezeigte Schaltung erzeugt 5 V bei entsprechender Stromergiebigkeit (500 mA) für den USB und sorgt darüber hinaus dafür, dass unerwünschte Einflüsse oder Lastbedingungen, etwa während des An- oder Absteckens, nicht zu gefährlichen Zuständen führen können. Beispielsweise wird eine Spannungsüberschreitung auch für kurze Zeit unterbunden. Ebenso ist ein gefährlicher Stromstoß, etwa durch Kondensatoren an der Last, während des Anschaltens unmöglich.

Als Boost-Konverter wird der MAX1760 benutzt, als Ausgangsstrombegrenzer der MAX8586. Der Eigenverbrauch der Anordnung ist meist gegenüber der USB-Leistung zu vernachlässigen.

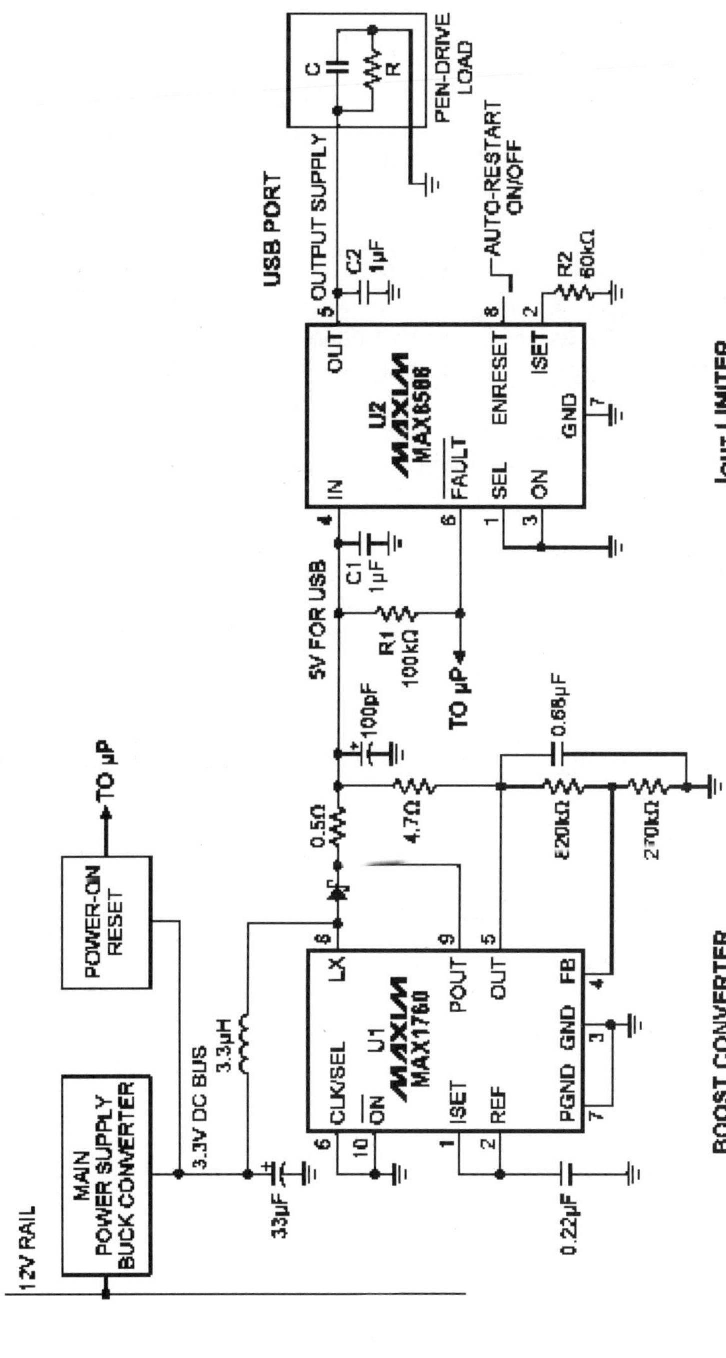

Abb. 10.23: Quelle: Simple Circuit Prevents USB Current Overshoot During Insertion, Maxim Application Note 4621

10.16 Einfacher UART-zu-USB-Konverter

UART steht für Universal Asynchronous Receiver Transmitter und ist eine traditionelle Baueinheit des Mikrocontrollers. UART ist der serielle Standard-Port schon seit sehr langer Zeit. Heute wird er noch vielseitiger genutzt, allerdings macht ihm der USB immer mehr Anwendungen streitig. Schließlich ist er einfacher anzuwenden, sicherer und schneller.

Während der USB jedoch sehr anwenderfreundlich ist, stellt er an den Entwickler hohe Ansprüche. Mit dem Baustein MAX3100 wurde hier ein wesentlicher Fortschritt erzielt. Er ermöglicht den unkomplizierten Aufbau eines UART-zu-USB-Konverters. Der MAX3100 wurde speziell für Mikrocontrollersysteme entwickelt. Er ist SPI/QSPI-kompatibel (Serial Peripheral Interface). Daher ist das Zusammenwirken mit fast jedem Mikrocontroller möglich. Der MAX3100 ermöglicht SPI-Datenraten bis 4,2 MHz, und sein UART unterstützt Baudraten bis 120 kBd.

Die in *Abb. 10.24* gezeigte typische Anwenderschaltung besteht aus der MAX3100-UART, einem FT232BM-UART-zu-USB-Konverter, einem seriellen EEPROM und einem Mikrocontroller PIC16F84. Dieser besitzt weder interne USB- noch UART-Komponenten und wird daher vom MAX3100 perfekt entsprechend ergänzt.

Die Quelle enthält das Listing.

10.17 Versorgung eines High-Speed USB-Controllers

Die Bausteine FT8U2XXAM von Future Technology Devices sind High-Speed USB-Controller für serielle und FIFO-Applikationen. Es gibt mehrere Möglichkeiten, diese ICs zu versorgen und rückzusetzen.

Abb. 10.25 zeigt die Standard-Busversorgung. Hierbei sind Anschlüsse für Reset, RC-CLK (Takt mit RC-Generator) und USBDP vorhanden. Das Rücksetzen erfolgt über einen pnp-Transistor. Die Betriebsspannung muss wegen des Spannungsabfalls über der Kollektor-Emitter-Strecke über 3,6 V liegen. Die Schaltung arbeitet mit 6 oder 48 MHz Taktrate.

Abb. 10.26 zeigt die Standard-Selbstversorgung. Auch hierbei sind Anschlüsse für Reset, RCCLK und USBDP vorhanden. Das Rücksetzen erfolgt ebenfalls über einen pnp-Transistor. Hinzugekommen ist ein zweiter Transistor auf der USB-Seite. Dieser verhindert einen zu hohen Strom im Ausschaltmoment des Host-Computers. Der 1,5-kOhm-Pull-up-Widerstand begrenzt den Strom.

In *Abb. 10.27* wurde die Selbstversorgerschaltung mit einer erweiterten Reset-Periode ausgestattet. Dazu dient das AND-Gate. Es kommt erst zum Rücksetzen, wenn das von einer externen Quelle gelieferte Reset-Signal länger als 10 ms ansteht.

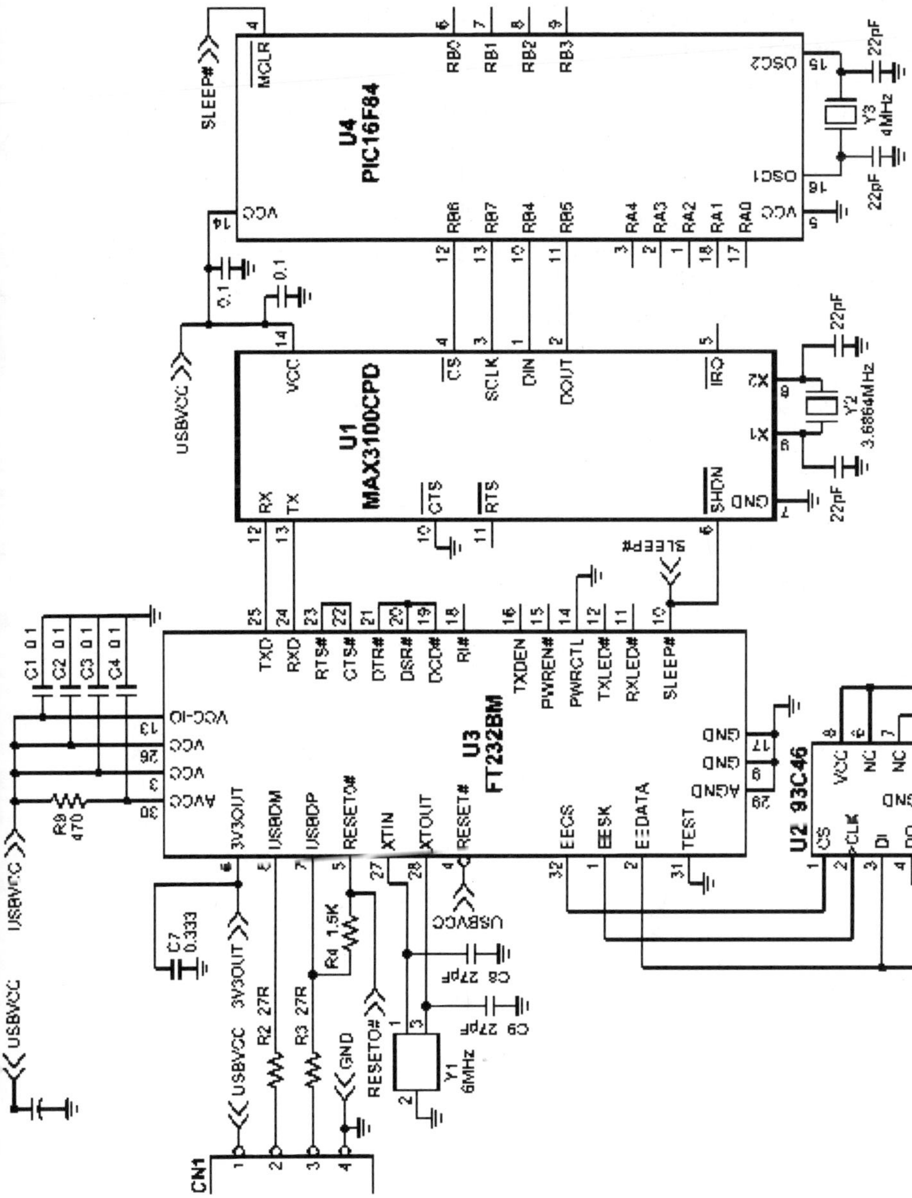

Abb. 10.24: Quelle: PICing the MAX3100: Adding USB to a PIC Microcontroller Using the MAX3100 UART, Maxim Application Note 3025

In *Abb. 10.28* wird schließlich eine Schaltung gezeigt, die es einem Baustein FT8U2XXAM erlaubt, eine Last zu steuern, die an einer höheren Spannung als 5 V liegt. Hierzu werden ein CMOS-NAND-Gatter und ein pnp-Transistor eingesetzt. Die Eingänge des Gatters werden von den Signalen RCCLK und USBEN angesteuert.

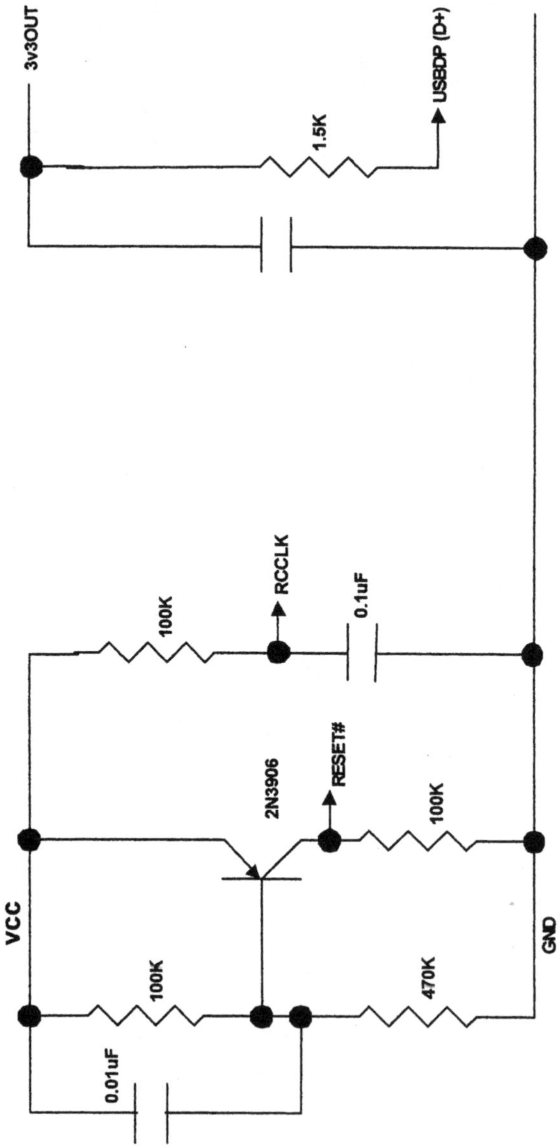

Abb. 10.25: Quelle: Bus Powered /Self Powered Interface Circuits, Future Technology Devices Application Note 232-08

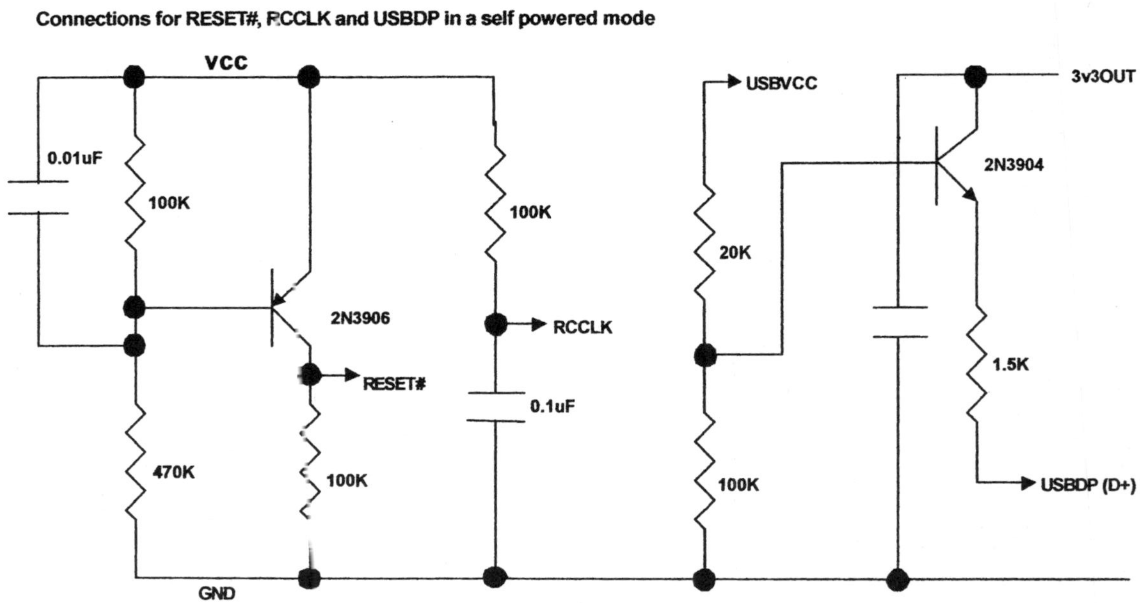

Abb. 10.26: Quelle: Bus Powered /Self Powered Interface Circuits, Future Technology Devices Application Note 232-08

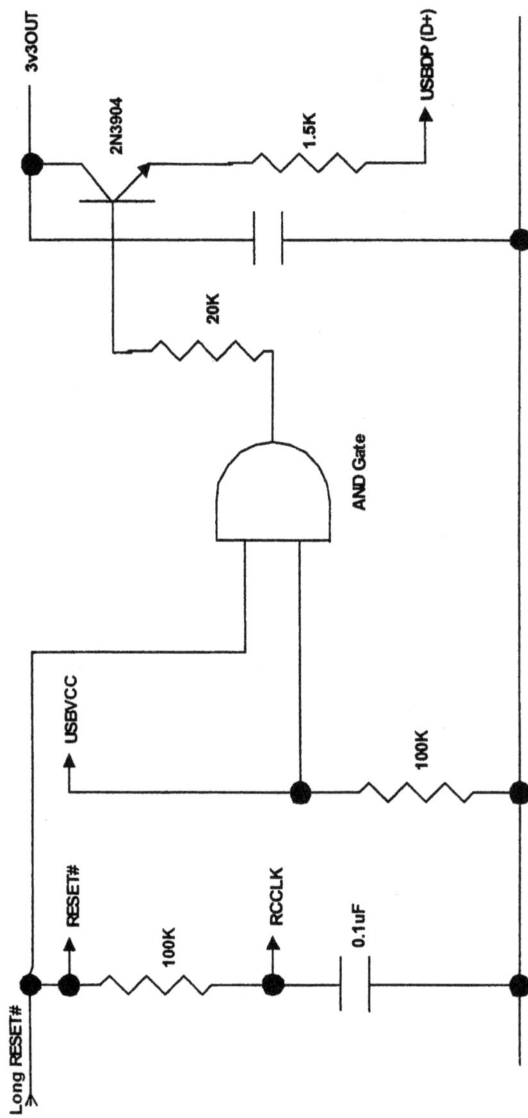

Abb. 10.27: Quelle: Bus Powered /Self Powered Interface Circuits, Future Technology Devices Application Note 232-08

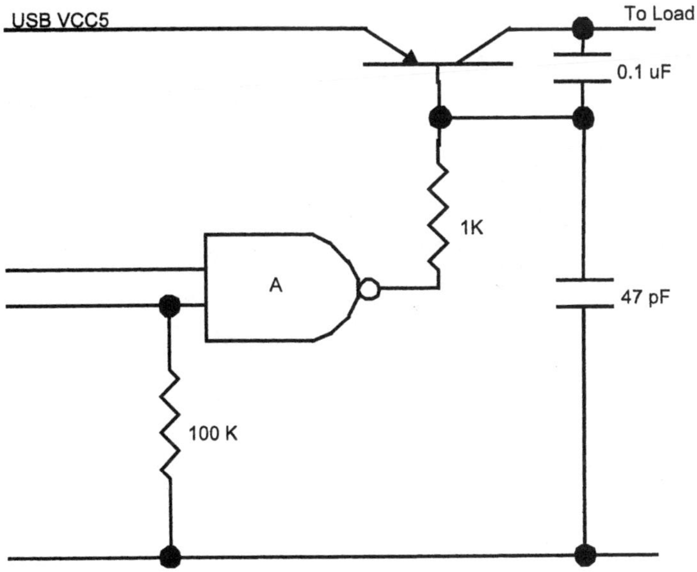

Abb. 10.28: Quelle: Bus Powered /Self Powered Interface Circuits, Future Technology Devices Application Note 232-08

10.18 Isolierter USB

Ein USB-Controller, der die Kommunikation mit externen embedded Systemen mithilfe des SPI (Serial Peripheral Interface) gewährleistet, kann relativ einfach elektrisch isoliert werden. Es besteht dann also keine galvanische Verbindung mehr zwischen PC und externem System. Das verhindert Störungen bzw. schützt den PC vor externen Einflüssen, wie z. B. einer Überspannung. Andererseits wird auch die externe Komponente (z. B. ein medizinischer Sensor) vor unerwünschten Einflüssen seitens des PCs geschützt – der häufigste Grund der Isolation.

Die elektrische Isolation erfolgt über Optokoppler.

In der Originalquelle wird die Isolation eines externen Systems diskutiert, welches über den USB mit Full Speed (12 Mbsp) an den PC angeschlossen ist.
In *Abb. 10.29* sind die drei theoretisch möglichen Stellen der Isolation dargestellt. Die Isolation ist am USB selbst (1), am Transceiver Interface (2) oder am Interface zur Applikation hin (3) möglich. Die Isolation an der Stelle 1 ist nicht nur sehr aufwendig, sondern meist praktisch gar nicht möglich. SIE bedeutet Serial Interface Engine. Aus verschiedenen Gründen ist die optische Isolation auch an Stelle 2 nicht praktikabel.

Somit ist Stelle 3 der meistverwendete Ort der Isolation. Dieses Interface kann deutlich langsamer arbeiten als der USB. Ein sich dafür hervorragend eignendes Interface ist das SPI. Das SPI hat normalerweise vier Leitungen/Signale: SS# (Slave Select) zur Chipauswahl, MOSI (Master out Slave in) und MISO (Master in Slave out) als unidirektionale Datenleitungen sowie SCLK (Serial Clock) vom Master.

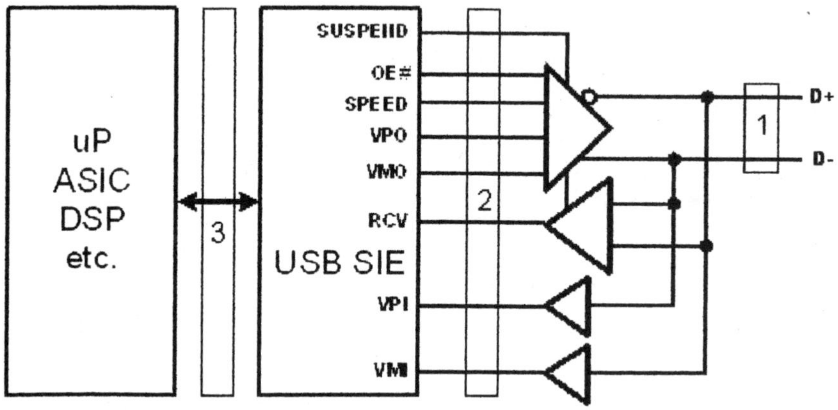

Abb. 10.29: Quelle: Isolating USB, Maxim Application Note 3891

In *Abb. 10.30* ist eine Applikation mit kompletter Isolation gezeigt. Der linke Teil wird vom USB versorgt, der rechte Teil hat seine eigene Betriebsspannung. Da U6 kein Hardware-SPI besitzt, wird dieses durch „Bit-Banging" bei Nutzung einiger GPIO-Pins geschaffen.

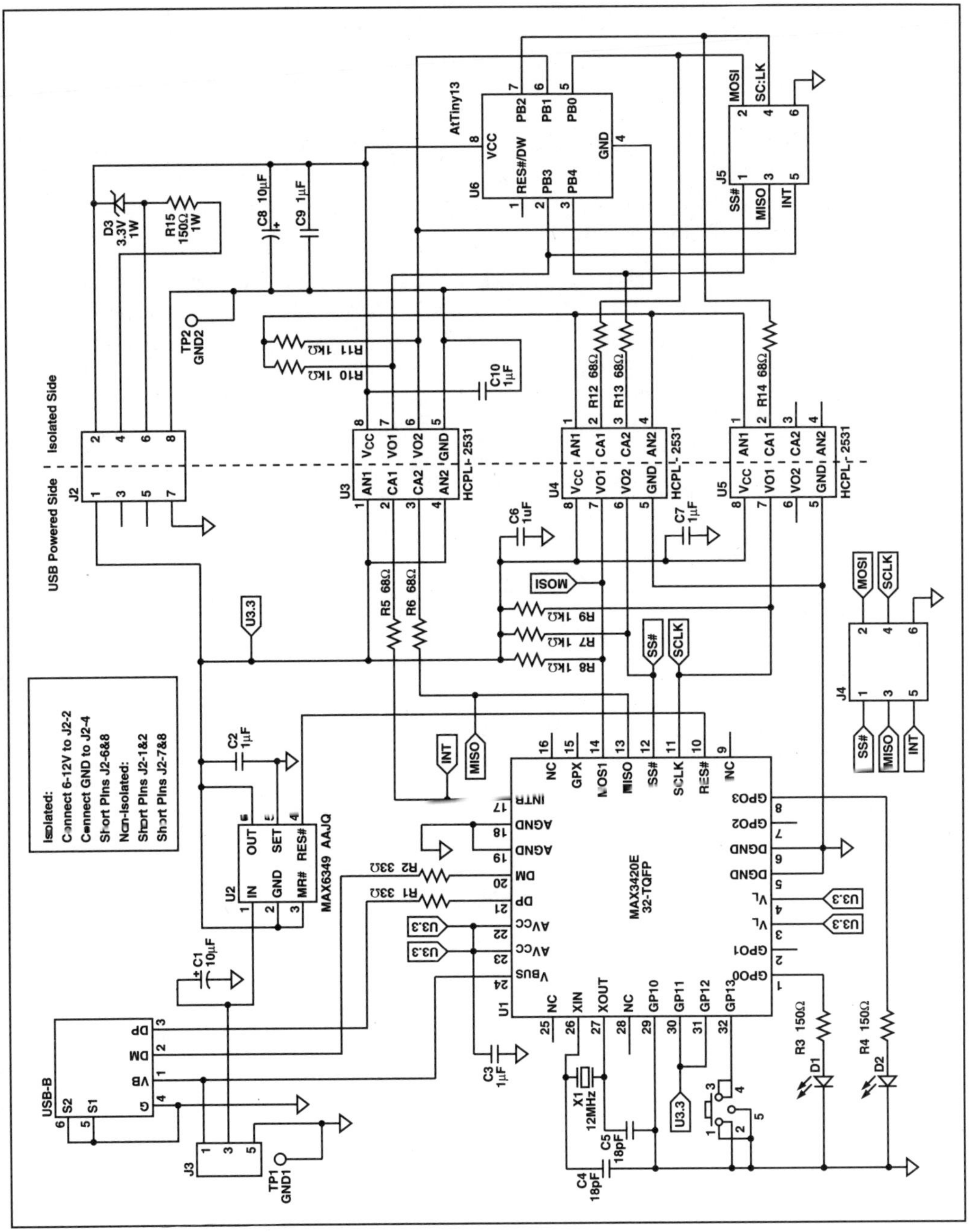

Abb. 10.30: Quelle: Isolating USB, Maxim Application Note 3891

10.19 Erweiterung von Applikationen mit dem USB

Der Baustein MAX3420E macht es einfach, eine USB-Peripherie zu entwerfen, die zu vielen Mikrocontrollern passt. Der MAX3420E stellt einen USB Full-Speed Transceiver, eine intelligente USB Serial Interface Engine (SIE) und ein SPI Slave Interface, das mit Taktraten bis 26 MHz arbeiten kann, zur Verfügung. Der MAX3420E erlaubt den Full-Speed-Modus mit einem Control Endpoint, zwei doppelt gepufferten 64-Byte-Daten-Endpoints und einem 64-Byte-Interrupt Endpoint.

In *Abb. 10.31* ist die Architektur der üblichen USB-Peripherie skizziert. Ein Regler wandelt die 5 V vom USB in 3,3 V zur Versorgung von MAX3420E und Mikrocontroller. Das SPI kann auf drei, vier oder fünf Verbindungen beruhen: SS# (Slave Select) zur Chipauswahl, MOSI (Master out Slave in) und MISO (Master in Slave out) als unidirektionale Datenleitungen, SCLK (Serial Clock) vom Master und INT (Interupt) als Ausgangssignal (statisch oder Impuls). Das letzte Signal ist oft nicht erforderlich. Wenn der SPI Master zudem noch ein bidirektionales Daten-Interface besitzt, sind nur drei Leitungen erforderlich.

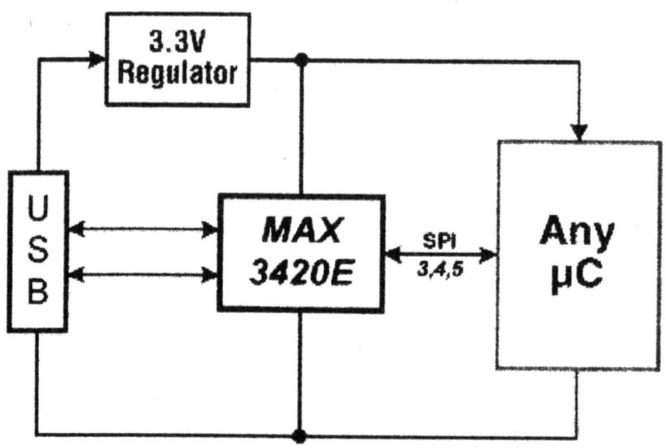

Abb. 10.31: Quelle: Add USB to Anything, Maxim Application Note 3637

Wenn der Mikroprozessor keinen SPI-Port besitzt, nutzt man einfach GPIO-Pins (General-Purose I/O) und bildet die SPI-Funktion mit der Software nach (Bit-Banging).

Der MAX3420E besitzt je vier General-Purose-Inputs und -Outputs. Er erweitert daher auch sehr kleine Mikroprozessoren.

In *Abb. 10.32* ist die Situation bei großen Bausteinen skizziert. Hier kann der 3,3-V-Regler nicht mehr zur Versorgung herangezogen werden.

In *Abb. 10.33* wird prinzipiell gezeigt, wie man das externe System günstig elektrisch vom USB isolieren kann. Die Schnittstelle zwischen MAX3420E und externem System bietet die besten Voraussetzungen für das Einbringen von Optokopplern.

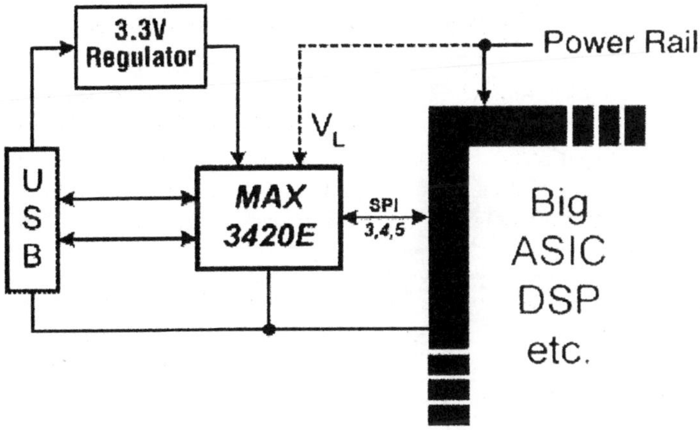

Abb. 10.32: Quelle: Add USB to Anything, Maxim Application Note 3637

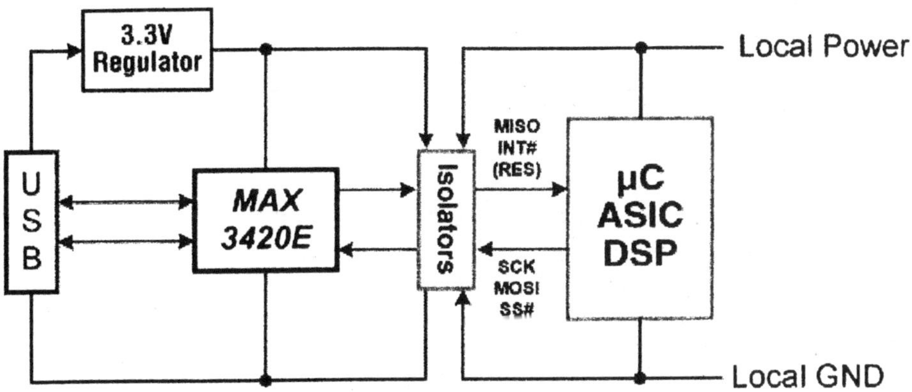

Abb. 10.33: Quelle: Add USB to Anything, Maxim Application Note 3637

10.20 USB Peripheral Controller mit Full/Half-Duplex

Der MAX3420E, ein neuer USB Peripheral Controller mit SPI (Serial Peripheral Interface) von Maxim, kann sowohl im Voll- als auch im Halb-Duplexbetrieb arbeiten.

In *Abb. 10.34* ist die Beschaltung für beiden Betriebsarten dargestellt, oben für Full- und unten für Half-Duplex. Man sieht, dass im letzten Fall das MISO-Pin (Master in Slave out) unbeschaltet bleibt. Der MOSI-Block (Master out Slave in) übernimmt die Empfangsfunktion mit. Daher hier entweder Senden oder Empfangen (Half-Duplex).

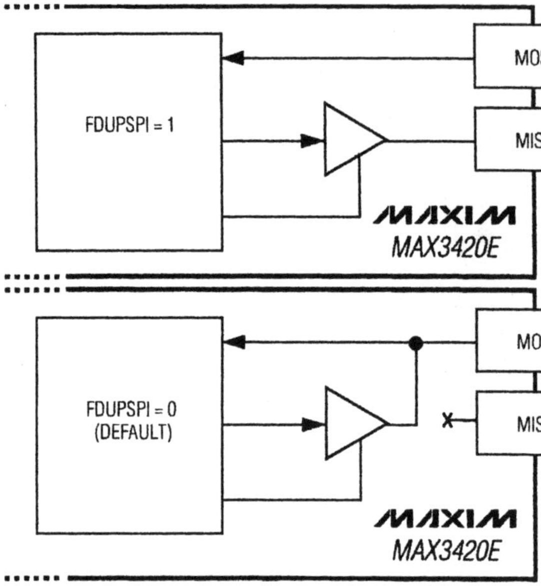

Abb. 10.34: Quelle: MAX3420E, USB Peripheral Controller with SPI Interface, Maxim Datasheet

10.21 MAX3420E wird vom USB versorgt

Aus *Abb. 10.35* ist genau zu erkennen, wie der MAX3420E in seiner Grundbeschaltung vom USB mitversorgt werden kann. Die USB-Spannung von 5 V dient als Eingangsspannung für einen 3,3-V-Stabi-IC, der auch den Mikroprozessor mitversorgen kann.

Das vorliegende SPI nutzt die maximale Azahl der hierfür verfügbaren Pins.

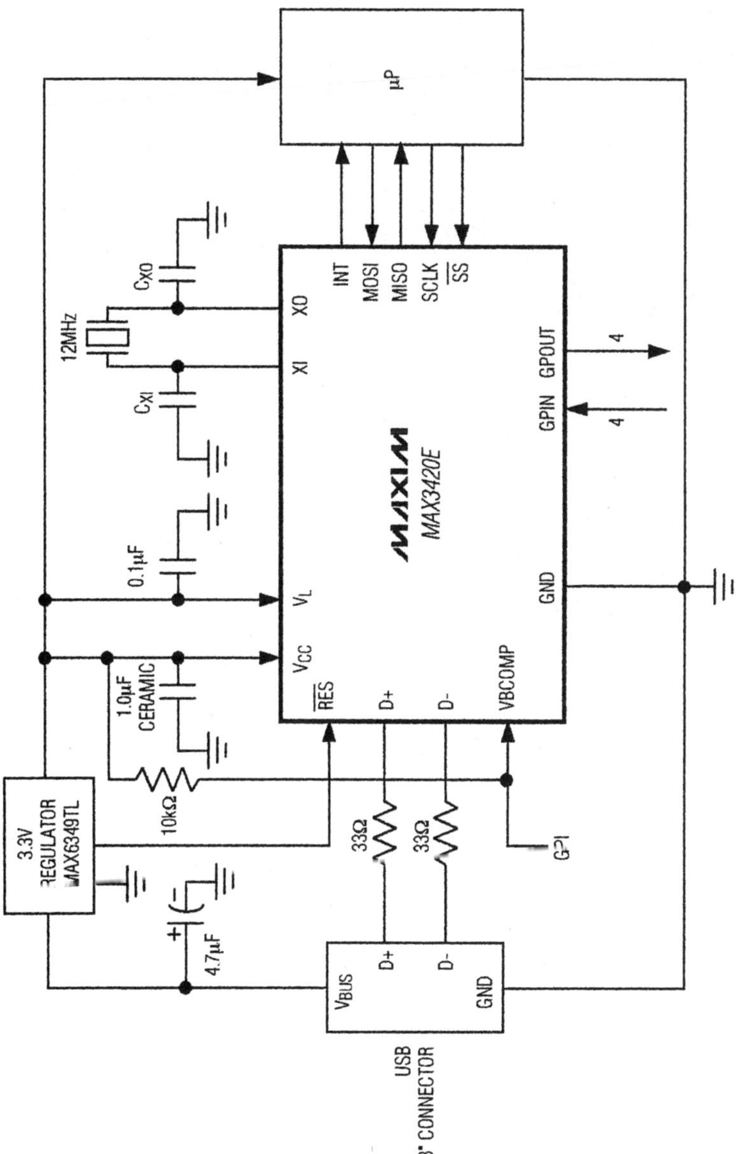

Abb. 10.35: Quelle: MAX3420E, USB Peripheral Controller with SPI Interface, Maxim Datasheet

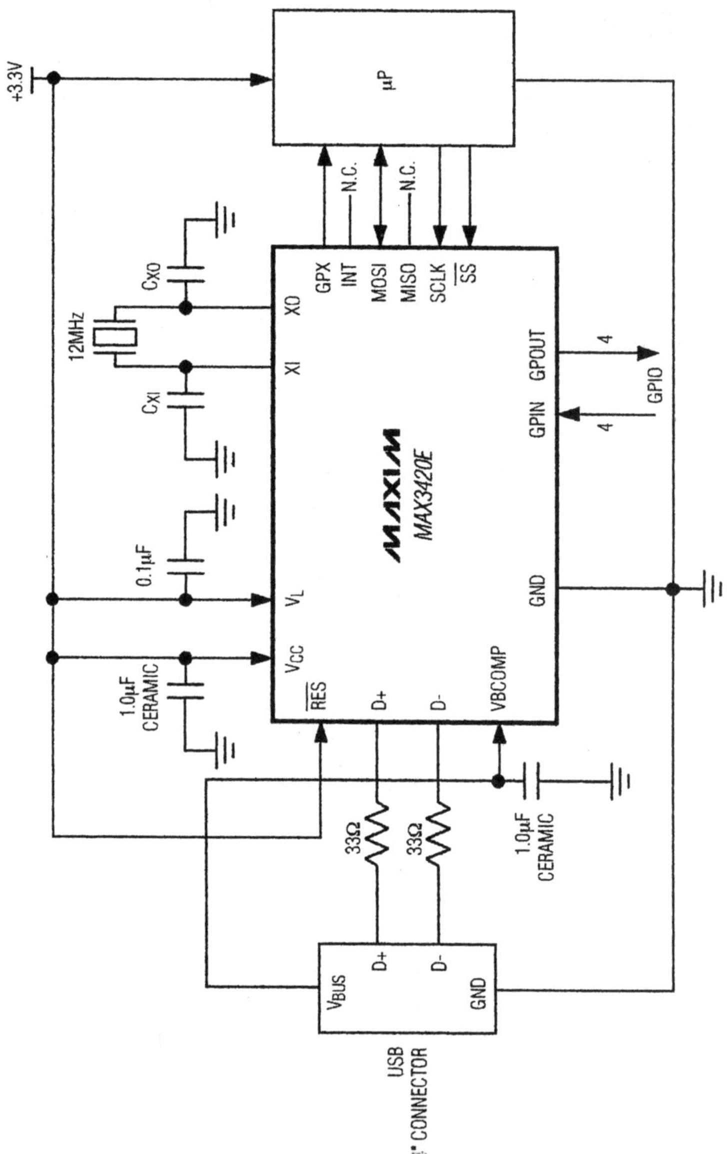

Abb. 10.36: Quelle: MAX3420E, USB Peripheral Controller with SPI Interface, Maxim Datasheet

10.22 MAX3420E wird vom System versorgt

Die in *Abb. 10.36* gezeigte Schaltung stellt den MAX3420E „selbstversorgt", wie der Hersteller es nennt, dar. Die Betriebsspannung von 3,3 V stammt hier vom System, zu welchem der MAX3420E den Übergang vom USB schafft.

Auch wenn der MAX3420E im Power-down-Status verharrt, kann das System ein Plug-in des USB detektieren.

IAuf Leuchtdioden (LED) trifft man heute überall in der Elektrotechnik und Elektronik. Auch die LCD-Anzeigen (Liquid-Crystal Display, Flüssigkeitskristall-Bildschirm) erlebten in den letzten Jahren einen enormen Aufschwung. Sie finden Verwendung in vielen Geräten der Unterhaltungselektronik, aber auch in Messgeräten, Mobiltelefonen, Digitaluhren und Taschenrechnern.

LEDs, LCDs und Lasertechnik

Frank Sichla; 2010; 360 Seiten

ISBN 978-3-7723-**4277-6** **€ 29,95**

Besuchen Sie uns im Internet – www.franzis.de